国家林业和草原局普通高等教育“十三五”规划教材

高等院校水土保持与荒漠化防治专业教材

HYDROLOGY

水文学

张建军 ▣ 主　编

张守红　马岚　王云琦 ▣ 副主编

中国林业出版社
China Forestry Publishing House

内容提要

《水文学》是水土保持与荒漠化防治专业及其相关专业必修的基础课。本教材在总结传统水文学基本理论与方法以及吸收国内外最新研究成果的同时，结合作者多年来在水文领域的长期研究成果和实践经验，从水分循环入手，在讲解水量平衡原理的基础上，重点阐述产流、汇流的过程与机理，分析产流、汇流的主要影响因素；讲述水文要素的测定方法、水土保持及水利工程设计中水文参数的计算方法；介绍常用水文模型和人类活动水文效应及水土保持效益评价的基本技术，以期为水土保持研究和监测、水土保持规划设计、生态水文效应评价等方面的科学研究和生产实践奠定理论基础，提供可参考的技术与方法。本教材系统介绍了水文学的基本概念、原理、方程和模型以及水文要素的观测研究方法，内容包括：绪论、水分循环与水量平衡、河流与流域、降水、蒸发与蒸散、土壤水与下渗、径流、水文统计、流域产流汇流分析与计算、设计年径流分析与计算、设计洪水的分析与计算、排涝水文计算、水文模型等13个部分。

本书可作为水土保持与荒漠化防治专业本科生教材，同时可供自然地理类、森林资源类和环境保护类有关专业本科生作为教学使用，也可作为水文、水土保持、水资源管理、国土资源规划管理、环境保护等方面科学研究、教学、管理和生产人员的参考资料。

图书在版编目(CIP)数据

水文学 / 张建军主编. —北京：中国林业出版社，2020. 3(2023. 7 重印)
ISBN 978-7-5219-0509-0

Ⅰ. ①水… Ⅱ. ①张… Ⅲ. ①水文学 Ⅳ. ①P33

中国版本图书馆 CIP 数据核字(2020)第 036513 号

策划编辑：刘家玲　　**责任编辑**：刘家玲　甄美子　肖基浒

出版发行　中国林业出版社(100009　北京市西城区德内大街刘海胡同7号)
电话:83143519　83143616
http://www.forestry.gov.cn/lycb.html
印　　刷　三河市祥达印刷包装有限公司
版　　次　2020年4月第1版
印　　次　2023年7月第2次印刷
开　　本　850mm×1168mm　1/16
印　　张　21
字　　数　530千字
定　　价　75.00元

《水文学》编写人员

主　编： 张建军

副主编： 张守红　马　岚　王云琦

编　委：（按姓氏笔画排序）

万　龙　马　岚　王云琦　王奋忠　申明爽
孙若修　李玉婷　李华林　关颖慧　张会兰
张守红　张建军　张海博　徐佳佳　章孙逊
韩富贵　景　峰

前 言

水文学是研究地球表面水的形成、运动规律和物理特征的学科。地球表面的水有大气水、地表水、土壤水、地下水和海洋水，除了海洋水属于海洋学的研究领域外，其他的水均属于水文学的研究对象。水文学作为一门蓬勃发展的应用学科，可以应用到水管理以及与水相关的科学研究中。对于从事地球科学如水土保持学、自然地理学、环境科学、土木工程、农田水利、水利工程等的研究人员而言，水文学的基本原理和基本方法是必须掌握的重要知识和关键技能。人类的生存与发展离不开水，与水相关的知识对人类生存与发展具有重要作用，暴雨、洪水、内涝、干旱等自然灾害与水直接相关，滑坡、泥石流等地质灾害与水密不可分，秀美山川与绿水青山需要水的支撑，水资源及饮水安全更是关系到人类生存。因此，水文学应该是人们学习和掌握的重要学科。

《水文学》是水土保持与荒漠化防治专业及其相关专业必修的基础课。本教材从认知水分循环入手，在掌握水量平衡原理的基础上，通过学习水分循环要素，着重探讨产流、汇流的过程与机理，分析影响产流、汇流的主要因素；通过水文分析与计算，使学生掌握工程设计中水文参数的计算与分析方法；通过水文要素测定方法的学习，帮助学生掌握调查和监测水文要素及水土流失量的理论与方法；结合水文模型的学习，掌握评价人类活动水文效应及水土保持效益的基本技能，从而为水土保持监测与研究、水文要素监测与研究、水土保持效益和水文效应评价、水利水电水保工程设计等方面的科学研究、生产实践和管理奠定理论基础。

《水文学》是在总结传统水文学基本理论与方法和吸收国内外最新研究成果的基础上，结合作者团队多年来在水文领域的长期研究成果和实践经验撰写而成。本教材系统地介绍了水文学的基本概念、原理、方程和模型以及水文要素的观测研究方法，内容包括：绪论、水分循环与水量平衡、河流与流域、降水、蒸发与蒸散、土壤水与下渗、径流、水文统计、流域产流汇流分析与计算、设计年径流分析与计算、设计洪水分析与计算、排涝水文计算、水文模型等13个部分。

本教材主要针对水土保持与荒漠化防治专业本科生的学习，同时可供自然地理类、森林资源类和环境保护类有关专业本科生使用，也可作为水文、水土保持、水资源管理、国土资源规划管理、环境保护等方面科学研究、教学、管理和生产人员的参考资料。

本书绪论、第 1 章至第 6 章主要由张建军教授和张守红教授编写，第 7 章主要由张守红教授编写，第 8 章至第 11 章主要由马岚副教授和张建军教授编写，第 12 章主要由张守红教授编写，全书由张建军教授统稿。

在撰写过程中重点考虑了基本概念和原理的可读性，基本方程的准确性，水文要素监测方法的实用性和可操作性，力求文字通俗易懂、图表清晰、公式简明准确。但由于知识水平和实践范围有限，书中关于原理、方法与模型的列举和介绍难免存在遗漏和不足，敬请读者批评指正。

编 者

2019 年 10 月 21 日

目录

前言

0 绪 论

本章主要讲述水文学的定义、水文学的分科、水文学的形成与发展、水文现象的基本特征、水文学的研究方法。

0.1 水文学的定义

水是生命之源，是人类社会和所有生物赖以生存的必不可少的重要资源。水又是灾害之根，洪水、泥石流是水分汇集并快速运动的恶果，土壤侵蚀、水土流失等环境问题与水的运动变化直接相关。水孕育了生命、滋养了万物、养育了人类文明，也一次次地毁灭了生命，淹没了文明。人类在与洪水的抗争中逐渐成长，凝练出了灿烂的文化。

人类社会的文明发展史就是一部与水的抗争史。我国上古时代有大禹治水，战国时期孙叔敖为治理淮河水患修建了我国最早的大型渠系水利工程——期思陂和芍陂(安丰塘)，迄今2500多年还在发挥着灌溉效益。战国时期的西门豹为了治理含沙量高、流速快、水患频繁的漳河，创造性地设计和修建了“引漳十二渠”，灌溉农田、冲洗盐碱地。秦国史禄构建的灵渠，是世界上最早的船闸式运河，将湘江(长江水系)和漓江(珠江水系)连接起来。秦朝李冰修建的都江堰，使成都平原成为“水旱从人，不知饥馑”的天府之国。

中国西汉元始四年(公元4年)张戎最先认识到黄河下游容易发生溃堤的主要原因是泥沙淤积，提出黄河河道必须保持较高的流速、依靠河水自身的冲刷力排泄泥沙的“以水排沙”思想，这对当时和后世治理黄河产生了深远影响。西汉末年治理黄河的战略家贾让，针对黄河水患频发，以“宽河行洪”的治河思想为基础，提出了“不与水争地”的原则和全面治理黄河的治河三策，上策“滞洪改河”，中策“筑渠分流”，下策“缮完故堤”。东汉王景修筑黄河堤防千余里，整修汴渠并引黄河水通航，沟通了黄河、淮河两大水系，有“王景治河，千年无患”之说。唐代李承在江苏盐城筑堤堰捍海，防止海潮漫溢，保障农田常年丰收，故名常丰堰。北宋范仲淹历时4年重修捍海堰，人称范公堤，遏制了海潮之患。范仲淹针对太湖水患，提出“浚河、修圩、置闸”并重的治水方针，妥善解决了蓄与泄、挡与排、水与田的矛盾。北宋王安石为了治理洪水、兴利避害，制订了我国第一部农田水利法《农田水利约束》。元代郭守敬在宁夏等地修复、新建了数十条引黄灌溉渠道，如至今仍在发挥作用的唐徕渠、汉延渠等，他将永定河引入北京，兴漕运与灌溉之利，并修筑了京杭大运河。明朝潘季驯主持治理黄河、运河等，提出了著名的“束水攻沙”理论。长江三峡大坝的修建，使长江下游的防洪标准从十年一遇提高到了百年一遇。三门峡水库因没有充分考虑黄河高泥沙含量造成的淤积，大坝修建后随着水位的抬高，降低了流速，上游淤积严重，加剧了渭河地区的水灾。而小浪底水库的修建，使黄河下游花园口的防洪标准从六十年一遇提高到千年一遇。人们在治理水患、兴修水利、发展灌溉的过程中对水文的认识逐步提高，积累了大量兴利避害的水文经验与知识。

水是自然地理环境中的基本要素，是人类社会生存和发展的基本物质和宝贵资源，与人类生存与发展息息相关，始终影响着人类社会的发展与进步。水文学是人类社会在生活生产过程中，不断观测、研究水文现象及其规律而逐步形成的科学，是地球科学的重要组成之一。美国联邦政府科技委员会于1962年把水文学定义为：关于地球上水的存在、循环、分布，水的物理和化学性质以及环境效应的学科。1987年《中国大百科全书》对水文学的定义是：地球上水的起源、存在、分布、循环运动等变化规律和运用这些规律为人类服务的知识体系。关于水文学的定义有很多种提法，尽管在表述上有所不同，但基本可以把水文学总结为：研究地球上各种水体的形成、运动变化规律及相关问题的学科体系，其研究对象是自然界客观存在的水，这些水不仅是人类赖以生存的水，也是给人类造成各种灾害的水，更是影响人类社会发展的重要因素。因此，水文学在认识自然、利用自然、改造自然的过程中，有着重要的意义和广阔的应用前景。

水文学是研究地球上各种水体和水文现象的科学，是研究水的形成、性质、循环转化和运动变化规律及其与自然环境和人为活动之间相互关系的科学，其范畴包含了地球上水的整个运动过程。水文学的研究对象可以从大气中的水到海洋中的水，从陆地表面的水到地下水。水文学的研究领域涉及整个水圈，以及水圈与大气圈、岩石圈、生物圈的相互关系。水文学不仅研究水量，而且研究水质，不仅研究当前水情的瞬息动态，而且在全球尺度上探求水的发展过程，预测未来水情的变化趋势。水文学的形成与发展直接服务于人类生存和发展的需要，也属于应用科学的范畴，随着科学技术发展和社会进步，人类活动对水循环过程和水文现象的影响作用越来越大，从自然变化、人类活动变化的角度探究水文过程，研究人类活动影响下的水文效应与水文现象，已成为水文学研究热点。目前水文学研究的主要问题为：①水文现象成因及变化规律；②水文要素的变化规律及其与影响要素之间的关系；③气候变化对水文过程的影响，即气候变化的水文效应；④下垫面变化对水文过程的影响，即下垫面的水文效应；⑤人类活动对水文过程的影响，即人类活动的水文效应。

水文学涉及的内容广泛，诸多自然科学问题均与水文学相关，具有自然属性，是地球科学的重要组成部分。同时水在运动变化过程中即水循环过程中将大气圈、生物圈、岩石圈通过水圈紧密联系成为一个整体，因此，水文学与地球科学中的气象学、地貌学、地质学、土壤学、水力学、植物学等学科密切相关。

水土流失是在外营力作用下水土资源的损失和浪费，其中外营力包括重力、水力和风力，在水力作用下形成的土壤侵蚀为水力侵蚀，即在水力作用下表层土壤颗粒的运动——水冲土跑。可见在水土流失和土壤侵蚀过程中水起着非常重要的作用，因此对从事水土保持专业的人员而言，水文学是必须掌握的基础课程。水土流失量的测定和影响因子的测定均是以水文学方法为基础，水土保持措施的设计均需要水文计算作为依据，因此水文学的测量方法及水文计算技术是水土保持从业人员必须掌握的基本技能。

0.2 水文学的分科

水文学的分科可以根据研究对象、研究内容、研究方法、应用领域等进行划分。

根据研究对象——水体的不同，水文学一般划分为：气象水文学、陆地水文学、海洋水文学。其中陆地水文学与人们日常生活的关系最为紧密，它又可分为地下水文学、河流水文学、湖泊水文学、沼泽水文学、冰川水文学等。地下水文学主要研究地下水的时空分布特征、形成和运动、赋存规律、地下水与地表水相互补给特征、地下水资源的评价和开发利用技术。河流水文学是研究河流的自然地理特征、河流的形成与补给，水量、水质的时空变化规律，泥沙运动和河床演变，河流与环境的关系等，为合理开发利用河流水资源、防洪、流域管理等提供支撑。由于河流与人类的生产、生活关系最为密切，河流水文学发展最早、最快，内容也最为丰富。湖泊水文学主要研究湖泊中水量和水质的变化规律及影响因素、湖水的物理特性和化学成分的动态过程、湖泊中泥沙淤积、湖泊利用和管理等等。沼泽水文学主要研究沼泽径流、沼泽水的物理化学性质、沼泽对河流和湖泊的补给、沼泽改良等。冰川水文学主要研究冰川的分布、形成和运动、冰川融水径流的形成过程及其时空分布、冰川突发性洪水的形成机制和预测、冰川水资源的利用等。

根据研究内容，水文学可以划分为：水文测量学、水文地理学、普通水文学、工程水文学等。水文测量学是研究水文资料的收集、测量、成果整编方法以及水文观测站网的布设等。水文地理学是根据水文特征值和自然地理因素之间的相互关系，研究水文现象的地理分布规律，即空间分布特征和变化规律。普通水文学是研究自然界中各种水体中水文特征值的基本特征和变化规律，分析水文现象间相互关系及影响因素，属于水文学原理的探讨和研究。工程水文学是将水文学基本理论与方法应用于水利、水电、能源、交通、城市建设、农田水利、国防等工程，研究工程规划设计中水文要素的测量与获取技术、水文水力计算的原理与方法，评估工程建设对水文要素的作用，预测未来水文过程对工程的影响，为工程规划、设计、施工、管理提供支撑的学科。

根据研究方法，水文学可以划分为：水文测验、水文调查、水文实验。水文测验主要探讨迅速准确监测水文要素时空变化的技术，系统观测、收集和整理各种水文资料技术，并对这些水文资料进行分析、计算、审核整理成为系统成果，刊印成水文年鉴，为工程建设的规划、设计、施工、管理运行及防汛、抗旱、水资源的调度与合理开发提供依据。主要包括站网布设、测验方法和资料整编方法的研究，以及测量仪器的研制和资料存储、检索、发布系统的研究。水文调查是阐述在野外较短时间内收集与水文要素相关资料的技术方法，主要研究水文站网稀少、水文资料稀缺，特别是暴雨洪水资料缺乏地区水文数据的获取方法，如历史洪水调查、近代洪水调查、特大洪水流量及重现期调查，以及利用这些调查资料推算洪峰流量，为工程设计提供依据的技术和方法。水文实验旨在通过野外和室内实验，揭示水文循环过程中各环节的水分运动变化规律，确定水文要素间的定量关系，测定和量化人类活动的水文效应等。

根据应用领域，水文学可以划分为工程水文学、农业水文学、森林水文学、城市水文学等分支学科。随着工业化革命的发展，交通、能源、城市化建设需要水文学的支撑，促进了工程水文学的迅猛发展，使工程水文学成为发展最为迅速的分支学科。农业水文学主要以农业领域栽培作物的农地为对象，探讨水分—土壤—植物—大气系统中与作物生长有关的水文问题，重点研究作物的蒸散发和水分利用效率、土壤水运动规律，为农业规划和农作物增产提供水文依据。森林水文学以林地为对象，重点研究森林对降水、蒸发、径流形成的影响，探讨森林涵养水源、调节径流的机理，评价森林对水文循环过程的作用和效应。城市水文学是将水文学基本原理和方法应用于城市建设和管理，研究解决城市防洪与排涝、水环境保护、水资源开发利用与保护等水文问题，评估城市化建设的水文效应，为城市规划建设与管理提供水文依据。

0.3 水文学的形成与发展

人类在与暴雨、洪水、干旱斗争的过程中，对威胁人类生存和发展的水文现象进行观察、探索和研究，积累了大量实践经验，总结形成了一系列关于水的知识，并吸取其他基础学科的新思想、新理论、新方法，逐渐形成了水文学。水文学的发展经历了由萌芽到成熟、由定性到定量、由经验到理论的过程。

0.3.1 萌芽期

萌芽期是在16世纪末之前。人们为了生活及生产需要，出现了原始的雨量、水位观测，同时开始了对河流的观察，以便达到兴利避害、治水、用水之目的。古埃及在公元前3500—前3000年为了灌溉，开始了尼罗河的水位观测，至今还保存有公元前2200年时所刻水尺的崖壁。中国神话传说中的大禹在治水时已采用“随山刊木”(立木于河中)的方法，观测河水的涨落。战国时期的秦人李冰在修建都江堰时采用“石人”测定水位高低，判断水量大小。隋代的石刻水则、宋代的水则碑等都是用于观测水位的设施。长江干流重庆至宜昌间的河岸崖壁上，保存着1153—1870年间的6次特大洪水最高水位的石刻114处。四川涪陵长江岸边的白鹤梁自764年开始刻划石鱼图形记载长江最枯水位，直到20世纪40年代共有刻记163条，记录了72个年份的历史枯水，这些珍贵的石刻，为水位资料的延长创造了条件。黄河支流伊河龙门崖壁上的刻记，记录了黄初四年(223年)水位涨高四丈五尺(合10.9m)的一次特大洪水。明代刘天和在治理黄河时已采用“乘沙量水器”测定河水中泥沙含量。中国西汉末年张戎于公元4年提出“河水重浊，号为一石水而六斗泥”。

公元前4世纪在印度就已经出现了雨量观测，中国的甲骨文中有细雨、大雨和骤雨等降雨的定性描述和分类，秦代(前221—前206年)已有雨量呈报制度，南宋秦九韶(1247年)在《数书九章》中记述了用桶形的“天池盆”和圆锥形的“圆罂”测量雨量，并换算成降雨深的方法，以及将竹制量雪器中积雪深换算成降雪深的计算方法。

随着人们对自然界认识的逐步提高，开始积累原始的水文知识，中国古籍《吕氏春秋》中提出了朴素的水文循环概念，《山海经·山经》和《尚书·禹贡》都记载有中国许多河流和湖泊的水文地理状况，北魏郦道元著《水经注》中记述了1252条河流从河源到河口的基本概况，并对各条河流的干支流、水量、含沙量的季节变化，以及水灾和旱灾情况均有详细记载。

人们在长期的生活生产实践中客观地运用了水文知识并取得成功，积累了丰富的水文经验，加深了对水文规律的认识，这些原始的水文观测和水文知识对当时的生产、生活提供了必要的支撑，标志着水文学的萌芽。

0.3.2 形成期

形成期大约为17世纪初至19世纪末。随着自然科学技术的迅速发展，水文观测的仪器不断被发明和使用，特别是19世纪以来随着工业革命的兴起，各国普遍建立了水文站网，并制定了统一的观测规范，开始水文观测，积累实测数据，使实测水文数据成为工程规划设计和科学分析的依据，这极大地促进了水文仪器的发展和观测方法的完善。这一时期，雨量器、蒸发器和流速仪等一系列观测仪器的发明，为水文现象的实地观测、定量研究和科学实验提供了必要条件，水文循环学说在观测和实验基础上得到验证，水文现象的研究由概念性描述深入到定量表达，发现了水文学的一些基本原理，初步形成了水文学的基本理论和学科体系，为水文学的建立奠定了基础。

中国于1424年、朝鲜于1442年开始使用统一制作的标准测雨器，1610年意大利的圣托里奥发明了流速仪，1628年意大利的B.卡斯泰利提出了测定河渠流量的方法，并于1639年创制了欧洲第一个雨量筒，1663年英国的C.雷恩发明了自记雨量计，并与R.胡克共同创制了翻斗式自记雨量计。英国的E.哈雷于1687年创制成蒸发器，法国的H.皮托于1732年发明了皮托管(测速仪)，可测定不同深度的水流速度，使人们对河流断面的流速分布有了新认识。1762年意大利的P.弗里西发表了《河流水文测验方法》，1790年德国的R.沃尔特曼发明转子式流速仪，1870年美国的T.G.埃利斯发明了旋桨式流速仪，1885年美国的W.G.普赖斯发明了旋杯式流速仪。

中国在18世纪以前的雨量观测均未留下实测资料，18世纪后全国各州县测量降雨和降雪的起讫时间、降雨深度和雨水入土深度，称为“雨雪分寸”。北京故宫档案馆现存1736—1909年的一些比较完整的雨雪分寸记录。中国在1736年绘制了降水量等值线图，法国在1778年、日本在1783年也绘制了降水量等值线图。1841年中国开始用现代雨量器观测和记录降水量。

中国于1746年在黄河老坝口设站观测水位并报汛，从1865年起先后在长江、松花江、珠江等多处设立水位站，用现代方法观测水位，积累水文资料。德国人贝格豪斯最早分析整理了莱茵河埃默里希和科隆等处的水位资料，统计了年最高、最低和平均水位。俄国于1881—1910年期间连续出版了10卷内河的水位观测资料。

意大利人达·芬奇提出了用浮标测流速的方法，中国人陈潢在17世纪提出了利用河道横断面面积与水流速度乘积计算流量的方法，并用浮标法测定流速。1535年中国人刘天和创制了“乘沙量水器”，即泥沙采样器和盛沙样的工具。中国人万恭于1573年成书的《治水筌蹄》中记有仿照“飞报边情”的办法，创立了从上游向下游传递洪水情报的制度，使水位观测直接为防洪服务。

这一系列仪器的发明和使用，为水文定量观测和水文科学实验提供了有力的工具。同时这些观测成果逐步被应用到交通运输、防洪工程等重要部门，扩大了水文观测的应用，进一步促进了水文观测仪器和观测方法的发展，为水文理论的形成与发展创造了条件。

1674 年法国人佩罗根据他在塞纳河观测的降雨和径流资料，提出了水量平衡的概念，并以此为基础计算出塞纳河河源至艾涅勒迪克流域出口的年径流量是年降水量的 1/6，这是第一次建立的降雨和径流定量关系，这一结论被认为是现代水文学的开始，他提出的水量平衡原理是水文学的基本原理。法国人马略特测量了巴黎塞纳河在接近平均水位时的河宽、水深，并用浮标法测量流速，他的观测结果基本上证实了佩罗的研究结论。1687 年英国人哈雷用他创制的蒸发器观测了海水的蒸发量，计算出地中海蒸发的总水量，并估算了地中海沿岸 9 条主要河流进入地中海的总水量，他发现流入地中海的总水量约占地中海蒸发量的 1/3。佩罗、马略特和哈雷是现代水文学的奠基人，其成果使水文学建立在定量研究基础之上。

1738 年瑞士人伯努利出版了《流体动力学》，提出了伯努利方程和“流速增加、压强降低”的伯努利原理。1769 年法国人谢才提出了明渠均匀流公式。1802 年英国人道耳顿提出蒸发与饱和水汽压差成正比的道耳顿定理，建立了计算水面蒸发的道耳顿公式。1856 年法国人达西发表了描述孔隙介质中地下水运动的达西定律。1851 年爱尔兰人莫万尼认为洪峰流量受降水和流域特性的共同影响，建立了推理公式，并用于计算小流域的洪峰流量和城市的排水流量，提出了汇流和径流系数的概念，奠定了流域汇流理论和方法的基础。1871 年法国人圣维南提出的圣维南方程组，这是河道洪水演算的基本公式。1850 年法国人贝尔格朗用相应水位法进行了洪水预报。这些研究成果至今仍为水文计算和水文预报的主要依据，这些理论和方法的创立，为水文科学在河流、蒸发、地下水运动、径流形成和水文循环等领域的发展奠定了理论基础，表明人类对水文现象的认识已由萌芽时期那种肤浅零星的知识，发展到了比较深刻系统的知识。同时也表明人类对地球上水的运动、变化规律的探索，已由萌芽时期那种以古代自然哲学为依据的纯粹思辨性猜测，发展到以大量观测事实为基础的假说、演绎和推理，进而建立理论体系的近代科学方法论。

1827 年英国人史密斯把地质学知识引入地下水的研究，并提出拦蓄承压水水量的建议。法国人裘布衣最早把数学方法引入地下水动力学，于 1863 年提出水井的平衡水力学方程式。1886 年奥地利人福希海默尔把导热原理应用于地下水研究，制作了地下水流网图，提出了地下渗流的非线性公式。这些研究成果和达西定律为地下水水文学的形成奠定了基础。

瑞士人阿加西于 1840 年在瑞士温特阿尔冰川建立了第一个冰川研究站，观测冰川运动，探测冰川厚度，阐述了冰川运动速度的分布规律、冰川的搬运作用，为建立冰川水文学奠立了基础。

瑞士人福雷尔于 1876 年应用流体力学公式计算湖泊波漾，开展湖水物理与水生物相互作用的研究，于 1885 年发现冰川源混浊冷水不与清净温暖湖水混合而潜入湖底，形成异重流，于 1889 年采用水色计测量湖水颜色。他是湖泊水文学的奠基人。

1879 年法国人迪布瓦阐述了推移质泥沙运动的拖曳力理论，成为河流泥沙运动研究的基础。1899 年英国人斯托克斯在流水和静水中试验了泥沙颗粒的沉降速度，提出了著名的斯托克斯定律，奠立了泥沙沉降理论基础。1855 年美国人斐克提出了液体中分子扩散定律，为其后的水质研究提供了依据。1873 年，俄国人林斯基提出疏干沼泽会使河流水情恶化的问题以后，沼泽水文问题引起广泛注意。

中国的徐霞客经过 28 年的野外实际考察，在《徐霞客游记》中第一次正确指出金沙江为长江上源。他关于广西、云南、贵州、四川石灰岩地区的岩溶地貌和水文地理方面的记述，早于国外同类著作近 300 年，具有较高的科学价值，在中国水文地理学的发展中占有突出的地位。

在 18～19 世纪西欧工业革命时期，城市、交通和工农业的大力发展需要解决水利工程及其他建设工程设计中的诸多水文和水力学计算问题，促进了水力学的快速发展，而水力学的发展，又为水文学规律和理论研究提供了有力工具，这极大地推进了水文理论和水文方法的完善，促进了水文计算和水文预报技术的提高，逐渐形成以水文计算和水文预报为主要内容的新的分支学科——应用水文学。

0.3.3　成长期

进入 20 世纪后，随着社会经济的高速发展，迫切需要解决交通运输、能源开发、防洪排涝、城市建设、工农业用水等工程建设中的水文问题，这促进了水文学的迅猛发展。这一时期水文站网急速扩大，水文数据积累更加丰富，从而为水文规律的深入研究奠定了数据基础，创造了优越条件。

1900 年美国人塞登采用密西西比河的水文资料，研究了洪水波的传播方程，提出了著名的塞登定律，为天然河道洪水演算提供了理论依据，1935 年美国人麦卡锡对其简化后提出了洪水演算的马斯京根法。1907 年美国人白金汉提出毛细管势能的概念，采用能量关系描述土壤水的特性，解释土壤水分运动。1923 年美国人迈因策尔提出了地下水容许开采量的概念，用以维持地下水的平衡，并在 1928 年论述了承压含水层的可压缩性和弹性，为地下水非稳定理论的建立创造了条件。1937 年美国人马斯克特用数学方法描述了地下水运动。

1926 年美国人波文采用波文比解释对流热量损失与蒸发热量损失之间的关系，提出了用能量平衡法推求水面蒸发量的计算公式。1948 年英国人彭曼根据空气动力学方程和能量平衡方程，提出了计算水面蒸发的彭曼公式。

为适应工程设计和防洪的要求，在水文计算和水文预报方面提出了许多新概念和新方法。1911 年美国人泰森提出了求算区域面雨量的泰森多边形法，1914 年美国人黑曾、富勒等提出了重现期的概念，1924 年福斯特提出了皮尔孙Ⅲ型频率曲线的分析方法，1939 年韦伯尔提出了经验频率计算公式。这些学者把概率论和数理统计的理论与方法应用到水文学，推动了水文计算的发展。1936 年美国人霍伊特提出随机水文过程的移动平均模型，1946 年苏联（现俄罗斯）的波利亚科夫提出用马尔科夫链描述年径流系列。他们将随机过程理论引入水文计算，形成了随机水文学，这些水文计算方法的推广应用，丰富和发展了应用水文学。

在流域产流汇流计算方面，1933 年美国人霍顿提出了描述下渗过程的经验公式——霍顿下渗公式，1931 年苏联的韦利卡诺夫提出了等流时线概念，1932 年美国人谢尔曼提出了计算流量过程的单位线法，1938 年美国人斯奈德和麦卡锡都提出了以流域特征值为参数的综合单位线，并在无实测资料的流域汇流计算中进行了应用，1945 年美国人克拉克首先提出瞬时单位线概念。

1949 年美国人姜斯敦等出版了《应用水文学原理》，美国土木工程师学会编著《水文学手册》，这些著作系统阐述了应用水文学的理论和方法，标志着应用水文学进入了成熟阶段。

0.3.4　现代化时期

进入 20 世纪下半叶，水文学进入了现代化时期。

随着计算机的发展和应用，水文资料的观测实时化、数据传输网络信息化、水文计算模型化、水文预测预报计算机化，水文学进入了以自动观测的水文数据为基础、以模型演算为工具、以探讨人类活动的水文效应为目的的现代化时期。

同时，由于人口增长，大规模的城市建设和工农业发展的需要，生产和生活用水量不断增长，环境污染日趋严重，出现了世界性的水资源短缺和紧张局面，这迫使水文学在注重水量研究的同时，加强了水质的监测与研究；不仅注重洪水研究，更加关注对枯水的探索；不仅研究一条河流、一个流域的水文特性，更加关注跨流域、跨地区的水资源联合调度利用中的水文问题；不仅研究短期、近期的水文预报，更加关注长期甚至未来若干年的水文趋势预测等。可见水文学进入了快速发展的现代化时期。

美国自 20 世纪 50 年代开始进行水文资料的自动化整编，于 1971 年建立了水文资料库，用于贮存和检索水文资料，1975 年实现了对全国水文资料的计算机网络查询。20 世纪 80 年代发射陆地卫星，结合航空遥感，收集了大量卫星图片，并将取得的水文研究成果用于国际服务。英国、加拿大、日本、苏联、比利时和意大利等国也都建立了水文资料库，以及流域或地区性的水文自动测报和联机网络系统，相继采用卫星技术研究水文问题。1958 年，美国人海泽等开始用雷达观测降雨量。这些遥感和计算机新技术的应用，推进了水文、水资源的研究。

1950 年美国人贝尔彻等提出用中子散射法测定土壤含水量。1954 年艾迪生用放射性元素作示踪剂测量河川流量和含沙量。这极大地提高了水文测验的精度和效率。1972 年美国开始利用卫星传送水文资料。1970 年以来，美国、日本和德国等采用磁带记录等方法记录水位数据，应用电子编码技术和固体电路贮存数据，将水位和雨量等数据自动输入计算机进行处理，节省了水文预报和计算的中转时间，提高了水文资料的精度，提高了预测精度。1980 年以来美国、英国和挪威等国采用测深仪，直接测量河床断面，并将这种技术与雷达定位、动船测速相结合，提高了大江、大河、洪水，特别是高速洪水的测流精度。

中国于 1956 年开始布设水文观测站网，2018 年有国家基本水文站 3154 处，专用水文站 4099 处，水位站 13625 处，地下水观测站 26550 处。发布了《水文测验规范》，统一了全国水文测验技术标准。于 20 世纪 50 年代中期完成了对 1949 年以前积存的历年实测资料进行了整编和刊印，从1950年起每年刊印水文年鉴，1976年开始用计算机整编水文资料，20世纪70年代中期，相继研制成功了同位素测沙仪、放射性同位素示踪法测流仪和超声波测流仪等，于1978年开始研制水文自动测报系统，并已实际应用和推广。自70年代末至80年代初，在黄河、长江等流域和地区开始应用卫星图片和遥感技术研究水文、水资源问题，取得了一定的成果。

在水文模型和水文预报方面，1951年美国人柯勒和林斯雷提出的暴雨径流API模型在水文预报方面得到广泛运用，1957年爱尔兰人纳什提出了瞬时单位线，苏联人加里宁提出了时段单位线，1956年日本人菅原正巳提出了水箱模型，1962年美国人托马斯和菲林提出的随机水文模型，1966年美国人林斯雷和克劳福德提出的斯坦福第4号流域模型以及美籍华人周文德于60~70年代发展的实验室流域水文模型及其一系列的水文随机模型、水资源系统模型等，都不同程度地推动了水文预报和水资源系统分析。在中国1955年华士乾编写了《洪水预报方法》，总结了长江、淮河特大洪水实际预报中的经验，赵人俊等于60~70年代提出了蓄满产流模型和适合于中国湿润地区的流域水文模型。陈家琦提出了以推理公式为基础的小流域暴雨洪水计算方法，并用实测资料率定参数，提高了推理公式的应用水平。

在河流泥沙计算方面，1950年美国人爱因斯坦提出了从含沙量分布求悬移质输沙率的公式，建立了理论上较为完善、具有重要实用价值的推移质输沙率公式。在20世纪50年代，苏联人贡恰罗夫等提出了以流速为主要参数的推移质输沙率公式，中国人张瑞瑾提出了泥沙沉速、起动公式和推移质输沙率、含沙量垂线分布、水流挟沙力公式，论述了蜿蜒型河段演变规律。沙玉清于60年代中期提出了泥沙扬动和扬动流速的概念。钱宁于1958年提出泥沙沉降速度公式，60年代提出了冲积河流的河型分类及稳定性、游荡性河流演变特性等方面的新见解，并提出河道综合性游荡指标。在70~80年代，钱宁及其协作者提出中性悬浮质、层移质等泥沙运动的新概念。窦国仁于1980年提出了紊流随机理论，导出了适用于层流、层流向紊流过渡和紊流光滑区、过渡区和粗糙区的流速分布和阻力公式。

70年代中期，国际上许多政府间组织和非政府间组织联合起来开展国际水文合作，兴起了全球性的水文科学研究。1965—1974年开展了国际水文十年(IHD)的科学活动，着重开展了以世界水平衡、人类活动对水文循环的影响等14个领域的国际协作研究。联合国教科文组织继续举办长期水文国际合作计划即“国际水文计划”(IHP)，分阶段着重研究水文过程与物理环境之间的关系、水文过程与人类活动的相互关系，水资源的规划管理及与环境和社会的关系等重大课题。世界气象组织(WMO)于1971年开始执行“业务水文计划”(OHP)，并和联合国教科文组织合作，从1984年开始执行“水资源水文计划”。在国际标准化组织(ISO)的明渠水流测量技术委员会(TC113)等组织主持下，开展了水文测验技术的标准化研究。中国自1974年起参加了上述国际合作，开展了各项合作活动。1980年和1983年两次在中国召开了国际河流泥沙学术讨论会，1984年在中国北京成立了“国际泥沙研究培训中心”。1981年以后，中美、中意分别进行了地表水水文学双边的科技合作交流活动，1985年在中国召开了非常洪水频率分析学术讨论会。

《1983年国际水文科学协作章程》中指出：水文学应作为地球科学和水资源学的一个

方面来对待，主要解决水资源利用和管理中的水文问题，以及由于人类活动引起的水资源变化问题。1987 年 5 月在罗马由国际水文科学协会和国际水力学研究会共同召开的"水的未来——水文学和水资源开发展望"讨论会，提出水资源利用中人类需要了解水的特性和水资源的信息，人类对自然现象的求知欲将是水文学发展的动力。1992 年在里约热内卢环境与发展大会通过的联合国《21 世纪议程》第 18 章"保护淡水资源的质量和供应：水资源开发、管理和利用的综合性方法"，提出了水资源综合开发与管理、水资源评价、水资源及水质和水生态系统保护、饮用水的供应与卫生、水与可持续的城市发展、可持续的粮食生产及农村发展用水、气候变化对水资源的影响等 7 个重点工作领域。1992 年都柏林水与可持续发展会议通过的《都柏林宣言》，形成了国际水资源政策框架。1997 年在摩洛哥马拉喀什举办了第一届世界水论坛，提出保护 21 世纪全球水安全。2000 年 3 月 17~22 日在荷兰海牙召开了第二届世界水论坛及部长级会议，一致通过了《21 世纪水安全——海牙世界部长级会议宣言》。2003 年、2006 年又分别举行了第三届、第四届世界水论坛，各国学者和官员就普遍关心的水资源挑战，商议对策。

广泛的国际合作，促进人们对全球水文和水资源知识的交流，增长和加深人类对全球水文循环和水量平衡的认识，推动水文科学历史加速前进。

0.4 水文现象及其特征

地球上与水有关的自然现象称为水文现象，即在水分循环过程中水的存在形式和运动形态。降雨、降雪、蒸发、下渗、径流等都是水文现象，河水的涨落、冰雪消融、土壤水分动态、地下水位的升降等均是水文现象的具体表现。既然水文现象是自然现象的一种，肯定受自然地理要素的影响和控制，人作为地球上改造自然能力最强的生物，对水文现象的作用和影响也不容忽视，因此在自然地理要素和人为活动的共同影响下，水文现象具有以下几个特征。

0.4.1 地区性

水文现象在空间上具有地区性，相同地区的水文现象具有相似性。不同地区因受该地区气候、地质地貌、土壤、植被等影响，其水文现象有各自的特殊性。

地球上自然地理要素的典型特征就是具有地带性，水文现象作为水要素的表现形式同样具有地带性，即同一地区的水文现象具有相似性，这是由于同一地区的地理位置、气候、地质地貌、土壤、植被等具有相似的特征，受其影响的水文现象必然也具有相似性。比如我国北方干旱地区的河流水量匮乏，年内分配不均，常年断流或季节性断流，径流过程陡涨陡落，河水浑浊含沙量高，产流方式以超渗产流为主。而南方湿润地区的河流水量充沛，年内分配均匀，有长流水，径流过程较为平缓，河水清澈含沙量低，产流方式多为蓄满产流。

根据水文现象的地区性，同一地区不同河流的汛期、枯水期相近，径流过程相似。不同流域如果所处的地理位置相近，气候因素、地质地貌、土壤、植被、人类活动的特性也相似，受其综合影响而产生的水文现象具有相似性，这必然导致水文现象的空间分布具有一定的规律性，因此可以用等值线图反映水文现象的地区性。正是由于水文现象具有地区性，因此人们经常将有长期实测资料的流域水文观测结果移用到相似地区使用，这种移用方法在水文学中称为水文比拟法。水文现象的地区性反映出了水文现象具有确定性。各地的降水、年径流量都有随纬度、离海洋距离的增大而呈现出地带性的变化，服从确定性规律。

但是自然地理条件千变万化，即使同一地区的两个相邻流域，虽然地理位置与气候因素相似，但地形地貌、土壤地质、土地利用、人为活动等条件的差异，必然会导致这两个流域水文变化规律的不同，这是由水文现象的特殊性(不可确定性)所决定的，因此经验性的研究结果往往有其应用地域的局限性。例如山区河流与平原河流、沿海河流与内陆河流、北方河流与南方河流、其河水变化特征和规律各异，同一地区的森林流域与农地流域的水文过程差异显著，即使同为森林流域，多林流域和少林流域的水文过程也不相同。这种局部性的差异反映出水文现象在空间变化上具有不可确定性。因此在进行水文研究时，虽然可以在水文现象具有地区性的规律基础上把握研究流域总体的水文特征，但必须对流域下垫面特征进行详细调查和准确把握。因此不同地区的不同流域、不同河段都需设置水文站长期观测河流水位、流量、泥沙等水文特征值的变化，以便全面分析、归纳总结影响水文现象的参数，凝练水文现象的变化规律，为生态环境规划管理提供设计依据。

0.4.2 周期性与随机性

周期性是指某一水文现象在一定时间内会重复出现。随机性是指某一水文现象出现的具体时间和数值是未知的、随机的。

春天气温回升，大地复苏，植物开始生长；夏天高温多雨，植物生长旺盛；秋季天气转凉，雨水减少，植物结实；冬季冰天雪地，万物凋零。一年四季周而复始，这说明气候要素的变化具有周期性。在周期性变化的气候要素影响下，植物生长也会产生春华秋实的周期性变化。正是因为气候、植被要素具有周期性变化的特点，受其影响的水文现象也具有明显的周期性。如每条河流每年都有一个汛期和枯水期，同时还存在连续丰水年与连续枯水年的多年周期，这是周期性的具体表现。但是每年汛期和枯水期出现的时间、流量大小、径流过程并不完全相同，这是随机性的具体表现。以冰雪水为补给源的河流受气温日变化的影响也具有以日为周期的水量变化规律，潮汐随着月球的周期变化而表现出明显的日变化过程，这也是周期性的表现。

在流域尺度上一场暴雨必然会造成河流涨水，暴雨强度、历时及笼罩面积与所产生的洪水之间一定具有因果关系。如果暴雨强度大，降雨历时长，笼罩面积大，则会出现较大的洪峰流量，形成较大的洪水。反之，则洪峰流量低，洪水较小。可见暴雨与洪水之间存在着必然因果联系，并周期性地显现其规律性，这种因果关系一般是确定性的表现，这也是水文现象周期性的反映。周期性说明在一定的前提条件下必然会产生特定的水文现象，这些水文现象的发生原因及其形成条件，服从确定性规律。

但这种周期性规律决非一成不变，受流域气象条件、地形地貌状况、生态环境与水土保持状况的影响，不同年份流域内的降水量、径流量各不相同，某些年份可能为丰水年，某些年份可能为枯水年或平水年，具体哪一年会出现丰水年、哪一年会出现枯水年事先是未知的，具有随机性。与此同时各年份中最大洪峰流量、最枯径流量出现的时间、大小也各不相同，流量过程线也完全不同。这均体现了水文现象的随机性。长期的水文观测发现，特大洪水流量与特小枯水流量出现的频率较低，中等洪水和枯水出现的频率较大，虽多年径流量的均值基本趋于稳定，但各年径流量均不相同。水文现象就是这样不断地随时间、地点发生变化，这也是水文现象随机性的表现。水文现象的随机性决定了水文学的研究方法为数理统计法。

0.4.3 循环转化性

水文现象具有循环转化性。由于地球上的水分循环永无止境，任何一种水文现象的发生，都是全球整体水文现象的一部分和永无止境的水循环过程中的短暂表现，一个地区发生洪水和干旱，往往与其他地区水文现象的异常变化有联系，现在的水文现象是以往水文现象的延续，而未来的水文现象则是在现在的基础上发展和演化的结果。因此，任何水文现象在空间上和时间上总存在一定的因果关系。因此，水文研究必须在大尺度上利用长序列的水文观测资料进行多因素的综合分析。

水文现象中的降水、径流、下渗、蒸发、土壤水、地下水也是处于不断的相互转化之中。地表水和土壤水经过蒸发转化为大气水，经过冷却凝结后大气水又转化为降水再回到地表后，一部分转化为地表径流，一部分通过下渗进入土壤转化为土壤水，进一步向深层渗透后进入地下含水层转化为地下水，地下水在含水层内移动过程中遇到合适的构造条件重新返回地面，又转化为地面径流。可见水分在运动过程中由降水转化为径流和土壤水，径流和土壤水经过蒸发转化为大气水后再形成降水，进入土壤中的水分向地下含水层运动转化为地下水，并以地下径流的形式返回地表后转化为地面径流。即水分在运动过程中形成了大气水、地表水、土壤水、地下水的相互转化，完成了蒸发—降水—下渗—径流—再蒸发的循环和转化。因此，在水文学研究中必须树立大气水、地表水、土壤水、地下水统筹考虑的思想，必须将降水、径流、下渗、蒸发等水文现象作为整体进行综合分析。

0.5 水文学的研究方法

水文学是研究水文现象的科学，根据水文现象的基本特征，水文学的研究方法大致可分为成因分析法、地理综合法和数理统计法。

0.5.1 成因分析法

以分析水文现象的物理成因为基础，研究水文现象与影响因素间相互关系的方法称为成因分析法。水文现象受诸多因素的共同影响，这些影响因素之间还存在着内在联系，通过分析和研究观测资料，建立水文现象与其影响因素之间的数学物理方程，在此基础上便可根据影响因素的状况和变化预测水文现象的未来趋势。成因分析法能够给出确切的因果关系，广泛应用于水文预报和水文分析计算中。如在掌握降雨和径流之间的相互关系基础上，便可以通过降雨量计算出径流量；在准确把握河道断面、比降、河长等基本资料以及洪水传播速度的基础上，建立河道上游、下游观测站水位之间的相互关系，就可以利用上游观测到的洪水水位预报下游站的洪水水位。影响水面蒸发的因素主要为气象因素，如果建立了气象要素和水面蒸发间的关系，即可利用气象因素计算水面蒸发量。但是水文现象的形成过程复杂、影响因素众多，在计算机技术较为落后以及水文模型不普及的年代，进行水文现象的成因分析时为了简化计算，往往只考虑主要因素，忽略一些次要因素，这导致了成因分析法计算结果的局限性。近代随着计算机技术的迅猛发展以及水文模型的普及应用，出现了一些确定性的水文模型，结合地理信息系统和遥感，使成因分析法在应用过程中可以考虑更多的影响因素，研究结果的可靠性得到了极大提高。

0.5.2　地理综合法

气候、地形、地质地貌、土壤、植被、人为活动等影响水文现象的因素均具有明显的地区性和空间分布规律，因此，水文现象也具有明显的地区性和空间分布规律。利用水文特征值表述水文现象的空间分布特征，并将水文特征值用等值线图或地区性的经验公式表示出来的方法称为地理综合法。利用地理综合法提供的等值线图或经验公式，可以利用空间插值的方法求取资料短缺地区的水文特征值。根据水文现象在地区上存在着相似性的特点，将相似地区的实测资料经修正后移用到无资料地区的方法都属于地理综合法的范畴。

地理综合法是确定资料短缺地区水文特征值的重要方法。我国地域辽阔，河流众多，许多地区和河流缺乏水文观测站点，尤其是水土保持工作中涉及的小流域，多为无水文观测资料的流域，因此地理综合法更具有重要意义。

0.5.3　数理统计法

根据水文现象的随机性及周期性，以概率理论为基础研究水文现象统计规律的方法为数理统计法。数理统计法可以求出长期水文数据系列特征值的概率分布，可以为工程规划设计提供所需要的水文特征值。水文计算的主要任务就是预估某些水文特征值的概率分布，因此，数理统计法是水文计算的主要方法。

虽然1840年我国就建立过第一个水文站——北京清河水文站，1915年开始自行设立水文站。但此后饱受战乱影响，水文资料严重短缺，而交通设施建设、河道治理、城市建设等规划设计中的设计标准多为50年一遇或100年一遇，大型水利设施的设计标准甚至达到1000年一遇，现有观测资料很难满足设计需求。在现今科学技术水平条件下，只用成因法分析及地理综合法对水文现象进行分析计算，远不能满足工程设计的需求。而受多种因素影响的水文现象的时程变化具有随机性及周期性，符合概率论和数理统计的要求，可以利用数理统计法对水文现象进行统计分析，对未来可能发生的水文情势进行预估。如河流某一断面的洪峰流量各年并不相同，目前利用成因分析法和地理综合法无法按时间序列计算出某一年具体的洪峰流量，但却可以应用数理统计法对某一洪峰流量的发生概率进行预估。所以数理统计法早在1880年就被广泛用于推断水文现象的统计规律，它避免了主观抽象的设想，并可得到一定程度的可靠结果。

数理统计法并未阐明水文现象与影响因素间的因果关系，计算结果也只是基于观测数据的统计规律，给出的水文现象的特征值和统计模型。

思考题

1. 举例说明水文学与水土保持学的关系。
2. 举例说明水文学与人类活动的关系。
3. 举例说明水文现象的基本特征。
4. 简述水文学的研究方法有哪些？

第1章

水分循环与水量平衡

本章是水文学的基础理论部分，主要讲授自然界水分的运动形式——水分循环，水文学中最重要的方程——水量平衡方程，以及影响水分循环的主要因素。

1.1 水分循环

1.1.1 地球上水的分布

水是生命之源，是地球上分布最广泛的物质之一。它以气态、液态和固态三种形式存在于大气、陆地、海洋以及生物体内，组成了一个相互联系、与人类活动密切相关的水圈。水存在于水圈之中。

(1)大气水

环绕着地球的一层空气被称为大气，这层大气中所含的水就是大气水。大气水通常是水蒸气，但也可以是液态水如雨水，也可以是固态水如雪、冰雹，大气水是气象科学的主要研究对象。大气中的水分包含水汽、水滴和冰晶，水分总量为 $1.29\times10^{4}km^{3}$，占地球总水量的0.001%，占淡水储量的0.04%。大气水分如果全部降落到地面，在地面能形成25mm的降水。据测定全球年平均降水量为1100mm，可见大气水平均每年循环更新的次数为1100/25=44次，大气水在空中的平均滞留时间约为365/44=8.3天。正因为大气水有如此快速的循环周转率，保证了陆地平均8.3天就有一次降水，这充分说明大气水是地表水和土壤水的重要补给源，当然地表水和土壤水的蒸发也是对大气水的重要补给。但单纯依靠地表蒸发补给大气水的区域，经常会出现规律性的干旱。有研究表明非洲和美国中部等陆地的降水大部分来源于当地蒸发，降水补充当地的土壤水，土壤水又通过蒸发返回到大气以补充大气水，再以降水返回到土壤中，这种积极的反馈作用可能导致出现季节性或多年持续的湿润或干旱现象。例如，16世纪到18世纪末，位于撒哈拉沙漠以南的萨赫勒地区比较湿润，此后气候逐渐变干旱，干旱期间也会出现降水较多的年份，但总体呈现干湿交替的波动性，在20世纪60年代末以前，这片土地尚能为当地居民提供生产生活条件，现已经成为“干旱”的代名词，在过去100年间，这一地区于1910—1916年、1941—1945年、1968—1973年经历了3次毁灭性的干旱，雨量大幅度减少，触发了严重的荒漠化，形成大面积的风蚀斑块和流动沙丘。

(2)陆地水

储存在土壤、池塘、湖泊、沼泽、河流、地下岩石空隙中的水体称为陆地水。陆地水又分为河水、湖泊水、冰雪融水、沼泽水、土壤水、地下水。其中河水总量为 $2.12\times10^{3}km^{3}$，占地球总水量的0.0002%。湖水总量为$1.76\times10^5 km^3$，占地球总水量的0.0127%，其中淡水量约为$9.1\times10^4 km^3$。沼泽水总量为$1.15\times10^4 km^3$，占地球总水量的0.0008%。冰雪水总量为$2.41\times10^7 km^3$，占地球总水量的1.7338%，占淡水总储量的68.8571%，是地球上的固态淡水水库。地表以下沉积物或岩石空隙如果被水充满，就会形成一个饱和区域，其上会形成一个饱和水面，这就是地下水面，该水面以下区域均被水充满成为饱和区域，这个饱和区域中储存的水分称为地下水。地下水总量为$2.34\times10^7 km^3$，占地球总水量的1.6883%，占淡水总储量的30%。由于诸多地下水保存于沿海地区的沉积物中，这些地下含水层因与海水接触，含盐量较高，为地下咸水和含盐水，其总量超过地下水的一半以上。地表以下地下水面以上土层孔隙中不仅有水，还有空气，即空隙中既有空气又有水，为不饱和区，储藏在这层不饱和区的水称为土壤水。土壤水总量为$1.65\times10^4 km^3$，占地球总水量的0.0011%，土壤水总量虽然很少，但对维持地球生态系统正常运转起着重要作用。

(3)生物水

储存在生物有机体中的水体称为生物水，即生命有机体中的水分。生物水约占生命有机体重量的80%，全球生物水的总量为$1.12\times10^3 km^3$，占全球总储水量的0.0001%。生物水虽少，但它对维持地球上的生命活动起着非常重要的作用。

(4)海洋水

储存在海洋中的水体称为海洋水。海洋水总量为$1.338\times10^9 km^3$，约占地球总储水量的96.2590%。海洋是地球上水量最多的地方，面积约为$3.613\times10^5 km^2$，约占地球表面积的71%，海洋是地球上水分的来源地。

据调查结果显示，地球上水的总量大约为$1.386\times10^9 km^3$，人类可利用的淡水量约为$3.5\times10^7 km^3$，主要通过海洋蒸发和水分循环而产生，仅占全球总储水量的2.53%。淡水中只有少部分保存在湖泊、河流、土壤和浅层地下水中，大部分则以冰川、永久积雪和多年冻土的形式存储在南极和格陵兰地区。在所有可用的淡水中68.58%被保存在极地冰中，30.06%保存在地下水中，只有1.36%为地表水、土壤水和大气水(表1-1)。

表 1-1　全球水储量表

类型		水量(km^3)			比例(%)
		总量	淡水	咸水	
大气水		1.29×10^4	1.29×10^4		0.0009
生物水		1.12×10^3	1.12×10^3		0.0001
陆地水	河　水	2.12×10^3	2.12×10^3		0.0002
	湖　水	1.76×10^5	9.10×10^4	8.54×10^4	0.0127
	沼泽水	1.15×10^4	1.15×10^4		0.0008
	冰雪水	2.41×10^7	2.41×10^7		1.7338
	土壤水	1.65×10^4	1.65×10^4		0.0011
	地下水	2.34×10^7	1.05×10^7	1.29×10^7	1.6835
海洋水		1.338×10^9		1.338×10^9	96.2590
总水量		1.386×10^9	3.59×10^7	1.35×10^9	
总淡水量			3.50×10^7		2.53

摘自范荣生，王大齐合编《水资源水文学》。

在南北两极有两个主要的冰盖，分别是南极洲和格陵兰岛，如果所有的极地冰融化，可以显著地促进海平面上升。由于自然冰中含有气体和其他固体物质，当冰融化时形成水的体积应该小于冰的体积，从冰到水的转化率(冰与水的体积比 0.9)约为 0.9。根据联合国政府间气候变化专门委员会(IPCC)2011 年估算的两极冰的体积为 $28.6\times10^6\text{km}^3$，换算成水的体积为 25.7km^3，海洋面积为 $362\times10^6\text{km}^2$，如果所有极地冰融化，海平面将上升 71m。

但是南极和格陵兰的冰盖都位于雪线以上，雪线意味着该高度以上是全年永久性冰雪覆盖。因此，可能需要几千年的时间来融化所有的这些冰，特别是对于南极冰盖。

南极大陆的总面积为 $1390\times10^4\text{km}^2$，平均海拔为 2350m，最高的文森山海拔 5140m，是世界上最高的大陆。年平均气温为 -25℃，内陆高原平均气温为 -52℃左右，极端最低气温曾达 -89.2℃，整个南极大陆都被冰雪覆盖，如果将南极的冰雪融化，地球的温度至少要提高 25℃以上，这是很难达到的，因此南极的冰雪融化仅仅是一种假设而已。

北极不是大陆而是一片海洋，所有冰或冰山均漂浮在海水之中，根据浮力定律，这些冰即使全部融化，海平面也不至于上升。如果考虑海水的含盐量高而冰是淡水，冰的密度稍小于海水密度，那么北极冰全部融化后海平面会有些许上升。

1.1.2 水分循环

地球是一个由岩石圈、水圈、大气圈和生物圈构成的巨大系统。水在这个系统中起着重要的作用，在水的作用下地球各圈层之间的相互关系变得更为密切，水分循环则是这种密切关系的具体标志。

水分循环是地球上一个重要的自然过程，是指地球上各种形态的水在太阳辐射的作用下，通过蒸发、水汽输送上升到空中并输送到各地，水汽在上升和输送过程中遇冷凝结，在重力作用下以降水形式回到地面、水体，最终以径流的形式回到海洋或其他陆地水体的过程。地球上的水分不断地发生状态转换和周而复始运动的过程称为水分循环，简称为水循环。

从水分循环的定义可见：水分循环的动力是太阳辐射和地球引力，水分在太阳辐射的作用下离开水体上升到空中并向各地运动，又在重力的作用下回到地面并流向海洋，太阳辐射和地心引力为水分循环的发生提供了强大的动力条件，这是水分循环发生的外因。同时水的物理性质决定了水在常温下就能实现液态、气态和固态的相互转化而不发生化学变化，这是水分循环发生的内因。内因是基础，外因是条件，内因通过外因起作用，以上两个原因缺一不可。

水分循环一般包括蒸发、水汽输送、降水和径流四个阶段(图 1-1)。在有些情况下水分循环可能没有径流这一过程，如海洋中的水分蒸发后在上升过程中遇冷凝结又降落到海洋之中，这个水分循环就没有径流这一阶段。

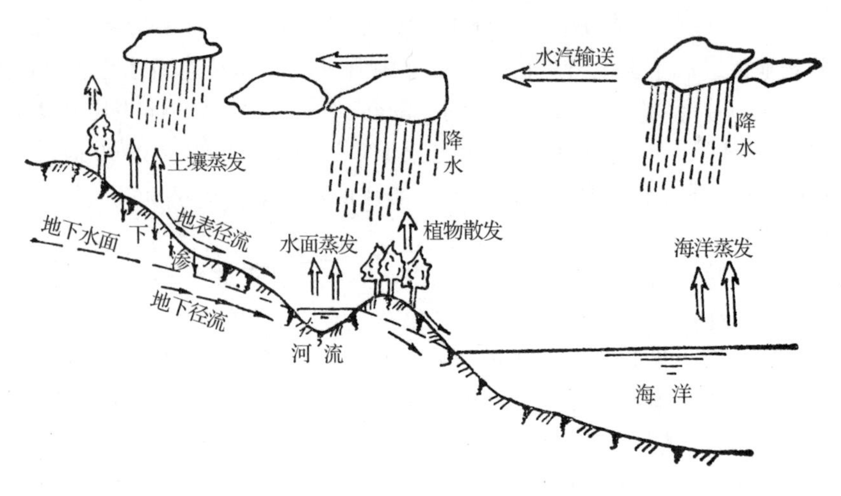

图 1-1　水分循环示意图

1.1.3　水分循环类型

根据水分循环的过程可以把水分循环分为大循环、小循环和内陆水分循环。

大循环又称为外循环，是海洋水与陆地水之间通过一系列的过程所进行的相互转化。由海洋上蒸发的水汽，被气流带到陆地上空，在一定的大气条件下降落到地面，降落到地面的水分有一部分以径流的形式汇入江河，重新回到海洋，这种海洋与大陆之间的水分交换过程叫大循环。通过这种大循环的水分运动，陆地上的水才能源源不断地得以补充，尤其是淡水资源才得以再生。

小循环又称为内循环，是发生在陆地与陆地之间或海洋与海洋之间的局部水分循环。陆地与陆地之间的循环是指陆地上的水在没有回到海洋之前，经蒸发和蒸腾上升到空中，与从海洋输送来的水汽一起再向内陆输送至离海洋更远的地方，凝结成降水，然后再蒸散到上空，随气团向内陆运动，直至形成降水为止，这就是陆地水分循环。海洋与海洋之间的循环是指海洋上的水经过蒸发变成水汽，水汽在上升过程中或运动过程中凝结，形成降水，又重新回到海洋表面，即海洋水分循环。

内陆水分循环，由海洋上蒸发的水汽随大气环流进入陆地后，一部分遇冷凝结以降水的形式回到地面，还有一部分随地面蒸发的水汽一起继续向内陆运动，这些水蒸气在向内陆继续运动的过程中再遇冷凝结，再以降水的形式回到地面，剩余的水蒸气继续与地面蒸发的水汽一起向更加远离海洋的内陆移动，如此往复不断，直至不足以形成降水为止。正是由于内陆水分循环的存在，水汽才有可能进入到远离海洋的内陆地区，为这些干旱地区带来宝贵的降水资源。同时内陆水分循环通过反复的蒸发、降水，提高了从海洋到达陆地的水汽的循环转化次数，提高了水资源的利用率。人类在改造自然的过程中修建的水库、淤地坝、梯田、鱼鳞坑等水土保持工程措施，以及造林种草等水土保持植物措施，阻碍和延缓了降水以径流的形式返回海洋，增加了在陆地的滞留时间，从而也就增加了蒸发量和参加内陆水分循环的量，这必将为增加内陆地区的降水量提供了可能。

1.1.4 水分循环周期

水分循环周期是研究水资源的一个很重要的参数。如果某一水体，循环周期短、更新速度快，水资源的利用率就高。水分循环周期：

$$T = W/\Delta W \tag{1-1}$$

式中：T 为水分周期(年、月、日、时)；W 为水体的总储水量；ΔW 为单位时间参与水分循环的量。

据计算大气中的总含水量约 $1.29 \times 10^{13} m^3$，而全球年降水总量约 $5.77 \times 10^{14} m^3$，大气中的水汽平均每年转化成降水 44 次($5.77 \times 10^6/1.29 \times 10^5$)，即大气中的水汽平均每 8 天多循环更新一次(365/44)。全球河流总储水量约 $2.12 \times 10^{12} m^3$，而河流年径流量为 $4.7 \times 10^{13} m^3$，全球的河水每年转化为径流 22 次($4.7 \times 10^5/2.12 \times 10^4$)，即河水平均每年 16 天多更新一次(365/22)。海水全部更新一次则至少需要 2500 年(表 1-2)。水是一种全球性的可以不断更新的资源，具有可再生的特点。但在一定时间和空间范围内，每年更新的水资源是有限的，如果人类用水量超过了更新量，将会造成水资源的枯竭。

表 1-2　地球上各种水体的循环周期

水体类型	循环周期	水体类型	循环周期
海洋	2500 年	湖泊	17 年
深层地下水	1400 年	沼泽	5 年
极地冰川	9700 年	土壤水	1 年
永久积雪和高山冰川	1600 年	河水	16 天
永冻层底冰	10000 年	大气水	8 天

摘自沈冰，黄红虎主编《水文学原理》。

1.1.5 影响水分循环的因素

影响水分循环的因素很多，可以概括为三类：气候因素、下垫面因素和人为因素。

气候因素主要包括湿度、温度、风速、风向等。气候因素是影响水分循环的主要因素，在水分循环的四个环节(蒸发、水汽输送、降水、径流)中，有三个环节取决于气候状况。一般情况下，温度越高，蒸发越旺盛，水分循环越快；风速越大，水汽输送越快，水分循环越活跃；湿度越高，降水量越大，参与水分循环的水量越多。另外，气候条件还能间接影响径流，径流量的大小和径流的形成过程都受控于气候条件(河流是气候的产物)。因此，气候是影响水分循环最为主要的因素。

下垫面因素主要指地理位置、地表状况、地形等。下垫面因素对水分循环的影响主要是通过影响蒸发和径流起作用的。有利于蒸发的地区，水分循环活跃，而有利于径流的地区，水分循环不活跃。

人为因素对水分循环的影响主要表现在调节径流、加大蒸发、增加降水等水分循环的环节上。如修水库、淤地坝等促进了水分的循环。人类修建水利工程、修建梯田、水平条等加大了蒸发，影响了水分循环。封山育林、造林种草也能够增加入渗、调节径流、影响蒸发。人类活动主要是通过改变下垫面的性质、形状来影响水分循环。

1.1.6　水分循环的作用和意义

水分循环描述了海洋或陆地上的水在吸收了太阳辐射后，通过蒸发，以淡水的形式上升到空中，并在大气环流作用下输送到全球各地，再以降水的形式回到海洋或地面，补充各地蒸发损失的水分，并将在海洋上吸收的太阳能释放出来。海洋上的水分蒸发对地球生命系统而言异常重要，海水经过蒸发形成水蒸气、云滴，从而保证了陆地上的降水全部由淡水组成。水分循环过程就是水蒸气随大气环流在全球再分布和传播的过程，在这个过程中实现了全球水分的再分布和水量平衡，并将海洋上吸收的太阳辐射输送到陆地，同时实现了热量平衡。

蒸发后漂浮在大气中的水蒸气，是大气中最丰富的温室气体，约占温室气体的 60%~70%。正是由于水蒸气和其他温室气体的作用，地球平均温度才会维持在 15℃左右，很适宜人类居住。如果没有水蒸气，地球平均温度将会是 -18℃，人类能否存在都值得怀疑，至少不像现在这么舒适。

洋流也是水循环的一种形式，北大西洋暖流也称为北大西洋西风漂流，是墨西哥湾暖流的延续。其流量约为 2×10^{15}~4×10^{15} m^3/s，这股暖流每年向西欧与北欧输送大量的热量，使其沿岸形成了典型的海洋性气候，并且一直延续到极圈内。北大西洋暖流对西欧与北欧气候有明显增温增湿作用。由于全球变暖，北极地区的冰雪融化、永久冻土消融，大量淡水融入北大西洋，因淡水密度小于海水，漂浮在海面，压迫北大西洋暖流沉入深层，导致北大西洋暖流速度变慢，势力减弱，从而削弱了北大西洋暖流对西欧与北欧气候的增温增湿作用，其结果是欧洲和北美东部气候变冷。

随着人类社会的进步和发展，人类的工业活动以及其他行为导致了大气中以二氧化碳和甲烷为代表的温室气体浓度增加，这加速了近地面层大气底部温室效应的增强，导致了全球地表平均温度的逐渐增高。随着空气温度的升高，大气中可容纳水蒸气含量就会增加，而水蒸气本身就是温室气体，具有温室效应，水蒸气的增加必然进一步加强温室效应，因此，可以认为大气中的水蒸气促进或放大了人类活动的温室效应。

海洋上蒸发的水汽，随着大气环流输送到各地，再以降水回到地面，最终以径流的形式返回海洋，完成水分循环。但也有一部分水分会从水分循环中逃逸出来，在相当长的时间内保存在极地冰层、永久冻土层或深层地下水中。大气水在大气中的平均停留时间只有 8 天左右，但通过降水回到地面、渗入土壤、补充地下水后，平均停留时间将会变得很长，甚至可达到千年以上。

地球上的水分循环过程是无止境的，气候变化将导致水分循环过程和速度发生变化。目前的全球变暖，引起水文循环加速，这很可能导致地球上某些地区出现更极端的气候现象。虽然参与水分循环的水量只占地球总水量的很少一部分，但是水分循环对自然界，尤其是人类的生产和生活活动具有重大作用和意义。概括地说，水分循环的主要作用有以下几个方面：

(1)提供水资源，使水资源成为“可再生资源”。

(2)影响气候变化，调节地表气温和湿度。

(3)形成各种形式的水体(江河、湖泊和沼泽等)以及与其相关的各种地貌现象。

(4)形成多种水文现象。

自然界的水分循环是联系地球系统大气圈、水圈、岩石圈和生物圈的纽带，它通过降水、截留、入渗、蒸发散、地表径流及地下径流等各个环节将大气圈、水圈、岩石圈和生物圈相互联系起来，并在它们之间进行水量和能量的交换，是全球变化三大主题——碳循环、水资源和食物纤维的核心问题之一。水分循环受自然变化和人类活动的影响，同时又是影响自然环境发展演变最活跃的因素，决定着水资源的形成与演变规律，是地球上淡水资源的主要获取途径。由于受到气象因素(如降水、辐射、蒸发等)、下垫面因素(如地形、地貌、土壤、植被等)以及人类活动(如土地利用、水利工程等)的强烈影响，水分循环过程也变得极其复杂。

水分循环的四个环节都是水分循环系统的组成部分，也是一个子系统。各个子系统之间通过一系列的输入与输出实现了互相联系。例如大气子系统的输出——降水，是陆地流域子系统的输入；陆地流域子系统又通过其输出——径流，成为海洋子系统的输入。在全球范围内水分循环是一个闭合系统，正是由于水分循环运动，大气降水、地表水、土壤水及地下水之间才能相互转化，形成了一个处于不断更新的巨大系统。

正是因为水分循环的存在及其作用，水资源才成为可再生资源，才能被人类及一切生物可持续利用。自然界水分循环的存在，不仅是水资源和水能资源可再生的根本原因，而且是地球上生命系统生生不息、千秋万代延续下去的重要原因之一。由于太阳能在地球上分布不均匀，而且还有季节变化，因此由太阳能驱动的水分循环导致了地球上降水量和蒸发量的时空分布不均匀，这就造成了地球上有湿润地区和干旱地区之别、一年有多水季节和少水季节之别、多水年和少水年之别。同时水分循环甚至是地球上发生洪、涝、旱灾害的根本原因，也是地球上具有千姿百态自然景观的重要条件之一。

水分循环是自然界众多物质循环中最重要的物质循环。水是良好的溶剂，水流具有携带物质的能力，自然界的许多物质，如泥沙、有机物和无机物均以水作为载体参与各种物质循环。正是因为有了水分循环，才有了地质大循环。如果自然界没有水分循环，则许多物质循环，例如碳循环、磷循环等不可能发生，甚至能量流动也会停止。

1.1.7 水分循环与地质大循环

地质大循环是“物质的地质大循环”的简称，是指陆地表面的岩石经风化作用变成细碎颗粒，这些细碎颗粒经降水的冲刷和淋溶，随流水最终流入海洋，沉积在海洋底部，形成各种沉积岩。在漫长地质年代中，由于地壳运动和海陆变迁，沉积在海洋底层的岩石又上升为陆地后，岩石再次遭受风化，这一往复不断的循环过程就是地质大循环。由地质大循环的动力可知，水分循环是地质大循环的动力之一，正因为水分循环的存在，陆地表面风化的细碎岩石颗粒被水分循环过程中的降水和径流由高处冲刷至低处，最终沉积在海洋之中。因此，如果没有水分循环，地质大循环也就不可能持续。

地质大循环过程中细碎的岩石颗粒被水流从高处冲刷到低洼处的过程就是水土流失，水土流失是地质大循环的过程和组成部分，地球在不停地运动、地质大循环永不停息、水分循环持续不断，水土流失就是一个永恒的自然现象，因此，以防治水土流失、功在当代利在千秋的水土保持事业任重而道远。

1.1.8　大气环流与水分循环

地球上各种规模、各种时间尺度的大气运行现象称为大气环流。大气环流是完成地球和大气系统间动量平衡、热量平衡、水量平衡，以及各种能量相互转换的重要载体和内在机制，更是这些能量和物质输送、平衡、转换的结果。大气环流是因太阳辐射、地球自转、海陆分布引起的自然现象。地球上各地太阳辐射的不均造成温度差异，形成空气流动，在地球自转产生的偏转力作用下，流动的空气发生偏转，形成信风。海陆分布不均造成的热力差异形成季风。太阳辐射、地球自转、海陆分布的空间异质性造成了大气环流的平均状态和复杂多变的形态，从而对地球水分循环造成影响。

由于赤道地区受热多、气温高，空气膨胀上升，赤道上空的气压高于极地上空同一高度的气压，在高空形成由赤道指向极地的压力差，导致赤道上空的空气向极地流动。赤道上空因空气流出，地面的气压降低，形成赤道低气压区，极地上空因空气流入，地面气压增高，形成极地高压区。这样就在地面形成了由极地指向赤道的气压差，导致在近地面形成由极地流向赤道的气流，这就是在赤道和极地之间形成的南北向闭合环流——单圈环流。

单圈环流是假定地球处于静止状态下的理想模式，由于在地球自转产生的偏转力作用下，大气运动模式将会更为复杂。

在北半球，赤道地区上升的暖空气在气压梯度力作用下向北极上空流动过程中，因受地球偏转力影响，由南风逐渐向右偏转形成西南风，在 20°~30°N 附近的上空，地球偏转力大于极地和赤道间的气压梯度力，气流沿纬圈方向流动，从赤道上空源源不断流向此处的气流不断堆积，产生下沉气流，致使近地面气压升高，形成副热带高压带。而在近地面，大气由副热带高压带向南北两个方向流出，向南流向赤道低压区的气流在地球偏转力影响下，由北风逐渐向右偏转成为东北风，称为东北信风。同理在南半球也会形成东南信风。北半球的东北信风与南半球的东南信风在赤道附近辐合上升，从而在赤道与副热带地区之间便形成了低纬环流圈(信风环流圈)。

副热带高压带的近地面向北流向极地的气流在地球偏转力的作用下，在中纬度地区由南风逐渐向右偏转形成西南风，即盛行西风。从极地高压带近地面向南流向赤道的气流在地球偏转力的作用下，逐渐向右偏转形成东北风，即极地东风。较暖的盛行西风与寒冷的极地东风在 60°N 附近相撞，在近地面形成暖锋(极锋)。从副热带高压带来的暖而轻的气流沿冷而重的极地东风气流爬升，形成副极地上升气流。上升气流到高空后又分别流向南北，向南的一支气流在地转偏向力的影响下，由北风逐渐向右偏转形成东北风，在 30°N 附近与来自赤道高空的西南风相撞形成冷锋，加强了副热带高气压带的下沉气流，进一步提高副热带高气压带的气压，从而在副热带地区与副极地地区之间构成中纬度环流圈；向北的一支气流在北极地区下沉，在副极地地区与极地之间构成了高纬度环流圈。由于副极地上升气流使近地面的气压降低，于是形成了副极地低气压带(图 1-2)。南半球同样存在着低纬、中纬、高纬三个环流圈。因此，在近地面共形成了 7 个气压带、6 个风带。

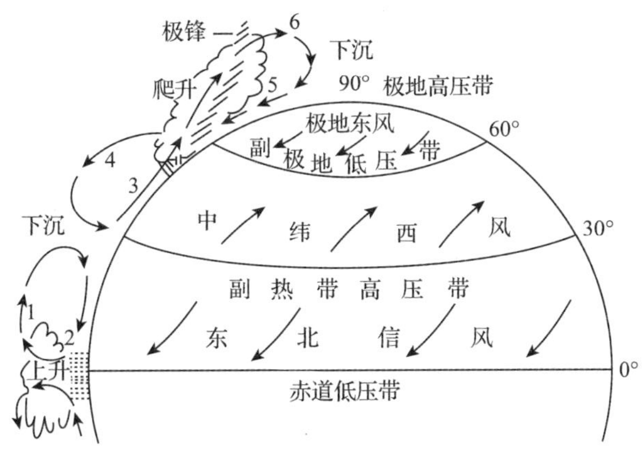

图1-2 北半球三圈环流模式图

南北半球下垫面上各出现了“三风四带”，即3个风带和4个气压带。4个气压带分别为赤道低压带、副热带高原带、副极地低压带和极地高压带；3个风带分别为信风带(北半球东北信风，南半球东南信风)、中纬度盛行西风带和极地东风带，并在垂直方向上构成三个环流圈，即低纬度环流圈、中纬度环流圈和极地环流圈。

由于地球上各地的大气环流存在差异，由大气环流携带到各地的热量、水量也就不同，即各地由水分循环带来的降水量不同，这必然导致径流、蒸发、入渗等水文要素及其过程均存在差异，进而影响到当地的气候、生物、土壤、水文状况的差异。

台风是由热带气旋演变而来。当海平面至水深60m处的水温都超过26℃时，海水不断蒸发，海平面附近的空气就会急剧热胀，并夹带着水汽上升，在局部形成低压区域，而周围的冷空气流就过来补偿。水汽上升过程中在地球偏转力的作用下螺旋状攀升形成漩涡，这就是热带气旋。2018年9月7日20时，台风“山竹”在西北太平洋洋面上生成，9月15日从菲律宾北部登陆，截至9月19日上午台风“山竹”在菲律宾造成81人遇难，70人下落不明。2018年9月17日台风“山竹”登陆中国广东、广西和香港等地区，在沿海地区掀起高达8m的巨浪，途经之地一片狼藉，台风过后广东、广西等地仍旧大雨滂沱，1000km外的上海暴雨连连。截至2018年9月18日17时，台风“山竹”造成广东、广西、海南、湖南、贵州5省(自治区)近300万人受灾，160.1万人紧急避险转移和安置，直接经济损失达52亿元。与此同时，飓风“佛罗伦斯”于当地时间9月13日登陆美国东海岸并带来灾难性降水，累计降水量超2500mm，引发的洪水淹没了南卡罗莱纳和北卡罗莱纳州的整个内陆区域，截至9月17日，因“佛罗伦斯”死亡的人数达31人，有近50万户居民断电。

1.1.9 洋流与水分循环

洋流是指海洋中具有相对稳定流速和流向的海水，从一个海区水平地或垂直地向另一个海区大规模地非周期性运动。巨大的洋流系统促进了地球高低纬度地区物质和能量的大规模交换，洋流是地球表面热环境的主要调节者。洋流通过调节地球表面的热环境，进而影响到水分循环。根据洋流本身的温度与所流经区域海水温度的差异，洋流可以分为暖流和寒流。若洋流的水温比到达海区的水温高，则称为暖流。暖流有增温增湿作用。若洋流的水温比到达海区的水温低，则称为寒流。寒流有降温降湿作用。一般由低纬度流向高纬度的洋流为暖流，由高纬度流向低纬度的洋流为寒流(图 1-3)。

洋流按成因分为风海流、密度流和补偿流。风海流是在风力作用下形成的洋流。盛行风吹拂海面，推动表层海水随风漂流，表层海水流动带动下层海水流动，形成规模很大的风海流。全球绝大部分的洋流都属于风海流。密度流也称异重流，主要由水体密度差异、静压力差异导致高密度海水向低密度海水下方侵入，引起密度差异的因素有温度、浓度及混合物含量等，在淡水与盐水交汇处容易形成盐水密度流，河海交汇处河流挟带泥沙形成浑水密度流等。补偿流是指由海水的补偿作用而形成的流动，当某处的海水流向他处时，必然导致其他地方的海水流向该处，以补偿该处海水的流失，这种海水流动称为补偿流，在铅直方向上发生的补偿流称为升降流。

大气环流带动了海洋水体的运动，是洋流的主要动力。陆地形状和地球偏转力对洋流方向也会产生一定影响。在赤道两侧为两个亚热带环流，北侧的环流呈顺时针旋转，南侧的环流呈逆时针旋转，在两股向西的赤道洋流之间为反向东的赤道洋流。东西向的赤道洋流流速为 3～6km/d，水体温度与邻近水域水温比较相近，其上空也为高温气候，因此该洋流对周围气候的影响不甚显著。最著名的洋流是北大西洋亚热带环流的北支墨西哥湾洋流，流速达到 40～120km/d，水温明显高于两侧水体，它向流经海洋上空输送大量水分和热量，并由大气环流的盛行西风带入欧洲上空，美国东北部地区墨亚哥湾洋流由南向北流动，是世界上规模最大的暖流。由它输送的水量超过 $100\times10^6 m^3/s$。北太平洋的亚热带环流北支为黑潮暖流、北太平洋流，以及在北美大陆以西改变为向南流动的加利福尼亚(寒)流。南太平洋亚热带环流南支包括向南的东澳大利亚暖流、环南极

图 1-3　全球洋流模式示意图

流，以及在南美大陆以西改变方向为向北流动的秘鲁(寒)流。东澳大利亚暖流的流量约为 10×10^6~$25\times10^6 m^3/s$，秘鲁寒流的流量约为 15×10^6~$20\times10^6 m^3/s$。

南大西洋亚热带环流包括西支南下的巴西流，东支北上的本格拉流。赤道带以南的印度洋亚热带环流包括西支南下通过非洲—马达加斯加岛之间的阿古拉斯流($20\times10^6 m^3/s$)与东支北上的西澳大利亚流，亚极地环流受海面开阔程度、陆地与岛屿分布的影响，比亚热带环流的情况更为复杂和更不规则。

洋流本身就是地球表面水体的循环和流动过程，在循环和流动过程中通过自身温度的变化影响周围海洋以及大气的温度，进而影响当地的气候和水文循环。

1.1.10 中国水分循环的主要系统

我国外流河的流域面积占全国总面积的64%，其中流入太平洋的占56.7%，流入印度洋的占6.5%，流入北冰洋的占0.5%。我国内流河的流域面积占全国总面积的36%。外流区的降水是由海洋输送的水汽所形成，转化为径流后又汇入海洋，形成水循环的闭合系统，但各个子系统之间存在着水汽交换和相互影响。内流区因远离海洋，由海洋输送而来的水汽甚少，降水主要是由内陆蒸发的水汽形成，降水落到地面后再蒸发，从而形成局部的水分循环。

我国的水汽主要来自太平洋、印度洋、大西洋、北冰洋和鄂霍次克海，形成五个水分循环系统。

(1)太平洋水分循环

太平洋水分循环是我国主要的水汽来源，特别是太平洋的暖流流经我国东南沿海地区时，因其水汽含量丰富、洋面温度高、蒸发旺盛，使洋面上空大气十分湿润，在东南季风和台风的作用下，将大量水汽输向内陆而形成降水，这也导致我国降水的分布从东南沿海向西北内陆递减，而大多数河流也从西向东流入太平洋，这样就完成了太平洋的水分循环。

(2)印度洋水分循环

来自西南印度洋的水汽，在冬季有明显的湿舌，从孟加拉湾伸向我国西南部，形成冬季降水。夏季随着印度低压的发展，盛行西南季风，把大量的水汽输送到我国的西南、中南、华东以至河套以北地区。由于它是一支深厚而潮湿的气流，所以是我国夏秋季降水的主要源泉。印度洋水汽形成的降水，一部分由我国西南地区的一些河流(如雅鲁藏布江、怒江)注入印度洋，另一部分降水还通过长江、黄河等向东流入大海，参与了太平洋的水分循环。

(3)内陆水分循环

我国的新疆地区主要是内陆水分循环系统。但大西洋的少量水汽，随盛行的西风和气旋的东移，也能参与这一地区的内陆水分循环。

(4)北冰洋水分循环

北冰洋水汽借助强盛的北风，经西伯利亚、蒙古进入我国西北。因其风力强劲而且稳定，北冰洋水汽有时甚至可以通过两湖盆地而到达珠江三角洲。但所含水量很少，引起的降水量不大。

(5)鄂霍次克海水分循环

在春夏之间由东北季风把鄂霍次克海和日本海的湿冷气团输向我国东北北部地区，降水后形成径流经黑龙江注入鄂霍次克海，完成水分循环。

1.2 水量平衡

1.2.1 水量平衡原理

水分循环是自然界最主要的物质循环。在水分循环的作用下地球上的水圈成为一个动态系统，并深刻影响着全球的气候、自然地理环境的形成和生态系统的演化。水分循环是描述水文现象运动变化的最好形式，在水分循环的各个环节中，水分的运动始终遵循着物理学中的质量和能量守恒定律，表现为水量平衡原理和能量平衡原理。这两大原理是水文学的理论基石，也是水文学研究的重要理论工具。如果要确定水文要素间的定量关系，就需要用水量平衡的方法进行研究，水量平衡其实就是水量收支平衡的简称。

水量平衡原理是指任意时段内任何区域收入(或输入)的水量和支出(或输出)的水量之差，一定等于该时段内该区域储水量的变化。其研究对象可以是全球、某区(流)域或某单元的水体(如河段、湖泊、沼泽、海洋等)。研究的时段可以是分钟、小时、日、月、年或更长的尺度。水量平衡原理是物理学中的“物质不灭定律”的一种具体表现形式，或者说，水量平衡是水分循环得以存在的重要支撑。

水量平衡原理是水文、水资源研究的基本原理，借助该原理可以对水分循环现象进行定量研究，并可以建立各水文要素间的定量关系，在已知某些要素的条件下可以推求其他水文要素，因此，水量平衡原理具有重大的实用价值。

1.2.2 水量平衡方程

(1)水量平衡方程的基本形式

地球上的水处在不断的循环运动中，从相当长的历史角度来看，地球表面的蒸发量同返回地球表面的降水量相等，处于相对平衡状态，总水量没有太大变化。但是，对某一地区来说，水量的年际变化往往很明显，河川的丰水年、枯水年常常交替出现。降水量的时空差异导致了区域水量的分布极其不均。在水分循环和水资源转化过程中，水量平衡是一个至关重要的基本规律。

水的运动变化可以在多个尺度上进行研究，如植物截留可以在叶片尺度上进行研究，也可以从枝条尺度、单株树尺度、林分尺度进行研究，坡面的产流过程一般在坡面尺度上进行观测，汇流过程往往在流域尺度上开展研究，地下水的运动很可能需要从坡面、集水区、小流域、大流域多个尺度上进行研究，水分循环就必须在地区、国家、洲、全球尺度上开展研究。

为了研究和管理某一区域的水量、水质以及水资源，首先必须明确掌握进入和离开该区域的水量，并探明该区域内储水量的变化量。根据水量平衡原理，水量平衡方程的定量表达式为:

$$I - O = \pm \Delta S \quad (1\text{-}2)$$

式中：I 为研究时段内输入区域的水量；O 为研究时段内输出区域的水量；ΔS 为研究时段内区域储水量的变化量。

$\Delta S = 0$ 表示研究区域内蓄水量保持不变，说明不论水以何种方式储存在区域内，研究开始和结束时储存在区域内的水量相同，没有发生变化。例如，储存在坑塘、涝池中的水通过渗透转化为土壤水或地下水，地表水量虽然减少了，但土壤水和地下水却增加了，区域内的总水量仍然保持不变。

$\Delta S > 0$ 表示水被储存起来了，区域内蓄水量增加了，无论水以何种形态或方式储存，在研究时段结束时，储存在区域内水量都比研究时段开始时大。例如降雨过程中，雨水渗入土壤增加了土壤水，地表径流汇入谷坊或淤地坝引起水位增高和蓄水量增加，这都会使研究区域内的蓄水量增加。

$\Delta S < 0$ 表示水被消耗了，区域内蓄水量减少了，无论水以何种形态或方式消耗，在研究时段结束时，储存在区域内的水量都比研究时段开始时小。例如长期无雨季节区域内的水分在蒸发作用下逐渐消耗，蓄水量就会减少。水库向下游输水，水库内的蓄水量就会减少。

水量平衡计算中通常使用长时间序列的数据，此时蓄水量的变化量 ΔS 有正有负，长期平均的结果 $\pm \Delta S = 0$。

水量平衡的时段通常选择水文年。水文年是指与水文情况相适应的一种专用年度，水文年度的开始日期有两种不同的划分方法：

①根据河水供给源划分，即从地下水源供给向地表水源供给转化时开始一个水文年。

②根据降水条件划分，即从降水量最少，地表径流接近零时开始一个水文年。

自然水文年是从当年第一次涨水月的第一天开始的 12 个月，即从汛期当月开始的 12 个月，我国一般地区都是从 3 月或 4 月到翌年的 2 月或 3 月。

水量平衡的时段可根据研究尺度以及水情需要进行选择，例如，汛期的计算时段可以是天、周、旬、月，小流域的平衡时段可以是小时、天、周、月、年等，大流域的平衡时段可以是月、年。不同的水文现象、不同的下垫面、不同的流域尺度所对应的平衡时段应该不同，一般而言，研究尺度越大，平衡时段越长。

$I - O = \pm \Delta S$ 是水量平衡的基本形式，适用于任何区域、任意时段的水量平衡分析，但是在研究具体问题时，由于研究地区的收入项和支出项各不相同，因此，要根据收入项和支出项的具体组成，列出适合该地区的水量平衡方程。

(2)流域水量平衡方程

根据水量平衡原理，某个地区在某一时期内，水量收入和支出差额等于该地区的储水量的变化量，其水量平衡方程式可表达为：

$$P + E_1 + R_{表} + R_{地下} = E_2 + r_{表} + r_{地下} + q + \Delta W \quad (1\text{-}3)$$

式中：P 为时段内该地区的降水量；E_1 为时段内该地区水汽的凝结量；$R_{表}$ 为时段内从其他地区流入该地区的地表径流量；$R_{地下}$ 为时段内从其他地区流入该地区的地下径流量；E_2 为时段内该地区的蒸发量和林木的蒸散量；$r_{表}$ 为时段内从该地区流出的地表径流量；

$r_{地下}$为时段内从该地区流出的地下径流量；q 为时段内该地区用水量；ΔW 为时段内该地区蓄水量的变化量。如果令 $E=E_2-E_1$ 为时段内的净蒸发量，则上式可改写成：

$$P+R_{表}+R_{地下}=E+r_{表}+r_{地下}+q+\Delta W \tag{1-4}$$

这就是通用的水量平衡方程。

通用的水量平衡方程是流域水量平衡方程的一般形式，而流域有闭合流域与非闭合流域之分，对于非闭合流域(地面分水线与地下分水线不重合的流域)而言，通用的水量平衡方程中的 $R_{表}=0$，水量平衡方程为：

$$P+R_{地下}=E+r_{表}+r_{地下}+q+\Delta W \tag{1-5}$$

令 $r_{表}+r_{地下}=R$，R 称为径流量，如果不考虑用水量，即 $q=0$，则非闭合流域的水量平衡方程改写成：

$$P+R_{地下}=E+R+\Delta W \tag{1-6}$$

对于闭合流域(地面分水线与地下分水线不重合的流域)，由其他流域进入研究流域的地表径流 $R_{表}$和地下径流 $R_{地下}$都等于零。因此，闭合流域的水量平衡方程为：

$$P=E+R+\Delta W \tag{1-7}$$

如果研究闭合流域多年平均的水量平衡，由于历年的 ΔW 有正、有负，多年平均值趋近于零，于是闭合流域的水量平衡方程可表示为：

$$P_{平均}=E_{平均}+R_{平均} \tag{1-8}$$

式中：$P_{平均}$为流域多年平均降水量；$E_{平均}$为流域多年平均蒸发量；$R_{平均}$为流域多年平均径流量。

从式(1-8)可见，某一闭合流域多年的平均降水量等于蒸发量和径流量之和。因此，只要知道其中两项，就可以用水量平衡方程求出第三项。

如果将式(1-8)两边同除以 $P_{平均}$，可以得出：

$$R/P+E/P=1 \tag{1-9}$$

$$\alpha+\beta=1 \tag{1-10}$$

式中：$\alpha=R_{平均}/P_{平均}$为多年平均径流系数；$\beta=E_{平均}/P_{平均}$为多年平均蒸发系数。

α 和 β 之和等于 1，表明径流系数越大，蒸发系数越小。在干旱地区，蒸发系数一般较大，径流系数较小。可见，径流系数和蒸发系数具有强烈的地区分布规律，可以综合反映流域内的干湿程度，是自然地理分区上的重要指标。我国主要河流水量平衡见表 1-3。

表 1-3　我国主要河流水量平衡表

名称	流域面积($\times10^4 km^2$)	降水量(mm)	径流量(mm)	蒸发散量(mm)	径流系数	蒸发系数
辽　河	21.90	472.6	64.6	408.0	0.14	0.86
松花江	55.68	526.8	136.8	390.0	0.26	0.74
海　河	26.34	558.7	86.5	472.2	0.15	0.85
黄　河	75.20	464.6	87.5	377.1	0.19	0.81
淮　河	26.90	888.7	231.0	657.7	0.26	0.74
长　江	180.85	1070.5	526.0	544.5	0.49	0.51
珠　江	44.20	1469.2	751.3	717.9	0.51	0.49
雅鲁藏布江	24.05	949.4	687.8	261.6	0.72	0.28

摘自沈冰，黄红虎主编《水文学原理》

(3)海洋水量平衡方程

海洋的水分收入项有降水量 $P_{海}$ 和大陆流入的径流量 $R_{陆}$，支出项有蒸发量 $E_{海}$。海洋蓄水量的变化量为 $\Delta W_{海}$，多年平均条件下 $\Delta W_{海}=0$。

海洋的水量平衡方程为：

$$P_{海}+R_{陆}=E_{海}+\Delta W_{海} \tag{1-11}$$

$$P_{海}+R_{陆}=E_{海} \tag{1-12}$$

(4)陆地水量平衡方程

陆地的水分收入项有降水量 $P_{陆}$，支出项有蒸发量 $E_{陆}$ 和流入大海的径流量 $R_{陆}$。陆地蓄水量的变化量为 $\Delta W_{陆}$，多年平均条件下 $\Delta W_{陆}=0$。

陆地的水量平衡方程为：

$$P_{陆}=E_{陆}+R_{陆}+\Delta W_{陆} \tag{1-13}$$

多年平均情况下陆地的水量平衡方程可写为：

$$P_{陆}=E_{陆}+R_{陆} \tag{1-14}$$

(5)全球水量平衡方程

全球由陆地和海洋组成，因此，全球的水量平衡应为陆地水量平衡与海洋水量平衡之和，即：

$$P_{陆}+P_{海}+R_{陆}=E_{陆}+R_{陆}+E_{海} \tag{1-15}$$

$$P_{陆}+P_{海}=E_{陆}+E_{海} \tag{1-16}$$

$$P=E \tag{1-17}$$

式(1-17)即为全球多年水量平衡方程，这说明对全球而言，多年平均降水量与多年平均蒸发散量相等。

如表1-4，据估算每年海洋上约有 $5.05\times10^5\text{km}^3$ 的水蒸发到空中，折合成水深为1399mm；海洋上的降水量为 $4.58\times10^5\text{km}^3$，折合成水深为1269mm；海洋上的蒸发量比降水量多130mm，这多蒸发的130mm水应该由陆地来的130mm径流量补充。陆地的降水量为 $1.19\times10^5\text{km}^3$，折合成水深为799mm；陆地的蒸发量为 $0.72\times10^5\text{km}^3$，折合成水深为484mm；径流量为 $0.47\times10^5\text{km}^3$，折合成水深为315mm。就全球而言，平均蒸发量为1131mm，平均降水量为1131mm。各大洲水量平衡见表1-5。

表1-4 全球水量平衡表

	面积	蒸发量		降水量		径流量	
	($\times10^4\text{km}^2$)	水量(km^3)	深度(mm)	水量(km^3)	深度(mm)	水量(km^3)	深度(mm)
海洋	36100	505000	1399	458000	1269	47000	130
陆地	14900	72000	484	119000	799	47000	315
全球	51000	577000	1131	577000	1131		

表 1-5 各大洲水量平衡表

区域	降水(km^3)	蒸发(km^3)	径流(km^3)
亚 洲	8290	5320	2970
欧 洲	32200	18100	14100
非 洲	22300	17700	4600
北美洲	18420	10110	8310
南美洲	28400	16200	12200
大洋洲	7080	4570	2510
南极洲	2310	0	2310
全球陆地	119000	72000	47000
全球海洋	458000	505000	
全 球	577000	577000	

1.2.3 研究水量平衡的意义

研究水量平衡是水文学的主要任务之一，具有很重要的意义。

(1)有利于深刻认识水分循环和其他水文现象；

(2)有利于揭示水分循环和水文现象对自然地理环境和人类活动的影响；

(3)有利于水资源的正确评价；

(4)为水文观测提供检验依据和改进方法；

(5)为水利工程的规划设计提供基本参数，为评价工程的可行性及实际效益提供参考。

目前，人类活动对水分循环的影响主要表现在调节径流和增加降水等方面。通过修建水库等拦蓄洪水可以增加枯水径流；通过跨流域调水可以平衡地区间水量分布的差异；通过植树造林种草增加入渗、调节径流、加大蒸发，在一定程度上可调节气候、增加降水；而人工降雨、人工消雹和人工消雾等活动则直接影响水汽的运移途径和降水过程；通过改变局部水分循环来达到防灾抗灾的目的。当然，如果忽视了水分循环的自然规律，不恰当改变水的时间和空间分布，如大面积地排干湖泊、过度引用河水和抽取地下水等，就会造成湖泊干涸、河道断流、地下水位下降等负面影响，导致水资源枯竭，给生产和生活带来不利的后果。因此，了解水量平衡原理对合理利用自然界的水资源是十分重要的。

水量平衡是评价土地利用变化和气候变化对流域水资源影响的重要工具，更是水资源管理的重要手段。下垫面土地利用的变化通过影响蒸发量的变化，进而影响水量平衡。全球变暖可能导致山区冬季气温升高，雪线和0℃等温线将会同时上升，冬季这些山区的储雪量将会减少，进而导致可供春季、夏季消融的雪水量也会减少，依靠这些融雪水补给的河流在春夏季节就会因水量不足造成严重后果，如从瑞士阿尔卑斯山区发源的莱茵河受全球变暖的影响，春夏季节水量不足已经严重影响了航运，造成了严重的经济后果。

大规模的引水灌溉或水资源调度计划，很可能打破流域的水平衡，造成严重的恶果。

众所周知的例子是中亚的咸海，在20世纪由于阿姆河和锡尔河大规模的灌溉造成咸海从一个很大的淡水湖变成了很小的咸水湖。咸海位于哈萨克斯坦和乌兹别克斯坦交界处，曾是世界第四大湖，距今已有500多万年的历史，总面积曾高达到66000km^2多。中亚地区著名的锡尔河和阿姆河注入咸海，维持了咸海水量的稳定。苏联成立后，政府希望通过修建水利设施，将锡尔河与阿姆河的河水分流到周边的沙漠和荒地，以便将这些沙漠和荒地改造成棉粮生产基地，为此斯大林在20世纪40年代提出了“自然改造计划”，在该地区建设防风固沙林，实行牧草轮作，修建灌溉水利工程。水利设施的建设滋养了农作物，却分走了一部分河水，流域内的水量平衡开始被打破，咸海的水域开始衰减。到了50年代，苏联政府在这一地区大力发展棉花、谷物为主的种植业，修建了以卡拉库姆运河和阿姆布哈尔引水渠、塔什萨卡引水渠为代表的引水工程。这些巨大的水利设施，将乌兹别克斯坦的“渴望草原”以及卡拉库姆沙漠从不毛之地改造成了面积逾$30\times10^4hm^2$的棉粮生产基地。1980年苏联棉花年产量达996×10^4t，占世界总产量的20%，其中95%产于锡尔河及阿姆河流域地区。苏联境内约40%的稻谷，25%的蔬菜、瓜果，32%的葡萄也产于该地区，人口也由20世纪20年代的700余万猛增至3600多万，原来的荒原沙漠变成了农业之星。但是由于粗放的发展模式使得该地区水资源浪费严重，很多水资源在传送过程中蒸发、渗漏，没有得到有效的利用，大肆开荒致使农地面积远大于水资源的承受力，流入咸海的水量越来越少，湖岸线逐渐缩小，气候也随着湖水的消退变得更极端更干旱，致使周边地区的农作物产量下降。入湖水量的减少使得咸海水域盐分浓度急剧上升，鱼类及水生物大量灭绝，20世纪60年代，咸海尚有各种鱼类600多种，到1991年只剩下了70余种，商业捕鱼量仅为60年代鼎盛时期的1/10。

1987年入湖流量的减少使咸海第一次被分成南北两部分，中间高耸的海床成为了陆地。干涸的湖底沉积了大量的盐分，每当大风刮过就会形成可怕的“盐沙暴”。这些含有大量盐分的沙土随风飘散，沉积到周边的田地里，造成土地盐碱化、沙漠化，使该地区作物产量急剧下降。开垦出的良田又变回了荒漠，曾经欢庆胜利的人类，开始感受到大自然的报复。原计划通过让咸海有计划地干涸，以便将其改造成良田，但却严重低估了这一行为带来的副作用，干涸的速度大大超出人们的预期，而且引发了深重的环境灾难。面对越来越严峻的形势，苏联政府不得不采取一些措施进行缓解，甚至计划从其他河流引水来保护咸海。但这些计划最终因耗资巨大而无法付诸实现，咸海终于走上了不归路。自1991年后，乌兹别克斯坦、吉尔吉斯斯坦、塔吉克斯坦和土库曼斯坦为了争夺水资源，肆意分流河水，致使流入咸海的水量越来越少，阿姆河甚至一度出现断流，更加剧了咸海的消退。截至2014年，咸海的面积较鼎盛时期萎缩了74%，其水量减少近85%，昔日兴旺的捕鱼业几乎消失殆尽。

为了保护咸海，中亚各国成立了委员会，对各国的利益诉求进行协调。联合国及有关国际组织也成立了基金会，展开专项行动来保护咸海，并为周边地区居民打深水井以解决饮水问题。虽然这些行动取得了一定的效果，但由于各国在河流上游取水的行为始终没有得到控制，咸海的衰减趋势根本无法遏制。不少专家悲观地表示，咸海将在2020年前后完全消失，变成一片只存在于过时地图里的大海。

咸海只是人类打破流域水平衡的一个缩影，人类为了自身的经济发展和利益驱动，正在进行着各种各样的改变自然水循环和水平衡的活动，如果人类不遵循水循环规律，肆意打破自然界的水平衡，盲目调度水资源，必将受到自然界的报复。

1.2.4　水量平衡计算事例

例 1-1　荷兰的水量平衡表见表 1-6，试分析荷兰的水量平衡状况。

表 1-6　荷兰的水量平衡表

	降水量 P	径流量 Q	蒸发量 E	蓄水量 Δs
全年	800	240	560	0
夏半年(4~9 月)	380	70	460	-150
冬半年(10 月至翌年 3 月)	420	170	100	+150

从表 1-6 中可见，荷兰多年平均降水量为 800mm，多年平均径流量为 240mm，蒸发量为 560mm，蓄水量的变化量为 0，从多年平均情况看，荷兰的水量是平衡的。但在 4~9 月的降水量为 380mm，而蒸发量却为 460mm，径流量为 70mm，水量平衡的结果是蓄水量的变化量为 -150mm，即流域内蓄水量减少了 150mm。而在 10 月至翌年 3 月，降水量为 420mm，蒸发量为 100mm，径流量为 170mm，水量平衡的结果是蓄水量的变化量为 150mm，即流域内蓄水量增加了 150mm。

从表 1-6 中数据还可以分析，冬季降水量远大于蒸发量(420mm - 100mm = 320mm)，冬季降水量比夏季略多(420mm - 380mm = 40mm)，但冬季河流的径流量却远高于夏季(170mm - 70mm = 100mm)。

例 1-2　沿岸某流域面积为 7500km^2，30 个水文年的平均降水量为 900mm，每年由流域出口流出的地表径流量为 $22.5\times10^8\text{m}^3$，入海地下径流量为 100mm/a。该流域的多年平均蒸发量为多少?

解：该流域平均地表径流深为 $22.5\times10^8\text{m}^3/(7500\times10^6\text{m}^2)=0.3\text{m}=300\text{mm}$

该流域的总径流深为：300mm + 100mm = 400mm

该流域多年平均蒸发量 = 降水量 - 径流量 = 900mm - 400mm = 500mm

例 1-3　在 $1\times10^4\text{m}^2$ 的缓坡上，平均降雨强度为 30mm/h，在 40min 内地表径流总量为 $15\times10^4\text{L}$。降雨期间的蒸发量和深层渗漏量忽略不计，请确定土壤储水量的变化量。如果土层厚度为 50cm，孔隙度为 45%，降雨前土壤体积含水量为 20%，降雨后土壤含水量为多少?

解：该坡面形成的径流深为：$15\times10^4\text{dm}\times10^{-3}/1\times10^4\text{m}^2=15\times10^{-3}\text{m}=15\text{mm}$

40min 内的降雨量为：30mm/h × 40min/60min = 20mm

根据水量平衡，土壤储水量的变化量 = 降雨量 - 径流量 = 20mm - 15mm = 5mm

在 $1\times10^4\text{m}^2$ 的缓坡上土壤蓄水量的增加量为：$5\text{mm}\times10^{-3}\times1\times10^4\text{m}^2=50\text{m}^3$

降雨前土壤中的蓄水量为：50cm × 45% × 20% = 4.5cm = 45mm

降雨后土壤中的蓄水量为：45mm + 5mm = 50mm

降雨后土壤的体积含水量为：50mm/10/(50cm × 45%) = 22.22%

思考题

1. 分析水分循环与水土流失的关系。
2. 水土保持如何影响水分循环?
3. 简述水分循环的作用与意义。
4. 根据全球水量平衡方程分析气候变暖对水分循环的影响。
5. 简述闭合流域水量平衡方程的意义。

第2章

河流与流域

本章主要介绍河流与流域的基本概念，河流的分级与拓扑关系，河流的几何特征与形态特征，我国主要河流及其特点，流域的几何特征，流域的地形特征和自然地理特征，我国主要流域的洪水特征。

水文学中最重要的单元就是流域或集水区。流域或集水区是汇集降水的区域，其作用是接纳降水，并通过植物截留、入渗、填洼、产流、汇流过程将降水转化为径流，径流汇入河道后从流域出口输出。完整的水文过程均是在流域或集水区尺度上发生发展，进行水量平衡研究、产流汇流计算、水文过程研究都是以流域或集水区作为基本空间单元。在农村、城市或者更大区域开展水资源管理，以及水量、水质调查时，流域是非常重要的最基本的调查单元。因此，流域及流域内河流的水文过程是水文学中必须重点掌握的基本内容。

2.1 河流

2.1.1 基本概念

河流是地球表面天然的水流系统，是一种天然水道。河流是指在重力作用下沿着陆地表面线形凹地经常性或周期性流动，并汇集于各级河槽上的水流。依其大小可分为江、河、溪、涧等，其间并无明确分界。河流有两个基本要素，其一是经常性或周期性流动的水流，其二是容纳水流的河槽。

河流是接纳地面径流和地下径流的天然泄水通道，也是陆地表面排泄径流、泥沙、盐类和化学元素等物质进入湖泊、海洋的通道。河流水系是陆地水循环的主要路径，是陆地和海洋进行物质和能量交换的主要通道。一般用江、河、川描述大型河流，而以溪、涧描绘高山地区的小型河流。

河流的两个基本要素是经常或周期性的水流及容纳水流的河槽(河床)。流动的水流包含径流和沙流，沙流又称固体径流，它是地表和河谷内被径流侵蚀的岩石与土壤被水流挟泄集聚到河道内形成的。流水的河槽又称河床，具有立体概念，当仅指平面位置时称为河道。枯水期水流所占的河床称为基本河床或主槽；汛期洪水所及部位，称为洪水河床或滩地。从更大的范围讲，凡是地形低洼可以排泄流水的谷地称为河谷，河槽就是被水流占据的河谷底部。水流对河谷的侵蚀、搬移及沉积作用持续进行着，一定的河谷形状又决定着相应的水流性质。所以，在一定的气候和地质条件下，河谷形状和水流性质互为因果关系。

流入海洋的河流称为外流河，中国的外流河分别流入太平洋、印度洋和北冰洋三大海洋。流入太平洋的河流的流域面积约占全国总面积的56.7%，主要分布于青藏高原东部及其以东的广大地区，长江、珠江、黑龙江、鸭绿江、元江、澜沧江、黄河、辽河、海河、滦河、淮河、绥芬河、闽浙台诸河以及沿海诸河均流入太平洋。流入印度洋的河流的流域面积约占全国总面积的6.5%，分布于青藏高原东南部、南部和西南一角，有怒江及滇西诸河、雅鲁藏布江及藏南诸河、藏西诸河，这些河流的下游已出国境。流入北冰洋的有新疆的额尔齐斯河，流域面积只占全国总面积的0.5%，地处中国西北一隅。

流入内陆湖泊或消失于沙漠中的河流称为内流河。我国最大的内流河为塔里木河，还有伊犁河、黑河、疏勒河、乌裕尔河等内流河，这些内流河均发育于封闭的盆地内，大致可分为内蒙古内流区、甘新(甘肃、新疆)内流区、柴达木内流区、藏北内流区等地区。

河流按其流经地区的地形地貌、地质特征及其所引起的水动力特性可分为河源、上游、中游、下游及河口五段，各河段均具有不同的特征。

河源是河流的发源地，可以是溪涧、泉水、湖泊、沼泽和冰川。其坡降陡、流速大，具有强烈的侵蚀河谷的能力。河源段的断面一般甚为狭窄，沿河道多瀑布，水流湍急，且常有巨大石块停积河底并露出水面以上。如长江的正源是唐古拉山脉主峰各拉丹冬雪山西侧的沱沱河；黄河的正源为青海巴颜克拉山北麓的卡日曲；珠江的正源是西江，发源于云南东部的曲靖；辽河的正源是西辽河上游的老哈河。有些河流发源于平原，如淮北的北淝河、涡河发源于黄河堤下的平原上。还有的发源于湖泊、沼泽或涌泉地区，如山东小清河发源于大明湖。如果一条河流上游是由两条或两条以上支流汇合而成的，则应取最长的一条支流作为河源。河源一般海拔高，自然条件严酷，生态环境脆弱，极易遭到破坏。一旦遭到破坏很难恢复，因此，在河源区建立自然保护区，不宜开展和从事对水源具有污染或潜在危险的工农业生产，应该以保护为主。

上游连着河源，是河流的上段，一般指高原或丘陵地区的河道，其特点是：落差大、水流急、下切力强、两岸陡峻，多为高山峡谷地形。河谷狭窄、比降陡、流量小、流速大、冲刷强烈，河槽多为基岩或砾石，多浅滩、急流和瀑布，在河流发育阶段上属于幼年期。例如长江从河源到湖北宜昌为上游，长约4500km，河流大部分流经高原、高山、峡谷地带，特别是通天河、金沙江和三峡地区，具有明显的高原山地峡谷河流特征，这里河床比降大，如金沙江干流落差达3000m，河流水量丰沛，水流湍急，水力资源丰富。黄河从河源至内蒙古托克托县河口镇之间称上游，因上游河道比降大，蕴藏着巨大的势能，因此，在上游应修建水电站，大力开发水力资源，同时应在上游地区大力开展水土保持。

中游指从高原进入丘陵区的河道，其特点是河面加宽，平面上变得蜿蜒曲折，坡降较上游为缓，流速减小，流量加大，河床比较稳定，冲刷与淤积处于相对平衡状态，河槽多为粗沙，并有滩地出现。长江从宜昌到江西的湖口为中游，长约1000km，流经江汉平原，河道迂回曲折，江面宽展，河床比降锐减，水流迟缓，平均流速只有1m/s。黄河从河口镇到河南孟津为中游，长1200km多，流经黄土高原地区，支流带入大量泥沙，使黄河成为世界上含沙量最多的河流。中游地区多属丘陵区，是河流发育的成熟期，也是水土流失重点区域，与上游地区一样，必须加强水土保持工作。

下游位于河流的最下一段，指进入平原的河道。其特点是河槽宽浅，流速慢，淤积占优势、多浅滩沙洲，河槽多细沙或淤泥，河曲发育，相当于河流发育的老年期。长江从湖口以下为下游，长 800km 多，江阔水深，支流短小。黄河从孟津以下为下游，河长 786km，下游河段总落差 93.6m，平均比降 0.12‰，下游区间增加的水量占黄河总水量的 3.5%。由于黄河泥沙量大，下游河段长期淤积形成举世闻名的“地上河”。下游区域泥沙淤积严重，易发生洪涝灾害，应注意防洪防涝，在开发利用上应大力发展航运、养殖等。

河口是河流注入海洋、湖泊或其他河流的出口处，此处常常有大量的泥沙淤积，形成多汊的河口，俗称三角洲。河流直接注入海洋的叫海洋河口，这种河口因受到潮汐的影响，有其独特的水文现象，汛期受海水顶托的影响淤积严重，而枯水季节或断流时容易发生海水倒灌，造成盐渍化。一条河流直接注入另一河流的叫支流河口，如嘉陵江在重庆注入长江，则其交汇点就是支流河口，其水文特点是在汛期易受到洪水顶托影响而产生回水现象。有些河流因蒸发强烈，而且大量渗漏，岩溶十分发育，河水流至下游时几乎全部消耗，致使河流没有河口，这种河流称为瞎尾河，我国新疆沙漠地区多出现这种河流。此外，在贵州、广西等石灰岩较多的地区，岩溶特别严重，河流时隐时现，某一段在溶洞中流动，另一段又成为明流，这种河流叫伏流或暗流。

2.1.2　河流的补给源

我国大多数河流的水源补给主要依赖于天然降水。降水有降雨与降雪之分。降雨降落至地面后，除植物截留、下渗、蒸发和洼地容蓄等损失外，其余水量以地面径流的形式汇集成小的溪流，再由溪流汇集成江河，这就是降雨补给。降雪融化后，沿坡面汇入沟道，再进入河流，这是降雪补给。在我国雨水是最主要的补给源，热带、亚热带、温带湿润地区河流的补给源主要是雨水，这些河流水量的变化与降雨量及其动态密切相关。寒带与部分温带的河流，积雪融化后补给河水，如黑龙江、松花江，这些河流的流量变化与流域内积雪量和气温的变化密切相关。

渗入土壤和岩层中的水分除少量蒸发外大部分汇集成地下水，地下水渗出地表后汇入河流，这就是地下水补给。地下水对河流而言是可靠而稳定的补给源，冬季和干旱季节降水少，河流主要靠地下水补给，尤其在湿润地区地下水为河流的重要补给源。以地下水补给为主的河流，其流量比较稳定。如珠江全年水量丰富，除流域内降水量较多外，地下水埋藏丰富，地下水对珠江的补给量大是主要原因。

有些河流的源头有冰川覆盖，冰川融化后进入河流，这是冰川补给。高山、高纬度地区，冰川运动能够到达零度以上的地区，冰川融化后能够补给河流。如我国西部高山地区的河流主要以冰川补给为主。冰川对河流的补给量与冰川、积雪的储存量以及气温高低密切相关，河流流量的变化主要与气温的日变化过程显著相关。

有些高原上的沼泽湖泊，本身就是河流的发源地，直接可以对河流进行补给，也有一些湖泊接受许多溪流的来水后再补给河流，这些都是湖泊和沼泽水补给。如鄱阳湖接纳赣江、抚河、信江、饶河、修水河后；通过湖口注入长江，洞庭湖接纳湘江、资水、沅江、澧水汨罗江等中小河流来水后，经湖南省城陵矶注入长江。靠沼泽湖泊补给的河流，在沼泽和湖泊的调解下水量变化较为缓慢、变幅小，年内变化和年际变化不大。

由于河流所处的地理位置不同，不同流域的气候差异很大，降水形式不尽相同，河流的补给源可能也不尽相同。如温带和寒带的河流，夏季和秋季河水的补给源主要为降雨；而在春季和冬季，河水的补给源主要为融雪水，此时河水量的多寡与当地气温状况密切相关。而在热带和亚热带的河流，河水的主要补给源为降雨，河流水量的变化与流域内降雨量的动态和年际变化密切相关。我国除由暴雨形成的间歇小河和干旱区的部分河流外，几乎所有的河流都有两种或者两种以上类型的补给源。

2.1.3 河流的分级

大小河流构成脉络相通的水流系统称为水系或河系，与水系相通的湖泊也属于水系的一部分。水系中直接流入海洋、湖泊的河流称为干流，流入干流的河流称为支流，依次类推。例如，长江是我国最大的一条干流，而岷江是长江的一级支流，大渡河是岷江的一级支流，是长江的二级支流。黄河是我国第二大河，而渭河是黄河的一级支流，石头河是黄河的二级支流，是渭河的一级支流。黑龙江在我国境内的主要支流是松花江(向西北流的叫第二松花江)，松花江又有两个主要支流，一是嫩江(发源于蒙古)，二是牡丹江(发源于吉林省)，嫩江和牡丹江是黑龙江的二级支流，是松花江的一级支流。干流和支流往往依据河流水量的大小、河道长度、流域面积和河流发育程度来确定，但有时也可根据习惯来定，如岷江和大渡河相比，虽然大渡河的河长较长，水量也较大，但习惯上将大渡河看作是岷江的支流。淮河在颍河口以上的干流比颍河短。可见支流的级别是相对的，而非绝对的。

水系通常以它的干流或注入的湖泊命名，如长江水系、黄河水系、太湖水系等。我国河流众多，水系庞大。流域面积在 100km^2 以上的河流有 5800 多条，流域面积在 1000km^{2}以上的河流有 1600 多条。我国从北到南的水系主要有黑龙江水系、松花江水系、鸭绿江水系、辽河水系、海滦河水系、黄河水系、淮河水系、长江水系、珠江水系、东南沿海及岛屿水系，西南有澜沧江、怒江、雅鲁藏布江等国际河流水系，西北有额尔齐斯河、伊犁河水系，还有塔里木河及新疆、甘肃、内蒙古、青海等内陆水系。

为了区别水系中大小下同的河流，必须对河流进行分级。20 世纪以前人们对水系中不同河流只有定性的认识，仅将河流划分为支流和干流，这样一种模糊的划分方法显然不能满足定量分析的需要。1914 年以后地貌学界普遍主张使用序列命名的法则，即将水系中各条河流按一定的次序排成序列，并以序号予以命名，这种序列命名法可把整个水系按大小划分完毕，以满足定量分析的需要。主要的分级方法有如下几种，参见图 2-1。

(1) Gravelius 分级法

1914 年提出的分级方法，在任何一个水系中，最大的主流为 1 级河流，汇入主流的支流为 2 级河流，汇入 2 级河流的小支流为 3 级河流，依次类推，直至将河系中所有河流命名完毕。

(2) Honton 分级法

1945 年提出的分级方法，将最小的、不分叉的河流称为 1 级河流，只接纳 1 级河流汇入的河流为 2 级河流，接纳 1、2 级河流汇入的河流称为 3 级河流，接纳 1、2、3 级河流汇入的河流称为 4 级河流，依次类推，直至将河系中大小河流命名完毕。

(3) Strahler 分级法

1953 年提出的分级方法，从河源出发的河流为 1 级河流，同级的两条河流交汇所形成河流级别要增加 1 级，不同级的两条河流交汇后形成的河流级别为两者中较高者。

(4) Shreve 分级法

1966 年提出的分级方法，最小的、不分叉的河流定义为 1 级河流，两条河流交汇所形成的河流级别为这两条河流级别的代数和。

(5) Scheidegger 分级法

1967 年提出的分级方法，与 Shreve 分级法相同，差别仅在于把最小的不分叉的河流定义为 2 级河流，河系中所有河流的级别均为偶数。

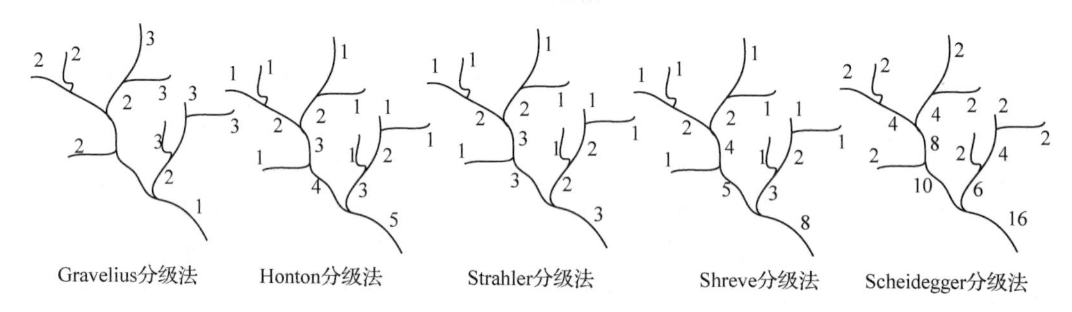

图 2-1　河流分级示意图

按照 Gravelius 分级法，河流越小，序号越大，这不仅难以区分水系中的主流和支流，而且在同一水系内同级的河流可能差别很大，因此这种分类已经不再使用。Honton 分级法虽然克服了 Gravelius 分级法的主要缺点，但 2 级以上的河流可以一直延伸到河源，但实际上河源处均为 1 级河流。Strahler 分级法建立在“河流并非相互平行或者单独入海，是相互联系且呈树枝状”这一基础之上，是对形态和水文要素进行综合分析得出的，应用 Strahler 分级法便于建立河系的地貌定律。Strahler 分级法的主要不足是不能反映河流级别愈高径流量和泥沙量一般也愈大的事实，Shreve 分级法和 ScheidegRer 分级法却能弥补 Strahler 分级法的缺点。

2.1.4　河流的拓扑关系

在自然界中天然水系一般都可以用二分叉的树状结构表示，树根处即为水系出口，而且只有一个。不分叉的树枝顶端即为河源，简称源。水系的级别可以用源的数量表示，源越多，水系的级别越大。两条河流的交汇点称为节点。相邻节点间、出口与相邻节点间、源与相邻节点之间的河段称为链，其中相邻节点之间的链、出口与相邻节点之间的链称为内链，而源与相邻节点之间的链称为外链。一个量级为 M 的水系树状结构，必有 M 个源、M 条外链和 $M-1$ 条内链，链的总数为 $2M-1$。

(1) 分叉比

在一个自然水系中，河流的级别越高，河流数量就越少。设水系中第 i 级的河流数

N_i，第 $i+1$ 级的河流数 N_{i+1}，则河流分叉比：

$$R_b = N_i / N_{i+1} \tag{2-1}$$

式中：R_b为河流分叉比；N_i第 i 级的河流数；N_{i+1}为第 $i+1$ 级的河流数。

Horton(1945)发现，在同一个水系中 R_b近似为常数。可以认为水系中各级河流总数是一个从 N_1开始，以 R_b为公比的递减几何级数，因此，第 i 级河流的数量 N_i为：

$$N_i = R_b^{J-i} \tag{2-2}$$

式中：J 为水系中河流的最高级别。该公式被称为河数定律或霍顿河数定律。

水系中各级河流 N 的总数为：

$$N = N_1 + N_2 + \cdots + N_i = \sum_{i=1}^{j} N_i = \frac{R_b^{J-1}}{R_b - 1} \tag{2-3}$$

(2)河长比

某级河流的平均长度与低一级河流的平均长度之比称为河长比。

$$L_b = \frac{\bar{L}_i}{\bar{L}_{i-1}} \tag{2-4}$$

式中：L_b为河长比；$\bar{L}_i$第 i 级河流的平均长度；$\bar{L}_{i-1}$为第 $i-1$ 级河流的平均长度。

$$\bar{L}_i = \bar{L}_1 L_b^{i-1} \quad (i = 2,3,\cdots,J) \tag{2-5}$$

式中：J 为水系中河流的最高级别。该公式被称为河长定律。

(3)面积比

某级河流的平均流域面积与低一级河流的平均流域面积之比称为面积比。

$$S_b = \frac{\bar{S}_i}{\bar{S}_{i-1}} \tag{2-6}$$

式中：S_b为面积比；$\bar{S}_i$第 i 级河流的平均流域面积；$\bar{S}_{i-1}$为第 $i-1$ 级河流的平均流域面积。

$$\bar{S}_i = \bar{S}_1 S_b^{i-1} \quad (i = 2,3,\cdots,J) \tag{2-7}$$

式中：J 为水系中河流的最高级别。该公式被称为面积定律。

(4)比降比

某级河流的平均比降与高一级河流的平均比降之比称为比降比。

$$J_b = \frac{\bar{J}_{i-1}}{\bar{J}_i} \tag{2-8}$$

式中：J_b为比降比；$\bar{J}_i$第 i 级河流的平均比降；$\bar{J}_{i-1}$为第 $i-1$ 级河流的平均比降。

$$\bar{J}_i = \bar{J}_1 J_b^{J-i} \quad (i = 2,3,\cdots,J) \tag{2-9}$$

式中：J 为水系中河流的最高级别。该公式被称为比降定律。

2.1.5 河流的几何特征

河流的几何学特征主要包括水系形状、河长(河流长度)、河网密度、弯曲系数等。

(1)水系形状

干流及其支流组成河网形成水系后，在平面上展现出的形态特征称为水系形状(图

2-2)。水系形状是在水流冲刷下形成的，主要受地形和地质构造的控制。在相同降水条件下不同形状的水系能够形成不同的水情，尤其对洪水的影响更为明显。我国地形多样，地质构造复杂，水系形状也多种多样，根据干流与支流的分布及组合情况，水系形状可以划分为：树枝状水系、扇形水系、羽状水系、平行状水系、格子状水系、辐合状水系、混合状水系等。

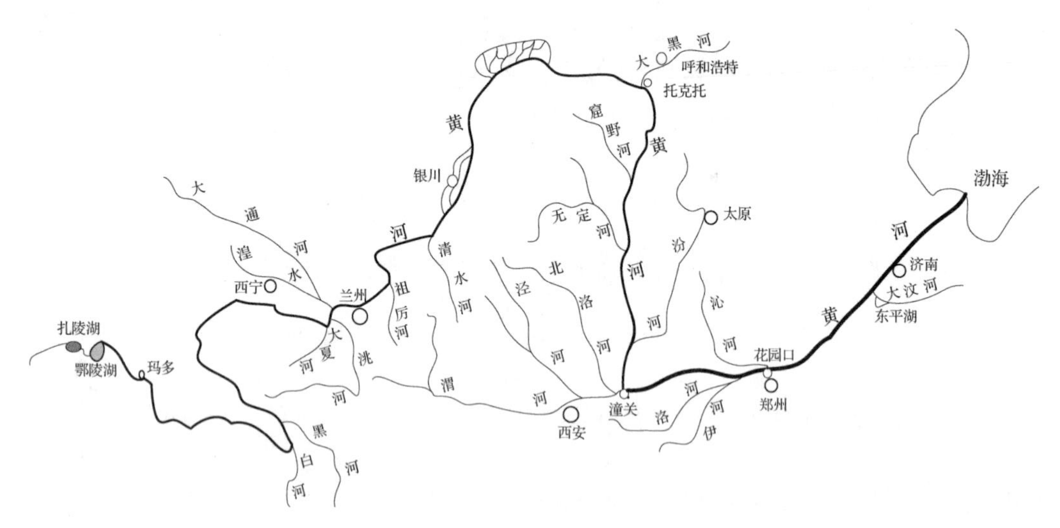

图2-2　黄河水系

①树枝状水系：支流像树枝连接树干一样汇入干流，整个水系就像一棵树。树枝状水系是水系发育中最普遍的一种类型，这种水系支流较多，干流、支流以及支流与支流间多呈锐角相交。这类水系在岩性均一、地形比较平坦的地区最发育，在地壳较稳定地区和水平岩层地区也较多见。世界上大多数的水系都是树枝状水系，如中国的长江、珠江和辽河、泾河，北美的密西西比河、南美的亚马孙河等都是树枝状水系。

②扇形水系：水系中支流分布如扇骨状，支流较集中地汇集于干流，扇形水系的流域多呈扇形或圆形。这种水系降雨时汇流时间短，各支流的洪水几乎同时到达干流，相互叠加，容易形成大洪水，因此，这种水系很容易发生危害性洪水。新安江支流的练江水系为扇形水系(图2-3)，闽江在南平以上的剑溪、富屯溪、沙溪同时汇入闽江；海河流域三面受山丘环绕，北运河、永定河、大清河、子牙河和南运河等支流同时于天津附近汇合后流入海河。

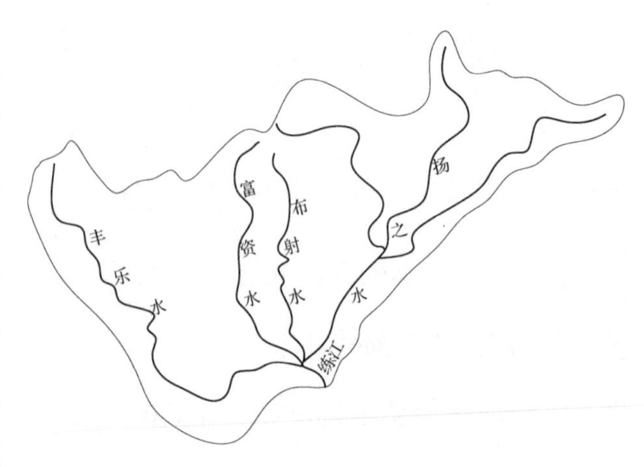

图2-3　扇形水系

③羽状水系：干流两侧的支流分布较均匀，近似羽毛状排列的水系。这种水系干流较长，支流自上

游至下游，在不同的地点，从左右岸依次相间呈羽状汇入干流，相应的其流域形状多为狭长形。羽状水系由于干流较长，各支流汇入干流的时间有先有后，河网汇流时间较长，调蓄作用大，洪水过程较为平缓。我国西南纵谷地区，干流粗壮，支流短小且对称分布于两侧，是羽状水系的典型代表。安庆地区的太湖水系就是一个羽状水系(图 2-4)，滦河水系也是典型的羽状水系，各支流洪水交错汇入干流，近水先去，远水后来，洪水比较平缓。川西、滇西等地区由于平行断裂较发育，多形成干流粗壮的羽状水系。钱塘江水系也属于羽状水系。

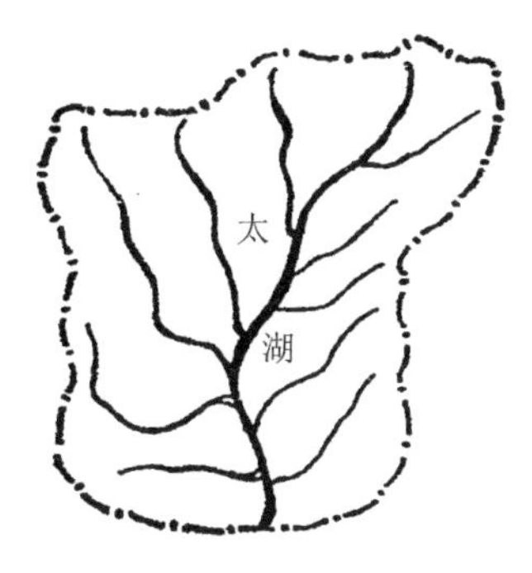

图 2-4 羽状水系

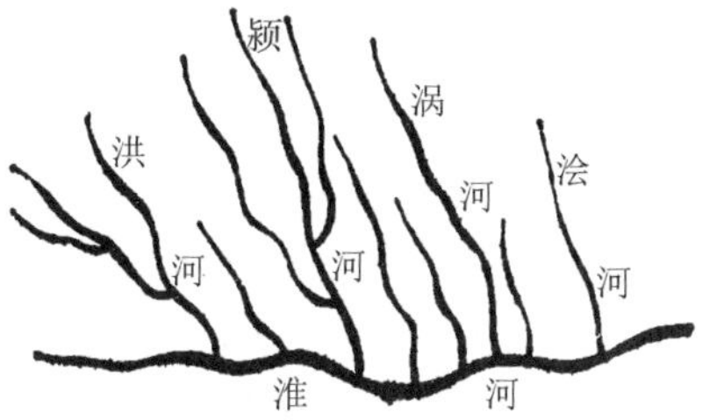

图 2-5 平行水系

④平行状水系：具有平行状水系的流域左右岸面积不对称，各支流偏于一侧，而且平行相间，在地貌上呈平行的谷岭。平行状水系主要受构造和山岭走向的控制，主要分布在平行褶曲或断层地区。这种水系各支流汇集到流域出口的同时性较强，常产生较尖瘦的洪水过程。如广东的东江和北江水系，淮河蚌埠以上地区的水系(图 2-5)以及淮北地区的多数水系都是平行水系。这种水系的洪水状况与暴雨中心的走向、分布关系密切。如果暴雨中心从下游向上游移动，形成的洪水过程较为平缓，反之，当暴雨中心从上游向下游移动时，河道里的洪水沿程逐渐叠加，洪峰流量大，洪水过程较为尖峭，容易形成较大的洪水灾害。

⑤格子状水系：干流与支流成垂直或近似垂直相交的水系。这是由干流和支流分别沿着两组垂直相交的构造线发育而成，如闽江水系。在褶曲构造区域向斜谷中发育的河流，与来自两侧的顺坡河流大致直交，形成格子状水系。

⑥辐合状水系：几条河流从四周高地向某一个低地中心辐合，这样的水系称为辐合状水系，例如我国新疆塔里木盆地、四川盆地的水系。辐合状水系也称辐聚水系，主要发育在盆地中或构造沉陷区，这样的构造区常形成由四周山岭向盆地或构造沉陷中心汇集的水系。广西南宁市盆地有各级河流汇集，右江从西北来，左江从西南来，良凤江从南来，心圩江从北来，形成辐合状水系。

⑦混合状水系：大多数河流的水系并不是由单一的某种水系构成，一般都包括上述两种或三种水系形式，把这种由两种以上的水系复合而成的水系为混合状水系。例如长江上游的金沙江和雅砻江接近于平行水系，宜宾以下为羽状水系；珠江水系的东江和北江是平行水系，而西江属于羽状水系。

(2)河长

河长是河流长度的简称。河长是沿溪线从河源至河口的距离，单位为 km。是河流的重要特征值之一，是确定河流落差、比降、流量、能量以及流域汇流时间等的重要参数。

在河槽中各断面最低点的连线称为溪线或中泓线。一般小比例尺的地形图上不易找出河源，可将干流上游看得清的溪线，沿垂直于等高线的方向延长至分水线，溪线和分水线的交点即为河长的终点。通常所称河流的长度，指其干流长度，如长江的长度为6397km，是指从河源沱沱河开始到长江入海口的长度。黄河的长度为5464km，是指从河源卡日曲开始到黄河入海口利津的长度。

河长可以在地形图上用细线、曲线计或小分规顺弯逐段量取，也可利用地理信息系统进行计算。用曲线计或小分规量取时，以河口为起点沿河道溪线向河源方向逐段量取，其精度决定于水系图比例尺的大小及小分规的开距，通常采用 1:50000 或 1:100000 的水系图，分规的开距以 12mm 为宜，在量取较顺直河段时分规的开距可以大一些，在量取弯曲河段时分规的开距应当小一些。各河段应该反复量 3 ~ 4 次，取其均值后相加即得河长。暴雨季节在洪水的冲淤影响下河道很容易发生变化，在量取河长时应采用最新测绘的地形图。在遥感技术日趋成熟、应用日益广泛的当代，可以利用遥感影像，在地理信息系统平台上直接测量河长。在水土保持工作的小流域中还可以利用无人机拍摄照片，利用专用软件直接计算出河长。

(3) 河网密度

河网密度是单位流域面积内干流和支流的总长度，单位为 km/km^2。

河网密度 = 干流和支流总长度/流域面积

河网密度表示一个地区水系分布的疏密程度和集流条件，是流域内径流发展的主要标志之一，也是一个地区自然地理条件的综合反映。河网密度越大，流域内被洪水切割的程度越大，径流汇集越快，排水能力越强。河网密度小，径流汇集慢，流域排水不良。例如在地面坡度陡峻的山地或丘陵地区，往往有较大的河网密度；在透水性强的土壤或岩石裂隙发育的地区，地面下渗比较强烈，河网密度一般较小；在干燥地区由于降水稀少，其河网密度也不大；在有植被覆盖的地区，由于植被对地面径流的形成有不同程度的影响，因此植被覆盖对河网密度的影响也较大。

河网密度的确定方法有两种方法：一是在较大比例尺的地形图上将流域分成若干方块，测定各方块内的河流总长度 l，再除以方块面积 f，得各方块的河网密度，将所有方块的河网密度取其平均值即得流域的河网密度。二是将流域分成若干区，各区以干流为界，左右两边为相邻支流，其他一边以流域分水线为界，求得各区密度后，对全流域求平均，即为河网密度。目前最常用的方法是利用数字高程模型 DEM 直接在地理信息系统中提取。

河网密度的倒数称为河道维持常数，又称河道给养面积，是为了维持单位长度的河道所需要的最小汇水面积。不同级别的河流要求的给养面积不等，一般来说，随着河流级别的增加，要求的给养面积也增加。

(4) 弯曲系数

弯曲系数是河流的实际长度与河源到河口的直线长度之比。弯曲系数表示河流平面形状的弯曲程度。弯曲系数越大，表明河流越弯曲、流路越长、比降越小、流速越低、径流汇集相对较慢，对航运及排洪不利。一般山区河流的弯曲系数较平原河流小，河流下游的弯曲系数较上游大，洪水期河流的弯曲系数比枯水期要小得多。通常所指的弯曲系数为基本河槽(即枯水期被水流占据的部分)的弯曲系数，它是研究水力特征和河床演变的一个重要指标。

2.1.6 河流的形成与发展

河流是径流侵蚀冲刷作用下形成的侵蚀沟继续发展的产物。降水到达地面扣除各种损失形成地表径流后，因地形起伏迫使其由高处向低处流动，流动过程中逐渐汇集形成集中股流，在集中股流的侵蚀作用下坡面上形成各种规模的侵蚀沟。侵蚀沟只是一种雏谷，初级阶段的侵蚀沟只有在降雨形成径流时才有季节性的水流，平常为干涸状态，但当侵蚀沟发育到一定程度，切穿地下含水层时，直接获得地下水补给，成为不干涸的小溪或小河。

侵蚀沟的形成与发展一般分为细沟阶段、切沟阶段、冲沟阶段、坳谷阶段。

当降雨强度大于土壤的入渗强度或土壤饱和后，地表便形成沿坡面流动的细小水流即漫流，在坡面漫流过程中随汇流面积的增大，流量和流速也不断增加，流动一定距离后坡面漫流的冲刷能力将会大于表层土壤的抵抗力，产生强烈的坡面侵蚀和冲刷，引起地面凹陷，随之地表径流进一步集中，侵蚀力相对变强，在坡面上逐渐形成细小而密集、大致平行的细沟。细沟的沟深不超过30cm，沟宽不超过100cm。

细沟进一步通过下切侵蚀、横向侵蚀、溯源侵蚀，沟深加深，沟宽变宽，沟长加长后形成切沟，切沟已有了明显的沟缘，沟头也已经形成小陡坎，沟宽和沟深可达1~2m，横断面呈“V”字，沟底纵剖面线与坡面线不一致。

在大暴雨时切沟内能够汇集更多的径流，切沟纵坡比降大，水流侵蚀能力强，下切侵蚀和溯源侵蚀剧烈发展，沟深和沟长迅速加深加长，同时伴随着沟坡的垮塌，沟宽也进一步加大，从而形成冲沟。冲沟的沟头具有明显的陡坎，沟坡经常发生崩塌、滑坡，冲沟深约几米至几十米，长约几百米，冲沟在黄土高原特别发育。冲沟的纵剖面呈凹型，深度大，宽度远小于深度。冲沟主要生成于原始的线状凹地内，这些线状凹地多为古代侵蚀网的残余或为抗蚀力、抗冲力较差的坡面，在岩性均一和地形相同的坡面上，冲沟的间距大致相同，且多作平行排列。在基岩出露的地区，冲沟除沿原始凹地生成外，还常沿节理、断层、岩层层面和不同岩性的接触面等各种不同的构造线发展。绝大多数冲沟都不会有长流水，或仅有极小的涓涓细流，一般只是在暴雨或积雪大量融化后才有较大的水流。

随着冲沟进一步发展，下切侵蚀受到侵蚀基准面的控制逐渐减弱，不再加深谷底，纵剖面坡度变得更加平缓，溯源侵蚀也因汇水面积和来水量的减少而逐渐停止，侵蚀沟内的水流以侧向侵蚀为主，两岸垮塌的碎屑物堆积在谷底，从而形成宽而浅的干谷称为坳沟。坳沟的横断面呈“U”字，沟头具有环状的汇水洼地。当沟深达到潜水面时，地下水就会出露，在沟内形成常流水，侵蚀沟谷发展成为河谷。

形成河谷后，降雨或积雪融化时形成的径流继续对坡面、沟坡、谷底进行侵蚀冲刷，并挟带这些泥沙向下游运动。河水挟带着泥沙向下游运动的过程中与其他河谷的水流会合，形成更大的水流，冲刷力加大，挟沙能力增强，这必将导致河水侵蚀和冲刷出更多的泥沙，并一起向流域出口流动。当水流流动到平缓地段时，流速减慢，挟沙能力降低，从上游携带而来的泥沙在此开始沉积，形成冲积平原、三角洲等河流堆积地貌。河水在冲积平原上蜿蜒曲折，最终流向大海或湖泊，或消失在沙漠之中。

河流水系的形成过程十分复杂，在不同的情况下可能有不同的形成方式。根据地表径流的形成过程，最先在坡面出现细沟、切沟等较小的侵蚀沟，然后合并成冲沟、坳沟等较大的侵蚀沟，这些侵蚀沟构成该地形单元内的径流汇集系统，这在地貌学中称之为沟谷系统。这个系统的形成是从小到大，从上游到中、下游逐渐形成的。地表连续的水流才能称为河流，冲沟、坳沟内经常没有常流水，还不能称为河流，但它们是水系的一部分。河流最先在何处出现？上游抑或下游？这需要根据河水补给源确定。在我国西北干旱地区靠冰川积雪补给的河流，它们首先在上游形成河流，顺流而下，形成水系。新疆内发源于昆仑山和天山的河流大多属于这一类，它们的下游是塔克拉玛干大沙漠，非但不具备产生河流的条件，而且使外来的河流因蒸发过量而消失，这样的地区不可能先从下游首先出现河流。发源于湖泊的河流也是从上游开始形成水系的。但是，从全球绝大部分地区而言，河流首先是从下游开始的。因为，一条河流的出现首先要有足够的水量而且源源不断，否则就不能成为河流。河流的下游集中了该流域的水量，最先形成河流是理所当然。这种河流形成之后是否向上、下游延伸则随气候和下垫面的具体情况而定。在气候条件适宜，比如降雨量增加而地表或地下滞留减少的情况下，河流可能向上、下游延伸，反之，河流非但不延伸反而缩短，甚至消失。

2.1.7　河流的形态特征

(1)河流的平面形态

河流按流经地区的特性可分成山区河流和平原河流。

山区河流是流经山区的河流，平面形态复杂多变，多急弯、卡口、跌水和瀑布，两岸和河心常有突出的巨石，河岸曲折不齐，河流宽度变化大。山区河流下切侵蚀作用强烈，河流的堆积作用微弱，在水流侵蚀和河谷岩石相互作用下形成山区河流的形态特征。两岸岩石的分化和坡面径流的冲刷侵蚀对河谷的横向拓宽有重要作用。山区河流的横断面往往呈"V"字或不完整"U"字，谷坡陡峭，坡面呈直线型或曲线型，河谷内会有一级或多级阶地。

平原河流是流经地势平坦地区的河流，纵坡比降缓，流速慢，泥沙淤积作用大于水流冲刷作用，河谷中有较厚的冲积层，河漫滩发育，横断面呈"W"形或抛物线，纵剖面呈圆滑曲线，由于河水的环流和冲淤作用，河道常常表现为蜿蜒的平面形态。在河流的凹岸，水深较深称为深槽，深槽对岸为浅滩，表现为凸岸。凹岸水流流速较快，在环流作用下表现为侵蚀状态，凸岸水深较浅，流速相对较慢，在环流作用下表现为堆积状态。

平原地区的河流根据其平面形态，可以划分为顺直微弯型河流、弯曲型河流、分汊型河流和游荡型河流。

①顺直微弯型河流：河段顺直或略有弯曲，流路依然弯曲，深槽、浅滩交错出现，

两侧的边滩犬牙交错。

②弯曲型河流：也称蜿蜒性河流，具有迂回曲折的外形和蜿蜒蠕动的动态特性。分布很广，弯曲型河流典型的特征是弯段和过渡段相间。

③分汊型河流：又称江心洲型河流，具有一个或几个江心洲，河道呈宽窄相间的莲藕状，具有两股或更多的汊道，各汊道经常处在交替消长的过程之中。

④游荡型河流：河流顺直宽浅，沙滩密布，汊道交织，河床变形迅速，主河槽摇摆不定，水流散乱，以黄河下游最为典型。

(2)河流的断面

河流的断面分为横断面和纵断面两种。

河流断面的形成一方面与地壳构造运动密切相关，一方面受水流侵蚀作用的影响。水流在构造运动形成的原始凹地上不断进行溯源侵蚀、下切侵蚀、侧向侵蚀的过程中形成了河流的断面，当水流的侵蚀力和河床的抗蚀力相平衡时，河流的断面就是稳定不变的断面，如果河流的侵蚀力大于河床的抗蚀力，河流的断面不断扩大；如果河流的侵蚀力小于河床的抗蚀力且水流中含有过量的泥沙，则河流断面因发生泥沙淤积，断面会逐渐减小。

①纵断面是指沿河流中泓线或溪线的剖面，反映河底高程沿河长的变化情况，一般用纵断面图表示。以河长为横坐标，河底高程为纵坐标绘制而成的图为河流的纵断面图。纵断面图表示从河源到河口河流纵坡和落差的沿程分布，是水流冲刷侵蚀以及泥沙沉积的结果，是水流和河床相互作用的具体表现。纵断面图是分析水流特性和估算水能蕴藏量的依据。

②横断面是与水流方向垂直的断面，两边以河岸为界，下面以河底为界，上界是水面线，不同水位对应不同的横断面。最大洪水时水面线与河底线包围的面积称最大横断面。某一时刻的水面线与河底线包围的面积称过水断面。河流横断面是计算流量的主要依据，是决定河道输水能力、流速分布的重要依据，更是流量和泥沙计算中不可缺少的重要指标。山区河流横断面深而窄，平原河流的横断面宽而浅。

河流横断面分单式及复式两种(图2-6)。单式断面的水面宽度随水深连续变化，没有突变点；复式断面的水面宽度随水深的变化不连续，有突变点。在横断面中枯水期水流通过的部分称基本河槽，在洪水期淹没的部分称河漫滩。

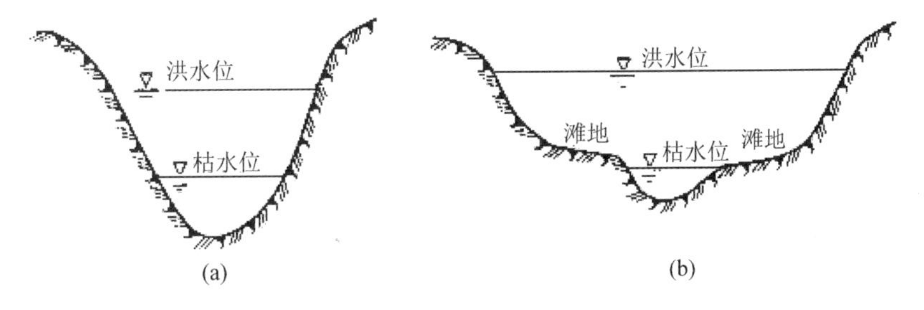

图2-6 河道横断面图

(a)单式断面 (b)复式断面

摘自雒文生主编《水文学》

(3)河流的比降

①河流纵比降：纵比降也称纵坡降，是沿河流方向的高程差与相应河流长度之比。纵比降间接反映流速、挟沙能力等水动力条件及其河流所蕴藏的势能，对洪水灾害、地质灾害、水运、水电研究有实用价值。如在泥石流沟道的判别中，纵比降是极其重要的指标之一。

纵比降是河流纵断面的特征之一，同时落差也是反映河流纵断面的指标。落差是河流两端河底高程的差，河流的总落差是河源与河口的高程差。纵比降是落差与相应河长之比，即单位河长的落差。

当河流的纵断面近于直线时，比降可以按公式(2-10)计算：

$$J=(h_1-h_0)/L=\Delta h/L \tag{2-10}$$

式中：J 为河道纵比降；h_1，h_0 为河段上、下端河底的高程，m；L 为河段的长度，m；Δh 为落差，m。

当河流纵断面呈折线时，可先绘制河流纵断面图，然后通过下游断面的河底处作一斜线(AB)，使此斜线与横坐标及纵坐标围成的面积等于原河底线与横坐标及纵坐标围成的面积。则 AB 线的坡度即为河槽的平均坡度。根据上面的假设和图 2-7 可得到：

$$(h_0+h_1)l_1/2+(h_1+h_2)l_2/2+(h_2+h_3)l_3/2+\cdots+(h_{n-1}+h_n)l_n/2=(h_0+JL+h_0)L/2 \tag{2-11}$$

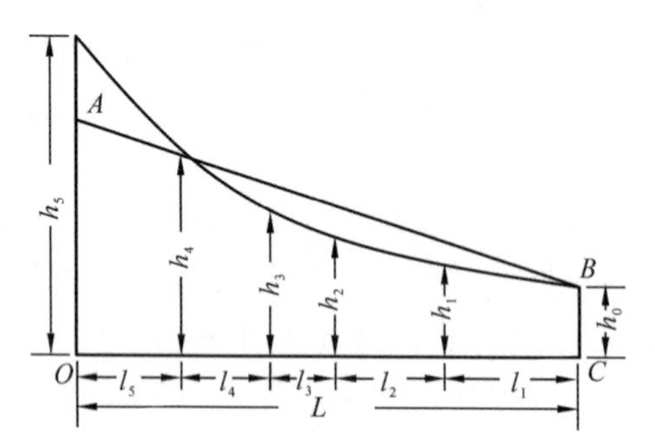

图 2-7 河道平均坡度计算图

摘自张增哲主编《流域水文学》

整理后可得到河流的平均坡度：

$$J=[(h_0+h_1)l_1+(h_1+h_2)l_2+\cdots+(h_{n-1}+h_n)l_n-2h_0L]/L^2 \tag{2-12}$$

式中：h_0，h_1，…，h_n 为自下游到上游沿程各点的河底高程，m；l_1，l_2，…，l_n 为相邻两点间的距离，m；L 为河段全长，m。

②河流横比降：河流横断面的水面，一般并不是水平的，而是横向倾斜或凹凸不平的。河流表面横向的水面倾斜称为横比降。

产生横比降的原因有三：地球自转产生的偏转力、河流转弯处的离心力和洪水涨落。

地球自转产生的偏转力是由于地球自转而产生的力，也称科里奥利力。它只是在物体相对于地面有运动时才产生。物体处于静止状态时，不受地转偏向力的作用。偏转力的方向同物体运动的方向相垂直，大小同运动速度和所在纬度的正弦成正比，它只能改变物体运动的方向，不能改变物体运动的速率。在北半球，偏转力指向物体运动方向的右方，使物体向其运动方向的右方偏转；在南半球则相反，使物体向其运动方向的左方偏转。在速度相同的情况下，偏转力随纬度的增高而增大。赤道上偏转力等于零；在两极偏转力最大。由于偏转力的作用，北半球河流有向流向右岸运动的趋势，从而使右岸的水面高于左岸，形成横比降。在横比降的作用下形成水内环流。

在河流转弯处，由于离心力的作用使凹岸的水面高于凸岸，形成横比降。在横比降的作用下形成水内环流。

涨水时河槽水位和流量剧增，两岸阻力大流速小，而河道中间流速大，河道中间水位的增长比两岸大，此时河流中间的水面高，两岸的水面低，河流表面呈凸形，产生横比降，形成水内环流。相反，在落水时，河流中间水位和流速的减率大，而两岸的减率小，使得两岸水面高而河流中间水面低，河流表面呈凹形，产生横比降，形成水内环流。

由于水面横比降的存在，使河流在横断面上形成水内环流。水内环流与流向垂直，它随水流运动呈螺旋状向前运动。

在北半球平直河道上，在偏转力作用下河流表面的水由左岸向右岸移动，使得右岸的水位高于左岸，到达右岸的水在重力作用下沿右岸向河底运动，然后再向左岸运动，形成水内环流。水内环流的运动结果是右岸不断被冲刷，冲刷的泥沙在水内环流的搬运下向左岸堆积，从而使得右岸逐渐变深变凹，左岸逐渐变浅变凸，顺直河道逐渐变成弯曲河道。

河流转弯处在离心力作用下，河水表面的水由凸岸流向凹岸，到达凹岸后水流由水面向河底运动，在河底处水流由凹岸流向凸岸，形成水内环流。河流左转弯时，水内环流按顺时针方向旋转。河流右转弯时，水内环流按逆时针方向旋转。在河流转弯处由于水内环流的影响，凹岸不断被冲刷，被冲刷的泥沙带到凸岸淤积，导致河流越来越弯曲(图 2-8)，并形成牛轭湖。

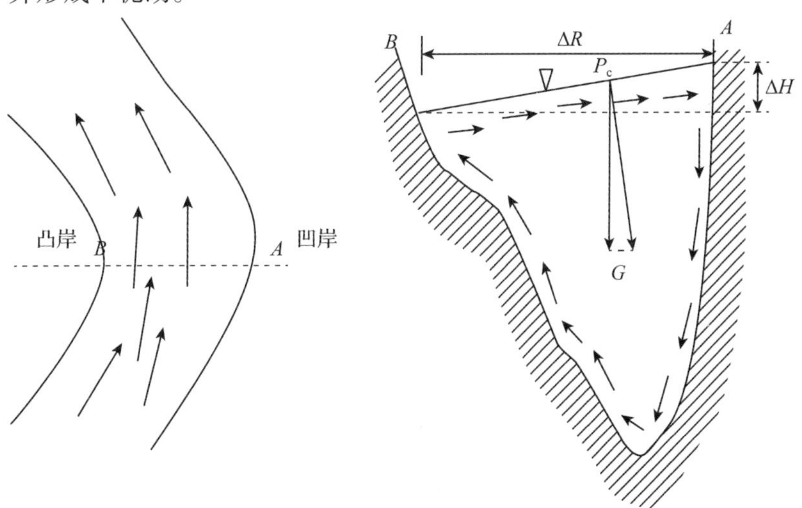

图 2-8 河流转弯处水面的横比降及形成的水内环流

涨水时河流中间的水面高于两岸，在横比降的作用下河水表面由中间流向两岸，在河底由两岸流向中间，从而在河流横断面上形成两个水内环流，在这两个水内环流的作用下河道两岸被冲刷侵蚀，被侵蚀的泥沙向河道中间堆积。在落水时河流中间的水面低于两岸，在横比降的作用下河水表面由两岸流向河道中间，在河底由中间流向两岸，在河流横断面上也形成两个水内环流。涨落水时水内环流的作用使河流横断面由单式变为复式，即由单一的抛物线形(a)演变成“W”形(b)(图 2-9)。洪水过后河道中间往往会比洪水前变高一些就是水内环流的结果。

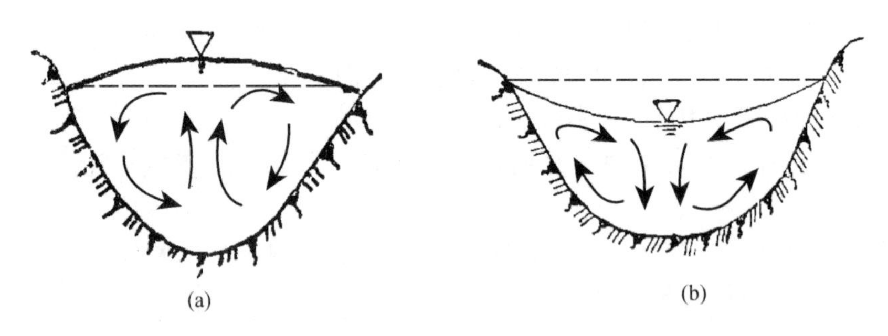

图 2-9　涨水落水时水面的横比降及形成的水内环流

2.1.8　中国主要河流及其特点

我国的主要河流及其特征参见表 2-1。

我国地域辽阔，从南到北横跨热带、亚热带、暖温带、温带、寒温带等几个热量带，由东南向西北逐渐由湿润、半湿润、半干旱和干旱气候过渡，气候类型虽然复杂多样，但大陆性季风气候特征明显，在这种气候影响下我国河流具有以降水补给为主，季节变化明显的特征。

表 2-1　中国主要水系和河流特征

水系	河名	河长(km)	流域面积(km^2)	注入地
长　江	长江	6300	1808500	东海
黄　河	黄河	5465	752443	渤海
黑龙江	黑龙江	3420	1620170	鞑靼海峡(经俄罗斯)
松花江	松花江	2308	557180	黑龙江
珠　江	珠江	2211	453690	南海
雅鲁藏布江	雅鲁藏布江	2057	240480	孟加拉湾(经印度)
塔里木河	塔里木河	2046	194210	台特玛湖
澜沧江	澜沧江	1826	167486	南海(经老挝、柬埔寨)
怒　江	怒江	1659	137818	安达曼海(经缅甸)
辽　河	辽河	1390	228960	渤海湾
海　河	海河	1090	263631	渤海湾
淮　河	淮河	1000	269283	长江
滦　河	滦河	877	44100	渤海湾
鸭绿江	鸭绿江	790	61889	黄海(中朝界河)

(续)

水系	河名	河长(km)	流域面积(km^2)	注入地
额尔齐斯河	额尔齐斯河	633	57290	喀拉海(经俄罗斯)
伊犁河	伊犁河	601	61640	巴尔喀什湖(经俄罗斯)
元　江	元江	565	39768	北部湾(经越南)
闽　江	闽江	541	60992	东海
钱塘江	钱塘江	428	42156	东海
南渡江	南渡江	311	7176	琼州海峡
浊水溪	浊水溪	136	3155	台湾海峡

注：黑龙江在中国境内的面积为903418km^2，鸭绿江在中国境内的面积为32466km^2。

(1)以降水补给为主

降水是我国河流的主要补给来源，以降水补给为主的河流，河流水量受降水的影响较大。我国降水的分布由东南向西北逐渐减少，降水对河流的补给量也由东南向西北逐渐递减，其中以黄淮海平原上各河流的降水补给比重最大，降水补给量可占河水量的80%~90%。东北和黄土高原地区的河流雨水补给比重较小，约占50%~60%。西北内陆地区气候干燥，河流以高山冰雪融水补给为主，这些地区的河流水情与气温关系密切，河水量的多少与变化主要受气温高低的影响。

(2)季节性变化明显

既然我国的河流主要以降水补给为主，而降水具有明显的季节性变化，这就导致河流流量也具有明显的季节性变化规律，年内流量分配不均，年际变化大，丰枯悬殊，水量很不稳定，具有明显的周期性的丰水期、枯水期变化。如北方河流的汛期流量占全年总径流量的70%以上，黄河及其他北方地区的河流丰水年、枯水年持续年数一般较南方地区的河流持续年数多，黄河曾出现过连续11年的枯水年组。枯水期北方河流流量的减小率较南方河流更为剧烈。

(3)泥沙含量高输沙量大

河流中的泥沙来源于流域内坡面和沟道的土壤侵蚀以及河床冲刷，泥沙对河流的变迁及河流水情具有重大影响。我国北方大部分河流具有多泥沙的特点。黄河流经黄土高原，严重的水土流失使大量泥沙随地表径流注入黄河，一年内，通过的泥沙平均约有16×10^8t，入海沙量约12×10^8t。长江每年带走的泥沙约有4×10^8t。泥沙被水流挟运到下游，大部分淤积于河床，久而久之形成“地上河”。

(4)地区分布不均

我国虽然河流众多，径流量丰富，但河流的空间分布极不均匀，总体呈现东多西少、南丰北欠的格局。如我国秦岭淮河以南地区，降水丰富，河流纵横，河网密度大；西北干旱地区降水稀少，河网密度低。我国秦岭—桐柏山—大别山以南地区，武陵山—雪峰山以东地区河网密度大，可达到0.5km/km^2，而内陆流域中河网密度不到0.1km/km^2。

2.1.9 中国河流的分类

根据补给条件的不同，我国的河流可划分为下列八大类型：

第一类，华北地区以雨水补给为主，并有季节性冰雪融水补给的河流。主要包括黑龙江、松花江、鸭绿江、图们江和辽河的大部分支流。雨水补给约占年径流量的 50%~70%，集中在夏季，形成夏汛；地下水补给约占 20%~30%；季节性冰雪融水补给一般占 10%~15%，形成春汛。具有夏汛和春汛是该类河流的主要特征。

第二类，华北地区以雨水或地下水补给为主，并有少量季节性冰雪融水补给的河流。主要包括黄河中下游、海河水系、淮河北岸支流及山东半岛各河。在本区内，地下水补给的比重从东向西逐渐增加，由以雨水补给为主，逐渐转为以地下水补给为主。例如华北平原雨水补给量约占 90%，太行山地区地下水补给量增至 30%~40%，山西和陕西境内的黄土高原地下水补给量可达 40%~60%。

第三类，内蒙古、新疆部分地区雨水补给的河流。主要指荒漠、草原地区的内陆河流。因气候干燥，蒸发和下渗强烈，只有遇到暴雨才能产生径流，因此多属季节性河流，除雨水补给外，几乎别无其他补给。

第四类，西北高山地区永久性冰雪融水或季节性冰雪融水补给及雨水补给的河流。包括阿尔泰山、天山、昆仑山及祁连山等高山地区的河流。除部分雨水补给外，永久性冰雪融水和季节性冰雪融水补给占有较大比重，并且有不少河流是以这两种补给为主要水源。

第五类，华中地区以雨水补给为主的河流。主要包括长江中下游支流、珠江流域北部支流及淮河南岸支流。降雨主要受东南季风控制，梅雨显著。雨水补给约占 70%~80%，其余是地下水补给。

第六类，东南沿海地区和岛屿由台风雨补给的河流。包括钱塘江、闽江、东江、北江、西江的中下游及沿海岛屿上的河流。雨水补给占绝对优势，其次得到少量的地下水补给。除在春末夏初东南季风带来的大量降雨形成春、夏汛外，夏末秋初台风带来的急骤暴雨可形成台风汛。双峰现象是其主要特征。

第七类，西南地区以雨水补给为主的河流。包括怒江、澜沧江、金沙江下游支流、元江和西江上游支流。该地区受西南季风影响，雨季开始晚，结束迟，降雨量集中在夏秋两季，春季最为干旱。雨水补给约占 60%~70%，地下水补给占 30%~40%。

第八类，青藏高原地区永久性冰雪融水补给和地下水补给的河流。包括黄河、长江、澜沧江、怒江、雅鲁藏布江等河的上游支流。主要是以永久性冰雪融水补给为主，地下水补给也占一定比重。

2.2 流域

2.2.1 基本概念

流域是汇集地表水和地下水的区域，即分水线所包围的区域。地面分水线构成地面集水区，地下分水线构成地下集水区。

由于地表水是在重力作用下从高处向低处流动，所以流域边界应该是最高点的连线（山脊线）。当地形向两侧倾斜，使雨水分别汇集到两条河流中去，这个起着分水作用的山脊线称为分水线（分水岭）。分水线两边的雨水分别汇入不同的流域。分水线有的是山岭，有的是高原，也可能是平原或湖泊。山区或丘陵地区的分水线非常明显，在地形图上容易勾绘出分水线，即山脊线的连线。但在平原地区和岩溶地区分水线不显著，仅利用地形图勾绘分水线有困难，在地图上勾绘的同时还需要进行野外实地查勘确定。

地面分水线就是流域四周地面最高点的连线，通常为河流集水区域内四周山脉的脊线。如我国的秦岭是长江流域和黄河流域的分水岭，大别山是长江流域和淮河流域的分水岭。南岭是长江流域和珠江流域的分水岭。

但自然界的岩层并不完全是水平或垂直的，倾斜岩层随处可见。当流域内存在倾斜岩层的情况下，流域内最高点围成边界只能代表地表水的汇流边界，并不一定代表地下水的汇流边界或排水边界。也就是说地表水和地下水的流域边界有可能并不重合。当地表水的流域边界和地下水的流域边界重合时，即地面、地下分水线重合的流域为闭合流域，闭合流域与邻近流域无水量交换。反之，地面、地下分水线不重合的流域为非闭合流域，非闭合流域与邻近流域间会发生水量交换(图2-10)。实际上很少有严格意义上的闭合流域。但对于流域面积较大，河床下切较深的流域，因其地下分水线与地面分水线不一致引起的水量误差很小，一般可以视为闭合流域。

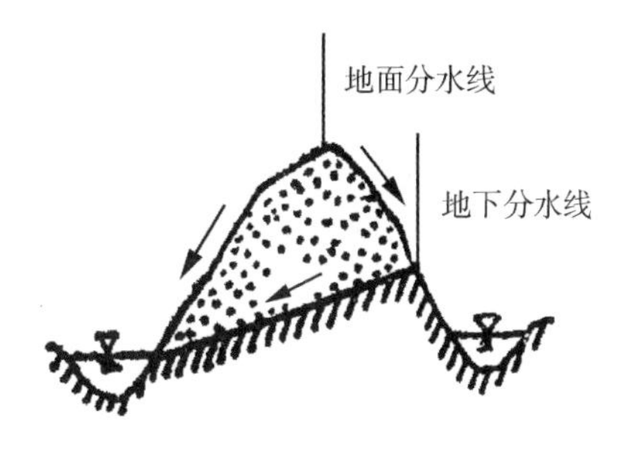

图2-10 地面分水线和地下分水线

大流域的分水岭一般是固定不变的，即使发生变化对整个流域的影响也很小。但小流域尤其水土流失严重的小流域，分水岭常常会发生变动。如果分水岭两边的坡度不一样，坡度大的一侧水流的侵蚀能力强，在水流冲刷侵蚀作用下分水岭向缓坡一侧移动。如果分水岭两侧的降水量不一样(迎风坡降水量大)，降水量大的一侧冲刷侵蚀可能会更大一些，导致分水量向降水量小的一侧移动。另外溯源侵蚀、河流的侧蚀，火山活动、地壳运动等均能导致分水岭的迁移变化。

2.2.2 流域的几何特征

(1)流域面积

流域面积是指地表分水线在水平面上的投影所环绕的范围，单位为 km^2。流域面积是河流的重要特征，它不仅决定河流水量的大小，也影响径流的形成过程。在其他因素相同时，一般流域面积越大，河流的水量越大，对径流的调节作用也大，流域被暴雨笼罩的机会越小，洪水过程较为平缓，洪水威胁小。反之，流域面积越小，流量越小，短历时暴雨时容易形成陡涨陡落的洪水过程。在枯水季节，流域面积较大的河流，地下水出露较多，地下水补给较丰富，同时流域内降水的机会也相对较大，导致流域内的总水量相对较多；反之则很小，甚至完全干涸。

流域面积是影响径流的重要参数，必须对其进行精确测量，可先在地形图上画出地表分水线，再用求积仪法、数方格法、称重法等进行测定，或用地理信息系统进行计算。流域面积测量结果的精度因地形图的比例尺而定，比例尺越大，量得的流域面积的精度越高，一般宜采用1:50000或1:100000的地形图进行测量。流域总面积包括干流的流域面积和支流的流域面积。河流从河源至河口，因干流的流域面积随河长的增加而增加，以及沿途接纳支流，所以，流域面积随着河长的增长而增加。

(2) 流域的长度和平均宽度

流域长度直接影响地表径流到达出口断面所需要的时间，流域长度越长，河道汇流时间越长，河槽对洪水的调蓄作用越显著，水情变化也就越缓和。比较狭长的流域，水的流程长、汇流时间长、径流不易集中，河槽对洪水的调蓄作用较显著，洪峰流量较小。反之，径流容易集中，洪水威胁大。

目前，确定流域长度的常用方法有以下三种，可依据研究目的选用：①从流域出口断面沿主河道到流域最远点的距离为流域长度；②从流域出口断面至分水线的最大直线距离为流域长度；③用流域平面图形几何中心轴的长度(也称流域轴长)表示，以流域出口断面为圆心，任意长为半径，画出若干圆弧，这些圆弧与流域边界交于两点，这两点间弧线中点的连线长度即为流域长度，也就是流域几何轴长。流域长度以 L 表示，单位以 km 计。如果流域左右岸对称，一般可以用干流长度代替。

流域平均宽度是流域面积与流域长度的比值。流域平均宽度越小，流域形状越狭长，水流越分散，形成的洪峰流量小，洪水过程越平缓；若流域平均宽度接近于流域长度，则流域形状近于方形或圆形，水流越容易集中，形成的洪峰流量大，洪水过程较为尖瘦，属陡涨陡落型。

(3) 形状系数

流域形状系数是流域平均宽度与流域长度之比。当将流域概化为矩形时，流域的形状系数可定义为流域面积和流域长度的平方的比值。

$$K_e = F/L^2 = B/L \tag{2-13}$$

式中：K_e为流域形状系数；F 为流域面积；L 为流域长度；B 为流域平均宽度。

流域越长，形状系数 K_e越小，K_e值接近于 1 时，说明流域的形状接近于圆形，在这样的流域中很容易形成大洪水。流域形状系数反映了流域的形状特征，如扇形流域的形状系数较大，羽状流域的形状系数则很小。K_e值越大，流域形状越接近于圆形，汇流时间越短，越容易出现陡涨陡落的洪水过程。

(4) 分水线延长系数

流域分水线延长系数又称为流域完整系数，是流域分水线的实际长度与流域同面积圆的周长之比。

$$K_d = \frac{L_f}{2\sqrt{\pi F}} \tag{2-14}$$

式中：K_d为流域分水线延长系数；F 为流域面积；L_f为流域分水线长度。

当流域形状接近于圆形时，则 K_d接近于 1，这样的流域径流容易汇集，暴雨时形成的洪峰流量大，洪水历时短。K_d越大，流域形状越不规则、径流越不容易汇集，暴雨时形成的洪峰流量相对较小，洪水历时长。

(5) 不对称系数

不对称系数反映流域左右岸流域面积的不对称程度。河流的左右岸流域面积常常不相等，一般使用流域不对称系数表示。流域的不对称系数是河流左右岸流域面积之差与左右岸流域面积平均值之比。左右岸流域面积的不对称程度对径流的汇集具有很大影响，当流域的不对称系数愈大时，流域愈不对称，左岸、右岸流域面积内的来水也愈不均匀，径流不易集中，流域的调节作用大，暴雨时形成的洪水过程较为平缓。不对称系数的计算公式为：

$$K_a = 2|F_A - F_B|/(F_A + F_B) \tag{2-15}$$

式中：K_a为流域的不对称系数；F_A为河流左岸流域面积；F_B为河流右岸流域面积。

2.2.3 流域地形特征

在相同自然地理条件下，不同高度上的河流，因水源补给条件不同，在水系组成、水量变化等方面均有不同特征。一般随着流域高度的变化，流域的自然地理特征随之发生明显变化，如温度、湿度、风速、降水量、植被、蒸发散量、土壤等均会随海拔高度的变化呈现规律性的变化，这必将对流域的水文过程产生影响。一般情况下在一定高程范围内随海拔高度的增加，降水量增多，温度降低，蒸发散量减少，流域产水量相应增加。流域坡度对坡面汇流过程有重要影响，坡度越大，坡面汇流速度越快，径流的冲刷侵蚀也更为强烈，因此，山区流域的河网密度相对较大，汇流速度快，暴雨时容易形成陡涨陡落的洪水过程。因此，流域的平均高度和平均坡度可间接表明流域产流和汇流条件。

(1)流域平均高度

流域平均高度是指流域范围内地表的平均高程。流域平均高度可用方格法计算，其步骤为：先将流域地形图划分成诸多正方格(多于100个)，然后读取每一交点的海拔高度，求其算术平均值，即为流域的平均高度。更为精确的方法是采用面积加权法计算，即在流域地形图上，用求积仪或其他方法分别求出相邻等高线之间的面积，再乘以两等高线之间的平均海拔高度，然后将乘积相加，除以流域面积即得流域平均高度。计算式如下：

$$H = (a_1h_1 + a_2h_2 + \cdots + a_nh_n)/A \quad (i=1, 2, \cdots, n) \tag{2-16}$$

式中：H为流域平均高度；a_i为相邻两等高线间的面积；h_i为相邻两等高线的平均高度；A为流域总面积。

(2)流域平均坡度

流域的平均坡度是影响坡地汇流过程的主要因素，更是影响坡面径流流速和冲刷能力的关键指标，是小流域洪水汇流计算、坡面侵蚀产沙分析中必须考虑的重要参数。流域平均坡度的计算采用面积加权法。

$$J = (a_1J_1 + a_2J_2 + \cdots + a_nJ_n)/A \quad (i=1, 2, \cdots, n) \tag{2-17}$$

式中：J为流域平均坡度；J_i为相邻两等高线间的平均坡度；a_i为相邻两等高线间的面积；A为流域总面积。

(3)流域面积高程曲线

某些水文要素，如降水、蒸发等与高程之间具有明显相关性，为研究高程对水文特征值的影响，就必须掌握流域面积随高程的分布变化情况。流域面积随高程的分布常用面积高程曲线表示。具体做法是分别量算出相邻两条等高线之间的面积，统计出大于等于某一海拔高度的面积与流域面积之比，然后以海拔高度为纵坐标，面积比为横坐标绘出的光滑曲线为面积高程曲线(图 2-11)。

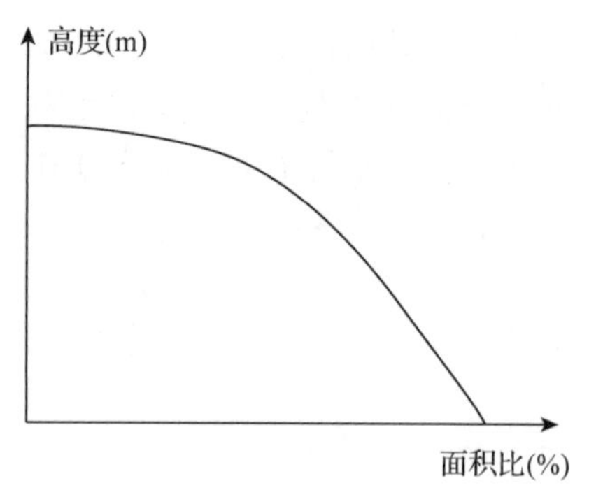

图 2-11　流域面积高程曲线

2.2.4　流域自然地理特征

流域的自然地理特征是指流域的地理位置(经纬度)、地形、气候、植被、土壤及地质、湖泊率与沼泽率等。除气候外，其他因素合称为流域的下垫面因素。自然地理特征是影响水文现象的主要因素，对流域水资源的形成、数量和分布，以及流域内径流状况有着重大影响。由于自然地理条件的不同，我国东南沿海地区与西北地区的水资源和径流情势都有很大的不同。在同一区域内，由于海拔高度、地形坡度、土壤和地质构造、温湿度、植被、水分等的不同，各个流域的径流情势也不尽相同。

此外，人类活动也是使流域环境条件发生变化的一个重要因素。大规模的人类活动甚至会对流域内水资源和径流情势产生显著的影响。天然的来水量、水质等在时间和空间上的分布与人类的需求往往不相适应，为了解决这一矛盾，人类采取了许多措施，如兴建水利、植树造林、水土保持、城市规划等来改造自然以满足人类的需要。人类的这些活动，在一定程度上改变了流域的下垫面条件，从而改变了蒸发与径流的比例、地面径流与地下径流的比例以及径流在时间和空间上的分布。例如，兴建水库可以调节径流在年内及年际间的分配；大规模灌溉会增加蒸发量，减少河川径流量；都市化的地区，多为不透水的地面，增加了地面径流，容易造成城市的洪涝灾害。

(1)流域的地理位置

流域地理位置用流域中心和流域边界的地理坐标表示。流域的地理位置反映距离海洋的远近以及其与较大山脉的相对位置，这决定了流域能够获得的水汽输送量和降雨量的大小，同时还决定了流域的气候特征，尤其决定着蒸发潜力的大小。因此，地理位置能够反映水文现象的区域性特征。由于同一纬度地区的气候特征相对比较一致，因此，在相同纬度上东西走向的流域，其水文特征具有较高的相似性。但我国西北内陆地区与华北地区的纬度相似，但内陆地区流域的水文特征与华北地区相去甚远，这主要是由于高大山脉的阻隔和距离海洋的远近不同所致。

不同流域由于其所处地理位置的不同，其水文特征尤其是洪水特征相去甚远。

(2)流域的地貌特征

流域的地貌特征包括平均高程、坡向、平均坡度等，是决定河流水量、水情及其他水文情势的重要因素之一。流域所处地貌类型是平原区，还是山丘区或山丘平原混合区，其水文特征相差很大。如地处山脉迎风坡的流域，很容易形成地形雨，降雨量相对较大，植物生长茂密，水文特征与地处背风坡的流域相比有其特殊性。地处山区的流域坡度大，径流流速大，汇流迅速，流量过程线尖瘦；而地处平原区的流域地形相对平坦，坡度较缓，径流流速慢，汇流缓慢，流量过程线平缓。一般而言，流域的平均坡度大，流速快、汇流时间短、径流过程急促、洪水过程陡涨陡落，故山区流域的洪水多易涨易退。

(3)流域的气候特征

流域的气候特征包活降水、蒸发、气温、湿度、气压及风速等。河川径流的形成和发展主要受气候因素控制。降水是河流的主要水源，而降水与其他气象因素的关系十分密切，降水量的大小及分布，直接影响径流的多少；蒸发量对径流量的年际变化和年内变化均有显著影响；气温对以融雪水为主要补给源的河流影响很大，每年春季气温升高后，积雪融化，融雪水量剧增，河流水量暴涨，形成桃花汛。我国主要河流如长江、黄河每年在桃花盛开的季节都会迎来桃花汛。温度、湿度、风速、风向、气压等主要通过影响降水和蒸发而对径流产生间接影响。因此，流域的气候特征是河流形成和发展的主要影响因素，也是决定流域水文特征的重要因素，可以说河流是气候的产物。

(4)流域的土壤、岩石性质和地质构造

土壤、岩石性质主要指土壤结构和岩石的水理性质，如土壤的机械组成、土壤结构、水容量、给水度、持水性和透水性等。地质构造指断层、褶皱、节理、裂隙及新构造运动等。这些因素与降水的蓄渗损失、地下水运动、地下水的补给及流域侵蚀程度有关，从而影响径流及泥沙情势。例如在页岩、板岩、砂岩、石灰岩及砾岩等易风化、易透水、下渗量大的流域中，因流域蓄渗损失较大，地面径流量相对较小，而地下径流则相对较多。地面分水线与地下分水线不一致时，渗入到土壤和岩层中水分将以壤中流或地下径流的形式汇入相邻流域而使本流域的水量减少。以沙土为主的流域，降水时其下渗率大于以黏土为主的流域，蒸发量也较小，因此以沙土为主的流域与以黏土为主的流域相比，地面径流量小，地下径流量大，径流过程平缓。黄土结构松散，极易被侵蚀冲刷，因此黄土高原的流域千沟万壑，降雨时易形成地表径流，降雨后流域内的沟道很容易干涸，河流挟沙量很大，洪水过程陡涨陡落。我国黄河流经黄土高原，河水含沙量高达 $37.6kg/m^3$，最大含沙量可达 $666kg/m^3$，居世界首位。此外，深色紧密的土壤易蒸发，而疏松及大颗粒、松散的土壤蒸发量小。流域内如果透水岩层较多，其蕴藏的地下水多，径流变化平稳；相反如果透水性小的岩层较多，流域内的地表径流大，旱季河水很容易现干涸和断流情况。

(5)流域的植被特征

主要包括植被类型、覆被率、郁闭度、生物量、生长状况以及植被在流域内的分布状况。植被情况通常用植被率(植被面积所占流域面积的百分比)表示。植被主要通过影响植物截留量、枯枝落叶拦蓄量影响到达地面的降水量，并通过植物根系改良土壤孔隙状况，影响土壤的入渗性能，进而对降水时的入渗量产生影响，还可以通过影响蒸发散量对流域的水量平衡产生重要影响。另外植被还可以影响流域内的小气候，从而对流域的水分循环过程、径流过程以及与径流过程相伴的侵蚀过程产生间接影响。

流域中的植被状况主要包括植被类型、林分结构、林分密度、盖度、生物量、空间分布等影响和调控径流的关键因素。例如，森林植被通过林冠层、林下灌草层、枯枝落叶层以及林地土壤层的拦截、吸收和蓄积等作用方式对降水进行二次分配，从而起到调节地表径流量和径流过程、涵养水源的作用；植被通过削减洪峰流量、延缓洪峰时间、增加枯水期流量及缩短枯水期等调节作用，以及对土壤的改良作用，显著减轻土壤侵蚀，减少流域产沙量以及河川泥沙含量，防止河道与水库的淤积，从而提高水资源的利用率。

(6)流域内湖泊与水库

湖泊和沼泽是流域内的天然水库，对径流过程和泥沙输移有着巨大的调节作用。流域内湖泊和水库越多，对河川径流的调节作用越大。湖泊和水库能增加流域的水面蒸发，降低径流流速，调蓄洪水，削减洪峰，调节径流的年内分配，使之趋于均匀。同时湖泊和沼泽既是雨水和冰雪融水的天然蓄水池，又是天然的沉沙池，所以它对流域的水文过程、泥沙过程有着显著的影响。

2.2.5　中国主要流域的洪水特征

长江流域的洪水主要由暴雨形成，最早出现在 4 月上旬，最晚也可在 10 月下旬出现，但集中出现在 7 月和 8 月。长江流域的洪水分为全域性和区域性两大类。全域性洪水是由连续性大范围暴雨或自西向东移动的大暴雨形成，流域上、中、下游和干支流均会形成洪水，这类洪水出现的机会虽然较少，但洪峰高、流量大、历时长、威胁巨大。如 1931 年、1954 年和 1998 年的大洪水均属全域性大洪水。区域性洪水是由集中的大面积暴雨形成，出现机会多，在上、中、下游均可发生，但出现范围仅限于某些支流或干流的某些河段。如 1870 年和 1981 年长江上游特大洪水，1935 年、1983 年和 1999 年长江中下游特大洪水等。

黄河流域的洪水虽然也是由暴雨形成，但主要发生在 7～10 月。发生在 7 月和 8 月的洪水称为“伏汛”，发生在 9 月和 10 月的洪水称“秋汛”。黄河的暴雨洪水主要来源于兰州以上地区、托克托至三门峡区间和三门峡至花园口区间等 3 个地区。兰州以上地区的洪水是由洮河、湟水、大通河流域的暴雨形成，降雨笼罩面积大，降雨历时长，强度小，在区域内湖泊、沼泽的滞蓄调解下，洪水过程的涨落平缓，主要发生在 7～9 月，且以 9 月居多。托克托至龙门区间是黄河流域的主要暴雨区，暴雨强度大，历时短，干、支流坡度大，常形成陡涨陡落的洪峰高但洪水量较小的洪水过程(尖瘦型)，发生时间为 7 月中旬至 9 月上旬，同时挟带大量泥沙，为黄河泥沙主要来源。从龙门至潼关的河道宽阔，河槽调蓄作用大，对尖瘦的洪水过程具有明显的削峰作用。在托克托至三门峡区间发生由西南向东北分布的大面积暴雨时，龙门的洪水有可能与渭河洪水遭遇，造成三门峡洪峰和洪量均大的洪水过程。三门峡至花园口区间是黄河流域另一个暴雨区，暴雨强度大，洪水涨势猛，洪峰高，但含沙量较小，多发生在 7 月中旬至 8 月上旬。黄河下游河道多为“地上河”，仅为输送洪水的通道。如果黄河下游洪水主要来自三门峡以上，则称为“上大型”洪水，如 1933 年和 1948 年的洪水。如果黄河下游洪水主要来自三门峡至花园门区间，则为“下大型”洪水，如 1958 年和 1976 年的洪水。此外，黄河下游洪水还具有峰高量小，含沙量大、年际变化大的特点。

淮河流域包括淮河水系和沂沭泗水系两部分。淮河水系洪水主要来自上游伏牛山区淮南山区，一般可发生全局性和局地性两种洪水。全局性洪水由梅雨期大范围连续多次暴雨造成。当中游、上游山区各支流普遍发生洪水后，洪峰接踵出现，中游左岸平原支流洪水相继汇入干流，所以全局性洪水消退缓慢，洪水过程可长达 2 个月以上。如 1921 年、1931 年、1954 年和 1992 年的洪水等就是 20 世纪发生的著名的全局性持大洪水。局地性洪水一般由台风或者涡切变天气系统暴雨形成，暴雨强度大，洪水过程峰高量小。如 1975 年 8 月淮河支流洪汝河、沙颍河发生特大洪水，控制面积仅 768km^{2}的板桥水库最大入库洪峰流量竟达 13000m^3/s，1968 年 7 月淮河干流上游发生特大洪水，王家坝站最大洪峰流量达 17600m^3/s。淮河水系王家坝以下干流河道纵坡平缓，洪水宣泄缓慢。沂沭泗水系发源于沂蒙山区，也是暴雨比较集中的地区，加之其上、中游地面比降大、汇流快，所以洪水来势迅猛，如 1957 年 7 月的洪水，集水面积为 10315km^{2}的临沂站，洪峰流量达 15400m^3/s。沂沭泗水系洪水出现时间略迟于淮河水系，但淮河流域洪水年际变化比长江流域大。

海河洪水来自夏季暴雨，暴雨主要集中在 7 月和 8 月，尤其是 7 月下旬至 8 月上旬。太行山和燕山的东南迎风坡为暴雨集中分布的地带，且暴雨强度大、历时长。背风山区和坝上高原也会出现大强度暴雨，但属短历时局地暴雨，不致形成大洪水。由于暴雨中心落区不同，海河流域大洪水可分为南系洪水和北系洪水两类。统计表明，当漳卫河、子牙河和大清河等南系河流发生大洪水时，北系各河流洪水较小；而当永定河、北运河、潮白河和蓟运河等北系河流发生大洪水时，南系各河流洪水一般不大。20 世纪中，北系洪水以 1939 年为最大，潮白河尖岩村调查洪峰流量达 11200m^3/s，下游苏庄调查洪峰流量 11000~15000m^3/s，永定河卢沟桥洪峰流量 4390m^2/s，南系洪水以 1963 年为最大，暴雨中心任丘县 8 月 2~7 日的降雨量达 2050mm，洪水以子牙河支流滏阳河和大清河为最大。据调查估算大清、子牙两河 8 月 7 日越过京广铁路的最大流量达 43200m^3/s。海河流域大洪水发生时间集中，洪峰流量年际变化很大，也是海河流域洪水的特点。

辽河流域的洪水主要集中在 7、8 月份。根据洪水发生的地区，辽河洪水分三种情况：一是西辽河洪水，它主要来自上游老哈河和西拉木伦河的山丘区，流经西辽河平原，由于平原水库、洼地和河槽的调蓄，洪峰削减较大，对辽河干流洪水影响不大。如 1962 年 7 月西辽河上游老哈河发生特大洪水，红山水库最大入库流量达 12700m^3/s，经水库调节后出库最大流量仅为 995m^3/s，加上区间洪水至郑家屯站为 1760m^3/s，到辽河干流铁岭站只有 1610m^3/s。二是辽河干流洪水，它主要来自东辽河和左岸清、柴、泛等支流。这一地区是辽河流域的主要暴雨中心区，形成的洪水量级大。如 1951 年 8 月洪水，辽河干流铁岭站洪峰流量达 14200^3/s，辽河中游右侧支流洪水一般不大，但水土流失比较严重。三是浑河、太子河洪水，它主要来自沈阳和辽阳以上山丘区的暴雨中心区。浑河、太子河两河相邻，洪水同步，量级很大。如 1960 年 8 月特大洪水，太子河辽阳站洪峰流量为 18100m^3/s，浑河大伙房水库的入库最大流量为 7600m^3/s。辽河洪水年际变化很大，干支流洪峰流量 C_v值在 1~1.5 之间。

松花江洪水主要由暴雨形成。大洪水多发生在 7~9 月，松花江哈尔滨以上干流大洪水，一是由嫩江和第二松花江较大洪水遭遇所形成。嫩江流域面积约 28×10^4km^2，除局地性暴雨外，一般降雨强度不大。嫩江河道坡度平缓，中游洪水期间水面宽广，河槽调蓄能力大。所以一般年份洪水涨落缓慢，洪水过程可长达月。第二松花江流域面积虽只有约 7800km^2，但暴雨强度大，洪水过程陡涨陡落，且大洪水主要出现在 7、8 两个月。因此，嫩江的矮胖洪水很容易与第二松花江和拉林河的尖瘦洪水发生遭遇，造成松花江干流大洪水。如 1957 年 8 月下旬，嫩江发生了大洪水，大赉站洪峰流量 7790m^3/s。与此同时，第二松花江也发生了大洪水，虽经丰满水库调洪，扶余站洪峰流量仍达 $5900m^3/s$。两者遭遇，遂形成哈尔滨洪峰流量为 $12000m^3/s$ 的特大洪水。二是由嫩江流域连续大范围大暴雨形成，如 1998 年 8 月，松花江干流哈尔滨站出现的洪峰流量高达 $16600m^3/s$ 的特大洪水，就是由嫩江流域特大暴雨洪水造成的，这年汛期嫩江流域接连出现 3 次强降雨过程：第一次 6 月 18～24 日，流域平均降雨量 107mm；第二次 7 月15～28 日，流域平均降雨量 202mm；第三次 8 月 1～14 日，流域平均降雨量 240mm。因而导致 3 次连续洪水，洪峰流量一次比一次大，嫩江大赉站连续 3 次洪水的洪峰流量依次为 $5180m^3/s$、$7850m^3/s$ 和 $16100m^3/s$。而这一年汛期第二松花江扶余站的洪峰流量只有 $780m^3/s$。其他支流洪水也很小。哈尔滨至佳木斯区间有呼兰河、牡丹江和汤旺河等重要支流汇入，若松花江干流洪水与这些支流洪水遭遇，则形成松花江佳木斯以下干流洪水。如 1960 年，牡丹江洪水（长江屯洪峰流量 $8580m^3/s$）与干流洪水（哈尔滨洪峰流量 $9100m^3/s$）在佳木斯遭遇，形成了洪峰流量为 $18400m^3/s$ 的大洪水。据分析，松花江干流哈尔滨站洪水组成的特点是：长历时洪量主要来自嫩江，而对洪峰流量的影响，第二松花江和拉林河一般要大于嫩江。此外，松花江的洪峰和洪量年际变化都比较大。例如，哈尔滨站洪峰和 7 天洪峰流量的 C_v 值分别为 0.85 和 0.81，嫩江富拉尔基站分别为 0.92 和 0.86。

珠江流域属于湿热多雨的亚热带气候区，雨季长，雨量丰沛。珠江洪水主要来自锋面暴雨和热带气旋暴雨。暴雨主要分布在 4～9 月。4～6 月为前汛期，冷暖空气正好在华南交会，引发暴雨；7～9 月为后汛期，暴雨多由台风、东风波等大气系统造成。上游西江洪水是下游洪水的主要来源，西江洪水则主要来自黔江以上，历时较长。北江的支流呈叶脉状分布，干支流洪水经常遭遇，易发生大洪水。西江和北江洪水遭遇则会形成下游三角洲地区的严重洪水。珠江洪水的年际变化比北方河流小，例如，西江梧州站洪峰流量的 C_v 值为 0.22，北江横石站和东江博罗站洪峰流量的 C_v 值分别为 0.34 和 0.42。

思考题

1. 从河源到河口，河流的特征有哪些不同？
2. 根据河源、上游、中游、下游、河口的水流特征，分析不同河段需要开展的生态环境建设内容。
3. 河流的几何特征有哪些？各个特征有何意义？
4. 分析河流弯曲的原因及在水土保持工作中的意义。
5. 简述我国河流的主要特点。
6. 闭合流域与非闭合流域的主要区别？
7. 简述流域几何特征的水文意义。
8. 简述影响流域水文过程的下垫面指标。

第3章 降 水

降水是水分循环的主要环节，是陆地水资源的主要来源，本章主要讲述降水的形成、降水的类型、降水指标、平均降水量的计算、影响降水的主要因素和降水量的测定。

大气中的水以液态或固态的形式到达地面的现象称为降水。降水是主要的水文现象，是水分循环过程中的基本环节，是一个地区最基本的水分来源，更是水量平衡方程中的基本参数。降水是一个地区河川径流的来源和地下水的主要补给来源，降水的空间分布与时间变化是造成水资源空间分布不均及年内分配不均的主要原因，也是引起洪涝灾害和水土流失的直接原因。所以，在水文与水资源的研究及实际工作中，降水特征的分析以及降水量的测定具有十分重要的意义。

3.1 降水的形成

3.1.1 云的形成

干燥空气在大气中每上升100m温度就会降低1℃，这是干燥空气的绝热递减率(绝热是指与周围空气没有热量交换)，但湿热空气每上升100m的冷却速率为0.6℃，这是由于湿热空气在冷凝过程中释放出了潜热所致。潜热是指在温度不变的条件下，物质从某一个相态转变为另外一个相态的相变过程中所吸入或放出的热量，如0℃的冰转变成0℃的水时需要吸收的热量，或者0℃的水冻结成0℃的冰时释放出的热量均为潜热。水面或者湿润地表在太阳辐射作用下受热，水分蒸发，形成湿热的上升空气。由于温度低的冷空气中能够容纳的水蒸气较温度高的暖空气中少，因此，湿热空气上升到一定高度后因温度的降低就会有水蒸气凝结成水滴或凝华成冰晶析出，并释放出潜热。人们常利用潜热防治果园冻害，果树在低温(霜冻)条件下很容易被冻伤，为此在夜间常使用喷水装置保护果树。喷水时果树嫩芽、花、果的周围形成水膜，水膜相变形成冰膜，由水变成冰的过程中释放潜热，从而防止果树的嫩芽、花、果受到冻害。但喷水量必须充足，即由水变成冰的相变过程中释放的潜热量足以补偿由于辐射、空气流动和蒸发而造成的热量损失。同理，夏季高温时为了防止中暑，人们通常会用洒水或喷水的方式降温，洒在地面的水或喷在空中的水珠在蒸发成水蒸气的过程中从周围空气中吸收热量，从而降低了环境温度。

大气中水汽含量可以用水汽压来表示。大气中水汽含量多时，水汽压就大；反之，水汽压就小。在某一温度条件下单位体积空气中的水汽含量是有限的，如果水汽含量达到此限度，空气就呈饱和状态，超过这个限度，水汽就开始凝结。大气中水汽含量达到饱和时的水汽压称为饱和水汽压，饱和水汽压大小与温度直接相关，温度愈高，空气容纳水汽的能力愈强，饱和水汽压愈大。某一温度条件下大气中的水汽压与饱和水汽压的差值称为饱和水汽压差，是决定蒸发量的关键要素。某一温度条件下大气中的水汽压与饱和水汽压的比值为相对湿度，是评价空气中水汽含量的重要指标。饱和水汽压与温度的关系式可以用下式表示：

$$E = E_0 e^{\frac{19.9t}{273+t}}$$

式中：E 为温度 t 时的饱和水汽压，hPa；E_0 为温度为零度时的饱和水汽压，hPa；t 为温度，℃。

热空气的密度较冷空气小，空气被加热后就会上升。从水面或陆地表面蒸发的水汽随上升的热气流被抬升到一定高度后，空气中的水汽就会因温度降低而达到饱和，多余的水汽就会凝结或凝华析出，这些析出的水蒸气凝结在灰尘或悬浮于空气中的微小粒子等凝结核上，如果周围温度高于0℃，析出的水汽就液化成小水滴，如果温度低于0℃，析出的水汽凝华为小冰晶。在这些小水滴和小冰晶逐渐增大增多到一定程度（人眼能辨认）时，就形成了云。事实上只有在相对湿度达到100%，并有凝结核的条件下，水蒸气才可能凝结形成云。

凝结核是促使空气中水汽凝结的微粒，可将水汽吸附在其表面上而形成小水滴，分为吸湿性凝结核和非吸湿性凝结核两类。吸湿性凝结核具有很强的吸水能力，易溶于水，如盐末、二氧化硫和烟粒等。非吸湿性凝结核虽不溶于水，但易被水湿润，如尘埃、岩石微粒、花粉等。凝结核对水汽凝结和降水的形成有重要影响，富含水蒸气的云系，如果在其经过区域上空有丰富的凝结核存在，则极易形成降水。反之，如果某区域上空凝结核的丰富度较低，即使经过云系中含有丰富的水蒸气，仍然不能形成降水。而暴雨、冰雹等灾害天气现象也与凝结核有密切的关系。人类常利用凝结核干预降水的形成，如人工降雨/雪、人工增雨/雪等。

由于悬浮在大气中的微粒都能在不同程度上起凝结核的作用，所以大气凝结核和大气气溶胶微粒实际上是同义词。大气气溶胶是指均匀分散于大气中的固体微粒和液体微粒所构成的稳定混合体系，直径多在0.001~100μm之间，颗粒非常小，重量非常轻，悬浮于空气之中。气溶胶微粒来自于陆地、海洋或大气中的化学反应，它们的主要成分是矿物粉尘、火山灰、海盐、硫酸盐、含碳化合物等。大多数气溶胶微粒是自然发生的，据估计大气中气溶胶微粒总量的10%是人类活动的产物。大气气溶胶微粒是形成云雾的凝结核，同时也能吸收和散射太阳辐射，因此在调节到达地球表面的太阳辐射量方面发挥了重要作用，多数研究认为大气气溶胶具有遮蔽和散射太阳光的作用，从1960—1990年的30年中，由于大气气溶胶的变化使到达地球表面的太阳光减少了5%。也有研究表明如果没有气溶胶，全球变暖平均温度已经上升了5℃以上。

作为旅游胜地的旧金山夏季雾非常著名，其形成与大气中盐末凝结核密切相关。夏天，旧金山陆地表面在太阳辐射作用下迅速升温，其上方的空气也随之被加热，受热空气上升后，陆地表面成为低气压区，海洋上的空气在压力梯度下进入陆地，形成海风

（从大海吹向陆地的风）。但海洋上空的空气是被加利福尼亚冷洋流所冷却的冷空气，温度通常会降低到露点附近，同时海洋上空漂浮着大量的盐末可以作为凝结核，水蒸气围绕着这些盐末凝结成云，被海风吹进旧金山后形成笼罩部分地区或所有地区的雾。在冬季陆地与海洋温度之间的温度差反而不大，旧金山发生大雾的频率较低。

3.1.2 降水的形成

自然条件下为何会形成降水？这是因为在一定温度条件下，大气中水汽含量有一最大值，空气中最大的水汽含量称为饱和湿度，饱和湿度与气温成正比。当空气中的水汽含量超过饱和湿度时，空气中的水汽开始凝结成水，如果这种凝结现象发生在地面，则形成霜和露；如果发生在高空则形成云，随着云层中的水珠、冰晶含量不断增加，当上升的气流的悬浮力不能再抵消水珠、冰晶的重量时，云层中的水珠、冰晶在重力作用下降到地面形成降水。

空气中的水汽为何能够达到饱和？原因有二，第一是地面水体源源不断地蒸发，使空气中的水汽绝对含量增加；第二是含有水汽的气团在上升和移动过程中温度降低，原先非饱和气团随着气温的降低逐渐变饱和。不论何种原因，只要有凝结核，水汽在达到饱和后就会在云中形成水滴或冰晶。

当云中水滴或冰晶的重量足以克服上升空气的浮力后，便开始向地面降落，当降落到云层下部温度较高的空气中时这些水滴和冰晶也可能重新被蒸发。因此，只有这些水滴或冰晶的体积和重量足以抵消上升气流和蒸发的影响时，才能降落到地面形成降水。但云中水滴和冰晶是如何逐渐变大的呢？主要有两种方式，其一是水汽在水滴或冰晶上进一步凝结或凝华，促使水滴或冰晶进一步增大，称为凝结增长；其二是水滴或冰晶的彼此合并而增大，称为碰并增长。

在温度高于冰点的暖云中，也就是当云体处在0℃等温线以下的云块中时，下层空气携带的水汽和气溶胶颗粒在上升过程中，以气溶胶质颗粒为凝结核，凝结成云滴，并不断凝结增长，这些云滴在大气的上升、下降及乱流混合作用下不断相互碰撞，逐渐合并形成较大云滴。其中，在重力作用下的云滴下降过程中，大小不一的云滴因下降速度不同而发生碰撞、合并、增长的过程称为重力碰并增长，这是非常有效的云滴增长形式之一。同时，不断增长的大云滴在下降过程中，在大气压力作用下变形、破碎成若干小云滴，再重新被上升气流携带到高空，成为新一代的云滴胚胎而增长。增长、下降变形、破碎、上升、再增长的过程不断重复，这种循环往复的过程称为连锁反应，当上升气流支撑不住大量水滴的降落时，便形成降水。这种降水的形成过程是热带地区主要的降水机制。

当云体处于0℃等温线以上的云块中时，由低于0℃的过冷却水滴和形状各异的冰晶混合成为冷云。在冷云中，冰晶与过冷却水滴相比更容易吸引水蒸气，冰晶不断夺取空气中高于冰面饱和水汽压的水汽而不断增长，这导致过冷却水滴不断蒸发并向冰晶周边转移，冰晶在凝华作用下不断变大，当冰晶足够大时就下落，经过反复的碰并增长，这些冰晶变得越来越大，大到足以像雪一样从云底掉下来时便形成降水。这是中高纬度地区冷云形成降水的主要机制。

3.2 降水类型

气流在上升过程中遇冷凝结，是形成降水的先决条件，而水气含量的多少及气流冷却的速度则决定着降水量多少和降水强度的大小。根据降水形态、性质、强度和成因可对降水进行分类。

3.2.1 按降水形态划分

根据降水形态可以划分为雨、雪、霰、雹。

从云中降落至地面的液体水滴称为降雨。降雪是从云层中降落至地面的固态水，是由天空中的水汽经凝华而成。霰是从云中降落至地面的不透明的球状晶体，是由云层中过冷却水在冰晶周围冻结而成，直径2~5mm，是一种白色的不透明的细小颗粒，落地后会反跳，常见于降雪之前。雹是由透明和不透明的冰层相间组成的固体降水，呈球形，直径由几毫米到几十毫米，常降自积雨云。

3.2.2 按降水性质划分

根据降水性质可以划分为连续性降水、阵性降水、间歇性降水和毛毛状降水。

连续性降水的历时较长，降水强度变化小，降水笼罩面积大，一般降水量较大。阵性降水的历时较短，降水强度大，但降水笼罩范围小且分布不均匀，降水开始与终止时间比较突然。间歇性降水在降水过程中有一定时间的断续现象，降水时有时无，降水强度时大时小，但降水强度相对较小；毛毛状降水落在水面不激起波纹，落在地面没有湿痕，与人面接触有潮湿感，降水强度很小。

3.2.3 按降水强度划分

根据降水强度可以划分为：小雨、中雨、大雨、暴雨、特大暴雨、小雪、中雪、大雪(表3-1)。

表3-1 降水的划分标准

日降雨(mm/d)	小时降雨(mm/h)	日降雪(mm/d)
小雨<10	小雨<2.5	小雪<2.5
25>中雨≥10	8>中雨≥2.5	5>中雪≥2.5
50>大雨≥25	16>大雨≥8	大雪≥5
100>暴雨≥50	暴雨≥16	
200>大暴雨≥100		
特大暴雨>200		

3.2.4 按降水成因划分

根据降水成因可以划分为气旋雨、对流雨、地形雨和台风雨。

(1)气旋雨

气旋或低气压过境而产生的降雨称为气旋雨。气旋是中心气压低、四周气压高的旋转气流，四周气流向中心辐合上升，气流上升过程中冷却形成降水。气旋可分为温带气旋和热带气旋两类，相应产生的降水称为温带气旋雨和热带气旋雨。气旋雨包括锋面雨和非锋面雨两种。非锋面雨是由于气旋向低气压区辐合而引起的气流上升所致。冷、暖气团相遇的交界面叫锋面，锋面又分为冷锋、暖锋、静止锋、锢囚锋。锋面活动形成的降雨统称为锋面雨。

冷锋：当冷气团势力较强，暖气团势力相对较弱时，冷气团向暖气团推进，在冷暖气团交界面上形成冷锋。冷气团推动暖气团运动过程中，冷气团切入暖气团的下方，而暖气团则沿冷锋面爬升到冷气团的上方，暖气团在上升过程中冷却，凝结成降雨，如图3-1 所示。由于冷锋面接近地面部分坡度很大，暖空气几乎垂直上升，冷却速度快，大量水汽凝结，故冷锋雨的降雨强度大，历时短，降雨笼罩面积小，降雨多发生在锋后。

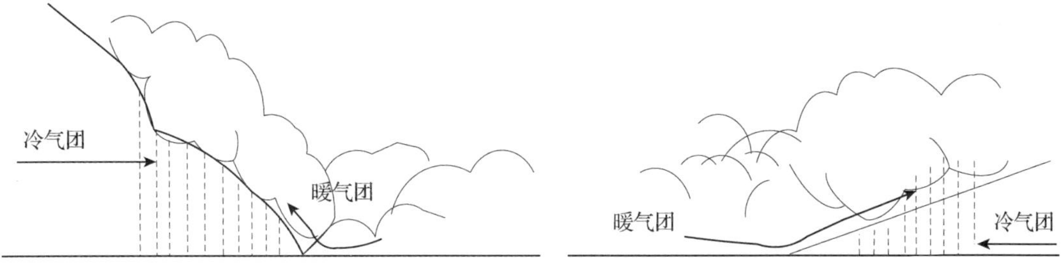

图 3-1 冷锋 **图 3-2 暖锋**

暖锋：当暖气团势力较强，冷气团势力相对较弱时，暖气团向冷气团推进，在冷暖气团交界面上形成暖锋。当暖气团向冷气团移动时，由于暖气团比重小，暖气团便沿着锋面在冷气团之上滑行，从而形成云系，产生降雨，如图 3-2 所示。暖锋面较为平缓，上升冷却速度较慢，所以暖锋雨的降雨强度小，历时长，降雨笼罩范围大，暖锋雨多发生在锋前。

静止锋：冷暖气团势均力敌，长期停留在某一地区或来回摆动的锋面称为静止锋。静止锋坡度小，沿锋面上滑的暖空气可以一直伸展到距地面锋线很远的地方，所以云、雨区范围很广，如图 3-3 所示。降雨强度小，持续时间长，可达 10 天或半月，甚至 1 个月，如梅雨。

锢囚锋：当 3 种热力性质不同的气团相遇，如冷锋追上暖锋或两条冷锋相遇，暖空气被抬离地面，锢囚在高空，称为锢囚锋，如图 3-4 所示。由于锢囚锋是两条移动的锋相遇合并而成，所以它不仅保留了原来锋面的降水特性，而且锢囚后暖空气被抬升到锢囚点以上，上升运动进一步发展，使云层变厚，降水量增加，雨区扩大。

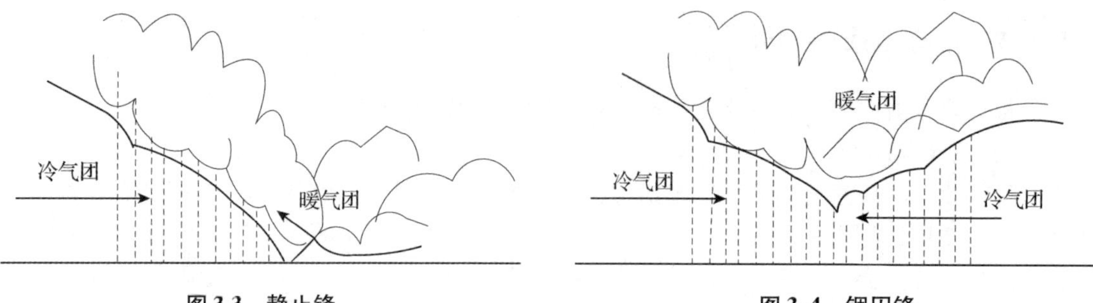

图 3-3　静止锋　　　　图 3-4　锢囚锋

(2) 对流雨

由于冷暖空气上下对流形成的降雨为对流雨，如图 3-5 所示。在夏季当暖湿空气笼罩在一个地区时，由于地面受热，下层热空气膨胀上升，上层冷空气下降，形成对流。此时气温由地面向高空的递减率大，气流垂直上升速度快，大气稳定性低。上升的空气因迅速冷却后形成降雨，这种降雨常出现在酷热的夏季午后，特点是降雨强度大、历时短、降雨笼罩面积小，常伴有雷电。对流雨时常出现于热带、亚热带或温带的夏季午后，以热带、亚热带地区最为常见。

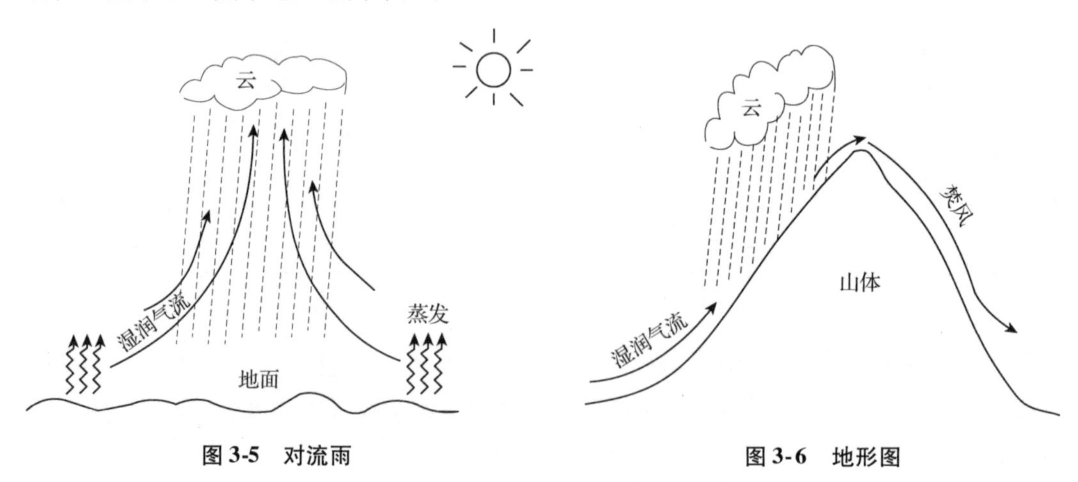

图 3-5　对流雨　　　　图 3-6　地形图

(3) 地形雨

水平运动的湿润气流遇到高山等大地貌阻挡时，气流被迫沿迎风坡抬升，气流在抬升过程中所含的水汽因冷却凝结形成降雨，这种降雨称为地形雨，如图 3-6 所示。即在地形作用下气流抬升、冷却后形成的降雨为地形雨。因空气温湿度、气流前进速度及地形特点的共同影响下，地形雨的性质差异很大，山体坡度越陡，气流前进速度越快，气流被迫抬升的速度也就越快，更容易形成强度较大的降雨。在背风坡因气流下沉，温度不断升高，空气中的水汽含量因在迎风坡以降雨形式回到地面而显著减少，难以达到饱和，从而形成温度高、湿度低的焚风，因此，背风坡降水较少，是雨影区。地形雨发生在山体的迎风坡，迎风坡的降雨量明显多于背风坡，地形雨改变局部小气候的作用导致迎风坡和背风坡自然地理景观呈现明显差异。我国台湾山脉的北面、东面、南面都是迎风坡，年降水量 2000mm 以上，台北的火烧寮降水量可高达 8408mm，而台湾岛西侧是背风坡，降水量仅有1000mm左右。位于喜马拉雅山迎风坡的印度乞拉朋齐是世界上降水量最多的地方，年降水量高达11418mm，而处于背风坡的青藏高原年降水量仅为200~400mm。

(4)台风雨

台风又叫热带风暴。当台风登陆后，将强大的海洋湿热气团带到大陆，造成狂风暴雨，这种由台风过境形成的降雨称为台风雨。台风雨的特点是强度大、雨量大，很容易造成大的洪水灾害。台风区内水汽充足，气流的上升运动强烈，因此，降水量大，强度大，多属阵性降水。台风登陆常常产生暴雨，少则200~300mm，多则在1000mm以上。我国台湾新寮在1967年11月17日，由于受6721号台风影响，一天的降雨量高达1672mm，两天总降雨量达2259mm。台风登陆后，若维持时间较长，或由于地形作用，或与冷空气结合，都能产生大暴雨。我国东南沿海是台风登陆的主要地区，台风雨所占比重相当大。

3.3 降水指标

降水指标包括基本指标和降水特征指标。降水基本指标主要包括降水量、降水历时、降水时间、降水强度、降水面积，其中降水量、降水强度和降水历时称为降水三要素。降水特征指标是反映降水随时间变化规律及降水空间分布的指标，主要包括降水过程线、降水累积曲线、等降水量线、降水强度历时曲线、平均雨深面积曲线、雨深面积历时曲线。

3.3.1 降水量

降水量是指一定时间段内降落在某一面积上的总水量，是未经蒸发和渗漏损失所形成的水层深度，单位为mm。降水量是反映降水多少的关键指标，描述降水量的指标有：时段降水量、次降水量、日降水量、月降水量、年降水量、最大降水量、最小降水量等。

时段降水量：从时段初到时段末的降水量，常用的有1h降水量、3h降水量、6h降水量、24h降水量等。

次降水量：从降水开始到降水结束时所降的水量，或称为场降水量。

日降水量：指一天24h内的降水量，一般指早8:00至翌日8:00的降水量。

月降水量：指从月初至月末一个月内的降水总量。

年降水量：指从年初至年末一年内的降水总量。

最大降水量：是指一次、一日、一月或年降水量的最大值。分别为次最大降水量、日最大降水量、月最大降水量、年最大降水量，最大降水量往往是水利工程设计的参考依据。

最小降水量：是指一次、一日、一月或一年降水量的最小量。

3.3.2 降水历时和降水时间

降水历时是指一场降水从开始到结束所经历的时间，一般以小时、分钟表示。降水历时反映了降水过程的长短，在降水历时内降水一定是连续过程。

降水时间是指对应于某一降水量的时间长，一般是人为划定的，如一日降水量，一月降水量，此时的一日、一月即为降水时间。降水时间是水利工程设计中常用的指标。

降水历时和降水时间的区别在于降水时间内降水并不一定连续，而在降水历时内降雨一定是连续的。

3.3.3　降水强度

降水强度指单位时间内的降水量，降雨强度简称雨强，单位为 mm/min 或 mm/h。

$$i = p/t \tag{3-1}$$

式中：i 为降水强度，mm/min；p 为降水量，mm；t 为时段长，min。如果时段长 $t \to 0$，则 i 为瞬时降水强度。

在一次降水过程中，降水强度与降水历时呈反比的关系，即平均降水强度 i 随降水历时的延长而减小，这是降水的重要特性。对于水土保持工作涉及的小流域而言，需要预防的由暴雨造成的水土流失，因此暴雨强度与暴雨历时的关系尤为重要。据研究，不同历时的暴雨强度与历时之间关系为：

$$i = S/t^n \tag{3-2}$$

式中：i 为暴雨强度，mm/min；S 为暴雨雨力，即 $t = 1$h 的暴雨强度，mm/h；t 为暴雨历时，h；n 为暴雨衰减指数，一般为 0.5~0.7。

3.3.4　降水特征指标

(1) 降水过程线

降水过程线是以时间为横坐标，降水量为纵坐标绘制成的降水量随时间的变化曲线，如图 3-7 所示。降水过程线能够反映降水量随时间的变化过程，在该图上能够确定降水开始和降水结束的时间，也能确定某一时刻或某一时段的降水量，但降水过程线不能反映降水面积的大小。

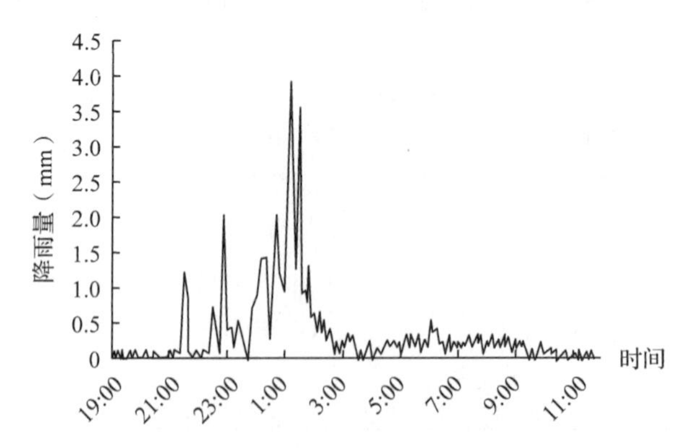

图 3-7　北京林业大学山西吉县生态站
2006 年 6 月 2~3 日的降雨过程线

(2)降水累积曲线

以降水时刻为横坐标，以到某一时刻的总降水量为纵坐标绘制成的曲线，如图 3-8 所示。降水累积曲线是一条递增的曲线或折线。在累计曲线上可以明确反映降水历时、降水总量，以及到某一时刻为止的降水总量。累计曲线上任一点的斜率就是该点所对应时刻的降水强度。降水累积曲线也不能反映出降水面积的大小。

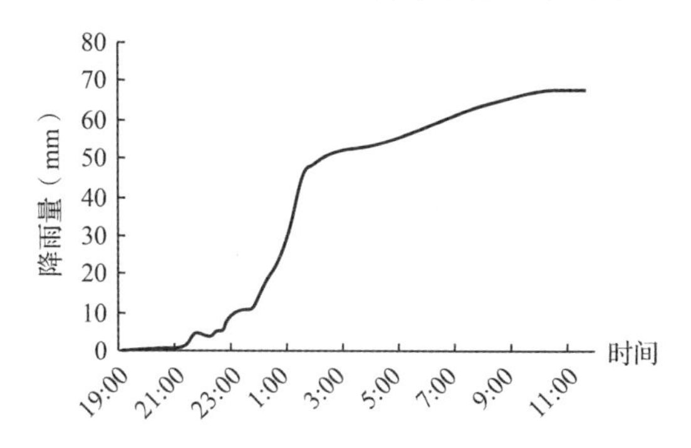

图 3-8 北京林业大学山西吉县生态站 2006 年 6 月 2~3 日的降水累计曲线

(3)等降水量线

某一区域内降水量相等的点连成的曲线称为等降水量线。与等高线一样等降水量线是一些闭合的曲线，如图 3-9 所示。等降水量线能够反映区域内降水的范围、空间分布与变化规律，通过等降水量线图可以得到区域内各地的降水量，以及某次降水面积，但无法确定降水历时和降水强度。

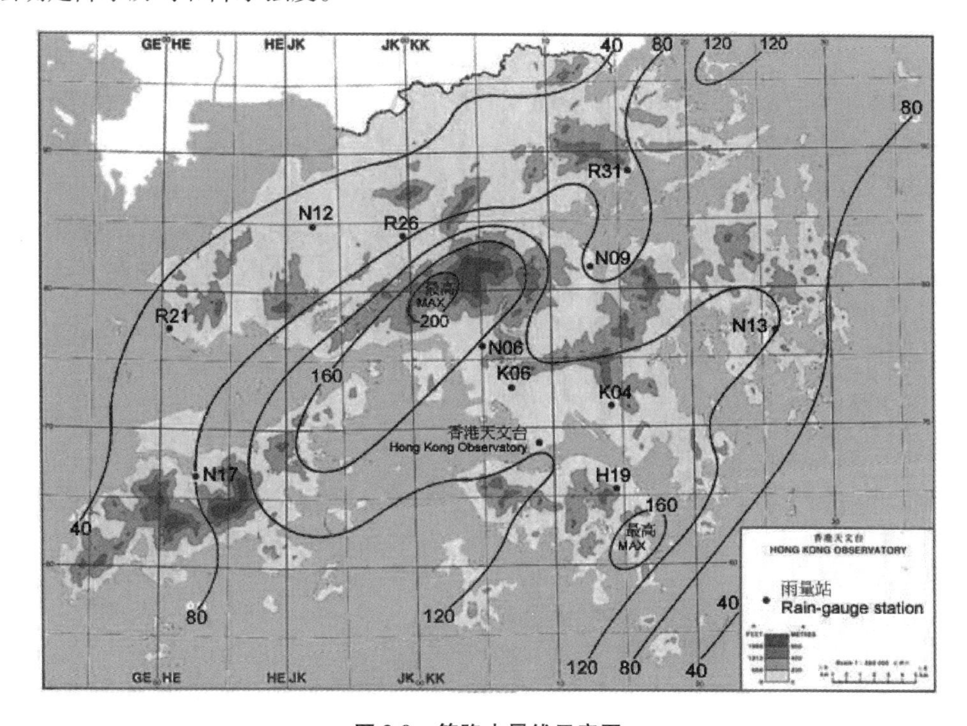

图 3-9 等降水量线示意图

(4) 降水强度历时曲线

在同一场降水中反映降水强度随降水历时的变化曲线，如图 3-10 所示。一般情况下降水强度与降水历时成反比，二者的关系可用下式表示：

$$i_t = S/t^n \tag{3-3}$$

式中：i_t为降水历时为 t 的降水强度；S 为暴雨雨力；n 为衰减指数。

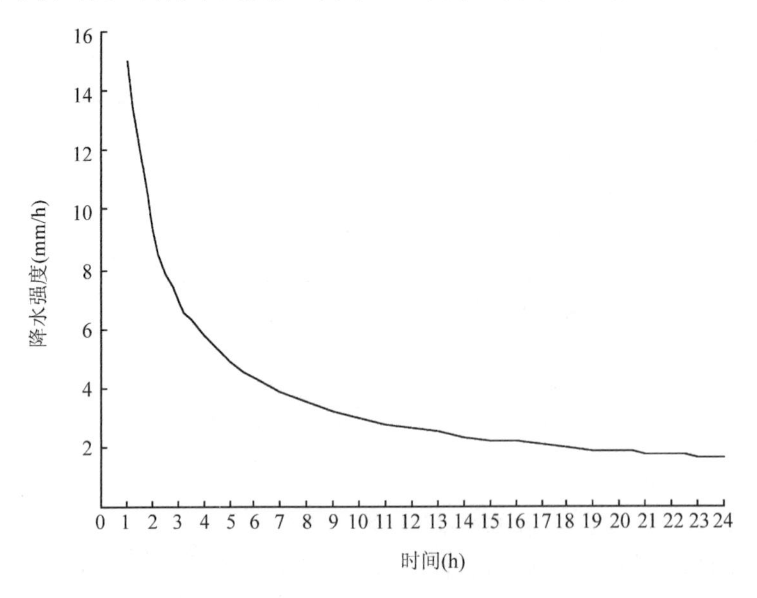

图 3-10　降水强度历时曲线

(5) 平均雨深面积曲线

雨深是指降雨在不透水面上累计的深度，也就是降雨量。在同一场降水中反映降水量(雨深)与降水面积的关系曲线称为雨深面积曲线，如图 3-11 所示。一般情况下，降水面积越大，平均降水量(雨深)越小。

(6) 平均雨深面积历时曲线

在同一场降水中反映降水量、降水历时、降水面积三者相互关系的曲线，是以雨深、降水面积、降水历时为参数，绘制成的曲线，如图 3-12 所示。一般情况下，当面积

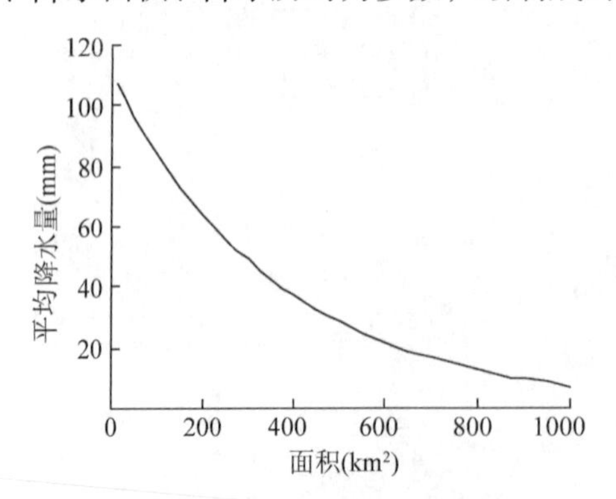

图 3-11　平均雨深面积曲线

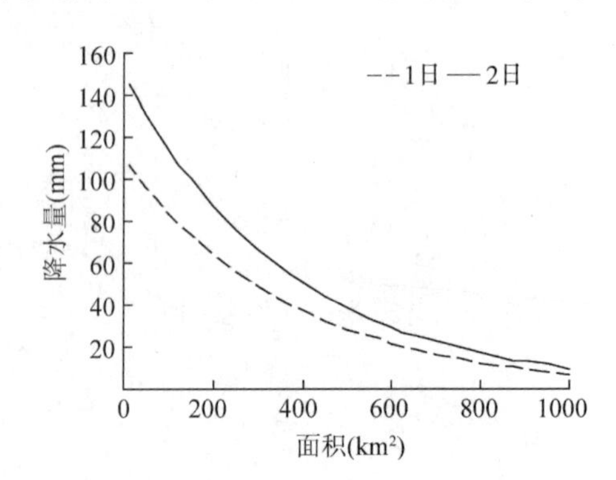

图 3-12　雨深面积历时曲线

一定时，历时越长，平均降水量(雨深)越大；历时一定时，面积越大，平均降水量(雨深)越小。

3.4　平均降水量的计算

气象站或降水观测站用雨量筒、自记雨量计测定的降水量只代表某一点或某一小范围的降水量，称为点降水量。在水文研究中需要掌握整个研究区域或整个研究流域的降水情况，此时需要将整个研究区域内的点降水量转换成区域的平均降水量。常用的计算方法：算术平均法、加权平均法、泰森多边形法、客观运行法和等降水量线法。

3.4.1　算术平均法

当研究流域内降水观测站数量较多、分布较均匀，且研究流域地形起伏不大时，可用算术平均法计算出平均降水量。计算公式为：

$$P = (P_1 + P_2 + P_3 + \cdots + P_n)/N \tag{3-4}$$

式中：P_1，P_2，P_3，…，P_n为各降水观测站在同一场降雨中观测到的降水量，mm；N为观测站数；P为流域平均降水量，mm。

3.4.2　加权平均法

在对研究流域基本情况如面积、地类、坡度、坡向、海拔等进行勘察的基础上，选择有代表性的地点作为降水观测点，每个观测点都代表具有一定面积的某一地类，把每个观测点控制的地类面积作为各测点降水量的权重，按下式计算流域平均降水量：

$$P = A_1P_1/A + A_2P_2/A + \cdots + A_nP_n/A \tag{3-5}$$

式中：P为流域平均降水量，mm；A为流域面积，hm^2或km^2；A_1，A_2，…，A_n为每个观测点控制的面积，hm^2或km^2；P_1，P_2，…，P_n为每个观测点的降水量，mm。

3.4.3　泰森多边形法

当研究流域内降水观测点分布不均或流域周边有可以利用的降水量观测点时，可以采用泰森多边形法计算流域的平均降水量。其具体方法和步骤为：

首先，把研究流域内及周边可以利用的各雨量站标注在地形图上。其次，把降水观测点每三个用虚线连接起来，形成多个三角形。第三，在每个三角形的各边上做垂直平分线，所有的垂直平分线及流域边界构成一个多边形网，将全流域分成N个多边形，每个多边形内有一个雨量站(图3-13)。

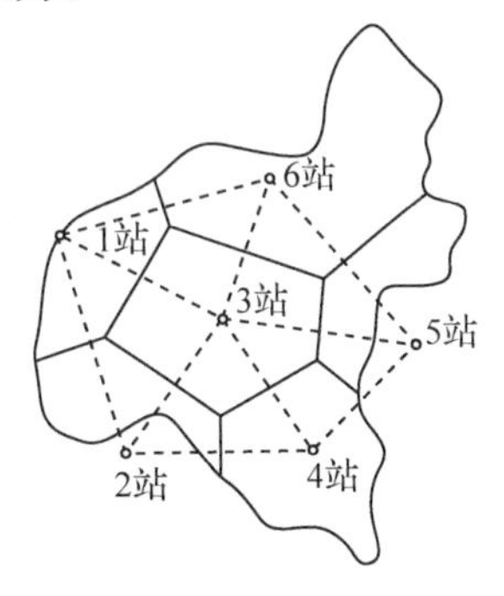

图3-13　泰森多边形法示意图

假定研究流域的面积为A，每个降水观测点控制的面积为流域内多边形的面积A_i，各降水观测点的降水量为P_i，则流域平均降水量P为：

$$P = A_1P_1/A + A_2P_2/A + \cdots + A_iP_i/A \tag{3-6}$$

式中：P 为流域平均降水量，mm；A 为流域面积，hm^2或 km^2；A_1，A_2，…，A_n为每个多边形的面积，hm^2或 km^2；P_1，P_2，…，P_n为每个观测点的降水量，mm。

泰森多边形法利用了各观测站间降水量线性变化的基本假定，因此没有考虑地形对降水量的影响。如各观测站稳定不变，使用该方法很方便，精度也较高。但当某一观测站出现漏测时，则必须重新绘制多边形，并计算出各测站的权重系数后，才能计算出全流域的平均降水量。

3.4.4　客观运行法

客观运行法是在美国广泛采用的计算平均降水量的方法。具体做法如下：

(1)将研究流域按照一定的间距划分为若干网格，确定每个格点(网格交点)的坐标，并在网格上标出降水观测点的具体位置和坐标(图 3-14)。

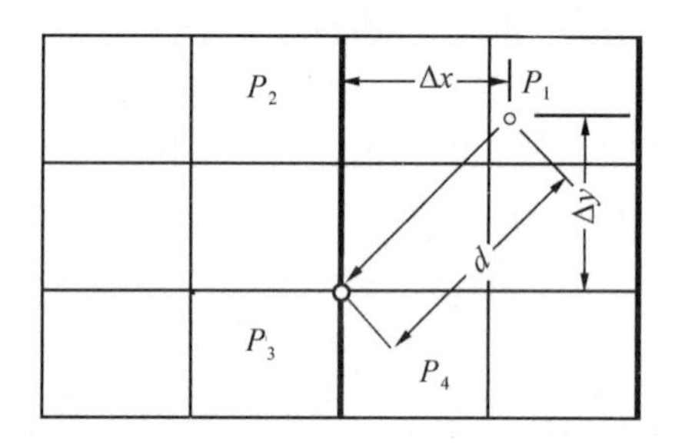

图 3-14　客观运行法示意图

(2)用各降水观测点的降水资料确定流域内各格点的降水量。以每个格点周围各降水观测点到该格点距离平方的倒数作为权重系数，乘以各降水观测点的同期降水量，然后累计求和得到各格点的降水量。可见，降水观测点距格点的距离越近，其权重越大，即对该格点降水量的贡献越大。若距离为 d，则权重系数为 $W = 1/d^2$，若以降水观测点到某格点横坐标差为 Δx，纵坐标差为 Δy，则 $d^2 = \Delta x^2 + \Delta y^2$，计算格点雨量的公式：

$$P_j = \frac{\sum_{i=1}^{n} P_iW_i}{\sum_{i=1}^{n_j} W_i} = \sum_{i=1}^{n_j} W_iP_i \tag{3-7}$$

式中：P_j为第 j 个格点的降水量；n_j为参加第 j 个格点降水量计算的观测站数；P_i为参加 j 点降水量计算的各观测站的降水量；W_i为各观测站对于第 j 个格点的权重系数；n 为流域内格点的总数。

(3)将计算出的各格点的降水量取算术平均值，即为流域的平均降水量。

区域平均降水量 $\overline{P}$ 的计算公式为：

$$\overline{P} = \frac{1}{N}\sum_{j=1}^{N} P_j \tag{3-8}$$

式中字母所代表的含义同上。

3.4.5 等降水量线法

对于地形变化较大，研究流域内又有足够多的降水观测点，可以根据观测到的降水资料结合地形变化绘制出等降水量线图，然后利用等降水量线图计算流域平均降水量。其步骤如下：

（1）绘制降水量等值线图。

（2）用求积仪或地理信息系统等方法测算出相邻等降水量线间的面积 A_i，用 A_i 除以流域总面积 A 得到各相邻等降水量线间面积的权重系数。

（3）以各相邻等降水量线间的平均降水 P_i 乘以相应的权重系数 A_i/A 得到加权降水量 P_iA_i/A。

（4）将加权雨量求和得到研究流域的平均雨量，公式如下：

$$P = P_1A_1/A + P_2A_2/A + \cdots + P_iA_i/A \tag{3-9}$$

式中：A_1，A_2，…，A_i 为相邻等雨量线间的面积；P_1，P_2，…，P_i 为各相邻等雨量间的雨深平均值，mm；A 为流域总面积；P 为流域平均降水量，mm。

3.5 影响降水的因素

3.5.1 地理位置的影响

降水是在地理位置、大气环流、天气系统、下垫面等因素共同作用下形成的，这些影响因素的不同组合，形成了不同特性的降水。研究影响降水的因素对掌握降水特性、分析不同地区河川径流的水情、预测预报洪水的特点、判断水文资料的合理性都具有非常重要的作用。

降水量的多寡取决于空气中水汽含量的多少，而空气中水汽含量的多少取决于气温的高低和离海洋的远近。一般来说，一个地区降水量的多寡与其所处的地理位置有着密切联系，地球上降水量的分布由赤道向两极递减，南北回归线两侧的降水量少。低纬度地区空气中水汽含量高，降水量多；而高纬度地区空气中水汽含量低，降水量相对较少。大陆东岸的降水量多，大陆西岸的降水量少。温带沿海地区降水量充沛，愈向内地降水量愈少。如我国青岛年降水量为646mm，济南为621mm，西安为566mm，而兰州只有325mm。华北地区因距热带海洋气团源地远，降水量较华南少。如台湾平原上平均年降水量在2000mm以上，有些山地年降水量可达到4000~5000mm，其中东北部的火烧寮年降水量达到8408mm。北京市年降水量为650~750mm，北京南部地区为少雨区，年降水量为400~500mm。

3.5.2 地形的影响

地形对降水有很大影响。高山和山脉对降水影响最大，这是由于高山和山脉迫使气流抬升，气流在抬升过程中部分水蒸气冷却凝结形成降水，从而使高山和山脉的迎风坡降水量增加。相反在背风坡则形成焚风，降水少，成为雨影区。如我国南北气候分界线的秦岭山脉南坡和北坡的降水量差异显著，植被和自然地理景观也相去甚远。离海洋较近的山区，空气中水蒸气含量高，在地形的影响下降水量增加较多，而在离海洋较远的山区，空气中水蒸气含量少，在地形的抬升作用下增加的降水量相对较少。如位于台湾岛的中央山脉，因受湿热气流的影响最强，海拔每升高 100m，年降水量可增加 105mm，而位于内陆的甘肃祁连山，由于当地水汽含量少，海拔每升高 100m 年降水量仅增 7.5mm。

地形抬升气流增加降水的作用与坡度有关，当空气中水蒸气含量一定时，山地的坡度越陡，抬升作用越强，增加的降水越多。但地形增加降水量的作用有一定的限度，并不能无限度的增加，当空气中的水蒸气含量降低到某一值时，随地形的抬升，降水量不会再增加，甚至反而减少。山脉的缺口和海峡是气流的通道，由于在这些地方有加速气流流速的作用，气流运动速度快，水汽难以停留，降水机会少。如台湾海峡、琼州海峡两侧与其他地区相比降水量偏低。阴山山脉和贺兰山山脉之间的缺口使鄂尔多斯和陕北高原的雨量减少。

3.5.3　气旋、台风途径的影响

我国的降水主要由气旋和台风形成，气旋和台风的路径是影响降水的主要因子之一。春夏之际气旋在长江流域和淮河流域一带盘旋，形成持续的阴雨天气，即梅雨季节。7、8 月锋面北移进入华北、西北地区，从而使华北和西北地区进入雨季。

台风对东南沿海地区的降水影响很大，是这一地区雨季的主要降水形式。影响我国的台风多数在广东、福建、浙江、台湾等省登陆，登陆后，有的绕道北上，在江苏北部或山东沿海再进入东海，有的可深入到华中内陆地区，减弱后变为低气压。台风经常登陆和经过的地方容易造成暴雨或大雨。

3.5.4　森林对降水的影响

森林对降水的影响是人们争论的一个焦点，有人认为森林能够增加降水，也有人认为森林不能增加降水。目前，已经普遍得到认可的是森林能够增加水平降水。由于森林有着较大的蒸发作用，同时被林木拦蓄的大部分降水重新通过林木的枝叶蒸发到空气中，从这一点上说，森林通过其强大的蒸发作用增加了林区的空气湿度。另外，正因为森林通过其强大的蒸发作用增加了林区的空气湿度，这些蒸发出来的水蒸气加入了内陆水分循环，从而促进了内陆水分的小循环，这就有可能增加其他周边地区的降水。因此，森林虽然不能直接增加林区的降水，但它可以提高水分的循环次数，为内陆其他地区输送更多的水蒸气。

我国云南南部热带雨林地区在旱季的 11 月至翌年 3 月的 4 个多月中，每天午前均为浓雾笼罩，草木枝叶每天平均阻留的水平降水量可达 0.5mm 左右，整个旱季可多达 50mm 以上，西双版纳景洪地区可达 70~80mm。

3.5.5　水面的影响

江河、湖泊、水库等水域对降水的影响，主要是由于水体上空水汽的运动状态与陆

面上空水汽的运动状态存在显著差异而引起的。湖泊、大型水库的水面蒸发量大，对促进水分的内陆循环有积极作用，但是水面上很容易形成逆温，从而不利于水汽的上升，因此不易形成降水。例如夏季在太湖、巢湖及长江沿岸地带，存在不同程度的少雨区。但在一些大型水库或湖泊周边的迎风坡，从水体输送来的水汽因地形抬升作用的影响，降水会有一定程度的增加。

3.5.6 人类活动的影响

人类活动对水文现象的影响有正反两方面的作用，人类不可能大范围地影响与控制天气系统，只是通过改变下垫面的性质间接影响降水，而且这种间接影响的范围与程度十分有限。水土保持、植树造林、修建塘坝、大面积灌溉等增加蒸发的措施有利于提高水分循环的次数，增加了大气中的水汽含量，有可能增加降水。相反水土流失等有利于径流的人为活动，使到达地面的降水重新回到了江河湖泊或海洋，相当于减少了蒸发量，减少了参与内陆水分循环的水汽量，降水量就有可能减少。随着城市化规模的不断扩大，城市热岛效应不断加强，在热岛效应的作用下，城区以上升气流为主，在夏季易形成对流雨。人工降雨可增加小范围的降水量，但有可能减少其他地区的降水。

3.6 中国降水的特征

3.6.1 我国降水的地理特征

由于我国所处地理位置，大部分地区受东南和西南季风的影响，因而形成东南部湿润多雨，西北部干旱少雨的特点。降水量由东南沿海向西北内陆逐渐递减，全国多年平均降水量为 648mm，低于全球陆面平均降水量 800mm，也小于亚洲陆面平均降水量 740mm。降水量最多的地区是台湾基隆东南部的火烧寮，多年平均降水量为 6489mm，年最大降水量可达 8409mm。降水量最小的地区是新疆塔里木盆地东南缘的且末县，年降水量仅 9.2mm。多年平均年降水量小于 400mm 的地区是干旱半干旱地区，400mm 降水等值线从东北到西南斜贯我国大陆，西北 45% 的国土处于干旱半干旱地带，农业产量比较低。东南部为湿润多雨地区，是主要的农业区，尤其秦岭、淮河以南，更是我国农业生产发达和高产的地区。

根据我国各地降水量的特点，可以划分为五个不同的降水地带类型。

①十分湿润带：年平均降水量 1600mm 以上的地区。主要包括浙江大部、福建、台湾、广东、江西、湖南山地、广西东部、云南西南和西藏东南隅等地区。

②湿润带：年平均降水量 800~1600mm 的地区。包括沂沭河下游、淮河、秦岭以南广大的长江中下游地区，以及云南、贵州、广西和四川大部分地区。

③过渡带：通常又称作半干旱、半湿润带。年平均降水量 400~800mm 的地区。包括黄淮海平原、东北、华北、山西、陕西的大部、甘肃和青海东南部、新疆北部和西部山地、四川西北部、西藏东部地区。

④干旱带：年平均降水量 200~400mm 的地区。包括东北西部、内蒙古、宁夏、甘

肃大部、青海、新疆西北部和西藏部分地区。

⑤十分干旱带：相当于年平均降水量 200mm 以下的地区。包括内蒙古大部、宁夏、甘肃北部地区、青海柴达木盆地、新疆塔里木盆地、准噶尔盆地及广阔的藏北羌塘地区。

3.6.2　我国降水的年内变化特征

我国大部地区的降水受东南季风和西南季风的影响，雨季也随东南季风和西南季风的进退变化而变化。除个别地区外，我国大部分地区降水的年内分配很不均匀。冬季，我国大陆受到来自西伯利亚的冷气团控制，气候寒冷、降水稀少。春暖以后，南方地区开始进入雨季，暖湿气流逐渐北上，降水自南向北推进，各地降水量也自南向北迅速增加。夏季全国大部分地区都进入雨季，雨量集中，全国处于主汛期。秋季，随着夏季风的迅速南撤，天气很快变凉，雨季也告结束。

我国的气候具有雨热同期的显著特点。从年内降水时间上看，我国长江以南广大地区夏季风来得早，去得晚，雨季较长，多雨季节一般为 3～8 月或 4～9 月，汛期连续最大 4 个月的降水量约占全年降水量的 50%～60%。华北和东北地区，雨季为 6～9 月，正常年份最大 4 个月的降水量约占全年降水量的 70%～80%。华北雨季最短，大部分集中在 7 月和 8 月，且多以暴雨形式出现，因此春旱秋涝现象特别严重，是全国降水量年内分配最不均匀和集中程度最高的地区之一，有些年份 1～2 场暴雨的降水量就可占年降水量的绝大部分。如 1963 年 8 月海河流域的一场特大暴雨，暴雨中心处最大 7 天降水量占年降水量的 80%。北方不少地区汛期 1 个月的降水量可占年降水量的半数以上。西南地区受西南季风影响，年内旱季和雨季明显，一般 5～10 月为雨季，11 月至翌年 4 月为旱季。四川、云南和青藏高原东部，6～9 月降水量约占全年的 70%～80%，冬季则不到 5%，这里也是春旱比较严重的地区。新疆西部的伊犁河谷、准噶尔盆地西部以及阿尔泰地区，终年在西风气流控制下，水汽来自大西洋和北冰洋，虽因远离海洋，降水量不算丰沛，但四季分配比较均匀。此外，台湾的东北端，受到东北季风的影响，冬季降水约占全年的 30%，也是我国降水年内分配比较均匀的地区。

我国降水年内分配不均是造成春旱、夏洪、秋涝等灾害频繁的主要原因，它不仅给农业生产带来很大威胁，更是对人民生活和人身安全造成威胁。因此，防治水土流失、治理洪涝灾害、发展灌溉、保证饮水安全是水文学的重要研究内容。

3.6.3　我国降水的年际变化特征

我国降水的年际间变化很大，常有连续几年降水量偏多或连续偏少的现象发生。年降水量越少的地区，年际变化越大。如以历年年降水量最大值与最小值之比 K 来表示年际变化。西北地区 K 值可达 8 以上；华北地区 K 值为 3～6；东北地区 K 值为 3～4；南方地区 K 值一般为 2～3，个别地方为 4；西南地区 K 值最小，一般在 2 以下。月降水量的年际变化更大，有的地区汛期最大月降水量常是不同年份同月降水量的几倍、几十倍甚至几百倍以上，可见季节性降水的年际变幅比年降水量大得多。

就全国而言，年降水量变化最大的是华北和西北地区，丰水年和枯水年降水量之比一般可达3~5倍，个别干旱地区高达10倍以上。我国南方湿润地区降水量的年际变化相对北方要小，一般丰水年降水量为枯水年的1.5~2.0倍。

变差系数(C_v)也是反映年际变化的常用参数，我国年降水量的变差系数也具有显著的地带性分布规律。西北地区除天山、阿尔泰山、祁连山等地年降水量变差系数较小以外，大部分地区的降水量C_v值在0.40以上，个别干旱盆地年降水量C_v值可高达0.70以上，西北地区年降水量的C_v值是全国的高值区。华北和黄河中、下游的大部地区，C_v值在0.25~0.35之间。黄河中游的个别地区的C_v值也在0.4以上。东北大部地区年降水量C_v值一般为0.22左右，东北的西部地区C_v值也可高达0.3左右。南方十分湿润带和湿润带地区是C_v值最小的地区，一般在0.20以下，但东南沿海某些经常遭受台风袭击的地区C_v值在0.25以上。

3.6.4 我国大暴雨的时空分布

我国也是暴雨频发的国家，暴雨的时空分布受地理位置、距离海洋的远近、地形条件、季风环流的影响十分显著。

4~6月东亚季风初登东亚大陆，大暴雨主要出现在长江以南地区，暴雨量级有明显从南向北递减的趋势。华南沿海出现的特大暴雨大多是在锋面和低空急流作用下形成的，华南沿海山地和南岭山脉对这些大暴雨的分布也有明显的影响。江淮梅雨期的暴雨多数是由静止锋、涡切变型形成的，持续时间长、降雨强度相对较小。两湖盆地四周山地的迎风坡是梅雨期暴雨相对集中的地区，而南岭以北和武夷山以东的背风坡则为相对低值区。江南丘陵地区大暴雨的量级显著小于华南地区。

7~8月西南和东南季风最为强盛，随西太平洋副高压北抬西伸，大暴雨移动到川西、华北一带，同时台风在东南沿海登陆，形成台风型暴雨。在此期间的大暴雨分布范围很广，苏北、华南、黄河流域的太行山西侧、伏牛山东麓，都会出现大暴雨，甚至在高压阻挡、遭遇冷锋、低槽等天气系统的影响，以及地形强迫抬升作用下，常造成特大暴雨。例如，1958年8月57日，7503号台风在福建登陆后深入河南，由于在台风北面有一条高压坝，使台风停滞徘徊达20h之久。林庄站24h降雨量达1060.3mm，其中，6h降雨830.1mm，是我国大陆强度最大的降雨记录。1963年8月28日，华北海河流域受3次低涡的影响，在太行山东侧山区，连降7天大暴雨，降雨总量达2051mm，最大24h雨量为950mm。1977年8月1日内蒙古、陕西交界的乌审召发生大暴雨，8~10h降雨量超过1000mm，最大降雨量1400mm，降雨强度之大世界罕有。

9~11月，北方冷空气增强，雨区南移，但东南沿海、海南、台湾一带受台风和南下冷空气的影响而出现大暴雨。例如台湾火寮1967年10月17~19日曾出现24h降雨量达1672mm、3日降雨量达2749mm的特大暴雨，是我国历史上最大的暴雨记录。

3.7　降水的测定

3.7.1　降雨的测定

(1)观测仪器

观测降雨最常用的仪器为口径 20cm 的标准雨量筒和自记雨量计。

标准雨量筒的构造如图 3-15 所示，由承水器、漏斗、储水筒、储水瓶和量筒组成。用标准雨量筒进行降雨观测时采用定时观测，通常在每天的 8:00 与 20:00 将储水瓶中的水倒入量筒中直接读取降雨量，量筒的最大刻度为 10mm，精度为 0.1mm。雨季为更好地掌握雨情变化，可酌情增加观测次数。每日 8:00 至翌日 8:00 降水量为当日降水量。

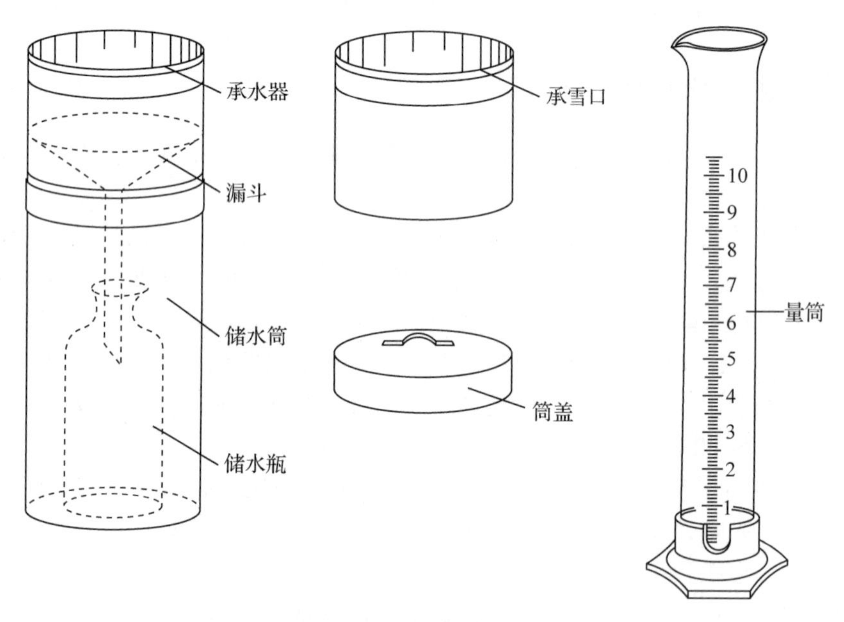

图 3-15　标准雨量筒示意图

自记雨量计是能够自动记录降雨量及其降雨过程的仪器。常用的自记雨量计有虹吸式自记雨量计、翻斗式自记雨量计、压力式自记雨量计、称重式自记雨量计。称重式自记雨量计能够测量各种类型的降水，虹吸式和翻斗式自记雨量计只限于观测降雨。翻斗式和称重式雨量计可以将雨量数据转化为电信号保存在存储介质中，从而实现雨量监测的数字化。虹吸式和翻斗式自记雨量计是目前国内外最常用的自记雨量观测仪器。

虹吸式自记雨量计是最早的自记雨量计，它是用机械钟带动安装记录纸的滚筒转动记录时间，每次上紧发条后，滚筒能够转动 1 周，并记录 24h。记录纸横坐标为时间，从 1~24 划分为 24 个大格，每个大格代表 1h，每个大格又分为 6 小格，每个小格代表 10min。记录纸纵坐标为雨量，从 1~10 分为 10 个大格，每个大格代表 1mm，每个大格又划分为 10 个小格，每个小格代表 0.1mm。降雨时从承水器口接收的雨水通过导管进入浮子室，浮子室中有一个浮子，浮子上端连接着一个记录笔，记录笔紧贴在记录纸上。当雨水进入浮子室后浮子开始上升，记录笔也随浮子一起上升，记录笔在记录纸上会画出一条线记录浮子上升的高度，该上升的高度就是降雨量。当降雨量达到 10mm 时，浮子室中的水通过虹吸作用排除，记录笔也随浮子的下降回到原点（图 3-16）。利用虹吸式自记雨量计测量降水时，每天必须定时上紧发条，以驱动机械钟转动，同时每天必须往雨量计中加一定量的水，使记录笔抬高一些，否则当天的记录线就会和前一天的记录线重叠。因为虹吸式雨量计存在机械钟计时误差较大，虹吸过程中的降雨量不能反映在记录线上，每天都必须进行维护，无法实现长期自动连续观测等缺陷，目前已逐渐退出观测领域。

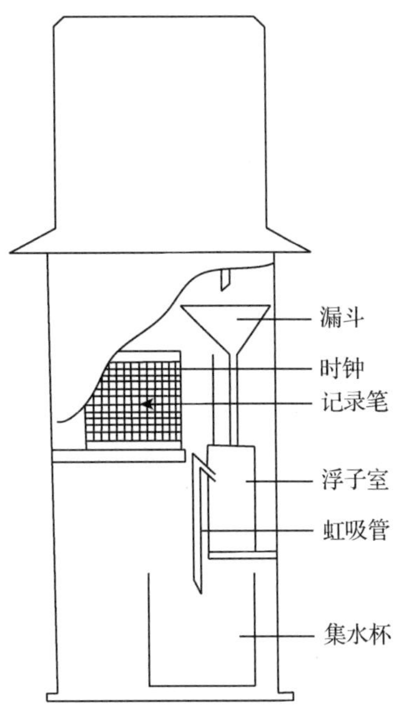

图 3-16 虹吸式自记雨量计示意图

现在广泛采用的自记雨量计是翻斗式自记雨量计，它的主要部件是翻斗（图 3-17），翻斗每翻动一次对应着一定的雨量（0. 1mm 或 0. 2mm），翻斗在翻动过程中带动翻斗底部安装的金属棒切割磁力线产生电流信号，电流信号转化为数字信号保存在数据采集器中，翻斗每翻动一次，就会有一个电流信号被保存在数据采集器中。没有降雨时，翻斗不会转动，数据采集器中就没有电流信号被保存。因此，翻斗式自记雨量计可以实现降雨的自动观测，还可以通过 GPRS 信号将降雨数据直接传输到观测人员的计算机中，从而实现对降雨的遥测。当使用翻斗式自记雨量计观测一段时间后，可以用笔记本电脑从数据存储器中下载雨量数据，从而实现对降雨量和降雨过程的自动观测。翻斗式自记雨量计采用电子钟记录时间，计时准确，已经成为降雨观测中的主要仪器，但使用过程中必须时常检查电池电量是否充足，如果电量不足应及时更换电池，以保证翻斗式雨量计的正常运转。另外，在观测降雨强度很大的强暴雨时，翻斗存在无法翻动的现象，从而导致测量结果明显偏小。因此，在使用自记雨量计时必须配置一个标准雨量筒，对自记雨量计的测定结果进行校正。

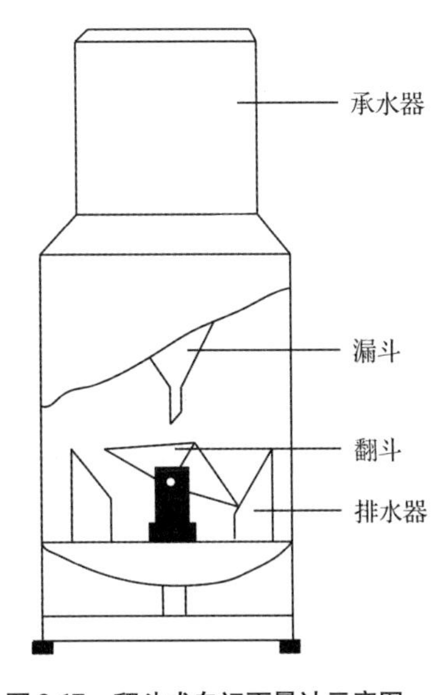

图 3-17 翻斗式自记雨量计示意图

在安装标准雨量筒或自记雨量计时承水器口一般距地面 70cm，并保证承水器口处在水平状态，否则将会造成较大误差。当降雪时，用外筒作为承雪器具，待雪融化后测定降水量。

（2）降雨观测点的选择

用标准雨量筒或自记雨量计进行降雨观测时，首先要选择降雨观测点。选择降雨观测点时应充分考虑观测点所在地的海拔高度、坡向等地形条件。降雨观测点的数量一般根据研究流域面积的大小和观测精度要求而定（表 3-2）。在山区由于地形条件复杂，降雨分布不均，降雨观测点的数量要适当增加。当地形变化显著，以及有大面积森林时，降雨观测点的数目也该相应增加。在开阔的平原地区降雨观测点可按面积均匀分布，在森林流域中降水观测点应设置在空旷地上或布设在林冠上方。如果在流域内只设置一个降雨观测点时应布设在流域的中心。有两个降雨观测点时，一个观测点布设在流域上游，另一个观测点布设在流域下游。测定径流场的降雨量时，雨量测点应布置在径流场附近。

布设雨量筒或雨量计时尽量使其远离对降雨测定有干扰的障碍物，为了减少障碍物对降雨测定的干扰和影响，雨量筒或雨量计与障碍物的距离必须大于障碍物高度 2 倍以上。

表 3-2　降雨观测点数量配置参考表

面积(km^2)	<0.2	0.2~0.5	0.5~2	2~5	5~10	10~20	20~50	50~100
雨量站数	1	1~3	2~4	3~5	4~6	5~7	6~8	7~10

3.7.2　降雪的测定

在我国北方高纬度地区以及高海拔地区降雪是主要的降水形式，积雪在融化过程中也很容易形成地表径流，造成水土流失，形成桃花汛。因此降雪测定也是水土保持研究和监测的主要内容。通过对降雪的观测，可以准确把握研究地区的积雪量(厚度)以及积雪的融化过程，从而为防治融雪径流引起的土壤侵蚀提供基础数据。降雪测定主要包括降雪过程、积雪厚度、雪密度、融雪过程等。

在观测降雪时必须在研究流域中选择测雪路线，然后在测雪路线上选择测雪点，在每个测雪点上测定积雪厚度，并取雪样测定积雪的密度，根据积雪厚度和积雪密度计算出积雪水量，以及积雪的融化过程。

(1)积雪量的观测

①测雪路线的选择：小流域是水土流失发生发展的基本单元，水土保持也以小流域为单元开展，降雪观测也应该以小流域为单元。受地形地貌、地被物类型和分布、风速风向等因素的影响，小流域内的积雪分布非常不均，观测积雪时必须选择和布置合理的测雪路线，才能保证观测数据的准确。选择和布设测雪路线时必须遵照的原则如下：

a. 根据小流域形状确定测雪路线的数量，一般圆形小流域为 3 条，狭长形小流域 5 条。

b. 测雪路线大致成直角地穿过河谷，测雪路线间的距离应尽可能均匀。

c. 每条测雪路线应从分水岭到沟底，再从沟底到另外一侧的分水岭，以保证测雪路线横贯整个小流域。

d. 测雪路线一般为直线，但当地形限制无法布置为直线时也可以布置成折线或曲线，但总体上应沿着与主沟道垂直的方向。

e. 小流域测雪路线的总长度根据流域形状而定，当流域为狭长形时，测雪路线总长约为流域平均宽度的 5 倍；当流域为圆形时，测雪路线总长为流域平均宽度的 3 倍。

②测雪点的选择：布设好测雪路线后，在每条测雪路线上选择测雪点。测雪点的数量根据测雪路线总长确定，一般每 100m 选择一个测雪点。测雪点的积雪应该处于自然

状态，不应该选择风口等积雪被严重扰乱的地点，也不能选择在特殊地形、地物处，这些地段的积雪在地形地物的影响下积雪厚度会发生很大变化，不具有代表性。当遇到对积雪有影响的地点时，可适当放宽或缩小测雪点的间距。选择好测雪点后，用 GPS 测量测雪点的坐标进行定位，标注在地图上，以便下次测量时查找。

③测雪：在每个测雪点上挖测雪剖面，用尺子量取积雪深度，并根据积雪时间、积雪压实情况、积雪色泽、积雪颗粒的大小等对测雪剖面划分层次，然后用体积为 100mL 的取雪铲(图 3-18)分层取雪样，装入塑料袋密封，编号、记录。每层取 3 个雪样。在室内量测雪样融化成水的体积和重量，计算积雪密度。根据积雪厚度和密度计算出积雪水量。

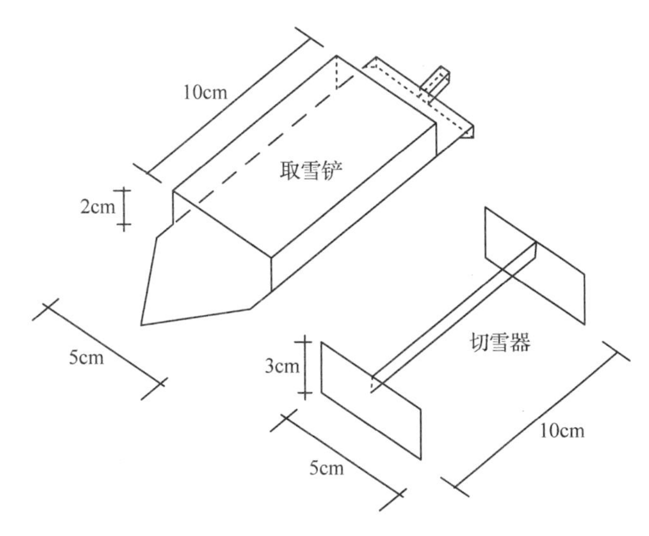

图 3-18　取雪铲示意图

④积雪水量的计算：每条测雪路线上平均积雪水量可利用加权平均法进行计算。具体计算办法为：

以相邻两个测雪点的间距与该条测雪路线长度之比作为权重系数，乘以相邻两个测雪点积雪水量的平均值，然后累加得到测雪路线的平均积雪水量。其公式为：

$$P_j = \sum_{i=1}^{n-1} \frac{L_i}{L_j} V_i \tag{3-10}$$

式中：P_j为第 j 条测雪路线的平均积雪水量，mm；L_j为第 j 条测雪路线的总长度，m；L_i为相邻两个测点的间距，m；V_i为相邻两个测点积雪水量的均值，mm；n 为第 j 条测雪路线上的测雪点数。

小流域的积雪水量也按加权平均法计算。以每条测雪路线的长度与总测雪路线长度之比作为权重系数，乘以每条测雪路线的平均积雪水量，然后累计得出小流域的积雪水量。其公式为：

$$P = \sum_{j=1}^{m} \frac{L_j}{L} P_j \tag{3-11}$$

式中：P 为小流域的积雪水量，mm；P_j为第 j 条测雪路线的平均积雪水量，mm；L_j为第 j 条测雪路线的总长度，m；L 为流域内测雪路线的总长度，m；m 为流域内测雪路线的条数。

(2) 积雪过程与融雪过程的自动观测

在降雪时地面积雪逐渐增加，而融雪时地面积雪逐渐减少，地面积雪过程和融雪过程很难采用人工办法直接进行观测。在融雪过程中融雪水会在未完全解冻的地表形成较大的地表径流，造成严重的土壤侵蚀，因此，地面积雪量的动态变化，尤其是融雪过程的观测是寒冷地区水土保持监测和研究的重要内容。

积雪过程和融雪过程的观测最常用的方法是超声波法，即在离地面一定高度处安装超声波测距仪，超声波测距仪向地面发射超声波，并接收从地面返回的超声波，根据超声波返回的时间计算超声波探头到地面的距离。当地面积雪厚度发生变化时，返回的时间就会变化，根据超声波返回时间的变化量便可计算出地面积雪厚度的变化。这就是用超声波测定积雪厚度变化的基本原理，参见图 3-19。

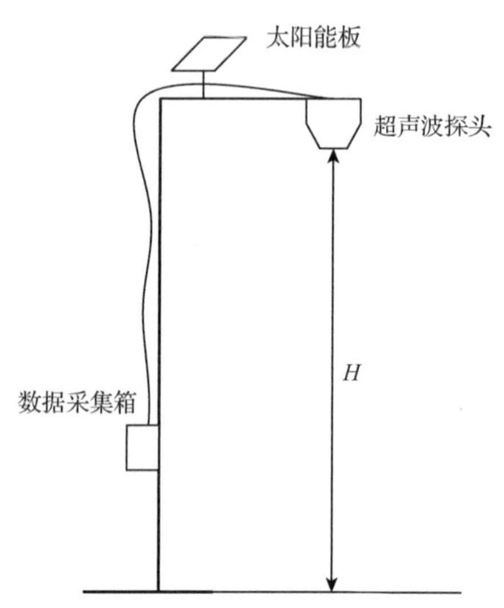

图 3-19　超声波测定积雪厚度示意图

观测时在地面竖一根观测杆，在观测杆上安装一根水平的支架，将超声波探头安装在水平支架上。超声波的观测数据通过导线输送到数据采集箱中的数据采集器中保存。整个观测系统由太阳能板供电，以实现自动观测。观测系统安装完成后，用钢尺测量超声波探头到地面的距离，并用专用软件将笔记本电脑与数据采集器连接，输入观测点的地理坐标、高程、地类等基本情况，设置观测开始时间、数据记录间隔、超声波探头到地面的距离等基本参数，然后启动观测系统开始观测。观测一定时段后，采用专用软件下载观测数据，分析地面积雪或融雪的变化过程。

地面的积雪和融雪过程一般受温度、风速等气象要素的影响，因此，在安装超声波探头的支架上还应该安装温度、湿度、风速风向、太阳辐射等探头。超声波探头以及气象要素的观测数据也可以通过 GPRS 等无线传输手段直接发送到观测人员的计算机中，从而实现地面积雪过程与融雪过程的自动观测和数据的无线传输。

(3) 融雪水入渗量的测定

融雪过程中融化的雪水一部分蒸发进入大气，一部分下渗进入土壤，还有一部分沿地表形成融雪径流。在高寒地区降雪是主要的降水形式，对融雪水下渗量的测定，是高寒地区计算春季产流量时必须掌握的重要参数，对于掌握高寒地区水文循环过程和水资源量具有重要意义。与降雨相比融雪过程较为缓慢，融雪水的下渗过程难以直观测定，但是积雪融化产生的水分在整个水文循环过程中占一定的比例且不能忽略。

春季融雪时，在融雪水的作用下地表有一层解冻层，雪水能够下渗进入解冻层。但在解冻层下部，往往还有冻结层。冻结层一方面阻止了水分向深层的渗透，另一方面也阻止了深层潜水的蒸发以及对解冻层的水分补给。另外，地表有积雪覆盖，阻止了表层土壤中水分的蒸发。因此，可以用水量平衡法通过测定土层中蓄水量的变化量间接计算出融雪水的下渗量。

具体观测步骤为：选择地势平坦的地块作为试验地，安装能够连续测定不同深度土壤含水量和土壤温度的探头，测定不同土层深度的土壤含水量和土壤温度，并将观测数据保存在数据采集器中。为了防止侧向渗流对土壤含水量的影响，可以在试验地四周安装隔离板，以阻断试验地与周围土壤环境的水分交换。土壤含水量和土壤温度可以采用 TDR 或 FDR 进行测定。测定前必须在试验地内安装测定管，并将 TDR 或 FDR 探头安装在测定管内不同深度处。同时，在试验地内安装小气候观测设施，同步测定大气温度、湿度、降水量、风速、风向等基本气象要素。通过长期观测，掌握大量的气象要素和融雪水下渗量数据之后，便可建立融雪水下渗量与气象要素的相关关系。

根据水量平衡原理，一定时段内冻结土层以上土壤层蓄水量的变化量就是融雪水的入渗量。

$$I_s = \sum_{t=1}^{n} \sum_{c=1}^{m} (W_{ct+1} - W_{ct}) \tag{3-12}$$

式中：I_s为某一时段内渗入冻结层的融雪水量，mm；W_{ct}为冻结层以上第 c 层土壤在第 t 时刻的蓄水量，mm；W_{ct+1}为冻结层以上第 c 层土壤在第 $t+1$ 时刻的蓄水量，mm。

3.8　林内降雨和树干流的测定

到达林冠层的降雨，在林冠层的作用下被分为四部分，一部分是穿过冠层枝叶缝隙直接到达地面的降雨称为穿透雨；第二部分是降雨被枝叶拦截后，再从枝叶滴落到地面的降雨称为滴下降雨；穿透雨和滴下降雨合成为林内降雨。第三部分是植物枝叶拦截的降雨沿树枝汇集到树干，或降雨直接落在树干上以后再沿树干流向地面的降雨称为树干流；第四部分是被植物枝叶吸附拦截的降雨称为植物截留。植物截留的降雨最终以蒸发的形式返回大气，不参与径流的形成，对径流形成和当地水资源而言是一种损失，因此植物截留量是径流计算和水量平衡分析中必须考虑的要素之一。

植物截留量的大小受植物自身要素和气象要素的共同控制。一般情况下不同的植物有着不同的植物截留量，郁闭度大、枝繁叶茂、冠层浓郁的植物群落植物截留量大；叶面积指数大的群落植物截留量大；枝叶表面粗糙、表面积大的植物，其截留雨水的能力强；不同季节植物的枝叶量不同，其截留的雨水量也不尽相同，即植物截留雨水的能力具有季节变化。

降雨过程中植物截留量随时间的变化称为截留过程。在降雨开始时，植物枝叶相对干燥，吸附的水量较多，对雨水的截留能力较强，随着降雨过程的持续，植物枝叶吸附的水量达到了最大量，即饱和状态时植物截留量也达到了最大值，此后植物截留量将不再增加。因此植被对降雨的截留过程随着降雨时间的延长逐渐增大，当增大到一定程度(饱和)后截留量将不再增加，降落的植被冠层的雨水全部变成林内降雨，参见图 3-20。

植物截留量还受降水的影响，降水类型不同，植物截留量也不尽相同。植物对降雪

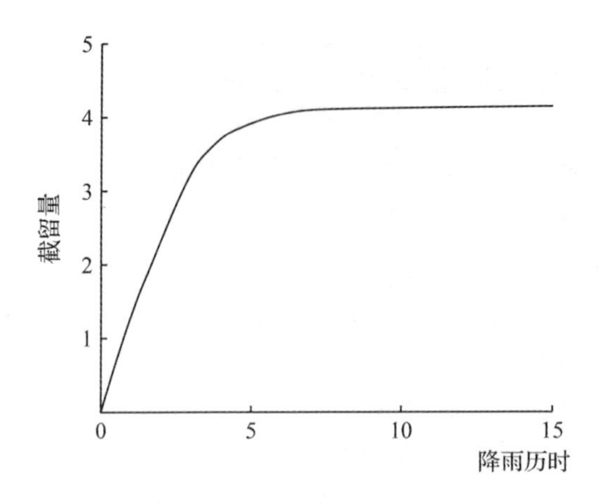

图 3-20　植物截留量过程示意图

的截留作用大于对降雨的截留作用，植物对弱雨强降雨的截留作用大，而对暴雨的截留作用相对较弱。降雨过程中如果风力较大，植物枝叶拦截的雨水在风的摇曳作用下跌落地面，从而导致截留量的减少。前期降雨量及距离本次降雨的时间对植物截留量也具有显著影响，前期降雨量越大、与本次降雨间隔的时间越短，植被冠层就越湿润，植物截留量就越小。

植物截留的降雨最终以蒸发的形式回到大气中，不参与径流的形成，从而减少了参与形成地表径流和土壤侵蚀的雨水量，因此在水土保持研究中必须准确测定，但植物截留量一般无法直接测定，只能通过测定林外降雨、林内降雨、树干流后，利用水量平衡方程计算。

$$I = P_{外} - P_{内} - P_{干} \tag{3-13}$$

式中：I 为林冠截留量，mm；$P_{外}$为林外降雨量，mm；$P_{内}$为林内降雨量，mm；$P_{干}$为树干流量，mm。

林冠截留率 η 是林冠截留量与林外降雨量的比值。

$$\eta = \frac{I}{P_{外}} \times 100\% \tag{3-14}$$

3.8.1　林内降雨测定

在植被冠层的作用下，林内降雨将重新分配，由于林冠层内的枝叶空隙分布不均，再加上枝叶的汇集和再分配作用，林内降雨的空间分布极不均匀，用承水器口直径只有20cm 的雨量筒或雨量计直接测量林内降雨时将会出现很大的误差。为此，林内降雨测定时必须增加雨量计的数量或增大承水器的面积，以消除林内降雨分布不均的影响。常用的林内降雨的测定方法有网格法和承水槽法。

(1) 网格法

林内降雨分布不均，可通过增加林内观测点的方法提高观测精度。网格法就是增加林内降雨观测点的主要方法之一。

利用网格法观测林内降雨时，首先需要根据林分类型、林分结构、郁闭度等划分观测区，每个观测区内林分类型相同、林分结构一致、郁闭度相近。在每一观测区内选择适当面积的标准地，按一定距离(数米至10m)划出方格线，在方格的各交点上，布设雨量筒或自记雨量计观测林内降雨量。降雨结束后测定各个雨量筒中接收的雨量，将各观测点测定的雨量值进行平均，得出林内降雨量的平均值。如果采用自记雨量计可以实现林内降雨的自动观测。

网格法需要的观测仪器较多、费用较高，每次降雨后测量工作量也很大。如果雨量观测点的数量足够多，采用网格法能够研究林内降雨的空间分布特征，以及林冠结构与林内降雨空间分布的关系。采用网格法测定林内降雨时为了节约成本，可以采用具有一定深度且不漏水的容器进行观测，该容器口的面积必须能够准确测定，观测时可将这些容器水平布设在林内地面上接收雨水，降雨后用量筒直接测定每个容器中接收的雨水量(体积或重量)，用雨水的体积除以容器口的面积就是降雨量。每次观测后必须将容器内的雨水全部倒掉，以保证每次降雨前观测容器中没有积水，这样测定出的水量才是本次降雨所形成的林内降雨量。

(2)承水槽法

林内降雨分布不均，可通过增加承水器面积的方法提高观测精度。为此，在林内布设一定面积的承水槽收集林内降雨，将收集的林内降雨用连接管导入储水容器或量水计，降雨后测量储水容器中的雨水量或直接从量水计中读取承水槽接收的雨水量。将承水槽接收的水量除以承水槽的水平面积，便可得到林内降雨量。

承水槽可以是长方形、正方形、圆形等面积容易求算的形状，可以用铁皮、塑料等隔水材料(不能吸水)制作。一般采用铁皮或塑料板制作成宽度为20cm、长度为100~500cm、深20cm的长形槽作为承水槽(图3-21)。

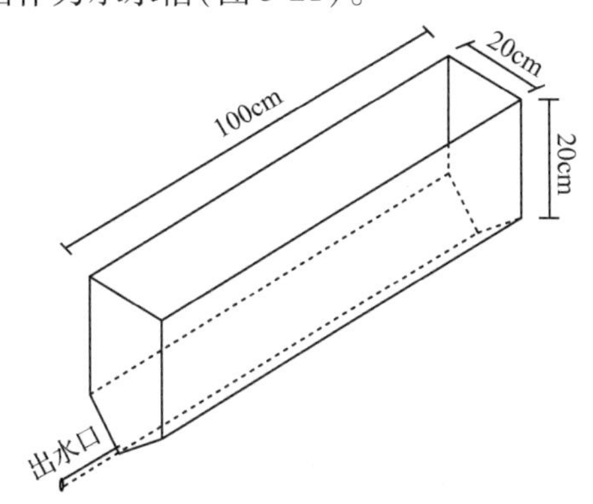

图3-21　承水槽示意图

在人工林中安装的承水槽长度必须大于造林时的行距，在次生林中安装的承水槽长度必须大于平均株距。在制作和安装过程中必须保证承水槽不漏水，承水槽与储水容器之间的连接管也不能漏水，且储水容器能够容纳承水器接纳的所有雨水。如果将储水器替换成自记量水计，则可以实现林内降雨的自动观测。承水槽的面积越大，测定的林内降雨的结果越可靠，但观测设备的布设更为困难，制作费用更高。

承水槽布设：在观测林地内选择能够代表林冠平均覆盖状况的地段，安装承水槽。承水槽可以沿等高线布设，也可以沿坡面布设，布设时需要让承水槽保持一定的倾斜角度，以保证承水槽接收的林内降雨能够及时流到储水容器或量水计中。将承水槽用钢钎固定在地面，或用架子架在空中。要求承水槽必须安装牢固，以防倾倒。将承水槽出水口用塑料软管连接到储水容器或直接导入量水计中，储水容器必须能够容纳一次降雨中承水槽收集的全部林内雨量。承水槽安装好后必须用测坡器测定承水槽与水平面的夹角。储水容器必须有盖，以防止雨水直接进入储水容器而影响测量结果。

人工观测：将承水槽中接收的雨水通过排水管导入储水容器中保存，降雨后进行人工测定。测定时可以将储水容器中收集的雨水用1000mL的量筒直接测定体积，也可以采用高精度称重仪器直接称量，并记录降雨日期和测定日期。

自动观测：如果将承水槽的排水孔通过塑料软管与自记量水计连接，降雨时承水槽接收的林内降雨便可以用量水计自动观测。承水槽安装好后用专用软件对自记量水计进行设置，设置内容包括日期、时间、数据记录间隔、仪器编号、观测地点等基本信息。林内降雨观测设施开始工作后，每隔一定时间或每次降雨后将自记量水计与笔记本电脑连接，下载量水计中的观测记录，用Excel表格或专用软件打开观测记录，整理林内降雨开始时间、结束时间、林内降雨强度、林内降雨量、林内降雨历时等各项观测指标。

3.8.2　树干流的测定

降雨过程中被枝叶拦截的雨水有一部分会沿着树枝汇集到树干，汇集到树干的雨水与直接降落在树干上的雨水一起沿树干流到地面，这种沿树干向地面流动的雨水称为树干流。树干流在流向地面的过程中由于树皮含水量未达到饱和，树皮会吸收一部分雨水，但被吸收的雨水量一般很少，可以忽略。树干流的数量虽然不大，但对增加树体的含水量和根基部土壤含水量具有一定意义。另外，计算林冠截留量时必须测定树干流量。树干流的测定有标准木法和标准地法两种。

树干流是降雨过程中直接降落在树干上的雨水，以及由枝叶拦截后顺树枝汇集到树干的雨水沿树干流向地面的过程，因此，将沿树干流向地面的雨水量全部收集起来，测定其体积，便可以得到树干流量。树干流是由整个林冠和树干拦截的雨水汇集而成，因此树干流的量等于沿树干流下的水的体积除以树冠的投影面积。

(1)标准木法

在测定林分内选择标准地，进行标准地调查和每木检尺。通过每木检尺确定各径阶树木的数量，并在各径阶中分别选择3株标准木，测定标准木的树冠投影面积。测定树冠投影面积时需要以树干为中心，分别测定树冠在正北、东北、正东、东南、正南、西南、正西、西北等8个方位上的长度，通过绘制树冠投影图，量算树冠投影面积。

采用标准木法测定树干流量的方法有2种。

方法1：在所选标准木离地1.3m的树干处用刀具将死树皮去除(不能伤害到形成层)，用一定宽度的较为柔软的隔水材料(不能吸水)在标准木的树干上围成一圈，并在接缝处预先安装硬塑料的导水管，在隔水材料和树干间用玻璃胶等防水材料黏结，以保证隔水材料与树干间无渗水、漏水的缝隙，在隔水材料外用捆绑带或拉紧器等捆紧固定。安装时隔水材料的上沿应制作成楔形，以保证隔水材料与树干间形成积水槽，这样才能保证从树干上流下来的雨水不会外溢。汇集在隔水材料上的树干流通过硬塑料管导入储水容器。每次降雨后用量筒直接测定储水容器中的水量或直接称重，用测量的储水容器中树干流的体积或量水计测量出的树干流的体积，除以标准木的树冠投影面积可得到该标准木的树干流量。

方法 2：裁取一定长度的塑料软管，用剪刀将塑料软管剪开备用。在观测样地内每株标准木树干上离地 1.3m 以下部分，用小刀沿树干向地面螺旋形地将枯死的树皮刮去(不能伤害到形成层)，用小钉子将剪开的塑料软管沿树干螺旋形地固定在树干上，塑料软管在树干上至少缠绕两圈以上。为了保证塑料软管与树干密切接触，可将玻璃胶装在玻璃胶枪上，用玻璃胶枪将玻璃胶挤在塑料管与树干的结合部位，以保证从树干上流下来的雨水全部汇集到半圆形的塑料软管内。将塑料软管的下部竖直插入一定体积的储水容器内，以收集从树干上汇集的雨水。储水容器应该用固定桩固定，以防倾倒，同时加盖以防雨水直接进入储水容器。每次降雨后用量筒量取塑料桶内的水量或称量储水器中水的重量，得到树干流的体积，再除以标准木的树冠投影面积便可得到该标准木的树干流量。

储水容器中也可以放置压力式水位计测定树干流量和树干流的过程，用压力式水位计观测树干流时，储水容器底面必须保持水平状态。如果用压力式水位计观测，每次降雨后取出压力式水位计，并与笔记本电脑连接，读取水位随时间的变化数据，利用某一时刻水位数据乘以储水容器的底面积得到该时刻的树干流量。但是压力式水位计测定的数据受大气压力的变化而变化，每次测定时可以直尺测定储水容器内的水深，以便对压力式水位计的测定值进行校正，或者直接用气象观测站的大气压力数据对压力式水位计的数据进行校正。

如果用量水计观测树干流量和过程，可以直接将塑料软管导入量水计，并用专用软件和电脑设定量水计的日期、时间、数据记录间隔、仪器编号等基本信息。如果用量水计观测，每次降雨后将量水计的数据采集器与笔记本电脑连接，用专用软件下载观测数据后，使用 Excel 表格或专用软件分析树干流开始时间、结束时间、历时、树干流量、树干流过程等基本信息。

设标准地内林木的总株数为 N，径阶数为 m，各径阶的株数为 n_j，各径阶标准木的权重为 $R_j = n_j/N$，各标准木测定的树干流量为 P_j，则所观测林分的平均树干流量 $P_{干}$为：

$$P_{干} = \sum_{j=1}^{m} P_j \times R_j \tag{3-15}$$

(2)标准地法

标准木法虽然相对较为简单，也节省人力物力，但每株标准木的树冠投影面积测量误差较大，导致树干流量计算错误，林外降雨量、林内降雨量、树干流量、植物截留量的数量关系无法达到平衡。另外，由于冠层结构和树木特性的影响，树冠投影面积内被植物枝叶拦截的雨水并不一定全部汇集到树干，因此采用标准木法测量出的树干流量往往存在较大误差。为此，需采用标准地法。

在测定林分内选择面积为 S 的标准地，如果标准地内的树木株树为 N，对标准地内的每株树木都安装树干流的测定装置，每次降雨后测量每株树木的树干流体积 V_i。累加后得出标准地树干流总体积 V。

$$V = \sum_{i=1}^{N} V_i \tag{3-16}$$

树干流量 $P_{干}$ 为:

$$P_{干} = \frac{V}{S} \tag{3-17}$$

思考题

1. 为什么会形成降水?
2. 简述降水时间和降水历时的区别。
3. 描述降水特征的指标有哪些?这些指标与水土流失的关系如何?
4. 常用的降雨观测仪器有哪些?试分析每种观测仪器的优缺点。
5. 现有面积为 10hm^2 的油松纯林,平均树高 8m,平均胸径 10cm,株行距 2.5m×4m,林内无灌木和草本植物。设计一个观测油松林林冠截留量、树干流、林内降雨量的实验方案。
6. 某北方研究流域的面积为 100km^2,根据流域的地形地貌特征及土地利用状况,将流域划分为 10 个子流域,在每个子流域的平均高程处布设了一个降雨观测点,每个子流域的面积及子流域内降雨观测点降雨量如下表所示。试求流域的平均降雨量。

子流域编号	1	2	3	4	5	6	7	8	9	10
子流域面积(km^2)	13	11	10	6	14	15	5	10	9	7
降雨量(mm)	51	48	53	55	50	49	47	52	46	54

第4章

蒸发与蒸散

蒸发是水分循环过程的重要环节，是将陆地水与大气水、海洋水与大气水联系起来的纽带，更是陆地水资源的主要消耗过程，蒸发将自然界的热量交换和水量交换有机地联系在一起，是实现全球热量平衡和水量平衡的保障。本章围绕水面蒸发、土壤蒸发、植物蒸发散讲述蒸发的物理过程和机制、影响因素及测定方法和估算方法，其中植物蒸发散的估算与测定方法为本章重点。

以降水形式到达陆面的水分，一部分汇入河流或进入各种水体成为地表水，一部分则通过下渗进入土层成为土壤水或地下水。不论是进入土壤中的水分还是储存于各种水体的水分，在接受太阳辐射后又会以水汽的形式散失到大气中，这种现象就是蒸发。蒸发是水分子从物体表面向大气逸散的一种自然现象，也是水从液态变为气态的过程。据统计大陆上66%的降水消耗于蒸发。蒸发过程因需要消耗热量而将自然界的热量交换和水量交换有机联系在一起，同时将陆地水、海洋水和大气水联系在一起。因此，蒸发是水分循环的重要环节之一，蒸发耗热是估算某一地区热量平衡的重要指标，蒸发量是一个地区水分收支平衡中的主要支出项。自然界中参与蒸发的水分不参与径流的形成，或者即使形成径流后也因蒸发使径流量减少，从水资源的角度或从径流形成的角度考虑蒸发就是一种损失。因此，蒸发是水量平衡分析、热量平衡分析、水资源评价中必须考虑的因子，更是水文学中的主要研究内容。

蒸发是液态水或固态水表面的水分子能量足以克服分子间吸力，不断地从水体表面逸出，从液态或固态变成气态的现象。蒸发发生在具有水分子的物体表面——蒸发面，根据蒸发面的不同，蒸发可以划分为水面蒸发、土壤蒸发、植物蒸散。蒸发面是水面的称为水面蒸发，蒸发面是土壤表面的称为土壤蒸发，蒸发面是植物体的称为蒸散。植物根系吸收的水分经由植物的茎叶散逸到大气中的过程称为蒸散，蒸散包括蒸发和蒸腾两部分。一个植物群落的蒸发量应该包括物理蒸发和生理蒸腾，是由林地蒸发、植物蒸发、植物蒸腾三部分组成。

对于水土保持工作中的小流域而言，小流域内的蒸发表面一般包括水面、土壤和植物覆盖等，水面蒸发(涝池、谷坊、淤地坝、拦砂坝内都可能存在水体)、土壤蒸发、植物蒸散都有发生，小流域的总蒸发量是指流域范围内水面蒸发、土壤蒸发、植物蒸散之和。如果把土壤蒸发和植物蒸散合称陆面蒸发，则陆面蒸发与水面蒸发之和称为总蒸发。

4.1　水面蒸发

水面蒸发是液体水或固态水变成气态水的过程，在蒸发过程中体现了热量交换过程与水量交换过程。水面蒸发是在充分供水条件下的蒸发，包括水分汽化和水分扩散两个过程。水面蒸发是水土保持监测和水文站的基本测验项目之一。

4.1.1　水面蒸发的物理过程和机制

在太阳辐射或其他能量作用下，水体中水分子的运动速度加快，动能增加。水分子的动能取决于温度，温度越高，水分子的动能越大。当某个水分子所获得的动能大于水分子之间的内聚力时，就能挣脱其他水分子对它的吸引力，从而突破水面跃入空中，由液态变为气态；同时空气中某些能量较低的水分子因能量降低、受到水面水分子的吸引作用重新返回水体，由气态变为液态，这就是凝结。当从水体中进入空气的水分子数与从空气中返回水体的水分子数达到平衡时，空气中的水分子达到最大，空气湿度达到饱和，蒸发与凝结达到动态平衡。水体温度愈高，自水面逸出的水分子愈多，蒸发量越大。在蒸发过程中因水分子吸收热量使水体温度降低。

蒸发必须消耗能量，单位水量蒸发到空气中所需消耗的能量称为蒸发潜热，在凝结时水分子会释放能量，单位水量从空气中凝结返回水面所释放的能量称为凝结潜热，在相同温度条件下，凝结潜热与蒸发潜热相等。所以说蒸发过程既是水分子交换过程，亦是能量的交换过程。单位水量从液态变为气态所吸收的热量称为蒸发潜热或汽化潜热。蒸发潜热的计算公式为：

$$L = 595 - 0.52T \tag{4-1}$$

式中：L 为蒸发潜热，cal/g；T 为水温，℃。

蒸发量是指一定时间内从水面跃出的水分子数量与返回水面的水分子数量之差，即一定时间内从蒸发面蒸发的水量，单位为 mm。蒸发率是单位时间内从蒸发面蒸发的水量，也称为蒸发强度，单位为 mm/h 或 mm/d。

在蒸发过程中水体温度愈高，水分子运动愈活跃，从水面进入空中的水分子也就愈多，水面之上空气中的水汽含量也愈多。根据理想气体定律，在恒定的温度和体积下，气体的压力与气体的分子数成正比，因而温度越高，水汽压也就愈大。但随着水汽压的增大，空气中水分子返回水面的机会也会增多。当出入水面的水汽分子数相等时，空气达到饱和，有效蒸发量为零。此时的水汽压称为饱和水汽压，即达到“饱和平衡状态”时的水汽压力。饱和水汽压的计算公式如下：

$$E = E_0 e^{\frac{19.9t}{273+t}} \tag{4-2}$$

式中：E 为温度 t 时的饱和水汽压，hPa；E_0 为0℃时的饱和水汽压，hPa；t 为温度，℃。

水面上的水分子受热变成水汽后，水汽分子会不断地从水面移向大气，这个过程就是水汽扩散。水汽扩散有以下三种形式。

水汽压梯度引起的水汽扩散：在自然条件下，实际上不会出现汽化与凝结平衡的情况。因为空气的体积无限大。但水面上空水汽分子的浓度存在着梯度，相应地从水面到空中形成了水汽压梯度，在水汽压梯度的作用下水汽分子从水汽压高处向水汽压低处输送，形成水汽扩散，保证蒸发的持续进行。

对流引起的水汽扩散：在大气静止的状态下，接近蒸发面的气温高于上层空气的温度，下层的湿热空气比重较轻，形成上升气流，上层的干冷空气比重大，形成下降气流，即发生对流现象，在对流作用下形成水汽扩散，促使蒸发不断进行。

风引起的水汽扩散：刮风时空气扰动加剧，水汽分子被吹离蒸发水面，导致蒸发面以上持续处于相对干燥状态，风速愈大，蒸发水面以上的大气混合速度愈快。在风的作用下形成水汽扩散，保证蒸发持续进行。

道尔顿通过实验指出，水面的蒸发速率，与水面上空的饱和水汽压差呈正比，与水面上的气压呈反比，并随水面上风速的增大而增大。道尔顿提出的蒸发公式为：

$$E_w = C\frac{e_{as} - e_a}{P} \tag{4-3}$$

式中：E_w是水面蒸发速率；e_{as}为某一温度时的饱和水汽压；e_a为某一温度时的水汽压；P为气压；C为与风速有关的比例系数。

4.1.2 影响水面蒸发的因素

根据蒸发的物理过程和发生机制，影响蒸发的因素可分为两类：一类是气象条件，如太阳辐射、温度、湿度、风速、气压等；另一类是水体自身条件，如水体表面的面积和形状、水深、水质和水面状况等因素。

（1）气象条件

太阳辐射：太阳辐射是水面蒸发的能量来源，是影响水面蒸发最主要的因素。太阳辐射强的地区，水面蒸发量大；相反，太阳辐射较弱的地区，水面蒸发量也较小。蒸发量的年内变化、年际变化与太阳辐射量的年内变化和年际变化密切相关。

温度：气温和水温对水面蒸发有着很大的影响。气温决定着空气中所能容纳水汽的能力和水汽分子扩散的速度。气温高时，空气中能够容纳更多的水汽分子，从而易于蒸发，蒸发量大；反之则不利于蒸发，蒸发量较小。水面温度直接与太阳辐射强度有关，反映水分子运动能量的大小，水面温度越高，水分子运动能量就越大，逸出水面的分子就越多，蒸发也越强烈。当水温高于气温时，水面附近的薄层空气暖而轻，易于上升，能形成对流，加速了蒸发的作用。反之，当水温低于气温时，水面上会形成逆温层，不利于水汽向上扩散，蒸发就较慢。

湿度：蒸发水面上方大气的湿度增加，大气中水汽分子的数量也会增加，从而使饱和水汽压差减小，水分子由水面逸出的速度变慢。因此，在相同条件下，空气湿度越小，饱和水汽压差就会越大，水面蒸发量也就越大。反之，则水面蒸发量就小。

水汽压差：水汽压差是指水面的水汽压与水面上空一定高度的大气水汽压之差。一般来说，空气密度越大，单位体积的水汽分子数量越多，水汽压就越大；反之，则水汽压越小。水汽压差愈大，水汽在气压差的作用下扩散运动强烈，蒸发也就愈强烈，蒸发量就大。如果大气的水汽压越大，水面与大气的水汽压差就越小，水面蒸发量也越小。

当水汽压差为零时，蒸发量也为零。

风：风促进了蒸发水面上气流的乱流交换作用，使从蒸发水面上逸出的水分子不断被移走，从而保证了蒸发水面上空始终保持一定的水汽压差，从而促进了蒸发的持续进行。风速越大，水面的蒸发速率越快，蒸发量越大。在一定温度下，风速增加到某一数值时，蒸发量将不再增加，达到最大值，这是因为在一定温度下，单位时间内能够从水体中逸出的水汽分子数是一固定值所致，此时蒸发将达到稳定状态。

(2)水体自身条件

水体自身条件包括水面面积、水深、水质、水面状况等。

蒸发表面是水分子在汽化时必须经过的通道，若蒸发的表面积大，则蒸发面大，相应地蒸发量也大，蒸发作用进行得快。

水体的深浅对蒸发也有一定的影响。当水深较浅时，在空气温度影响下水体温度很容易升高，这必然导致蒸发的加快。当水深较深时，水面受冷热影响时会在水体内产生对流作用，整个水体的水温变化相对较为缓慢，即深水水体中能够蕴藏较多的热量，从而对水温起到一定的调节作用，导致水深较深水体的蒸发量在时间上的变化上比较稳定。

水质对水面蒸发具有一定的影响。当水体中溶解有其他物质时，水中的溶解质对水分子具有一定的吸引作用，从而导致蒸发的减少，如海水的蒸发量比淡水的蒸发量小2%~3%。当水体含有不溶于水的颗粒物时，水体的混浊度(含沙量)会增加，这必然会影响水体对太阳辐射的吸收率和反射率，因而影响热量平衡和水温，从而间接影响蒸发。

当水体表面有油污、水草等其他杂物覆盖时，水体表面接受的太阳辐射量就会减少，同时水分子进入大气的阻力也会增加，从而导致蒸发量的减少。

总之，蒸发率的大小取决于三个条件：一是蒸发面上储存的水分量，这是蒸发的供水条件；二是蒸发面上水分子获得的能量，这是水分子脱离蒸发面向大气逸散的能量条件；三是蒸发面上空水汽输送的速度，这是保证向大气逸散的水分子数大于从大气返回的水分子数的动力条件。

4.1.3　水面蒸发的空间分布和时间变化特征

由于水面蒸发量的大小与太阳辐射的强弱密切相关，所以在太阳辐射最强的赤道附近，蒸发强度较大，年蒸发量可高达 1100mm；而太阳辐射最弱的两极地区，蒸发强度较小，蒸发量也最小，年蒸发量仅 20mm 左右。我国幅员辽阔，地形复杂，气候在地区上的变化亦很大，我国水面蒸发量具有明显的地区性规律，干旱地区的水面蒸发量大于湿润地区。如西北干旱地区一年的水面蒸发量可高达 2000mm 以上，黄土高原地区一年的水面蒸发量在 1200~2000mm 之间，南方湿润地区虽气温高，但相对湿度大，因此年蒸发量一般在 1200mm 以下。特别是在山区由于海拔高、气温低、雨量大，年蒸发量仅 700~800mm，如重庆周围多山，雨量较大，而且常年多雾，年蒸发量仅 740mm。东北的大小兴安岭、长白山及西北的阿尔泰山、天山、祁连山等高山地区，虽然温度较低，但气候干燥，年平均蒸发量都在 1200mm 左右。福建、广东滨海地区和海南，由于靠近赤道，气温高、风速大，年平均蒸发量均大于1400mm。

因受太阳辐射、温度、湿度、风等具有年内变化因素的影响，水面蒸发也具有明显的年内变化特征。冬季气温低、空气湿度低，水面蒸发量较小；夏季气温高，水面蒸发量大。如我国北方冬季各月的水面蒸发量仅为20~30mm，夏季各月的水面蒸发量可达150~180mm。我国东北、华北地区以及黄河流域的5~6月，气温较高、空气干燥、相对湿度低、风速大，其蒸发量与7~8月的蒸发量相近；而南方5~6月降雨较多，蒸发量一般小于7~8月。9月以后，气温逐渐降低，水面蒸发量逐渐减少。

在一天之内蒸发量主要随气温的变化而变化，中午气温高，蒸发强度高，蒸发量大，午夜和凌晨气温最低，水面蒸发强度低，蒸发量小。蒸发强度的日变化一般落后于气温的日变化，另外，蒸发量的日变化还受风速和相对湿度等因素的控制和制约。

4.1.4 水面蒸发的估算

(1)热量平衡法

自然界的水面蒸发是水体在太阳辐射作用下水分子向大气的散逸过程，水面蒸发量必然与热量密切相关。水面接收的热量为净辐射 Q_n 和出入流所引起的水体热量变化量 Q_v，这些热量一部分用于蒸发耗热 Q_e，一部分用于水体自身温度变化消耗的热量 Q_w，还有一部分用于水体和周围空气热交换损失的热量 Q_h。

根据热量平衡原理，水体的热量平衡方程为：

$$Q_n + Q_v = Q_e + Q_w + Q_h \tag{4-4}$$

Q_n 可以直接用净辐射观测仪器测定出来，Q_w 可以通过测定水体温度的变化计算得出，蒸发耗热 Q_e 是汽化热与蒸发量的乘积，为 LE_w，Q_h 是与周围环境的热交换量，不易观测，一般利用波温比 β 进行计算。

$$Q_e = Q_n - Q_w - Q_h + Q_v \tag{4-5}$$

令

$$\beta = Q_h / Q_e$$

$$Q_e + \beta Q_e = Q_n - Q_w + Q_v$$

$$Q_e(1+\beta) = Q_n - Q_w + Q_v$$

$$LE_w(1+\beta) = Q_n - Q_w + Q_v$$

$$E_w = \frac{Q_n - Q_w + Q_v}{L(1+\beta)} \tag{4-6}$$

其中

$$\beta = r \times \frac{P}{1000} \times \frac{t_0 - t_a}{e_{0s} - e_a} \tag{4-7}$$

式中：t_0 为水面温度；t_a 为大气温度；e_{0s} 为水面温度为 t_0 时的饱和水汽压；e_a 为大气温度为 t_a 时的水汽压；P 为大气压；r 为温度计常数；E_w 为水面蒸发量。

(2)水量平衡法

根据水量平衡原理，在一定时段内水体收入的水量与支出的水量之差一定等于该时段内水量的变化量，即满足如下的水量平衡方程式：

$$I - Q + P - E = \Delta W \tag{4-8}$$

$$E = I - Q + P - \Delta W \tag{4-9}$$

式中：ΔW 为时段内水体蓄水量的变化量；I 为时段内进入水体的流入量；Q 为时段内流出水体的出流量；P 为时段内的降水量；E 为时段内水面蒸发量。

该式就是利用水量平衡原理计算一定时段内水面蒸发量的公式。

(3)空气动力学法

水面蒸发是垂直方向上的水汽扩散，因此，就可以不考虑水平方向的水汽扩散，只研究与水面垂直方向上的水汽扩散现象。根据气体扩散理论，水体表面的水汽输送量(单位时间内通过单位面积的水汽量)与大气中垂直向上方向水汽含量的梯度相关，其关系表达式为：

$$E_w = -\rho K_w \frac{\mathrm{d}q}{\mathrm{d}z} \tag{4-10}$$

式中：E_w为水汽输送量，即蒸发强度，g/(cm^2 · s)；ρ 为空气密度，g/cm^3；z 为距离水体表面的垂直高度，cm；K_w为大气紊动扩散系数，与 z 相关，cm^2/s；q 为大气比湿，即大气中水汽的相对含量，g/g。

大气比湿 q 与距水面高度 z 处的水汽压 e、大气压 P 的关系为：

$$q \approx 0.622 \frac{e}{P} \tag{4-11}$$

将以上两式合并可得：

$$E_w = -0.622 K_w \frac{\rho}{P} \frac{\mathrm{d}e}{\mathrm{d}z} \tag{4-12}$$

但是大气紊动扩散系数 K_w一般较难确定，水汽的扩散运动是与大气扩散运动紧密联系在一起，可以利用空气紊动力学的知识进行处理。处理后水面蒸发量的推算公式可以用公式(4-13)表示：

$$E_w = -0.622 \frac{K_w \rho u^2}{K_m P} \times \frac{e_1 - e_2}{u_2 - u_1} \tag{4-13}$$

式中：u 为平均风速，cm/s；K_m为大气紊动黏滞系数，cm^2/s；e_1，e_2为两个垂直高度处的水汽压；u_1，u_2为两个垂直高度处的风速；$K_w/K_m \approx 0.7$。

(4)彭曼公式法

英国科学家 Penman 于 1948 年应用能量平衡原理和空气紊流扩散理论推导出的计算水面蒸发量的方法。

根据能量平衡法可知，水面蒸发量的计算公式为：

$$E_w = \frac{Q_n - Q_w + Q_v}{L(1+\beta)} \tag{4-14}$$

如果假定 Q_w与 Q_v相等，则公式(4-14)可以简化为：

$$E_w = \frac{Q_n}{L(1+\beta)} \tag{4-15}$$

将 $\beta = r \times \frac{P}{1000} \times \frac{t_0 - t_a}{e_0 - e_a}$ 带入公式(4-15)即可得到：

$$E_w = \frac{Q_n}{L\left(1 + r\frac{t_0 - t_a}{e_{0s} - e_a} \times \frac{P}{1000}\right)} \tag{4-16}$$

如果大气压力 $P=1000\text{mbar}$，则公式(4-16)可变换为：

$$E_w = \frac{Q_n}{L\left(1 + r\dfrac{t_0 - t_a}{e_{0s} - e_a}\right)} \tag{4-17}$$

令 $\Delta = \dfrac{e_{0s} - e_{as}}{t_0 - t_a}$，则：

$$E_w = \frac{Q_n}{L\left[1 + \dfrac{r(e_{0s} - e_{as})}{\Delta(e_{0s} - e_a)}\right]} \tag{4-18}$$

式中：Δ 为 $t=t_a$时饱和水汽压曲线的斜率；e_{as}为 $t=t_a$时饱和水汽压。

根据空气动力学可知，$\dfrac{E_{aw}}{E_w} = \dfrac{e_{as} - e_a}{e_{0s} - e_a}$ (4-19)

$$E_w = \frac{Q_n}{L\left[1 + \dfrac{r(e_{0s} - e_{as})}{\Delta(e_{0s} - e_a)}\right]} = \frac{Q_n}{L\left[1 + \dfrac{r(e_{0s} - e_a - e_{as} + e_a)}{\Delta(e_{0s} - e_a)}\right]} = \frac{Q_n}{L\left[a + \dfrac{r}{\Delta}\left(1 - \dfrac{E_{aw}}{E_w}\right)\right]} \tag{4-20}$$

进一步整理可得：

$$E_w = \frac{\Delta}{\Delta + r}Q_n + \frac{r}{\Delta + r}E_{aw} \tag{4-21}$$

其中，E_{aw}为干燥力，单位为mm/d。根据我国各地蒸发的实测资料，我国各地干燥力 E_a可以分别用以下公式计算：

东部平原区：$E_{aw}=(0.200+0.660V_{2.0})(e_{as}-e_d)$

西北干燥区：$E_{aw}=(0.152+0.163V_{2.0})(e_{as}-e_d)$

青藏高原区：$E_{aw}=(0.128+0.172V_{2.0})(e_{as}-e_d)$

南方地区：$E_{aw}=0.35(1+0.01V_{2.0})(e_{as}-e_d)$

式中：$V_{2.0}$为2m高处的风速，m/s；e_{as}，e_d分别为平均气温为 t_a时的饱和水汽压和实际水汽压，即 $e_{as}-e_d$为饱和水汽压差，hPa。

4.1.5 水面蒸发的测定

水面蒸发量是指一定时间内因蒸发而损失的水层深度，单位为mm。水面蒸发常用器测法测定。

测量蒸发量的仪器有口径20cm的小型蒸发皿(图4-1)和口径为80cm的E－601B型蒸发器(图4-2)。

蒸发器的安装有地面式、埋入式、漂浮式三种。地面式蒸发器易于安装和维护，但蒸发器四周接受太阳辐射，与大气间有热量交换，测量结果偏大。埋入式蒸发器虽然消除了蒸发器与大气间的热量交换，但蒸发器与土壤之间仍然存在热量交换，且不易发现蒸发器的漏水问题，也不易安装和维护。漂浮式蒸发器的测定值更接近实际值，但观测困难，设备费和管理费昂贵。

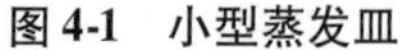

图 4-1 小型蒸发皿

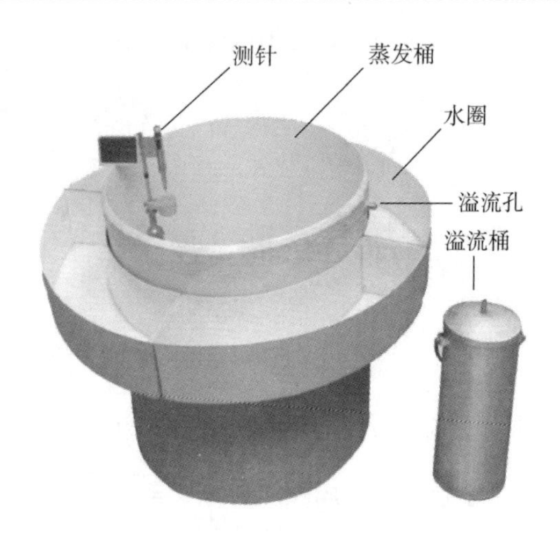

图 4-2 E－601B 型蒸发器

蒸发器安装好以后于每日 8:00 和 20:00 观测 2 次，观测时间也可以根据研究需要确定。用口径 20cm 的小型蒸发皿观测时，首先于 8:00 用观测降雨用的量筒向蒸发皿中注入 20mm 清水(原量)，12h 或 24h 后再用量筒测定蒸发皿中剩余的水量(余量)，测量精度要求达到 0.1mm，测量后倒掉余量，重新量取 20mm 清水注入蒸发皿内。在测量蒸发量的同时必须用雨量筒或雨量计测量降水量。利用蒸发皿测量水面蒸发量的计算公式为：

蒸发量 = 原量 + 降水量 － 余量

利用 E－601B 型蒸发器观测时，先将蒸发器埋入地下，在蒸发器和其外围的保护圈中加入一定深度的水，用测针读取蒸发器中水的深度，观测精度要求达到 0.1mm。12h 或 24h 后再用测针重新读取水的深度，在无降水情况下两次读数的差值即为蒸发量，在有降水的情况下，利用蒸发器测量水面蒸发量的计算公式为：

蒸发量 = 前一次观测的水深 + 降水量 － 测量时的水深

目前大多数蒸发器都配备了能够自动测定蒸发器中水深的水位计，从而实现蒸发量的自动观测。用蒸发器测定水面蒸发时，因蒸发器表面积较小，测定结果与实际值有一定差距。根据国内现有观测资料的分析，当蒸发器的直径大于 3.5m 时，蒸发器观测的蒸发量与天然水体的蒸发量才基本相同。因此，用直径小于 3.5m 的蒸发器观测的蒸发量，必须乘以一个折算系数(蒸发器系数)，才能作为天然水体蒸发量的估计值。折算系数可通过与大型蒸发池(如面积为 $100m^2$)的对比观测资料进行确定。折算系数与蒸发器的类型、大小、观测时间、观测地区有关。

4.2 土壤蒸发

土壤是地球表面具有肥力的疏松物质，是一种多孔介质，不仅具有吸收和保存水分的能力，还具有输送水分的能力。进入土壤中的水分一部分在重力作用下向深层运动，一部分被植物体吸收利用，还有一部分在太阳辐射作用下散失在大气中。土壤中的水分离开土壤表面向大气中逸散的过程就是土壤蒸发。

4.2.1 土壤蒸发过程

土壤蒸发是土壤水分向大气散失的过程。根据蒸发过程中土壤含水量的变化，土壤蒸发过程大体上可以划分为三个阶段：

第一阶段：在土壤含水量大于田间持水量时，土壤十分湿润，土壤的毛管孔隙全部被水充满，土壤中不仅存在毛管水，还有重力水，毛细管均处于连通状态，表层土壤蒸发消耗的水分，完全可通过毛细管作用由下层土壤得以补充，因此土壤表层持续保持湿润状态，此时的土壤蒸发速率稳定，其数值等于或接近于土壤蒸发能力(潜力)，即充分供水条件下的最大蒸发速率。第一阶段为稳定蒸发阶段，此时的土壤蒸发速率只受控于近地面的气象条件。

第二阶段：随着蒸发的进行土壤含水量会逐步降低，当土壤含水量小于田间持水量以后，土壤中毛细管的连通状态逐渐遭到破坏，部分毛细管断裂，通过毛细管作用上升到土壤表层的水分逐渐减少。此时土壤蒸发所需的供水条件不充分，且随土壤蒸发过程的持续土壤含水量逐渐降低，上升到土壤表层的毛管水越来越少，表层土壤逐渐干化，蒸发强度逐渐降低。第二阶段为蒸发速率下降阶段，蒸发量和蒸发强度主要受控于土壤含水量的多少，气象因素退居次要地位。

第三阶段：当土壤含水量降至毛管断裂含水量以后，依靠毛管力向土壤表面输送水分的机制遭到破坏，深层毛管孔隙中的水分无法被输送到土壤表面，土壤蒸发进入第三阶段。此时水分只能以薄膜水或气态水的形式向土层表面移动，蒸发出的水汽以分子扩散作用通过土壤表面的干涸层进入大气，这种依靠分子扩散进行的水分输移速度极为缓慢。第三阶段为蒸发微弱阶段，蒸发量小而稳定，此阶段不论气象因素还是土壤含水量对土壤蒸发的影响均不明显。

4.2.2 影响土壤蒸发的因素

影响土壤蒸发的因素主要有：气象因素、土壤自身因素、土壤表面的覆盖状况。气象因素对土壤蒸发的影响与对水面蒸发的影响一致，影响土壤蒸发的自身因素主要包括以下几个方面：

(1) 土壤含水量

土壤含水量是决定蒸发过程中水分供给量的重要因素。当土壤含水量大于田间持水量时，土壤的供水能力最大，土壤的蒸发能力也大，能够达到自由水面的蒸发速度，此时的蒸发可视为充分供水条件下的蒸发。图 4-3 是土壤含水量大于田间持水量时土壤蒸发和水面蒸发的对比图，从图 4-3 可见，水面蒸发与土壤蒸发关系密切，说明土壤含水量大于田间持水量时土壤蒸发仅与气象条件相关，属于充分供水条件下的土壤蒸发。从图上还可以看出土壤蒸发量略大于相同气象条件下的水面蒸发，这是因为水的热容量大于土壤，在相同气温条件下土壤增温比水体快，从而导致土壤蒸发量略大于水面蒸发量。

在某一气象条件下充分供水时的蒸发量称为蒸发能力，又称最大可能蒸发量或潜在

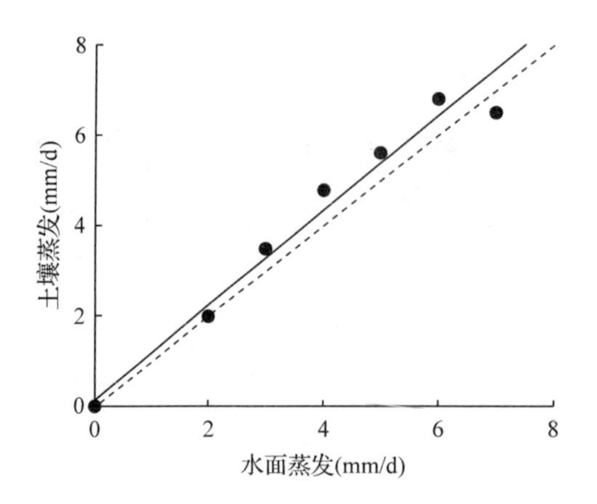

图 4-3　土壤含水量大于田间持水量时土壤蒸发和水面蒸发的对比图

蒸发量，蒸发能力的大小取决于气象条件。

当土壤含水量降低到田间持水量以下、凋萎含水量以上时，土壤蒸发随土壤含水量的逐步降低而减小，此时的蒸发为不充分供水条件下的蒸发。不充分供水条件下的蒸发量是气象条件和土壤水分共同作用的结果。

(2)地下水位

地下水位通过控制地下水面以上土层(包气带)中含水量的分布对土壤蒸发产生影响。地下水埋藏深度越浅，在毛细管作用下水分越容易到达地表，土壤蒸发量越大，有可能达到水面蒸发量的程度甚至超过水面蒸发量。如果地下水的埋藏深度小于毛细管中水的上升高度，即在毛细管作用下地下水能够源源不断地到达地表，此时土壤蒸发则持久而稳定。当地下水埋藏很深时，地下水在毛细管作用下很难到达地表，此时，地下水对土壤蒸发的作用较小。因此，地下水对土壤蒸发的影响取决于地下水的埋藏深度。总体而言，随着地下水埋深的增加，土壤蒸发呈递减趋势。但地下水埋深对土壤蒸发的影响有一临界深度，据研究当地下水埋深大于 4m 时，地下水埋深的变化对土壤蒸发的影响趋近于零。

(3)土壤质地和结构

土壤质地和结构决定了土壤孔隙的数量和土壤孔隙的性质，从而影响土壤的持水能力和输水能力。土壤孔隙的数量和性质决定了土壤水的存在形态和连续性，进而对土壤蒸发产生影响。孔径为 0.001~0.1mm 的毛管孔隙中毛管力最强，其中的水分在毛管力作用下能够上升到一定高度，具有输水性能，而孔径小于 0.001mm 的孔隙中只有薄膜水和吸湿水，无法在毛管力作用下运动，不具有输水性能，而大于 0.1mm 的非毛管孔隙中毛管力微弱，其中的水主要为重力水，无法向表层运动。因此毛管孔隙度大的土壤，其蒸发量相对要大。

具有团粒结构的土壤，毛细管处于不连通的状态，毛管力的作用小，水分不易上升，故土壤蒸发小；无团粒结构的细密的土壤(黏土)则相反，毛细管作用旺盛，蒸发容易。沙土中非毛管孔隙多，毛管孔隙少，沙土的蒸发量相对于黏土少。土壤板结后毛管孔隙增加，土壤蒸发会加大，为了防止土壤深层水分向表层输送，可以通过松土除草作业，切断表层土壤的毛管，以减少深层水分通过毛管向表层输送的水量，达到保墒之目的。

对于有层次的土壤而言，其土层交界面上、下层的孔隙状况与均质土壤明显不同。当土壤层次为上层粗下层细时，交界面上层孔隙大，下层孔隙小，水分不容易运动到表层；反之，当土壤质地为上层细下层粗时，交界面上层孔隙小，下层孔隙大，水分更容易运移到表层。由于在相同含水量条件下，水分总是有由大孔隙向小孔隙运动的趋势，因此，上层细下层粗的土层蒸发量要更大。

(4) 土壤颜色

土壤的颜色不同，吸收的热量也不同。同时土壤颜色也影响土壤表面的反射率，即影响土壤表面吸收太阳辐射量。土壤颜色主要通过影响蒸发面温度而影响蒸发量。一般情况下土壤颜色愈深，温度更容易升高，蒸发量也愈大，反之则相反。相关研究表明，黄色土壤的蒸发量比白色土壤大7%，棕色土壤的蒸发量又比黄色土壤大12%，黑色土壤的蒸发量比棕色土壤的大13%。

(5) 土壤表面特征

土壤表面特征通过影响风速、地表吸收的太阳辐射、地面温度等因素对土壤蒸发产生影响。地表有覆盖物的土壤蒸发量显著小于裸露地，起伏大、粗糙地表的土壤蒸发量要大于平滑地面(蒸发面面积大)，因此在干旱地区对土壤表面进行有效覆盖、平整，是减少土壤无效蒸发、保水蓄墒的有效措施。

有植物覆盖时土壤蒸发将显著减小，在植物遮阴作用下土壤不易受热，也能降低近地面的风速。有植被的地面温度较裸露的地面温度低、风速小，因此，其土壤的蒸发量显著小于裸露地表的土壤蒸发量。

土壤所处的坡向对蒸发量也有很大影响，南向的阳坡地表吸收的太阳辐射量多，地表温度高，阳坡的土壤蒸发明显大于阴坡，从而导致阳坡较阴坡更为干旱。

总之，土壤蒸发取决于两个条件：一是土壤蒸发能力，二是土壤的供水条件。土壤蒸发量的大小决定于以上两个条件中较小的一个，并且大体上接近于这个较小值。

4.2.3 土壤蒸发量的估算

土壤蒸发量是单位时间内从单位面积的土壤中蒸发出的水量，单位为mm。估算土壤蒸发量的方法有空气动力学方法、热量平衡法、综合法、水量平衡法、经验公式法等，均与水面蒸发估算的原理相同。为此仅介绍水量平衡方程法和经验公式法。

(1) 水量平衡法

对于水土保持工作涉及的小流域而言，其水量平衡方程为：

$$P = E + R + \Delta W \tag{4-22}$$

式中：P 为时段内土壤接受的降水量；E 为时段内土壤的蒸发量；R 为时段内的径流量；ΔW 为某一时段流域内土壤蓄水量的变化量。单位均为mm。

根据小流域的水量平衡方程，在测定了一定时段内降水量、径流量、土壤蓄水量的变化量等水量平衡要素后，即可计算出该时段内的土壤蒸发量，即：

$$E = P - R - \Delta W \tag{4-23}$$

(2)经验公式法

土壤蒸发量经验公式的建立原理与水面蒸发相同，公式的结构也与水面蒸发经验公式的结构相似，即：

$$E = A(e_s - e_d) \tag{4-24}$$

式中：E 为土壤蒸发量；A 为质量交换系数，其值取决于气温、湿度、风速等气象条件；e_s为土壤表面水汽压，当表土达到饱和状态时，e_s等于饱和水汽压；e_d为大气水汽压。

4.2.4　土壤蒸发量的测定

(1)蒸发器法

土壤蒸发一般用土壤蒸发器进行测定(图 4-4)，其测定步骤如下：

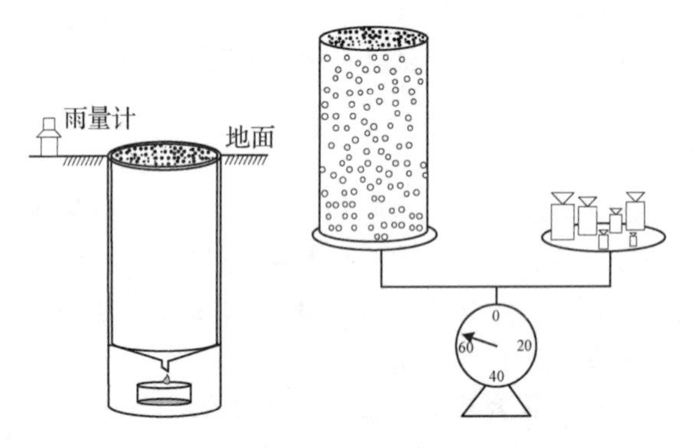

图 4-4　土壤蒸发测定示意图

①取原状土样：用直径为 20cm、高为 30cm 的圆筒取原状土，取好原状土后，在圆筒的底部安装一个防止原状土掉出来的底盖，底盖上打一些小眼，以保证水分能够正常渗透。取原状土的过程中必须保证土壤样品的结构不被扰动和破坏，因为土壤结构影响土壤水分的运动和蒸发。

②安装蒸发器：在待测定地块内挖一个直径 23cm、深 35cm 的圆坑，将一个内径为 21cm、高 35cm 的圆筒(不锈钢或 PVC)插入挖好的圆坑内作为保护套，以防止周围土层塌落。保护套的壁上用电钻打一些均匀分布的小孔，安装好保护套后在坑底放置一个直径为 20cm、高度为 4cm 的收集渗水的容器(该容器不能漏水)，将装有原状土的圆筒称重后插入保护套内。安装好的装有原状土的圆筒应该与地面在同一水平面上。为了防止周围雨水进入蒸发器，在蒸发器的周围用土培埂，或在安装保护套时将其高出地面 1~2cm。

③称重：在安装蒸发器时先要对装有原状土的圆筒连同底盖一起称重，每隔一定时间后，将装有原状土的圆筒拿出，擦干净圆筒外面的土及其他附着物，再用电子天平进行称重，同时将收集渗水容器的水进行称重后倒掉。称完重量后，先将收集渗水的容器放进保护套，再将装有原状土的圆筒放在收集渗水的容器之上。称重用的电子天平称量 30~50kg，精度为 0.01g 或 0.1g。

④计算：观测期间内土壤的蒸发量可用下式计算。

$$ZFL = (W_i - W_{i+1} - W_j)/S + P \tag{4-25}$$

式中：ZFL 为观测时段内的蒸发量，mm；W_i 为观测时段开始前装有原状土的圆筒的重量，g；W_{i+1} 为观测时段结束时装有原状土的圆筒的重量，g；W_j 为观测时段结束时收集渗水容器中水的重量，g；S 为原状土的面积，cm^2；P 为观测期间内的降雨量，mm。

利用蒸发器测定的土壤蒸发只是直径为 20cm 的圆筒中原状土的蒸发量，由于圆筒的隔离作用，周围土体对圆筒内的原状土没有水分补给，因此圆筒内的土壤蒸发其实是一个晒干过程，从而导致蒸发器测定结果出现偏差，为此有学者提出了水量平衡法。

(2) 水量平衡法

水量平衡法是以水量平衡原理为基础，对于某一待测土体而言，土体在某一时期内接受的降水量一定等于土体蒸发量、从土体渗入地下的水量及土体蓄水量的变化量之和。

为此，选择一定体积的土体，四周用隔水材料与周围土体隔开，底部安装收集渗透水的装置以测定待测土体的渗透量，在待测土体的不同深度处分层安装测定土体含水量的水分探头，以确定观测期间内土层蓄水量的变化量，用雨量计同步测量观测期间的降水量，用小型气象站同步测量观测期间的太阳辐射、气温、空气湿度、风速风向等气象数据，参见图 4-5。

观测期间土体的蒸发量用下式进行计算：

$$TE = P - F - \Delta W \tag{4-26}$$

式中：TE 为观测期间内土体的蒸发量；P 为观测期间内的降水量；F 为观测期间内土体渗出的水量；ΔW 为观测期间内土体蓄水量的变化量。单位均为 mm。

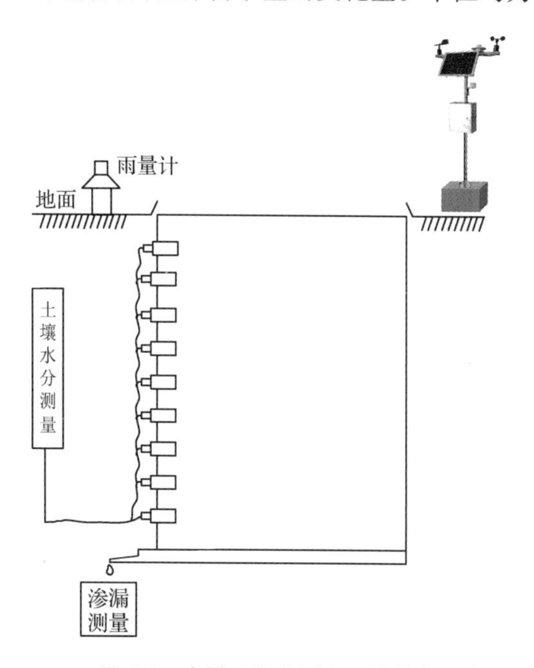

图 4-5　水量平衡法测定土壤蒸发示意图

4.3 植物蒸发散

植物的蒸发是指植物枝叶表面吸附的水分以及植物体内水分的散失过程，植物蒸腾是指植物在生长期内水分通过枝叶表面的气孔进入大气的过程，二者合称为蒸发散。通过植物体表面的蒸发量相对较少，而通过气孔散失的水汽量较多，是蒸发散的主要组成部分。

植物根系从土壤中吸收的水分经树干输送后到达枝干和叶面，最终从枝叶表面以及气孔逸出并进入大气的过程就是植物的蒸发散过程。植物的蒸发散与植物的生理结构、土壤性质、土壤含水量及大气状况密切相关。植物在生长过程中需要从土壤中吸取大量水分，但绝大部分水分通过蒸发散返回到大气中，只有很少部分储存在植物体内参与植物的生理活动。植物从土壤中吸收水分并通过叶面散失到大气的过程构成了土壤—植物—大气水分循环系统，该系统的主要功能就是通过水分输送为植物提供养分，不同植物在维持这个水分循环过程中所需要的水分量差异很大，即在生长过程中不同植物的需水量不同，同一种植物在不同生长阶段的需水量也不同。研究不同植物的蒸发散过程及蒸散量，是依据土壤水资源量确定合理造林密度以及水土保持林分密度调控和管理的关键，更是流域水文过程和水量平衡计算中必须把握的重要内容。

4.3.1 植物蒸腾的物理过程与机制

水分在植物体内的传输途径可分为径向传输和轴向传输。径向传输是指水分从土壤溶液中传输至木质部导管的过程，即根系吸水；轴向传输是指水分在木质部导管向上传输至植物顶部的过程，即水分向上运输。

植物根之所以能够从土壤之中吸收水分，是因为根细胞液的浓度与土壤水浓度之间存在差值，这个浓度差导致根细胞内外存在渗透压，渗透压值可以高达十几个大气压，在如此高的渗透压驱动下土壤水分通过根细胞膜进入根细胞内。

在正常情况下因根部细胞生理活动的需要，根系皮层细胞中的离子会不断地通过内皮层细胞进入中柱内细胞，于是中柱内细胞的离子浓度升高，渗透势降低，水势也降低，在根系皮层细胞和中柱内细胞之间形成水势梯度，这导致了中柱内细胞向皮层吸收水分。这种由于水势梯度引起水分进入中柱后产生的压力称为根压。在根压驱动下，根系中的水分不断向茎部移动而使根系中的水势维持在很低的水平，促使土壤中的水分不断补充到根系中，从而形成了根系的吸水过程，这是由根系自身变化引起的主动吸水。各种植物的根压大小不同，大多数植物的根压为0.05~0.55MPa。

靠近叶表面的叶肉细胞蒸腾失水后水势降低，便从相邻的水势较高的叶细胞中吸水，后者再从其他水势更高的细胞中吸水，如此传递下去，便在叶肉细胞—输水组织细胞—导管或管胞—根系细胞之间形成了一个由低到高的水势梯度，在这个水势梯度的作用下，进入到根细胞内的水分不断被提升，这一提升根系中的水分向叶片运动的动力称为蒸腾拉力。在蒸腾拉力作用下根系从土壤环境中吸收水分，这种吸水完全是由蒸腾拉力所引起，是由枝叶形成的力量传递到根部而引起的被动吸水。

水分从土壤中进入植物根系之后，在蒸腾拉力和根压的共同作用下从根系流向茎，再从茎流向枝、叶，然后通过开放的气孔从植物表面逸出进入大气，完成蒸腾过程。在进行蒸腾的同时，植物体内的水分也可以直接通过其表面进行蒸发。进入植物体内的水分只有很少一部分参与光合作用，绝大部分最终通过叶子表面的气孔散失到大气中。

根压和蒸腾拉力在根系吸水过程中所占的比重，因植物而异。通常蒸腾作用强的植物，吸水主要是由蒸腾拉力引起。而在春季叶片未展开时，蒸腾速率很低的植株，根压才成为主要吸水动力。

在渗透压驱动下根细胞从土壤中吸收水分，土壤水分进入根细胞，在蒸腾拉力和根压作用下根细胞中的水分持续被提升到植物枝叶中，最后通过气孔或植物表面散失在大气之中，从而完成土壤—植物—大气水分循环系统。土壤—植物—大气水分循环系统中，植物根系与土壤的接触面是系统的下界面，植物枝叶与空气的接触面是系统的上界面。下界面植物根系的细胞液浓度与土壤水的浓度之差产生的渗透压驱使水分从土壤进入植物根系。上界面叶片水分含量与空气水分含量之差产生的水汽压差，促使植物水分通过叶片散逸到大气之中。

4.3.2 影响植物蒸发散的因素

植物蒸发散是一种生物物理过程，是水分通过土壤—植物—大气系统的连续运动变化过程，既服从物理蒸发规律，也受植物生理作用调节，同时还受气候因素影响和土壤供水能力的限制。因此，植物蒸发散是植物生理条件、气候因素、土壤水分条件共同作用的结果。

(1)植物生理条件

主要指植物种类和不同生长阶段的生理差别。不同植物的叶片大小、质地、叶面状况均有很大差别，特别是气孔大小、数量和分布对蒸发散影响很大，气孔大、数量多的植物蒸发散量相对较大。一般而言，阔叶树的蒸发散量较针叶树大，深根性植物的蒸发散较浅根性植物更为均匀。同一树种在不同的生长阶段蒸发散也不一样，春天的蒸发散量较冬天大。旱生植物叶片小而厚、气孔少，接受的太阳辐射少，蒸发散消耗的水分相对少，因此适宜生长在干旱地区；而湿生植物叶片大而薄、气孔多，蒸发散消耗的水分相对较多，只能生长在湿润地区。

除了植物自身的生理条件外，植物的栽植密度、混交方式、配置模式等也会对蒸发散量产生一定影响。

(2)气候因素

主要是温度、湿度、日照和风速等。

当气温降低到 4.5℃以下时，植物几乎停止生长，蒸发散量极小。当气温升高到 4.5℃以上后，植物开始生命活动，蒸散发量也随着气温升高而逐渐递增，气温每增加 10℃蒸散发量可增加一倍左右。但当气温超过 40℃时，植物的气孔因失去调节功能而全部打开，散发大量的水分，植物体也因严重脱水其生理活动受到限制。随着气温的升高土壤温度也随之升高，从而促使根系从土壤中吸收的水分增多，蒸发散加大。但当土壤温度较低时，土壤中水分的黏性增加，根系从土壤中吸收水分相对更为困难，导致蒸发散减小，土壤冻结后水分无法移动，根系无法吸水，蒸发散活动也随之停止。

植物蒸发散与水面蒸发一样也受空气湿度的控制，空时湿度越大，叶面之上的饱和水汽压差越小，则蒸发散的速率越慢，空气湿度达到饱和时植物的蒸发散也接近于零。

蒸发散随光照时间和光照强度的增强而增大，气孔在白天开启，夜晚关闭，因此，蒸发散过程主要发生在白天，白天蒸发散约占90%。但当光照强度超过一定限度时，植物自身也会通过调节叶片的朝向而减少接受的太阳辐射量，从而使蒸发散减少，另外强光条件下植物根系的吸水速度不能满足蒸散的耗水速度，也会导致蒸发散减少。

风可以移走植物叶片蒸发出的水汽，使叶面和大气之间保持一定的水汽压差，由此可见风能加速植物的蒸发散。但另一方面，风速过大，植物通过自身调节关闭气孔，防止水分过度散失，从而导致蒸发散减少。因此，在微风的情况下蒸发散会增大，而在强风的情况下蒸发散反而会减少。

(3)土壤水分

土壤水分是植物蒸发散所消耗的水源，但植物蒸发散与土壤水分的关系受植物生理机能的制约。当土壤含水量高于毛管断裂含水量时，土壤中水分含量充足，毛管水均处于连通状态，水分可以通过毛管作用输送到根系周围以保障植物吸水，植物的蒸发散随土壤含水量的变化幅度相对较小。当土壤含水量降低到凋萎含水量以下时，植物根系因不能从土壤中吸取水分以维持正常的生理活动而逐渐枯萎甚至发生永久萎蔫，蒸发散也随之停止。当土壤含水量在毛管断裂含水量与凋萎含水量之间时，蒸发散随土壤含水量的减少而减少。当土壤长时间积水时或土壤达到饱和状态时，土壤中的根系因无法正常呼吸而停止吸收水分，蒸腾作用也随之停止。

4.3.3 植物蒸发散的估算

蒸发散量是水量平衡计算的关键要素，同时也是能量平衡的重要支出项，蒸发散量的准确估算，不仅对于研究全球气候变化和水资源评价具有重要意义，而且对于植被建设、生态环境管理、水资源有效开发利用等具有十分重要的应用价值。蒸发散量经常采用估算法确定。英国人E.哈雷于1694年首先应用蒸发器测定了水面蒸发量，开创了蒸发量估算的先例。1802年道尔顿在综合考虑了风、气温、湿度对蒸发的影响后提出了道尔顿蒸发定律，使得蒸发理论有了明确的物理意义。蒸发散的估算有水文学法、微气象学法、植物生理学法等法。

水文学法是以水量平衡原理为基础，估算流域总蒸发散量或流域内部分区域的蒸发散量。水文学法所需要的时间尺度较长，如水量平衡法至少需要年以上的时间尺度。水文学法估算的空间尺度可分为点尺度(蒸渗仪法)、小区尺度(水分运动通量法)、小流域尺度(水量平衡法)。微气象学法是根据能量平衡方程或空气动力学方程估算流域的蒸发散量，但该方法的假设前提在现实中难以实现，从而造成较大误差，如波文比能量平衡法和空气动力学方法，同时仪器制造复杂、维修困难、成本很高。植物生理学法通过测定植株的水分消耗量来估算流域内植被的蒸发散量，但从单木尺度向林分尺度(坡面尺度)、流域尺度扩展过程中难度很大，测定植株在流域尺度上的代表性相对较差。

蒸发散量的估算方法虽然众多，但均是先估算水面蒸发量，再估算各种下垫面的潜在蒸发散量，然后推算出实际蒸发散量。各种估算方法只是估算单一下垫面(如水面、裸土、植被)的蒸发散量，且不考虑水量平衡，未能将蒸发散作为水文循环的重要过程进行动态考量，而是将其作为静态量进行估算。近年来发展起来的遥感方法虽然可以估算流域尺度的蒸发散量，但基于当前的技术很难满足时间尺度的要求，且多为瞬时量，易受外界条件干扰，精度不高。基于水文模型估算实际蒸发散量，考虑了水量和能量两个方面的影响，且时间和空间尺度可以灵活控制，所以利用水文模型估算实际蒸发散量能够满足水资源评价、水资源管理等的需求。

蒸发散量的估算方法通常有两种：第一种方法先估算各种下垫面(水面、土壤、植被)的蒸发散量，然后按照流域下垫面类型进行汇总得出流域蒸发散量；第二种方法是利用潜在蒸发散量和土壤供水能力的函数关系获取流域蒸发散量，即根据流域下垫面土壤的供水能力将潜在蒸发散量折算为流域蒸发散量。

流域蒸发散量 ET_a 是潜在蒸发散量 ET_p 和土壤供水能力的函数。土壤供水能力通常用土壤含水量 SM_t 与田间持水量 SM_c 的比值表示，当土壤含水量大于田间持水量，土壤中毛管水处于连通状态时，蒸发散仅受气象因素的影响，蒸发散量能够达到最大，接近于潜在蒸发量。随着土壤含水量的减少，蒸发散速率也随之减少，当土壤含水量降低到凋萎含水量时，或者当土壤缺水量达到最大时，蒸发散量仅受土壤供水条件限制，蒸发散量趋于零。其公式为：

$$ET_a = ET_p \frac{SM_t}{SM_c} \tag{4-27}$$

(1)涡度相关法

大尺度蒸发散的估算方法多数是基于土壤水量平衡或者能量平衡的原理，而涡度相关法的出现在蒸发散实测方面为研究者们提供了新的思路，能过更好地了解蒸发散过程。

涡度相关的概念来自于微气象学，是通过计算垂直方向上水汽含量与风速的协方差得到水汽通量，因此这种方法也称为涡度协方差法，是 1951 年由澳大利亚气象学家 Swinbank 提出的。涡度相关法通过观测风速脉动、二氧化碳和水汽浓度的脉动以及温湿度脉动，计算出各种物理量脉动与垂直风速脉动的协方差，从而得到湍流通量，这是蒸发蒸腾量观测技术的重大突破。目前，涡度相关技术有着较为坚实的理论基础，它可以直接测得各种条件下的水热通量，所以被认为是相对标准的蒸发蒸腾量测定方法。涡度相关法可以提供长时间、高分辨率的气体通量，可以普遍用于森林、农田、草地等生态系统的水、碳氧化物、氮氧化物、甲烷等气体通量的测定。

利用涡度相关法估算蒸发散量需要满足三个基本条件：

①湍流充分发展，水汽的垂直通量近似为常数，即保持稳态。

②水汽与观测仪器之间不存在吸收和排放的关系，即二者之间没有水分交换。

③下垫面相对平坦，有足够长的风浪区。

涡度相关法的计算公式如下：

$$LE = \rho L \overline{w'c'} \tag{4-28}$$

式中：LE 为潜热通量；L 蒸发潜热；ρ 为空气密度；w'，c' 分别为垂直风速和水汽浓度的脉动，即 w' 为一定时段内垂直风速的滑动平均值，c' 为一定时段内水汽浓度滑动平均值。上划线代表滑动平均的时段长度，一般为 30min。风速需要通过三维超声风速仪测定，水汽浓度可以采用激光气体分析仪测定，涡度相关法具有响应快速和反应灵敏的特点，可以探测到极其微弱的湍流通量，在空间上可以测定几十平方米至上千平方米的尺度，在时间尺度上可以测定日、月、年的水汽通量及其过程变化。欧美国家已经建立了通量观测网，监测全球尺度的碳通量、水汽通量等。

(2) Penman-Monteith 公式

Penman 公式是英国人 H. L. Penman 于 1948 年提出的计算开阔自由水面蒸发能力的半理论半经验公式，该公式结合了能量平衡理论和空气动力学相关理论，主要适用较为湿润的下垫面条件。1965 年 Monteith 在 Penman 公式的基础上将水汽扩散理论和叶片表面阻抗的概念融入到 Penman 公式中，使该公式可以用于计算植被的蒸发散量，从而诞生了 Penman-Monteith 公式，其表达式为：

$$LE = \frac{\Delta(R_n - G) + \rho C_p(e_s - e_a)/r_a}{\Delta + r\dfrac{r_s + r_a}{r_a}} \tag{4-29}$$

式中：LE 为潜热通量；Δ 为饱和水汽压与温度关系曲线的斜率；R_n 为到达地球表面的净辐射通量；G 为土壤热通量；ρ 为空气密度；C_p 为定压比热；e_s 为饱和水汽压；e_a 为实际水汽压；γ 为干湿表常数；r_a 为空气动力学阻抗；r_s 为冠层表面阻抗。

Penman-Monteith 公式中的净辐射通量、土壤热通量、温度、水汽压等参数均可以利用相关仪器进行观测，也可以由遥感卫星反演获得，其应用难点是如何获取冠层阻抗。冠层阻抗分为冠层表面阻抗 r_s 和空气动力学阻抗 r_a。表面阻抗 r_s 是指水汽通过植物表面气孔以及植物表皮所遇到的阻力，而空气动力学阻抗 r_a 是指水汽从植物体内出来后由蒸发面到达参考面所遇到的各种阻力。由于表面阻抗在较为干燥缺水的条件下非常复杂，所以目前还难以获取植被较为稀疏的复杂下垫面的表面阻抗，因此 Penman-Monteith 公式多用于较为平坦均一的下垫面条件。冠层阻抗 r_s 是公式中较为敏感的参数，一旦不能准确获取，将严重影响计算精度。

4.3.4 植物蒸发散的测定

植物蒸发散的测定方法有剪枝快速称重法、称重法、器测法(茎流计法、蒸渗仪法)、水量平衡法、能量平衡法等。

(1) 剪枝快速称重法

剪枝快速称重法是假定植物枝叶从植株上剪切下后 4～5min 内的蒸发散与其仍然着生在植株体上的蒸发散一致。因此，如能在 4～5min 内测定出被剪下来枝叶重量的变化量，便可得到该段枝叶的蒸发散量。

在测定植物蒸发散前先进行样地调查，选出标准木，在标准木树冠上部、中部、下部的 4 个方位上分别剪一段枝叶，用感量为 0.001g 的电子天平对这段枝叶进行称重，称重后迅速将其挂回原处，让被剪下来的枝叶在原来的环境中蒸发散 2～3min，然后再一次对其进行称重(图 4-6)。这两次称重的重量差即为该时段内的蒸发散量。由于称重用

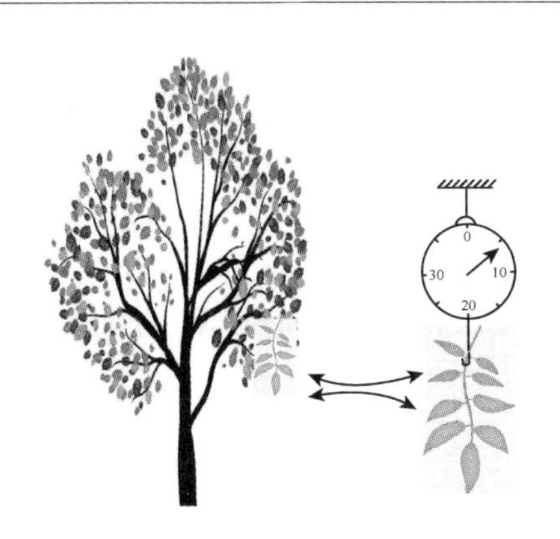

图 4-6 剪枝快速称重法示意图

的天平感量为0.001g，灵敏度很高，微风也会对称量结果有显著影响，因此，在用天平称重时必须采取防风措施，以防止风对称量的影响。

剪枝快速称重法一般从8:00开始，18:00结束，每隔1h或0.5h测定一次，测定的时间间隔应该根据研究需求而定，但这种测定蒸发散的方法对被测植物而言是一种破坏性的测定，测定频率过高会导致被测定植物枝叶的大量损失，这必然会对研究结果产生重要影响。

由于蒸发散量受气象因素的影响，为了探讨气象因素与蒸发散之间的定量关系，在采用剪枝快速称重法测定植物蒸发散的过程中，必须用便携式小型气象站同步测定空气温度、湿度、风速等基本气象要素。

剪枝快速称重法测定的是被剪枝叶的蒸发散量，为了能够利用被剪枝叶的蒸发散量推算出整株植物的蒸发散量，每次称重测定完成后，需要量测被剪枝叶的叶片面积(可以用方格法、照相法、叶面积仪等)，利用这个叶面积计算出测试枝叶单位叶面积的蒸散发量。计算出单位叶面积的蒸散发后，乘以测试植株的总叶面积，便可得到测试植株的蒸散发量。有了测试植株的蒸散发量，再乘以林分密度，便可得到林分的蒸散发量。

(2)称重法

剪枝快速称重法是一种破坏性的测定方法，会影响被测植物的正常生长，为此有研究人员提出了称重法。称重法的具体步骤如下：

将待测植物栽植在一个容器中并保证其成活。为了保证待测植物生长环境与自然环境一致，可以在需要调查的林地内挖一个测试坑，坑内埋设一个保护桶，保护桶与地面平齐，保护筒内放置一个收集从栽植植物容器中渗透水的收集器。将生长有待测植物的容器放入保护

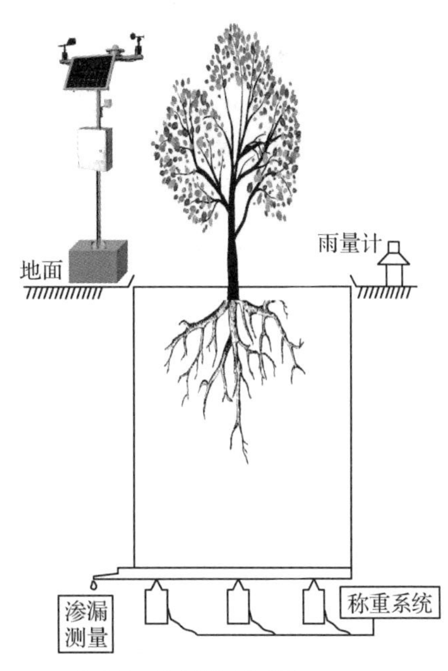

图 4-7 称重法示意图

桶内，要求待测植物根茎与地面平齐，参见图4-7。

如果需要研究植物的蒸发散过程，可以按一定的时间间隔进行连续的观测。如从8:00开始观测，18:00结束，每隔1h或0.5h测定一次，也可以根据实验要求加密测定次数。测定过程中必须用便携式小型气象站同步测定空气温度、湿度、风速等基本气象要素。测定时将待测植物连同容器一起从保护桶中拿出，将容器外面的土和杂物擦拭干净，放在感量0.1g、称量为50~100kg(根据待测植物、容器、土的重量之和确定)的电子秤上称重，同时对收集器中的水量进行称重，称重后将待测植物和收集器重新放回保护桶，隔一段时间后再次称重，记录下每次称重的重量，利用水量平衡原理便可计算出：

$$ZSL = (W_i - W_{i+1} - W_j)/S + P \tag{4-30}$$

式中：ZSL为观测时段内的蒸发散量，mm；W_i为观测时段开始前有植物生长的容器的重量，g；W_{i+1}为观测时段结束时有植物生长的容器的重量，g；W_j为观测时段结束时收集器中水的重量，g；S为树冠的投影面积，cm^2；P为观测期间内的降雨量，mm。

为了模拟自然状况下待测植物的蒸发散量，可以在待测植物的容器中覆盖一定厚度的防止土壤蒸发的枯枝落叶，同时布设一个只有枯枝落叶而没有植物的容器，同步进行称重，得出只有枯枝落叶覆盖条件下的蒸发散量。有待测植物和没有待测植物的蒸发散量之差即为待测植物的实际蒸发散量。

为了使测定结果能够如实反映待测植物的蒸发散量，可以提前半年或一年在研究样地内布设待测植物的称重容器和对比试验的称重容器，并使待测植物在容器中生长一定时期。称重法因为栽植植物的容器不能太大，所以一般适合于测定苗木、小灌木或草本植物的蒸发散，对于乔木树种这种方法虽然理论上可行，但因需要的容器过大、称重困难而较难实现。

(3)茎流计法

茎流计是通过对植物茎干进行加热的方式测量树液流动速度的仪器。其基本原理为：如果树液不流动，热量就不会扩散，一定时间内被加热的茎干温度就应该达到一个预定值，如果树液流动，流动的树液就会带走一部分热量，从而使被加热茎干的温度低于预定值，这个温度差值是由被树液带走的热量引起的，与树液的流速密切相关。

茎流计主要装置为2根圆柱形探针(直径2mm，1根含有热源和热电偶，1根只有热电偶)。测定时将1对内置有热电偶的探针(上面的探针内置有线形加热器和热电偶，下面的探针作为参考，仅内置热电偶)插入具有水分传输功能的树干边材中，上面的探针加热一定时间后，通过检测热电偶之间的温差ΔT，计算液流热耗散(液流携带的热量)，利用建立的温差ΔT与液流速率V的关系，确定液流速率V。

根据Granier(1985)提出的计算方法：

$$V = 119 \times 10^{-6} K^{1.231} \tag{4-31}$$

$$K = (T_M - T)/(T - T_\infty) \tag{4-32}$$

式中：V为树干中平均液流速率；K为系数；T_M为液流速率为零时热源探针的温度；T为液流速度不为零时热源探针的温度；T_∞为对比探针的温度。

K也可以用下式来表达：

$$K = (\Delta T_M - \Delta T)/\Delta T \tag{4-33}$$

式中：ΔT_M，ΔT 分别是指液流速率为零和不为零时探针之间温度差。在实际测量温度差 ΔT_M 时，必须分开测量 2 根探针的温度，可通过与 10 天中 ΔT 的最大值建立线性回归关系估计而得。

树干中的茎流量由下式计算得出：

$$F = V \times S_A \tag{4-34}$$

式中：F 为树干中的液流量；V 为树干中平均液流速率；S_A 为热源探针高度处的边材横截面积。

热扩散探针的一个突出特点是能够连续放热，能够连续测定任意时间间隔的树干液流速率，广泛应用于树干液流的研究中。但是，不同树种的树干导水面积的确定是限制该方法的瓶颈，现在普遍采用的方法是以边材面积代替树干的导水面积计算树干中的液流量。然而由于边材中栓塞(气泡)的存在，边材面积并不完全就是树干的导水面积，另外，芯材是否一定不导水也存在争论，因此如何确定树干中的导水面积是利用茎流计研究林木蒸散耗水的关键所在。

在使用茎流计的过程中还需要注意，不同树种的边材宽度不同，不同径阶的相同树种其边材宽度也不相同，在使用热扩散探针前必须根据待测树木的径阶大小和边材宽度确定茎流计探头的长短和插入深度，树干的方位和探针的安装高度对观测结果也有影响。

(4) 蒸渗仪法

蒸渗仪(图 4-8)是既能观测降雨时的入渗量，又能观测降雨后蒸发散量的仪器，采用的基本原理是水量平衡原理，具体的测定过程与称重法相似。

降雨过程中因空气湿度饱和，蒸发散量可以忽略，整个观测系统处于水平状态，不会形成径流，此时蒸渗仪观测系统的水量平衡方程为：

$$P = \Delta W + SL \tag{4-35}$$

式中：P 为降水量；ΔW 蒸渗仪重量的变化量；SL 为渗漏量。

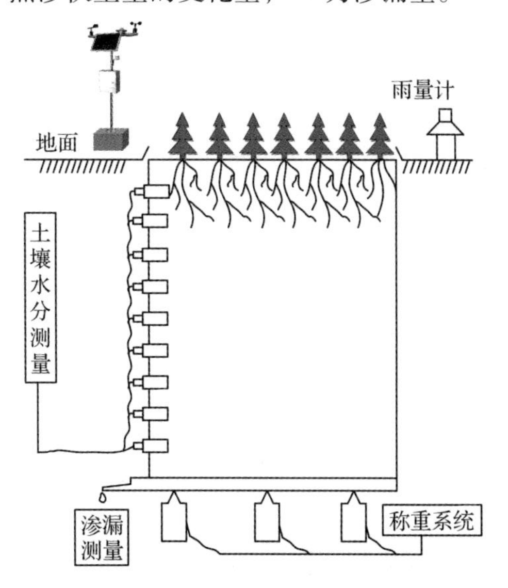

图 4-8 蒸渗仪示意图

在降雨过程中可以根据布设在不同深度处的土壤水分传感器监测的土壤含水量数据，分析出雨水的渗透深度及水分向深层扩散的速度。

降水过后蒸渗仪中的水分逐步减少，这主要是由植物蒸发散、土壤蒸发和向深层渗漏引起的，假定植物蒸发散和土壤蒸发为林地的蒸发散，通过蒸渗仪重量变化量及渗漏量，就可以确定一定时段内的林地蒸发散量。

$$E = \Delta W - SL \tag{4-36}$$

式中：E 为林地蒸发散量；ΔW 为蒸渗仪重量的变化量；SL 为渗漏量。

(5)水量平衡法

水量平衡法是根据水量平衡原理计算林木蒸发散量的一种方法。根据水量平衡原理，某一时段内进入某个区域的水量与流出的水量之差等于该时段内区域蓄水量的变化量。如果将树木栽植在一个大型容器中，在容器底部安装一个排水管，并将从排水管中流出的水量收集起来测定，同时利用土壤水分实时测定系统监测容器中土壤含水量的变化量，利用雨量计测定时段内的降雨量，便可利用水量平衡原理计算出试验树木的蒸发散量，参见图4-9。

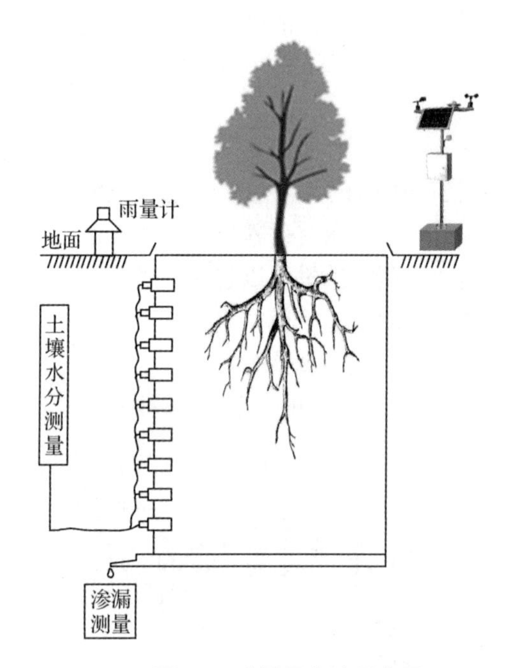

图4-9 水量平衡法示意图

计算公式为：

$$P = E + R \pm \Delta W \tag{4-37}$$

$$E = P - R \pm \Delta W \tag{4-38}$$

式中：P 为降雨量，mm；E 为蒸发散量，mm；R 为从排水管流出的水量，mm；ΔW 为土壤含水量的变化量，mm。

水量平衡法只能计算出某一时段内待测植物的蒸发散与容器中土壤蒸发量之和，很难获得蒸发散随时间的变化过程，如果能够利用高精度的土壤含水量实时观测数据，也可以实现对待测植物蒸发散过程的计算。

(6)能量平衡法

到达林分冠层的太阳能一部分被冠层反射回大气，一部分进入林分。进入林分的太阳能为净辐射，主要用于蒸发散耗热、乱流交换耗热、植物体贮热、光合作用耗热、土壤贮热。根据能量平衡原理，林分接受的太阳能量一定等于支出的能量。能量平衡方程为：

$$R = LE + H + G + F + A \tag{4-39}$$

式中：R 为净辐射；LE 为蒸发散耗热；L 为汽化潜热；E 为水汽通量(蒸发散量)；H 为乱流交换热通量；G 为土壤的热通量；F 为植物体贮热量的变化；A 为光合作用消耗的热量(小于 R 的 3%，一般可忽略)。

方程中的净辐射 R、土壤的热通量 G、植物体贮热量的变化 F 均可实测。只有蒸发散耗热 LE 和乱流交换热通量 H 为未知数。

假定乱流水汽交换系数与乱流热交换系数相等，将乱流交换热通量 H 与蒸发散耗热 LE 之比定义为波文比 B：

$$B = H/LE = r \times \Delta\theta/\Delta e \tag{4-40}$$

式中：r 为干湿表常数；$\Delta\theta$ 为两个观测高度上的温度差；Δe 为两个观测高度上的绝对湿度差。

则蒸发散量为：

$$E = (R - G - F)/L(1 + B) \tag{4-41}$$

利用热量平衡法测定林分的蒸发散时需要在林内建设观测塔，通过测定不同高度上的太阳辐射、温度、湿度、树体的贮热量变化、土壤热通量等基本参数后，便可利用能量平衡方程计算出林分的蒸发散量。

能量平衡法是在林分尺度上研究蒸发散量的主要方法之一，通过长期监测林外、林内太阳辐射、温度、湿度、风速、风向、树体贮热量、土壤热通量、土壤含水量等数据，能够把握林分蒸发散的日变化、季节变化和年变化。但因需要修建观测塔，并安装大量观测探头，成本较为昂贵，参见图 4-10。

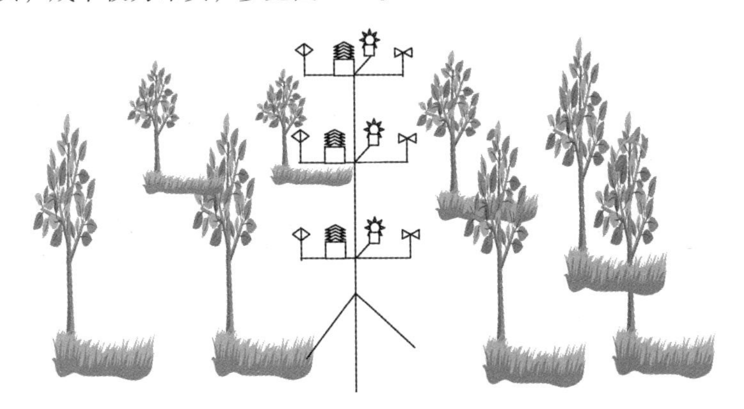

图 4-10 能量平衡法示意图

思考题

1. 影响土壤蒸发的主要因素有哪些？试分析各影响因素对土壤蒸发量的影响。
2. 涡度相关法测定蒸发散量需要满足哪些条件？
3. 描述蒸发量的指标有哪些？每个指标的具体含义是什么？
4. 土壤蒸发测定的方法有哪些？试分析每种方法的优缺点。
5. 试分析常用的植物蒸发散量测定方法的优劣。
6. 北方某闭合流域面积为100km^2，植被覆盖率为65%，土地利用类型主要为次生林地、人工林地、荒草地、农地、道路和建筑用地，流域出口有水文观测站，近10年观测到的径流总量、降水量如下表所示。试求该流域多年平均的蒸发散量。

年份	2009	2010	2011	2012	2013	2014	2015	2016	2017	2018
A站降雨量(mm)	510	320	487	565	496	625	369	401	497	503
B站降雨量(mm)	517	330	490	521	490	598	376	415	479	518
C站降雨量(mm)	530	332	472	562	483	604	388	407	512	510
径流总量($\times10^4m^3$)	10.38	3.27	7.25	12.63	7.83	18.27	3.78	7.34	10.42	12.76

7. 北方半干旱地区坡面有20年生的刺槐水土保持林，面积为1hm^2，栽植密度为2m×5m，生长状况良好，现拟研究该刺槐林分的蒸发散耗水量，试设计林分耗水量的测定实验。

第5章

土壤水与下渗

土壤水是支撑陆地生态系统生命活动的重要物质基础，下渗是将地表水、土壤水、地下水联系起来的纽带。本章主要讲述土壤水分、土壤水分常数、土壤水分特征曲线，下渗的基本概念、下渗的物理过程和影响因素、土壤水分再分布、下渗公式，土壤含水量和下渗的测定方法。

下渗也称为入渗，是指水分通过土壤表面垂直向下进入土壤和地下的运动过程，以垂向运动为主要特征。下渗将地表水、土壤水、地下水联系起来，是径流形成过程、水分循环的重要环节。下渗水量是径流形成过程中降水损失的主要组成部分，它不仅直接影响地面径流量的大小，还决定壤中流和地下径流的多少，也影响土壤水分及地下水的增长。

降水到达地表之后一部分渗入土壤中，没有进入土壤之中的另一部分降水以地表径流的形式直接汇入河流。渗入土壤中的水一部分被土壤吸收转化成为土壤水，而后通过蒸发返回大气，另一部分继续向深层渗透并补给地下水，再以地下径流的形式汇入河流。可见下渗和土壤水分运动影响着径流的形成过程。

5.1 土壤水

地表以下沉积物或岩石空隙如果被水充满，就会形成一个饱和区域，这个饱和区域中储存的水分称为地下水。这个饱和区域的最上面有一个饱和水面，这就是地下水面，该水面下方的区域均被水充满，是饱和区域(饱和带)。地表以下地下水面以上土层的孔隙中不仅有水，还有空气，即孔隙中既有空气又有水，为不饱和区(包气带)，储藏在这层不饱和区域(包气带)中的水称为土壤水。

5.1.1 土壤结构和物理特征指标

(1)土壤结构

土壤结构体是土壤颗粒按照不同的排列方式堆积、复合而形成的土壤团聚体。不同的排列方式往往形成不同的结构体。这些不同形态的结构体在土壤中的存在状况影响土壤的孔隙状况，进而影响土壤中水分的运动形式，是影响土壤水分物理特征的重要指标。

土壤颗粒之间都有孔隙，孔隙有大有小，孔隙之间有相互连通的，也有不连通的，这主要取决于土壤颗粒的类型和排列形式。土壤颗粒组合在一起形成的团聚体称为团粒结构，土壤由很多团聚体所组成，团聚体的大小和形状可以分成很多类型，土壤颗粒的不同排列组合形式是造成土壤团聚体数量和性质不同的主要原因。土壤结构决定着土壤的孔隙状况，孔隙的大小和分布状况是影响土壤水分运动的重要条件。团粒和团粒之间存在着许多非毛管孔隙，这些非毛管孔隙是良好的水流通道，可以使水分快速向土壤深层运动。因此，受土壤颗粒排列组合控制的土壤结构直接影响着土壤孔隙状况，进而影响到土壤的持水性、容水性、排水性、透水性等水分物理特征指标。

土壤结构的好坏不仅与土壤的性状和肥力特征，也与土体的稳定性有密切关系。土壤结构的稳定性可分为水稳性、力稳性和生物稳定性，不同的土壤结构其稳定性也不相同。根据土壤结构的稳定性，可以将土壤团聚体分为水稳性团聚体、力稳性团聚体和生物稳定性团聚体。对水文工作者而言，水稳性团聚体最为重要。水稳性团聚体是指经水浸泡后不会立即散开、能够保持土壤结构体形态不破碎的团聚体。

(2)土壤容重

土壤容重为自然状态下单位体积干土的重量。

$$\gamma = \frac{W_{干}}{V} \tag{5-1}$$

式中：γ 为土壤容重；$W_{干}$为干土的重量；V 为土体的体积。

在自然状况下，单位容积内干土的重量称为土壤容重。因为土壤中包含孔隙，土粒只占其中一部分，所以同体积条件下的土壤容重小于比重。土壤容重的大小除受土壤自身特性如土壤颗粒的排列方式、质地、结构、紧实度等影响外，还受外界因素如降水、植物、人类活动的影响。一般情况下土壤容重随土层深度的增加而逐渐增大，随孔隙度的增加而减小。

(3)孔隙和孔隙度

在土壤颗粒与土壤颗粒之间、团聚体之间、土壤颗粒与团聚体之间存在弯弯曲曲、粗细不同、形状各异的各种间隙，通常把这些间隙称为土壤孔隙。土壤孔隙是容纳水分和空气的空间，是土壤中物质、能量贮存和交换的场所，更是植物根系伸展并从土壤中获取水分和养料的介质。

土壤孔隙的大小因其无法直接测定常用当量孔径表示，当量孔径是指与某一土壤吸力相当的孔径。当量孔径与孔隙的形状和均匀性无关，而与土壤吸力呈反比，当量孔径越小，土壤吸力越大。

$$d = 3/T \tag{5-2}$$

式中：d 为当量孔径；T 为土壤吸力。

土壤中孔隙的数量越多，容纳水分和空气的空间就越大。土壤中的孔隙有粗有细，其作用各不相同。根据土壤孔隙的大小和性能把土壤孔隙划分为无效孔隙、毛管孔隙和非毛管孔隙。

无效孔隙是土壤中最细的孔隙，当量孔径一般小于0.002mm。在这种细小的孔隙中土壤颗粒表面吸附的水分子就能将孔隙充满，植物的根毛也无法进入这种孔隙吸水。无效孔隙中保持的水分在分子力作用下不能移动或移动极其缓慢，对植物而言是不能吸收利用的无效水，也被称为非活性孔隙。一般情况下土壤质地愈黏重，土壤颗粒排列愈紧密，则无效孔隙愈多。无效孔隙较多的土壤虽然能保持较多的水分，但土壤水分的有效性很低，通气性和透水性极差，植物吸水困难。

毛管孔隙是具有毛管作用的孔隙，其当量孔径比无效孔隙粗。当量孔径为0.002～0.02mm的孔隙称为毛管孔隙。降水时进入土壤中的水分借助毛管作用保持在毛管孔隙中，保存在毛管孔隙中的水分是植物能够吸收利用的有效水。

非毛管孔隙其孔径更粗，不具有毛管力，水分不能在其中长期保留。进入非毛管孔隙的水分在重力作用下迅速排出或下渗到深层补充地下水，从而成为通气和排水的通道，因此非毛管孔隙也是指充满空气的孔隙，也被称为通气孔隙。非毛管孔隙发达的土壤在降水时，水分可以通过非毛管孔隙快速向深层土壤运动，因此这样的土壤能接纳更多的降水，从而防止形成大量的地表径流。沙质土壤中多为粗大的非毛管孔隙，缺少毛管孔隙，通气透水性好，但保水性很差，容易漏水漏肥，而黏质土壤则相反。一般将当量孔径大于0.02mm的孔隙称为非毛管孔隙。

土壤中孔隙数量的多少常用土壤孔隙度表示。土壤孔隙度是指土壤孔隙的体积占土壤总体积的比例，是描述土壤孔隙状况的重要指标。

$$n = \frac{V_{孔}}{V_{土}} \tag{5-3}$$

式中：n为土壤孔隙度；$V_{孔}$为土壤中孔隙的体积；$V_{土}$为土体的体积。

5.1.2 土壤水的存在形式

土壤水是指吸附于土壤颗粒和存在于土壤孔隙中的水，主要来源于大气降水和灌溉。当水分进入土壤后，在分子力、毛管力、重力的作用下，形成不同类型的土壤水。分子力是指土壤颗粒对水分子的吸附力，在分子力的作用下水分围绕在土壤颗粒表面。毛管力是指土壤颗粒与颗粒之间所构成的极细的毛管所产生的力，促使土壤水沿着毛管运动。重力是指土壤水分所受的地心引力，促使土壤水分向深层运动。

由于土壤中的水分所受到的作用力的性质、大小和方向不同，土壤水分的存在形态、性质以及对植物的有效性都有所不同，因此，根据土壤水分的受力状况，可以把土壤水分划分为吸湿水、薄膜水、毛管水和重力水等几种类型。还可以根据其相态分为气态水、液态水和固态水。

(1)气态水

气态水是和空气一起存在于土壤孔隙中，与大气中所含的水汽性质完全一样，并和大气中的水汽相互联系着，不受分子力、毛管力和重力的约束。气态水的活动性很大，可随着空气一道在土壤孔隙中运动。这种气态水在活动过程中，一部分被较干的土壤分子所吸收，成为吸湿水；另一部分仍在继续运动，当土壤受到压缩(或受其他压力)时它可随空气逸出，或被压缩在封闭的孔隙中。气态水所占的比例很小，一般只占几千分之一或几万分之一。

(2)吸湿水

吸湿水是在分子力作用下吸附在土壤颗粒表面的水分。土壤具有吸附空气中水汽分子的性质，称为吸湿性。干燥土壤颗粒表面吸附的气态水分子就是吸湿水，吸湿水的含量称为吸湿量。

吸湿水以若干层水分子膜包裹在土壤颗粒表面，受到土壤颗粒的吸附力很大，其吸附力很强，最外层吸湿水的吸附力可达3.1MPa，远远超过重力，因此吸湿水不受重力影响，不传递静水压力，不溶解盐类，不易冻结，无导电性，不能被植物吸收利用(植物根系的吸水力约为1.5MPa)，对植物而言是无效水。只有在加热到105~110℃时，才能变为水汽离开土粒。

土壤吸湿量主要受土壤颗粒的比表面积和空气相对湿度的影响。土壤质地越细，比表面积越大，吸湿量越大；有机质含量越高，吸湿量越大；空气湿度越大，吸湿量也越大。当空气湿度达到饱和时，土壤的吸湿量达到最大，此时的吸湿量叫做最大吸湿量或吸湿系数。

(3)薄膜水

当土壤水分不断增加，土壤颗粒所吸附的水分也逐渐增多，水就包围在吸湿水外面，形成水膜，这便是薄膜水。薄膜水是当土壤颗粒吸附的水汽分子达到饱和时土壤颗粒外围吸附的液态水分子，此时土壤颗粒虽然不能再吸附半径较大的气态水分子，但仍然能够吸附半径较小的液态水分子。土壤颗粒吸附的液态水分子包裹在吸湿水外形成的水膜称为薄膜水。薄膜水所受的分子引力比吸湿水小，内层与最大吸湿水相连，最外层薄膜水所受的吸力约为0.625MPa。薄膜水不受重力作用，黏滞性大，溶解盐类的能力低，不传递静水压力，只能从薄膜厚的地方向薄的地方缓慢移动，直至厚度相同为止。薄膜水一般不能被利用，但最外层的水分可被植物吸收。

薄膜水的含量决定于土壤的比表面积，此外，还受土壤盐分浓度的影响，浓度越高薄膜水含量越大。薄膜水含量的最大量称为最大分子持水量，最大分子持水量一般相当于最大吸湿量的2~4倍。由于薄膜水所受的分子引力在3.1~0.625MPa范围内，因此，受土壤分子引力大于1.5MPa的那部分水分是无法被植物吸收利用的无效水，而所受分子引力小于1.5MPa的那部分水分是能够被植物吸收利用的有效水，但由于移动速度很慢，只有与植物根系接触才能被吸收，所以仅有这部分水分不能满足植物生长的需要，植物在利用完这部分水分之前就会萎蔫。

(4)毛管水

当土壤含水量超过最大分子持水量后，不能依靠分子力吸附在土壤颗粒的水分在毛管力的作用下保持在土壤毛管孔隙里，这些保存在土壤毛管孔隙中的水分称为毛管水。

土壤颗粒间会形成很多孔隙，当水分进入孔隙后在固、液、气三相界面上产生毛管力，毛管力的大小与水的表面张力成正比，与毛管的半径成反比。一般情况下孔隙愈细，毛管力愈大，毛管水上升的高度愈高。毛管水的含量主要决定于土壤质地、结构、土体构造等能影响土壤孔隙状况的因素和地下水的埋藏深度，根据土壤剖面中毛管水所处的位置和水分来源，毛管水可以分为悬着毛管水和支持毛管水。

悬着毛管水存在于地形部位较高、地下水位较深、借助毛管力保持在上层土壤中的水分，同下部的土层有明显的湿润分界，好似“悬挂”在上层土壤的毛管孔隙中。悬着毛管水与地下潜水面没有联系，水源来自大气降水或灌溉等，由地表渗入并悬挂在土壤孔隙中，一般是不连续的。在地下水位较深的土壤中，悬着毛管水是植物利用的最主要的水分。悬着毛管水的最大量称为田间持水量。随着植物的吸收利用和蒸发，悬着毛管水逐渐减少，毛管孔隙中能够连续运动的水分发生断裂，此时的土壤含水量称为毛管断裂含水量。毛管断裂时水分所受的土壤吸力值为0.04~0.08MPa，此时毛管中虽然有水分，但运动速度缓慢，植物根系吸收变得困难，在植物大量需水的时期就会受到一定的影响，因此，毛管断裂含水量又称生长阻滞含水量，其数值一般相当于田间持水量的70%左右。

支持毛管水是指在地势较低、地下水位较浅的土层中，地下水借助毛管作用上升到一定高度并保持在土壤中的水分。支持毛管水与地下水面有直接联系，是连续的，受地下水位变化的控制和影响。低洼地区的土壤表面经常保持湿润，就是支持毛管水上升到地表的结果。在地下水位1~3m的范围内，支持毛管水可以作为植物生长的主要水分。土壤中支持毛管水达到最大时的含水量称为毛管持水量。

在地下水位较深的情况下，田间持水量是悬着毛管水的最大量，而在地下水位较浅时，则接近于毛管持水量。所以，田间持水量实际上就是在自然状态下，被水充满所有孔隙的土壤(饱和土壤)，在重力作用下经过一段时间的排水后，土壤所能保持的最大含水量。

毛管水可传递静水压力，能被植物吸收。毛管水所受的毛管力为0.625~0.8MPa，远小于植物根系的吸水力1.5MPa，因此毛管水可以被植物全部吸收利用。毛管水受毛管力和重力的共同作用和影响，既能被毛管孔隙保存，又能在土壤中向各个方向运动，而且运动速度快，能迅速供给植物吸收利用。毛管水不但能溶解多种养分，而且能携带养分一起运输到植物根际，供植物吸收利用，因此，对于植物来说，毛管水是最有效的水分(图5-1)。

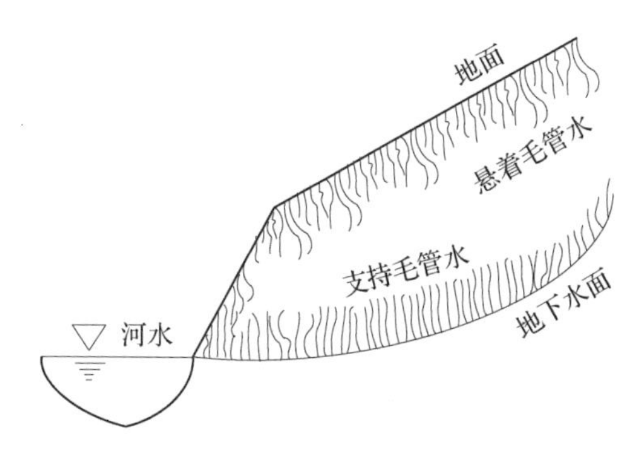

图5-1 毛管水示意图

在毛管水最大上升高度范围内，各处的含水量是不同的，离地下水面愈近的地方，毛管水愈多，土壤含水量愈大。通常把毛管水上升最为强烈的范围称为毛管水强烈上升高度，该高度约为毛管水最大上升高度的一半或更少。

(5)重力水

能在重力作用下运动的自由水称为重力水。例如降雨和灌溉时渗入土壤中的水在重力作用下可补给到饱和带的地下水，地下径流和井泉中的地下水都是重力水。

当土壤含水量达到田间持水量后，多余的水分不能被毛管力保持在毛管孔隙中，只能在重力作用下沿非毛管孔隙向深层运动，这部分水分称为重力水。土壤所有孔隙都充满水时的含水量称为饱和含水量。土壤达到饱和含水量时，所有的毛管孔隙都已充满毛管水，所有的非毛管孔隙都已充满重力水。重力水与土壤颗粒表面的引力已接近零，虽然能被植物吸收，但在一般土壤中会很快渗漏到根际层以下，不能持续为植物所利用。

(6)固态水

当土壤及其周围的温度均低于0℃时，孔隙中的水结成冰，成为固态。冬季土壤冻结，其中的液态水变为固态水。

5.1.3 土壤含水量

土壤中水分含量通常用单位土体中的水分量——土壤含水量表示。土壤含水量是表征土壤水分状况的指标，可以用来描述土壤中含有的水量的绝对数量，又称为土壤含水率、土壤湿度等。土壤含水量不仅与土壤特性密切相关，同时也受到降雨、下渗、蒸发等水循环过程的影响，因此土壤中的水分含量是动态变化的。

(1)重量含水量

重量含水量是指单位质量的土体中所含水的质量。

$$\theta_m = \frac{W_{湿} - W_{干}}{W_{干}} \times 100\% \tag{5-4}$$

式中：θ_m为重量含水量；$W_{湿}$为湿土重量；$W_{干}$为干土重量，一般指在105℃的烘箱中烘干12h后的土壤重量，即不含吸湿水的干土重量。

(2)体积含水量

体积含水量是指单位体积土体中水的体积。

$$\theta_v = \frac{V_{水}}{V_{土}} \times 100\% \tag{5-5}$$

式中：θ_v为体积含水量；$V_{水}$为土壤样品中水的体积；$V_{土}$为土壤样品的总体积。

土壤体积含水量与重量含水量的关系为：

$$\theta_v = \theta_m \times r \tag{5-6}$$

式中：θ_v为体积含水量；θ_m为重量含水量；r为土壤容重。

(3)饱和度

饱和度是指土壤中水的体积与土壤孔隙体积之比，反映土壤孔隙被水充满的程度。

$$\varphi = \frac{V_{水}}{V_{孔}} \times 100\% \tag{5-7}$$

式中：φ为饱和度；$V_{水}$为土壤样品中水的体积；$V_{孔}$为土壤样品中孔隙总体积。

(4)土层蓄水量

土层蓄水量是指某一土层中所含水分的厚度。

$$h = H \times \theta_v \tag{5-8}$$

式中：h为土层蓄水量，mm；H为土层厚度，mm；θ_v为体积含水量。

5.1.4 土壤水分常数

土壤水以不同的形态存在于土壤颗粒周围，这些不同形态的土壤水都可以用数量进行表示。某些特征条件下土壤的含水量称为土壤水分常数，它是标志土壤水分形态和性质的特征值。土壤水分有效性是指土壤水分能否被植物利用及其被利用的难易程度。不能被植物吸收利用的土壤水分称为无效水，能被植物吸收利用的土壤水称为有效水。土壤水分类型、土壤水分常数及有效性的关系参见图 5-2。

土壤水分常数	吸湿系数	凋萎含水量	最大分子持水量	毛管断裂含水量	田间持水量	饱和含水量
土壤水分类型	吸湿水	薄膜水		毛管水		重力水
有效性	无效		难效	易效	多余	

图 5-2　土壤水分类型、土壤水分常数及有效性的关系

(1)吸湿系数

吸湿系数也称最大吸湿量，是指在饱和空气中土壤能吸附的最大水汽量。它表示土壤吸着气态水的能力。对植物而言吸湿水在土壤内是无效水的储量，在土壤颗粒的强烈吸附作用下无法移动，植物完全不能利用。

(2)最大分子持水量

在分子力作用下土壤颗粒所能吸附的水分最大量称为最大分子持水量，它是吸湿水和薄膜水的总和，此时薄膜水的厚度达到最大值。最大分子持水量约等于吸湿系数的2~4 倍。

(3)凋萎含水量

凋萎含水量也称凋萎系数。土壤中的水分由于植物吸水和蒸发散而不断消耗，当土壤含水量不能满足植物吸水需要时，叶子就会卷缩下垂甚至凋落，发生凋萎现象。若此时立刻补充水分或减少蒸发，植物的叶片又会舒展起来，这种凋萎称为临时凋萎。如果补充水分植物也不会恢复到正常状态，即发生了永久凋萎。出现永久凋萎时的土壤含水量称为凋萎含水量或凋萎系数。凋萎含水量是植物可利用土壤水量的下限。植物根系的吸力约为 1.5MPa，即当土壤颗粒对水分的吸力等于根系的吸力时，植物就会发生永久萎蔫，此时的土壤含水率即为凋萎含水量。因此大于凋萎含水量的土壤水分才能被植物吸收利用，才是参加水分交换的有效含水量。凋萎含水量大于吸湿系数，但小于最大分子持水量，约等于吸湿系数的 1.5~2 倍。

(4)毛管断裂含水量

土壤中的毛管水由于植物吸水和表土蒸发而不断减少，当减少到一定程度后，毛管水的连续状态遭到破坏而断裂，毛管中出现气泡，导致毛管水的运动终止，此时的土壤含水量称为毛管断裂含水量，即毛管断裂时的土壤含水量称为毛管断裂含水量。当土壤含水量大于毛管断裂含水量时，毛管水处于连通状态，在毛管力的作用下毛管水能够向土壤水分减少区域移动，以弥补因蒸发散而损失的水量。当土壤含水量低于毛管断裂含水量时，利用毛管力连续供水的状态遭到破坏，此时土壤水以结合水与薄膜水为主，水分以薄膜水和水汽形式进行交换，水分的运移速度缓慢，给植物的可供水量迅速减少，根系吸收的水分不能满足植物蒸散耗水需要，导致植物生长受到抑制。

(5)田间持水量

田间持水量是在充分灌溉或降水条件下一定深度的土层中所能保持的悬着毛管水的

最大量。田间持水量包括吸湿水、薄膜水和悬着毛管水。当土壤含水量大于田间持水量时，过剩的保存在非毛管孔隙中水分将以重力水的形式向深层渗透。田间持水量是划分土壤持水量与向下渗透量的重要依据，是指导灌溉的重要依据，对水文学亦有重要意义。田间持水量是土壤所能稳定保持的最高土壤水含量，也是对植物有效的最高土壤含水量。

(6)饱和含水量

土壤中的孔隙全部被水充满时的土壤含水量称为饱和含水量。

土壤水分常数是反映土壤水分形态和性质发生明显变化时含水量的特征值，这些特征值的大小主要取决于土壤的种类、性质和质地。这些特征值不是固定不变的，随土壤结构、土壤有机质含量及植物生长状况的不同，这些特征值也会有所不同。

5.1.5 土壤水势

土壤水势是衡量土壤水能量的指标，是指将单位数量的土壤水移动到参照面自由水体所能做的功。参照面自由水体是指在大气压下与土壤水温度相同、处于某一固定高度的自由水面。土壤水势包含基质势、压力势、溶质势、重力势等几部分。

基质势 ϕ_m： 由土壤颗粒的吸附力和毛管力所产生的土壤水势称为基质势。在非饱和条件下土壤水因受土壤颗粒的吸附力和毛管力的制约，土壤水的自由能大大降低，其水势低于自由水面的水势。土壤含水量愈低，基质势也就愈低，低含水量条件下土壤颗粒的吸附力起主导作用。土壤含水量愈高，则基质势愈高，高含水量条件下毛管力起主要作用。当土壤孔隙被水分完全充满达到饱和状态时，此时会形成自由水面，基质势达最大值即等于零。

压力势 ϕ_p： 由于压力差的存在而产生的土壤水势称为压力势。在不饱和土壤中，由于通气孔隙(非毛管孔隙)的连通性，土壤内各点所受的压力可以认为与大气压相当，所以压力势为零。但在饱和土壤中所有孔隙都被水充满，并连续成水柱，在土壤表面的土壤水与大气接触，仅受大气压力，压力势为零。而在土体内部的土壤水除承受大气压外，还要承受其上部孔隙中水柱所产生的静水压力，其压力势大于参照面自由水体的压力，所以压力势为正值。在饱和土壤中愈深层的土壤水所受的压力愈高，正值愈大。压力势一般用距离参考面的高度(水柱高度)表示。

溶质势 ϕ_s： 在土壤水中的溶质影响下而产生的土壤水势称为溶质势，也称渗透势，一般为负值。土壤水中溶解的溶质越多，溶质势愈低。虽然这一现象并不显著地影响土壤水分的整体流动，但对植物吸水更为重要，因为根系表皮细胞的溶质势必须低于土壤的溶质势，才有可能从土壤中吸收水分。溶质势的大小在数值上与土壤溶液的渗透压相等，但符号相反。

重力势 ϕ_g： 由重力场的存在而引起的土壤水势称为重力势。所有土壤水都受重力作用，与参照高度的自由水面(一般设为地表或地下水面)相比，高于参照水面的土壤水，其重力势为正值。高度愈高则重力势愈大，反之亦然。位于参照水面以上的各点的重力势为正值，而位于参照水面以下的各点的重力势为负值。

总水势 ϕ_t： 土壤水势是以上各分水势之和，又称总水势。即：

$$\phi_t = \phi_m + \phi_p + \phi_s + \phi_g \tag{5-9}$$

在不同的土壤含水状况下，决定土壤水势大小的分水势不同。在饱和状态下，如果不考虑溶质势，则总水势等于压力势与重力势之和；若在不饱和情况下，则总水势等于基质势和重力势之和；在研究植物根系吸水时，一般可忽略重力势和压力势，因而总水势等于基质势与溶质势之和，若如含水量达饱和状态，则总水势等于溶质势。

5.1.6 土壤水分特征曲线

土壤水分特征曲线是土壤水的基质势(或土壤水吸力)与土壤含水量的关系曲线。土壤水分特征曲线表示土壤水能量和土壤水数量之间的关系，是反映土壤水分基本特性的曲线，是土壤水分研究中必须掌握的重要曲线(图 5-3)。

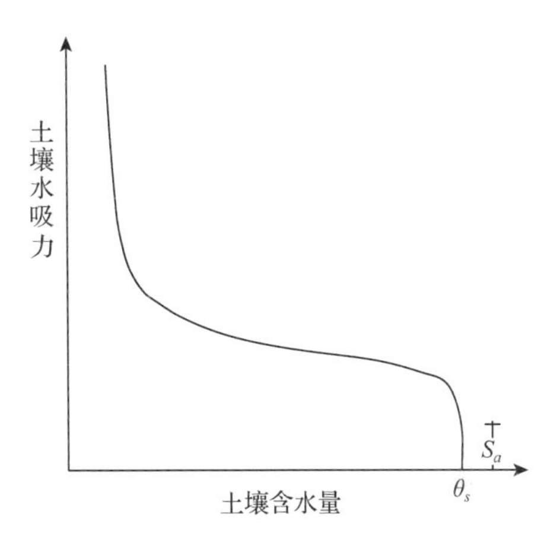

图 5-3 土壤水分特征曲线示意图

当土壤中水分处于饱和状态时，含水量为饱和含水量 θ_s，而土壤水吸力 S 或基质势 ϕ_m 为零。若对土壤施加微小的吸力，土壤中尚无水排出，则土壤含水量仍然维持在饱和含水量。当对土壤施加的吸力增加至某一临界值 S_a 后，由于土壤中的大孔隙无法抗拒所施加的吸力而继续保持水分，于是土壤开始排水，相应地土壤含水量开始减小，空气随之进入土壤孔隙中。

随着对土壤施加的吸力进一步提高，更多的大孔隙不能抗拒所施吸力而难以保持水分，这些大孔隙中的水分也逐渐被排空。随着对土壤施加的吸力不断提高，更小孔隙中的水分也被排空，在高吸力时只有很狭小的孔隙才能保持水分。在这一过程中随着土壤水吸力的提高，吸附在土粒表面的水膜厚度逐渐变薄。所以当吸力增加时，土壤含水量就会降低。当土壤的结构一定时，土壤含水量和基质吸力之间的关系曲线就是土壤水分特征曲线。

在土壤水分特征曲线上，基质势变化一个单位引起的土壤含水量变化量称为比水容量，比水容量即为土壤水分特征曲线斜率的倒数。比水容量随土壤含水量和土壤水基质势(土壤水吸力)的变化而变化，是分析土壤水分保持与运动的重要参数之一。

土壤水分特征曲线反映了土壤水的能量和数量之间的关系，具有重要的实用价值。利用土壤水分特征曲线可以进行土壤水势(土壤水吸力)与含水量之间的换算，即可以根据事先测得的土壤含水量数据利用土壤水分特征曲线换算为土壤水势数据，也可以利用测定的土壤水势(土壤水吸力)数据换算出土壤含水量。但在计算时要考虑土壤水分特征曲线的滞后作用，一般来说，在轻质土地区的低压范围内，滞后作用较为明显，而在重质地区，可以考虑不计。其次，土壤水分特征曲线可以间接地反映出土壤中孔隙大小的分布。若将土壤中的孔隙设想为各种孔径的圆形毛管，那么土壤水吸力 S 和毛管直径 d 的关系可简单地表示为：

$$S = 4\sigma/d \tag{5-10}$$

式中：S为土壤水吸力；σ为水的表面张力系数，室温条件下为7.5×10^{-4}N/cm；d为毛管的管径。

土壤水分特征曲线主要受土壤质地、结构、温度和水分变化过程的影响。不同质地的土壤，其水分特征曲线有较大的差异。沙土的孔隙度小、大孔隙多、细孔隙少、持水能力低，在较低的吸力范围下，保存在大孔隙中的水分就能排出，导致含水量迅速减少，所以在较低的吸力范围内，土壤水分特征曲线比较平缓，而在较高吸力范围内，比较陡直。黏土的孔隙度大、大孔隙少、细孔隙多、持水能力高，随着吸力的提高，保存在各级孔隙中的水分逐渐排出，含水量逐渐减少。在土壤水分吸力相同时，沙土中的水分含量低于黏土，而在土壤含水量相同时，沙土的水分吸力低于黏土。

土壤由湿变干和由干变湿的过程不同，土壤水分特征曲线也不同。即吸水过程的土壤水分特征曲线和脱水过程的土壤水分特征曲线并不完全重合，这种现象称为滞后现象。在相同的土壤水吸力条件下，释水状态的土壤水分含量大于吸水状态的土壤含水量，这就是水分特征曲线的滞后现象。滞后现象的产生可能是由于土壤涨缩性和土壤孔隙性所致。

5.2 下渗

5.2.1 下渗的物理过程

下渗是在重力、分子力、毛管力的综合作用下水分通过土壤表面垂直向下进入土壤并向深层运动的过程，下渗过程是重力、分子力、毛管力综合作用和平衡的结果，整个下渗过程按照作用力的组合及运动变化特征，可以划分为渗润、渗漏、渗透三个阶段(图5-4)。

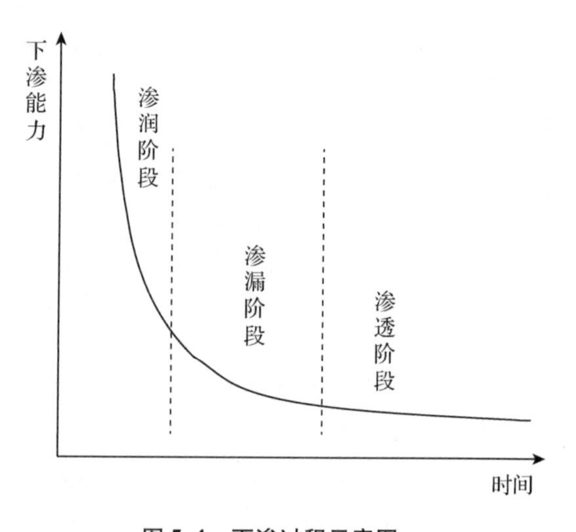

图5-4 下渗过程示意图

(1)渗润阶段

在土壤表层相对非常干燥的降雨初期，落在干燥的土壤表面的雨水，首先受到土壤颗粒的分子力作用，在分子力的作用下水分被土壤颗粒吸附形成吸湿水，进而形成薄膜水。当土壤含水量达到最大分子持水量时渗润阶段结束。渗润阶段属于非饱和水流运动，此阶段土壤水分含量很小，土壤中下渗能力较大，但下渗能力随时间迅速递减。

(2)渗漏阶段

当表层土壤中薄膜水得到满足，即当土壤含水量大于最大分子持水量后，影响下渗的作用力由分子力转化为毛管力和重力。在毛管力作用下水分逐渐充填土壤中的毛管孔隙，同时在重力作用下水分进入非毛管孔隙，随着时间的持续，进入到毛管孔隙和非毛管孔隙中的水分在毛管力和重力的共同作用下向深层作不稳定运动，此阶段称为渗漏阶段。当土层中的孔隙被水充满达到饱和时渗漏阶段结束。渗漏阶段也属于非饱和水流运动，此阶段由于土壤含水量不断增加，下渗能力明显减小，下渗能力随时间持续大幅度减小。

(3)渗透阶段

随着下渗过程的持续，土壤中的含水量逐渐增加，当土壤中的孔隙被水分充满达到饱和状态后，水分主要在重力作用下继续向深层运动，此时，水分主要受重力作用呈稳定运动，下渗的速度基本达到稳定即稳定渗透阶段，简称稳渗。水分在重力作用下向深层的运动称为渗透。此时水分向深层运动的速度称为渗透速率，稳渗条件下的渗透速率称为稳渗速率。渗透阶段属于饱和水流运动。此阶段由于土壤含水量已达到田间持水量以上甚至饱和，下渗只是水分通过非毛管孔隙向深层的运动，而土壤中的非毛管孔隙度是固定的，因此此时的下渗能力维持在一个稳状态，下渗能力随时间的持续无显著变化。

渗润阶段、渗漏阶段、渗透阶段并无明显的分界，尤其是在土层较厚的情况下这三个阶段可能同时交错进行。

5.2.2 下渗过程中土壤含水量的垂直分布

对于不同的土壤而言，在下渗过程中土壤剖面含水量的分布各不相同。水分在均质土壤中的下渗过程，根据土壤含水量的多少和变化情况，可以把土壤剖面划分为饱和带、过渡带、传递带、湿润带等四个有明显区别的水分带，参见图 5-5。

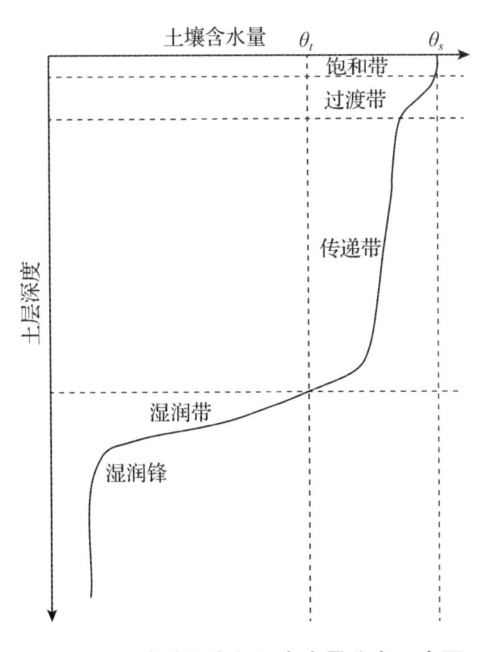

图 5-5 下渗过程中剖面含水量分布示意图

(1)饱和带

在下渗过程中，土壤水分随土层深度的增加而增加，从而在土壤表层形成一个饱和带，饱和带的厚度很薄，一般不超过1.5cm，而且随着下渗时间的延长，饱和带厚度的增长非常缓慢。

(2)过渡带

饱和带以下是水分过渡带，土壤含水量随深度的增加急剧减少。过渡带的厚度不大，一般为5cm左右。

(3)传递带

过渡带以下是水分传递带，传递带是土壤含水量随土层深度的变化比较均匀、厚度较大的非饱和土层，其厚度随下渗时间的延长不断增加，土壤含水量介于田间持水量和饱和含水量之间，约为饱和含水量的60%~80%。在传递带内毛管势的梯度极小，含水量的变幅较小，水分传递主要是靠重力作用。因此，在均质土壤中，下渗率接近一个常数，即到达稳渗。

(4)湿润带

在水分传递带下方会形成一个湿润层，它是连接水分传递带和湿润锋的水分带，湿润带内土壤含水量向深层急剧减少。随着下渗过程的持续，湿润带不断下移，但湿润带的平均厚度大体保持不变。湿润带与下渗水尚未涉及的土壤交界面称为湿润锋面，在湿润锋面处土壤含水量梯度很大，因此湿润锋面在很大的水势梯度驱动下逐渐向深层移动。

5.2.3 土壤水分再分配

当降水停止或地表积水消耗完毕以后，水分的下渗过程结束。但是进入到土壤剖面中的水分在水势作用下仍继续向深层渗透，原先土壤含水量较高或饱和土层中的水分，在高水势作用下水分逐渐排出，含水量逐渐降低，而原先含水量相对较低的干燥土层因水势较低，逐渐接纳上层土壤中渗出的水分，其含水量逐渐增加，最终整个土壤剖面的含水量分布趋于一致，这就是土壤水分的再分配。

(1)再分配的驱动力

对于均质土壤，下渗停止后土壤剖面中的水分在重力势和基质势梯度的作用下进行再分配，剖面上层的水分不断向下层移动，湿润锋以下较为干燥的土壤不断吸收水分，湿润锋不断下移，湿润带厚度不断增加。

(2)再分配过程中土壤水的运移速度

再分配过程中土壤水分的运移速度取决定于再分配开始时上层土壤的湿润程度和下层土壤的干燥程度(水势梯度)以及土壤的导水性质。如果再分配开始时上层土壤含水量高而下层土壤又相对干燥，则上、下土层间的吸力梯度大，土壤水的运移速度快，再分配的速度快。反之，则吸力梯度小，土壤水运移速度相对较慢，再分配的速度也慢。土壤水分再分配的速度总是随时间延长而逐渐减小，同时随着再分配过程的持续湿润锋的清晰度也越来越低，并逐渐消失，最终趋于均一。

(3)土壤类型对再分配的影响

不同的土壤类型其孔隙的数量、孔径的大小等均不一样，这导致不同土壤的水力特性不同，土壤水分的再分配速度也有差别。质地黏重、颗粒较细的土壤粗孔隙相对较少，非饱和导水率低，水分在孔隙中的运移速度较慢，水分再分配速度慢，持续时间较长。粗质土壤细孔隙相对较少，而粗孔隙较多，非饱和导水率大，水分在孔隙中的运移速度较快，土壤水分再分配的速度也快，持续时间较短，参见图5-6。

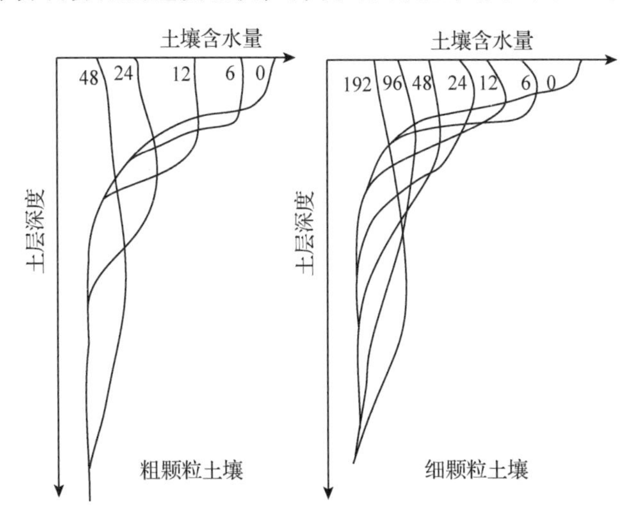

图5-6 不同质地的土壤水分再分配示意图(图上数字为小时数)

土壤水分再分配决定着不同时间、不同深度范围内土壤中的总蓄水量，对降水过程中水分的下渗，以及降水结束后的土壤蒸发都有显著影响。

5.2.4 描述下渗的特征指标

下渗是水分进入土壤的过程，参与下渗的水分不会形成地表径流，是地表径流形成过程中的主要损失项，在水文学中常用下渗强度、下渗速率、下渗能力、下渗量、下渗曲线等特征指标描述土壤的下渗特征。

下渗强度是单位时间内渗入单位面积土壤中的水量，也称为入渗强度、下渗速率等，单位为mm/min。

下渗能力是充分供水时某一初始土壤含水量条件下土壤下渗强度的最大值，也称为下渗容量，单位为mm/min。

下渗量是一定时段内渗入土壤中的总水量，单位为mm。

下渗曲线有两种，一种下渗强度变化曲线，另一种是下渗量变化曲线。下渗强度变化曲线是以时间为横坐标，下渗强度为纵坐标，绘制的反映下渗强度随时间的变化曲线，参见图5-7。下渗量变化曲线是以时间为横坐标，以累积下渗量为纵坐标，绘制的反映累积下渗量随时间的变化过程线，参见图5-8。下渗强度变化曲线的积分就是下渗量变化曲线。

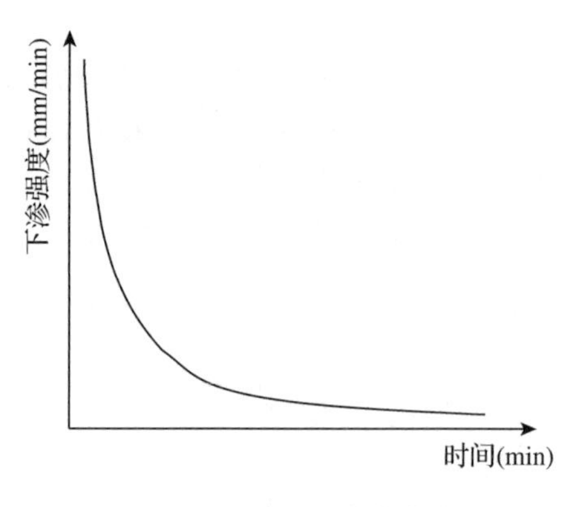

图5-7 下渗强度变化曲线

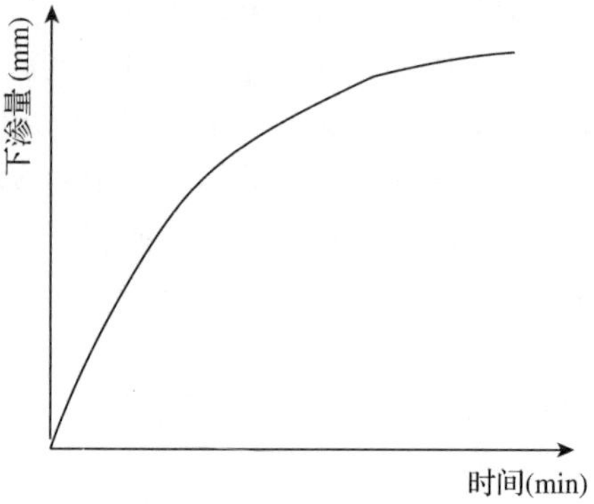

下渗量(mm)
时间(min)

图5-8 下渗量变化曲线

$$F = \int_0^t f\mathrm{d}t \tag{5-11}$$

式中：F 为累积下渗量；f 为下渗强度；t 为时间。

在下渗刚开始时，土壤含水量相对较低，土壤中能够容纳水分的空间相对较大，此时土壤具有较高的下渗强度和下渗能力，下渗强度较大。随着下渗过程的持续，土壤含水量逐渐提高，土壤中能够容纳水分的空间也逐渐减少，下渗强度随之逐渐减弱。当土壤中的毛管孔隙全部被水充满后，土壤中只有非毛管孔隙允许水分通过，而土壤中非毛管孔隙度是一恒定值，单位时间内从非毛管孔隙中通过的水量也就是恒定的，此时整个下渗过程达到稳定状态，此时的下渗强度就是稳渗强度。

5.2.5 下渗公式

大量下渗试验表明，下渗强度随时间延长呈递减规律。下渗开始时下渗强度很大，此后随着土壤含水量的增加而下渗强度迅速减少，最后逐渐趋于稳定，达到稳渗状态，此时的下渗强度为稳渗强度。不少学者根据实验和理论研究提出了诸多经验公式和理论公式，较常用的公式有菲利普公式、霍顿下渗公式。

(1)菲利普公式

菲利普(Philip，1957)在包气带水动力平衡和质量守恒原理(非饱和下渗理论)基础上，针对均质土壤、起始含水量均匀分布及充分供水条件下提出的下渗公式。

$$F(t) = St^{\frac{1}{2}} + At \tag{5-12}$$

$$f(t) = \frac{1}{2}St^{-\frac{1}{2}} + A \tag{5-13}$$

式中：$F(t)$为某时段内的下渗量；$f(t)$为某时刻的下渗强度；t 为下渗时间；A 为常数；S 为吸水系数。

当 $t \to \infty$ 时，$f(t) \to A$，即随着下渗时间的延长，下渗强度将达到一个稳定的值——稳渗强度。当 $t \to 0$ 时，$f(t) \to \infty$，即在下渗开始之际，下渗强度很大，但在实际情况中下渗开始之初的初渗强度应该不是一个无限值，而是一个有限的数值，这是菲利普公式的最大缺陷。但大量试验结果表明，该公式与试验结果比较一致。

(2)霍顿下渗公式

1940 年霍顿在下渗试验的基础上，根据实测资料用曲线拟合方法得到了描述下渗强度随时间变化的经验公式。该公式是在充分供水条件下土壤下渗能力随时间变化的经验公式，霍顿认为，下渗强度随时间是逐步递减的，并最终趋于稳定，因此，下渗过程是一个土壤水分的消退过程，其消退速率为 df/dt，即：

$$\frac{df}{dt} = k(f - f_c) \tag{5-14}$$

对上式两边积分后可得到霍顿下渗公式：

$$f(t) = f_c + (f_0 - f_c)e^{-kt} \tag{5-15}$$

式中：$f(t)$为某一时刻的下渗速率；f_0为初渗强度；f_c为稳渗强度；k 为常数；t 为下渗时间。

(3)霍尔坦(H. N. Holtan)公式

美国农业部的霍尔坦认为，下渗速率 f 是土壤缺水量的函数，其公式为：

$$f = f_c + a(\theta_0 - F)^n \tag{5-16}$$

式中：f 为下渗速率；f_c 为稳渗强度；a 为系数；θ_0为表层土壤可能的最大含水量；F 为累计下渗量或土壤初始含水量；n 为指数，对特定的土壤为常数，一般取 1.4。

在降雨期间，由于累积下渗逐渐增加，土壤中缺水量$(\theta_0 - F)$逐渐减小，下渗率 f 趋近于 f_c，实际应用中，这一公式便于考虑前期含水量对下渗的影响，如初始含水量大小、降雨强度小于下渗能力的情况，以及间歇性降雨等。

(4)考斯加柯夫公式

考斯加柯夫根据灌溉条件下水下渗分析得出如下公式：

$$F = at^n \tag{5-17}$$

式中：F 为下渗量；n 为代表渗透速度随时间减小的程度，与土壤性质有关，一般情况下为 1/2；a 为系数，代表开始时段内下渗的数量，取决于土壤结构状况、起始土壤含水量和供水条件。经验系数 a 和 n，必须经过试验才能测得。

下渗率计算公式如下：

$$f = dF/dt = ant^{n-1} \tag{5-18}$$

从下渗率公式可以看出，当 $t \to \infty$ 时，$f \to 0$(因 $0 < n - 1 < 1$)，这与实际情况不符。另外，$t \to 0$ 时，$f \to \infty$，这与实际情况也不符合。

(5)格林—安普特模型

格林—安普特(Green-Ampt)模型是一种近似理论模型，是针对均质深厚土层，初始含水量均匀，地面有积水的条件下建立的计算下渗速率的模型。其假定是渗入土壤的水以活塞流的形式向深层传递，在湿润和未湿润区之间，形成一个含水量发生巨变的湿润锋。

$$f = k\left[1 + \frac{(n - \theta_i)S_f}{F}\right] \tag{5-19}$$

式中：f 为下渗速率；k 为有效的水力传导度；S_f为湿润锋处的有效吸力；n 为土壤孔隙度；θ_i为土壤初始含水量；F 为累积下渗量。

5.2.6 影响下渗的因素

在天然条件下的下渗过程远比实验室内充分供水、均质土体、土壤层面保持水平的理想模式要复杂得多，往往呈现出不稳定性和不连续性。在一个流域内下垫面性质及其空间异质性，导致整个流域下渗性能的空间分布极不均匀，如何定量描述流域内下渗能力的空间分布特征更是目前水文学的研究重点之一。为了把握流域内下渗能力的空间分布特征，必须先掌握影响下渗的因素。

(1)土壤因素

土壤因素中影响下渗的决定性因素主要包括土壤物理特性和土壤含水量。土壤物理特性包括土壤质地、土壤孔隙度、非毛管孔隙度、土壤含水量、土壤均质性等。土壤的透水性能与土壤质地、孔隙度(尤其是非毛管孔隙度)密切相关，土壤颗粒越粗、孔隙度越大、透水性能越好、下渗速率越高，单位时间内会有更多的地表水通过下渗转化为土壤水，甚至进入地下转化为地下水，从而防止地表径流的形成。

下渗速率和下渗量与土壤前期含水量成反比。下渗进入土壤中的水分都保存在土壤孔隙之中，当前期含水量较高时，土壤中能够容纳水分的孔隙已经被先到的水分占据，只能花更多的时间找寻能够容纳水分的孔隙，因此在前期含水量较高时，下渗速率更慢，下渗量更少。

在一个流域中各处的土壤类型不同，即使土壤类型相同，土壤物理特性也不相同、土壤剖面上的垂直变化也不同，从而导致流域各处土壤因素千差万别，这必然影响流域各处的蓄渗能力，进而影响产流过程，因此如何定量描述土壤蓄渗能力的空间分布特征是水文学中亟待解决的关键问题之一。

(2)下垫面因素

下垫面因素主要包括植被覆盖、地形条件。植被覆盖在地表，能够保护土壤表面免受雨滴打击，减少击溅侵蚀，防止击溅侵蚀形成的细小颗粒堵塞土壤孔隙，防止土壤结皮的形成，从而保障土壤维持原有的土壤孔隙状况和渗透性能。

植被及地面上的枯枝落叶具有增加地表糙率、降低地表径流流速的作用，这就增加了地表径流在地表的滞留时间，从而增加了下渗量，减少了地表径流。枯枝落叶分解腐烂形成的有机质有利于团粒结构的形成，从而增加土壤中的粗大孔隙，有利于土壤下渗。植物根系改良土壤的作用使土壤孔隙状况明显改善，植物根系附近昆虫活动频繁，昆虫的洞穴及通道是水分快速运移的渠道，这均能导致土壤下渗速率和下渗量的大幅度增加。

地形因素包括地面坡度和地块的破碎化程度。当地面起伏较大，地形比较破碎时，水流在坡面的流速慢，流动时间长，这必然导致水分的下渗量大。在相同的降水条件下，当地面坡度较大时，地表径流的流速快，历时短，下渗的机会少，下渗量就小。因此增加下渗的最好方式就是消灭地面的坡度，如坡改梯、坡改平等措施均是增加下渗的有效措施。

(3)降水因素

降水因素包括降水强度和降水过程。

降水强度直接影响下渗强度及下渗量。当降水强度小于下渗强度时，降水全部渗入土壤，下渗过程受降水过程的制约，下渗强度随降水强度的增大而增大。但是在裸露的土壤上，降水强度较大时，雨滴可将土壤颗粒击碎，并堵塞在土壤孔隙中，从而导致下渗率减少。当降水强度大于下渗强度时，只有部分降水渗入土壤，下渗过程受土壤特性制约，且随着降水过程的持续，渗入土壤中水量逐渐增加，下渗速率逐渐趋于稳定，最终达到稳渗。但不同的土壤稳渗速率不同，孔隙度大，尤其是非毛管孔隙度大的土壤稳渗速率更高。

在相同条件下连续性降水的下渗量要小于间歇性降水的下渗量。这是因为在降水间隙期间，渗入到土壤中的水分通过再分配向更深层运移，从而使上层充满水的土壤孔隙排空，再次接纳降水。同时也正是因为降水间歇期间的水分再分配，使受降水影响的土层厚度变厚，从而发挥更厚土层的蓄水作用，这必然导致间歇性降水的下渗量大于连续性降水的下渗量。

(4)人类活动的影响

人类活动既可增加下渗，也可减少下渗。例如，坡改梯、植树造林、下凹式绿地、透水铺装、谷坊、淤地坝等蓄水工程均能增加水在地表的滞留时间，从而增大下渗量。反之砍伐森林、过度放牧、不合理的耕作、硬化地面等则加剧水土流失，减少下渗量。在地下水资源不足的地区采用人工回灌，则是有计划、有目的地增加下渗水量；在低洼易涝地区，开挖排水沟渠则是有计划、有目的控制下渗、控制地下水的活动。

5.3 土壤含水量的测定

土壤含水量是表示土壤干湿状况的指标。土壤含水量的多少不但影响植物生长的好坏，还通过影响水分的下渗，进而影响到坡面径流的形成以及土壤侵蚀量的多寡，因此，土壤含水量是水文学中必须准确把握的指标。土壤含水量的测定方法有烘干法、时域反射仪法(TDR 法)、频域反射仪法(FDR 法)、中子仪法等。

5.3.1 烘干法

烘干法是测定土壤含水量最为经典、最精确的方法，其他各种测量土壤含水量的方法均要以烘干法的测定结果进行标定。烘干法的优点在于样品的测定结果准确可靠，但取样时会破坏土壤，且深层取样困难，无法实现对同一地点的长期定位观测。另外，由于土壤的空间变异性较大，测定时必须多点采样以提高观测精度，这必将增加工作量。在室内还需要对样品进行称重、烘干等工作，耗时费力，也很容易因为遗撒而导致测定失败。

用烘干法测定土壤含水量时，需要事先选定测定用的标准地，在标准地内选择 3 个以上的取样点，每个取样点要能够代表观测地的基本情况。在每个取样点上用土钻钻取不同深度的土样，装入铝盒(铝盒中土样不少于 30g)，并记录取样深度和铝盒编号，在每个层次上至少取 3 个重复样品。取样后必须将钻孔用土填埋，以防止深层土壤水分通过钻孔蒸发，以及降雨时雨水和径流直接流入钻孔中，从而影响深层的土壤含水量。下一次取样时必须避开以前的钻孔。

将装有土样的铝盒带回室内后用感量为0.01g的电子天平称重W_1，将称重后的装有土样的铝盒打开盒盖后连同盒盖一起放入105℃的烘箱内烘干至恒重(12h以上)，待烘箱内温度降低到室温时打开烘箱，盖好铝盒盖后称烘干后的重量W_2。如果铝盒的重量为W_0，则土壤的重量含水量可用下式计算：

$$\theta = \frac{W_1 - W_2}{W_2 - W_0} \times 100\% \tag{5-20}$$

式中：θ为重量含水量；W_1为湿土+铝盒重；W_2为干土+铝盒重；W_0为铝盒重。

在室内称重和烘干过程中，要防止铝盒中的土样撒出，尤其是将铝盒放入烘箱和从烘箱中拿出时，很容易发生遗撒现象，一旦发生遗撒，撒出的土样很可能进入其他铝盒，从而导致测定失败。如果在测定过程中发生遗撒，要确定遗撒出的土壤样品是否进入了其他铝盒，一旦有土壤样品进入其他铝盒，则应该重新取样。

5.3.2 时域反射仪法

时域反射仪法(TDR法)是通过测定土壤的介电常数，推算出土壤的体积含水量，属于介电测量法。土壤介电常数与体积含水量呈非线性单值函数关系，介电测量法是利用土壤水对土壤介电特性实部和虚部的影响，通过测定土壤介电常数，间接确定土壤体积含水量。时域反射仪法(TDR法)是20世纪60年代末兴起的土壤含水量测定方法，是通过测定电磁波沿波导棒传播时间，确定土壤的体积含水量。在大部分土壤中电磁波沿波导棒的传播时间与土壤含水量成比例。

在测定精度要求较低时TDR一般不需标定，但当测量精度要求较高时，TDR必须进行标定或校正。TDR测量范围广，既可以做成轻巧的便携式仪器，在野外进行表层土壤含水量的测量，也可以事先安装测定管，利用移动式TDR探头和数据采集器对不同深度的土壤含水量进行测定，还可以在不同深度上埋设TDR探头，将这些探头与数据采集和存储器连接，实现对土壤水分的定点、连续、实时观测。TDR具有快速、准确、连续测定等优点，且不扰动土壤，能自动观测土壤水分及其变化，为此TDR已成为研究土壤水分的基本仪器设备。但TDR测量土壤含水量的准确性取决于测量电磁波传播时间的精度，另外，信号的相互干扰和电容的干扰也是一个影响测量精度的因素。

在使用便携式TDR测定土壤水分时，经常遇到表层土壤较硬无法将便携式TDR的探针直接插入土壤的情况，此时需要用专用打孔器在观测样地内打孔，然后将便携式TDR的探针插入孔内进行测定，这样可以防止探针折断。如果土壤较为疏松，可以直接将便携式TDR的探针插入表层土壤进行测定。为了提高观测精度，可以在样地内选择多个观测点进行测定。

当使用移动式TDR探头和数据采集器观测土壤水分时，事先需要在观测样地内安装测定管，测定管的长度可以根据土层厚度和观测要求确定。测定管安装地点应具有代表性，能够代表观测样地的基本情况。安装测定管时需要用专用工具打孔，测定管必须与土壤密切接触，不能有缝隙，为此安装时必须用泥浆充填观测管与土壤之间的缝隙，安装后应该放置一定时间，以保证观测管与土壤之间充分接触，然后再开始观测。每次观测前需用干布擦拭观测管内壁上的水分，观测时将移动式 TDR 探头放入观测管中，测定不同深度处的土壤含水量，每个深度应连续观测三次。利用观测管长期观测土壤水分状况时，由于观测员的多次踩踏，观测管周围的土壤会被踩实，植物会被踩死，从而使观测点失去代表性，因此每次观测时必须采用特制支架，观测员站在支架上测定，以防止观测员对观测管周围土壤的踩踏和破坏。

利用 TDR 实时观测剖面土壤水分时，可事先在观测样地内挖土壤剖面，然后在不同深度上安装 TDR 探头后将剖面填埋，并将这些探头连接在数据采集与存储器上形成土壤水分的实时观测系统，利用事先编制的程序进行土壤水分的实时观测。观测系统可以用太阳能板和蓄电瓶供电，以实现长期自动观测，观测数据还可以通过 GPRS 自动传输到观测人员的计算机中，从而实现远程遥测。

5.3.3 频域反射仪法

频域反射仪(FDR)是利用电磁脉冲原理，根据电磁波在土壤中传播频率来测试土壤的介电常数，再根据介电常数换算出土壤容积含水量。由于水的介电常数远远大于土壤基质中其他物质的介电常数和空气的介电常数，所以，土壤的介电常数主要依赖于土壤的含水量。频域反射仪(FDR)测量土壤含水量的原理与 TDR 类似，FDR 使用扫频频率来检测共振频率，进而计算出介电常数，再利用介电常数的平方根与容积含水量之间的线性关系计算出土壤含水量。由于基于 FDR 技术的土壤水分传感器具有价格便宜、快速、方便和对土壤扰动小等优点，它是目前土壤原位体积含水量测量的常用仪器。

FDR 能获得土壤水分变化的连续曲线，能灵敏地反映出土壤水分的变化，具有简便安全、快速准确、定点连续、自动化、宽量程、少标定等优点。但 FDR 的探头、探管、土壤是否密切接触对测量结果的可靠性有影响。

使用 FDR 测定土壤含水量前，首先要在观测地点布设 PVC 探管，PVC 探管必须用专用工具安装到观测土层中，安装过程中必须保证 PVC 探管与土壤之间无缝接触，如果在土壤与探管之间形成缝隙，则 FDR 探头测量的是空气的介电常数，而非土壤水分的介电常数，同时缝隙会阻碍电磁场穿透周围的土壤，从而造成测量误差。因此，在安装 PVC 探管的过程中必须小心翼翼，尽量避免震动 PVC 探管，当 PVC 探管安装到测定深度后，可在探管外壁与土壤之间填充细土，并用水浇灌，使细土随水一起填充在探管与土壤之间的缝隙中，从而保证 PVC 探管与土壤之间的无缝接触。在 PVC 探管底部应该加入防渗塞，以防止地下水渗入 PVC 探管。在 PVC 探管顶部加防雨盖，以防止雨水和异物进入 PVC 探管。

测定时打开探管的防雨盖，用吸水性强的干布制作成探管清洁器，擦拭探管内部因结露而形成的水分，然后将 FDR 探头插入探管的不同深度上，直接在读数器读取不同层次的土壤含水量，每个层次连续测定 3 次。这种每隔一定时间由观测人员采用 FDR 探头观测土壤水分的方法，仍然无法实现实时动态观测，而且费时耗力，观测人员对 PVC 探管周围的土壤还有踩踏破坏等问题。为了避免这些问题，需要采用 FDR 剖面土壤水分动态观测系统。

FDR 剖面土壤水分动态观测系统一般由 PVC 探管、FDR 探头、探头安装轨道、数据采集器、电瓶、太阳能板组成。首先，在观测地点布设PVC探管，在PVC探管底部安装防渗塞，以防止地下水渗入PVC探管。其次，在探头安装轨道上安装多个探头（每个探头测定一定深度上的土壤含水量），将安装有土壤水分测定探头的轨道装入PVC探管中（探头与PVC探管必须密切接触），将各探头的数据线汇总后由PVC探管引出，并连接到数据采集器上，数据采集器与电瓶（电瓶与太阳能板连接）接通后形成实时观测系统。最后在PVC探管顶部加防雨盖，以防止雨水和异物进入PVC探管。安装完毕后将事先编制好的观测程序利用笔记本电脑导入数据采集器，设置观测系统的日期和时间、数据记录间隔、每个探头观测的土层后，启动观测系统开始观测。观测数据也可以通过GPRS等通讯手段直接传输到观测人员的计算机中，以实现遥测。观测一定时间后利用笔记本电脑与数据采集器连接，下载观测数据。数据下载后需要检查系统的时间是否正确，数据记录间隔是否正常，检测电瓶电压，如果电瓶电压不足，更换电瓶。

5.4 土壤下渗的测定

土壤下渗速率是描述水分进入土壤，并在土壤中运移速度的指标，是决定地表径流形成的关键因素，也是反映植被改良土壤效果的主要指标，是必须把握的水文观测要素之一。在室外测定土壤下渗速率时多采用双环入渗法，在室内测定时多采用定水头法。

5.4.1 双环入渗法

双环是直径为10cm和30cm、高30cm、厚2mm的两个铁环。测定前先选择标准地，在标准地内选择微地形较为平坦的地段作为测定点，将直径10cm的内环和直径30cm的外环轻轻地压入土壤之中，铁环顶部距土壤表面的高度不超过5cm。在将铁环压入土壤的过程中，如果采用铁锤敲击，环内土壤将会受到震动，土壤结构将被破坏，从而形成许多震动缝，这必将导致测定出的下渗速率值偏大。因此，将铁环打入土壤中时必须小心翼翼，尽量减少对环内土壤的震动。如果震动太大，环内土壤被震松，应该重新选择地块进行试验，或将铁环打入土壤中后放置很长一段时间，待环内土壤稳定并恢复其原有结构后再进行测定。用双环法测定土壤的渗透过程时，应该在调查样地内至少做3次重复试验。

双环入渗法的测定过程如下：

①由于土壤含水量对下渗速率影响很大，尤其对土壤的初渗速率影响很大，因此在测定土壤下渗速率前必须用土钻取土样，测定初始土壤含水量。

②在安装好的内环内将小钢尺沿环壁插入土壤之中，在外环与内环之间加入一定深度的水（如1cm），并一直保持外环中的水深。

③在内环中加0.5cm深的水（从小钢尺的刻度判断加水量），或根据内环直径计算出0.5cm深的水的重量，用电子天平称取该重量的水加入内环之中后，开始计时，当内环中0.5cm深的水全部渗入土壤中后，重新加水至0.5cm，并记录0.5cm深的水渗入土壤所用的时间（min）。

④随着下渗过程的持续，0.5cm深的水渗入到土壤中所需时间会逐渐加长，直至连

续3次以上所用时间 T(min)相同时，认为土壤已经达到了稳渗，此时下渗透速率就是土壤的稳渗速率。

⑤土壤稳渗速率用下式进行计算：

$$I=5/T \tag{5-21}$$

式中：I 为稳渗速率，mm/min；T 为0.5cm深的水渗入到土壤中所需时间，min。

⑥绘制土壤下渗过程线。以累计下渗时间为横坐标，以下渗速率为纵坐标，绘制下渗过程线，参见图5-9。

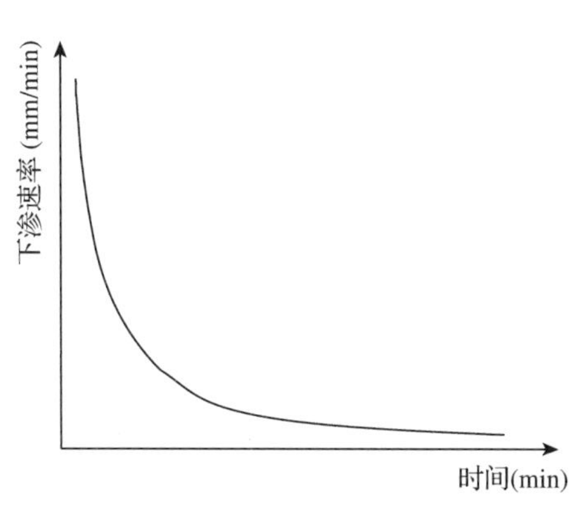

图5-9 下渗速率随时间的变化过程线

5.4.2 室内定水头法

利用双环入渗法测定土壤的下渗能力时，测定点的微地形应该为水平状态，而在野外坡地观测时，往往找不到平坦微地形用于布设双环，无法利用双环测定下渗过程，也无法测定不同层次土壤的渗透性能，此时可采用室内定水头法测定不同层次的土壤稳渗速率。定水头法测定土壤稳渗速率的示意图参见图5-10。测定步骤如下：

①选则标准地，挖土壤剖面，用环刀取原状土。在取原状土的过程中要保证环刀内的土壤不被震动或出现裂纹，并用利刃将多余的土壤削掉。原状土取好后在环刀上部放一张滤纸后加盖顶盖，底部垫上滤纸后先套上网盖，再盖上底盖，然后用胶带绑紧，以防环刀盖松动或脱落。

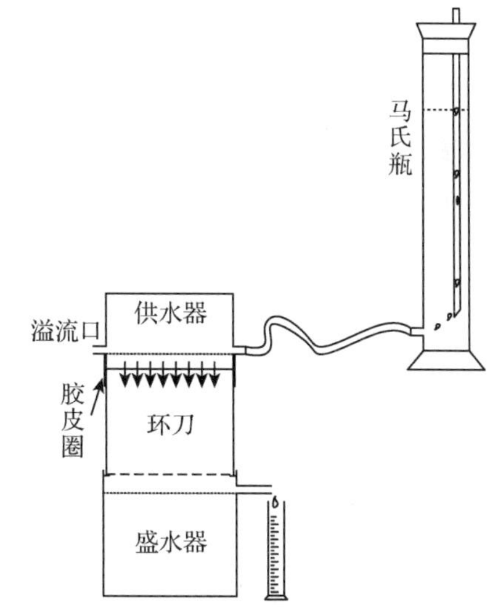

图5-10 定水头法下渗测定示意图

②将野外带回的装有原状土的环刀顶盖打开，将有溢流口的供水器套在环刀上，并用密封橡胶圈将二者密封固定。然后打开环刀底盖，将用橡胶圈密封固定的环刀和供水器一起放在装满水的盛水器上。参见图5-10。

③将灌满水的马氏瓶用软管与盛水器上的进水口连接。然后打开马氏瓶上的阀门，向供水器中持续注水，多余的水从供水器的出水口溢出，以保证测定过程中水头稳定。

④将量筒放在盛水器溢流出水口的下方，测定从环刀内渗出的水量。当从盛水器出水口出现溢流时开始计时，测定一定时间内的溢流量。

⑤当连续3次在相同时间间隔(1～5min)内用量筒测定的从盛水器出水口流出的溢流量相等时，测定结束。

⑥稳渗速率的计算：设环刀面积为S，稳渗时的溢流量为V，渗流时间为T，则稳渗速率f为：

$$f = \frac{V}{S \times T}$$

思考题

1. 土壤中水分的存在形式有哪几种？
2. 重量含水量与体积含水量如何换算？
3. 常见的土壤水分常数有哪些？每个土壤水分常数的实用意义是什么？
4. 土壤水势由哪几部分组成？根据水势的概念理解“水往低处流”。
5. 下渗的物理过程包含几个阶段？各阶段的主要作用力分别是什么？
6. 影响土壤水分再分配的因素有哪些？各因素如何影响土壤水分再分配。
7. 描述下渗的指标有哪些？具体含义是什么？
8. 分析影响下渗的因素，简述各因素对下渗量和下渗过程的影响。
9. 分析常用土壤含水量测定方法的优劣。
10. 设计一个对比分析林地、草地、农地土壤下渗能力的实验。

第6章 径 流

径流是直接影响人类生存与发展的水分循环要素，与人类社会关系密切。本章主要讲授径流的基本概念、描述径流特征的基本指标；径流的形成过程和影响因素；坡面径流泥沙和小流域径流泥沙的测定方法、常用的观测仪器等。

径流是水分循环的基本环节之一，更是水量平衡的基本要素。径流是自然地理环境中最活跃的因素。从狭义的水资源角度来说，在当前的技术经济条件下，径流是人类可以长期开发利用的可再生资源。

径流是运动着的水流，在从高处向低处流动的过程中，将高处的地表物质侵蚀、搬运到低洼处沉积，形成了流水地貌，促进了地质大循环的发展，造成了土壤侵蚀和水土流失。径流的运动变化过程直接影响着防洪、灌溉、航运、发电等工程设施的调度和可持续利用，径流不仅仅能够直接造成灾害，更能诱发各种自然灾害的发生，因此，径流是与人类生产生活密切相关的水文要素，是决定人类生存和社会发展的水文现象。

6.1 基本概念

6.1.1 径流的概念及分类

在重力作用下沿地表或地下运动着的水流称为径流。这些水流最终汇入河网后由流域出口断面流出。

根据径流的运动场所可以把径流划分为地表径流、壤中流和地下径流。地表径流是指沿地表运动的水流，壤中流是指在土壤中相对不透水层上运动的水流，地下径流是指在地下岩土空隙中运动的水流，参见图6-1。

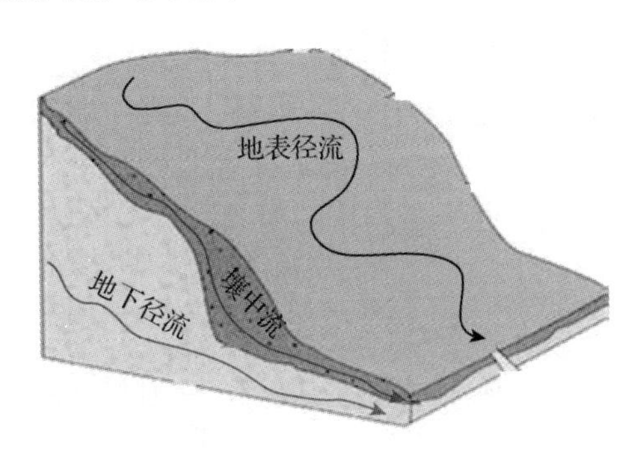

图6-1 地表径流、壤中流、地下径流示意图

根据水分循环的概念可知，径流是由降水转换而来，降水可分为降雨和降雪，因此，根据降水的类型可以将径流划分为降雨径流和融雪径流。降雨径流是由降雨形成的径流，我国大部分地区的径流均为降雨径流。融雪径流是冰雪融化后形成的径流，在我国的高纬度、高海拔地区的径流以融雪水径流为主。长江、黄河、澜沧江等源头地区的径流主要为融雪径流。长江、黄河每年在桃花盛开的季节都会有一次洪水过程，被称为桃花汛，桃花汛主要是由冰雪融化形成。

6.1.2 描述径流的指标

描述径流特征的常用指标有：流量、流量过程线、径流总量、径流深、径流模数、径流系数、径流模比系数等。

流量：指单位时间内通过某一断面的水量，单位为 m^3/s。常用的流量指标还有日平均流量、月平均流量、年平均流量、最大流量、最小流量等。

流量过程线：以时间为横坐标，以某一时刻的流量为纵坐标，绘制而成的流量随时间的变化曲线。在流量过程线上可以反映出径流开始时间、结束时间、某一时刻的径流量、洪峰流量等，参见图6-2。

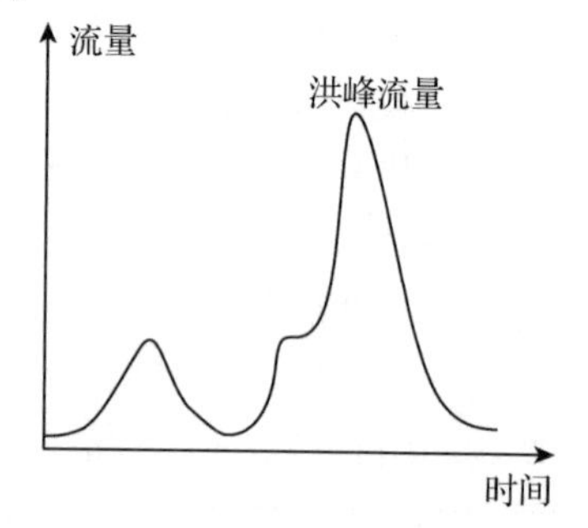

图6-2 流量过程线示意图

径流总量：某一时段内通过河流某一断面的总水量，单位为 m^3。在流量过程线上，径流总量是时段内流量过程线与时间轴围成的面积。

径流深：将径流总量平铺在整个流域面积上所求得的水层厚度，即径流总量与流域汇水面积的比值，单位为mm。

$$R = \frac{Q}{F} \tag{6-1}$$

式中：R 为径流深；Q 为径流总量；F 为流域面积。

径流模数：一定时段内流域出口断面的总流量与流域汇水面积的比值，即单位时间单位汇水面积上产生的水量。

径流系数：同一时段内径流深与降水深的比值。

$$\alpha = \frac{R}{P} \tag{6-2}$$

式中：α 为径流系数；R 为径流深；P 为降水深。$0 \leqslant \alpha \leqslant 1$，径流系数反映了流域降水转化为径流的能力，综合反映了流域自然地理因素和人为因素对径流的调控作用。如 $\alpha \to 0$，说明降水主要用于流域内的各种消耗，其中最主要的消耗为蒸发散，水土保持效果显著。如 $\alpha \to 1$，说明降水大部分转化为径流，水土流失严重。

径流模比系数：某一时段的径流量与同一时段多年平均径流量的比值。

$$K = \frac{Q_i}{\overline{Q}} \tag{6-3}$$

式中：K 为径流模比系数，Q_i 为某一时段的径流量，$\overline{Q}$ 为某一时段的多年平均径流量。径流模比系数经常用于反映某一时段内径流量的丰枯情况，如果径流模比系数大于1，说明该时段内的径流量大于多年平均径流量，属于丰水期。如果径流模比系数小于1，说明该时段内的径流量小于多年平均径流量，属于枯水期。如果径流模比系数等于1，说明该时段内的径流量等于多年平均径流量，属于平水期。

6.2 径流的形成过程

由降水开始到径流从流域出口断面流出的整个物理过程称为径流的形成过程。

降水的形式不同，径流的形成过程也各异。在相同降水条件下，流域的土地利用状况、地形地貌、土壤地质条件不同，其径流形成过程也千差万别。径流形成过程是降水、地形、土壤、地质、植被以及人为活动共同作用和影响的结果，是一个非常复杂的物理过程，包含着各种径流成分的形成机制，以及径流从坡面向河网汇集、再从河网向流域出口汇集的整个过程。根据径流形成过程中各个阶段的特点，通常把径流的形成划分为蓄渗过程、坡面汇流过程、河网汇流过程等三个过程。

6.2.1 蓄渗过程

降水开始时，除一少部分降落在河床上的降水直接进入河流形成径流外，大部分降水并不立刻产生径流，而是要消耗于植物截留、枯枝落叶吸水、下渗、填洼与蒸发。在径流形成之前降水满足植物截留、枯枝落叶拦蓄、下渗、填洼称为蓄渗过程。流域蓄渗过程中降水必须满足植物截留损失、枯枝落叶拦蓄损失、下渗损失、填洼损失等四种损失后才能形成径流，因此，蓄渗过程也称为损失过程。在蓄渗过程中产生地表径流、壤中径流和地下径流三种径流形式，因此，蓄渗过程也称为产流过程。

(1)地表径流的形成

①地表径流形成过程中的四种损失：

A. 植物截留损失。降水到达地面之前，首先会碰到地面生长的植物，而植物的枝叶相对较为干燥，且与水有一定的亲合力，因此，植物枝叶会吸附一部分降水。降水过程中植物枝叶拦蓄降水的现象称为植物截留，植物枝叶吸附的降水量称为植物截留量。

在降水的开始阶段，枝叶比较干燥，植物截留量随降水量的增加而增加，经过一段时间后，截留量将不再随降雨量的增加而增加，而是稳定在某一个值，此值就是最大截留量。在整个降水过程中，植物枝叶拦蓄的降水中有一部分在后续雨滴的打击下跌落到地面，后续的降水也会继续被植物枝叶拦蓄，因此，植物截留的过程其实就是拦蓄、跌落、再拦蓄、再跌落的循环往复的过程，截留过程贯穿于整个降水过程，积蓄在枝叶上的雨水不断被新的雨水替代。降水停止后被植物截留的水量最终消耗于蒸发，不参与径流的形成，对于径流的形成而言，植物截留是一种损失。因此，如果要防止地表径流和土壤侵蚀的发生，就应该尽可能地加大植物截留量，而造林种草、增加植被覆盖就是必然选择。

植被冠层并不是密不透风的，总有一些枝叶的空隙，降水时就会有雨水直接穿过枝叶空隙到达地面，这种穿过植物枝叶空隙直接到达地面的降水被称为穿透降水。与此相对应，经植物枝叶拦截后再从枝叶表面滴落到地面的降水称为滴下降水。穿透降水和滴下降水统称为林内降水，即林内降水由穿透降水和滴下降水两部分组成。

植物截留量的大小与降水量、降水强度、风、植被类型、郁闭度等有密切关。

一般情况下降水量越大，植物截留量越大，但当植被冠层达到饱和后，即截留量达到最大值后将不再随降水量的增加而增加，所有的降水都会到达地面，此时植被冠层将不再发挥调蓄水量的功能，但仍然具有调节降水能量的功能。植物截留量与降水强度密切相关，一般情况下降水强度越强，植物的截留量越小，这是因为在强降水条件下植物枝叶拦截的雨水大量跌落地面所致。

风能够摇曳树冠，导致植物枝叶拦蓄的降水重新回到地面，从而使植物截留量减少，一般情况下风速越大，植物截留量越小。

不同的植物叶片的质地和大小不同，枝条的粗糙程度也不同，叶片、枝条与水分亲合力也不一致，因此，不同植物有着不同的截留量。林分的密度越高、郁闭度越大、植被冠层厚度越厚，降水过程中雨水被拦截的几率就越大，截留量也就越大。

植物截留量可以达到年降水量的30%，在湿润地区截留量对减少地表径流的形成有积极作用。但是在干旱地区，如何调节植物截留量，使更多的雨水能够到达地面进入土壤，用于林木生长是干旱区造林工作中面临的新课题。

B. 枯枝落叶拦蓄损失。穿过植被冠层的降水到达地表之前，还会遇到枯枝落叶层的阻拦。枯枝落叶层一般都较为干燥，具有很强的吸水能力。枯枝落叶吸收降水的最大量称为枯枝落叶持水量。枯枝落叶层吸收降水的能力或持水量取决于枯枝落叶的种类、特性以及含水量的大小，不同林分的枯枝落叶吸水能力不同，即使相同的枯枝落叶，降水开始前的含水量越低，其吸收的降水也会越多。枯枝落叶吸收的降水最终仍然会以蒸发的形式返回大气，并不参与径流的形成过程，对于径流形成而言，枯枝落叶吸水也是一种损失。因此，如何增加地面的枯枝落叶覆盖量，保护好现有枯枝落叶是防止形成地表径流、减轻土壤侵蚀的必然选择。

枯枝落叶不但可以吸收降水，而且还可以减缓地表径流流速，增加地表径流下渗进入土壤的机会，从而促使更多的地表径流渗入土壤，同时枯枝落叶层还可以过滤地表径流中携带的泥沙，降低地表径流的含沙量。另外，枯枝落叶覆盖在地表，避免了雨滴对地面的直接打击，从而防止了雨滴击溅侵蚀。枯枝落叶覆盖在地表能阻止土壤水分的无效蒸发，起到蓄水保墒的作用，也正是由于枯枝落叶的蓄水保墒作用，使降雨前土壤含水量维持在相对较高的水平(与无枯枝落叶层的土壤相比)，这也将导致降雨开始后土壤的下渗能力处于较低水平，从而形成较多的地表径流量。

C. 下渗损失。当降水满足植物截留和枯枝落叶拦蓄后，即可到达土壤表面。到达土壤表面的降水在分子力、毛管力、重力的共同作用下开始下渗。下渗可以发生在整个降水期间以及降水停止后地面尚有积水的地方。

在降水过程中，降水强度决定着单位时间到达地表的水量，土壤的下渗强度决定着单位时间内渗入土壤中的水量，根据降水强度和下渗强度的对比关系，可以把地表径流的形成划分为超渗产流和蓄满产流两种方式。

当降水强度大于土壤下渗强度时，到达地面的水量多于渗入土壤中的水量，地面就会形成积水(超渗水)，如果地面有坡度，这些多余的水(超渗水)就会沿地表流动形成地表径流。我们把降水强度大于土壤下渗强度时形成地表径流的产流方式称为超渗产流。超渗产流取决于降水强度与下渗强度的对比，受控于降水强度，而与降水量的关系不大。超渗产流方式多发生于土壤颗粒较细、下渗能力较弱的地区，我国北方大部分地区均为超渗产流区。

当降水强度小于土壤下渗强度时，所有到达地表的降水全部渗入土壤之中，但土壤中能够蓄水的孔隙是有限的，当土壤中所有孔隙都被降水充满后，后续降水不可能再渗入土壤，这些不能再渗入土壤中的“多余的水分”便在地表形成积水，如果地面有坡度，这些多余的水就会沿地表流动形成地表径流。我们把降水强度小于土壤下渗强度，降水量满足土壤缺水量后形成地表径流的产流方式称为蓄满产流。蓄满产流取决于降水量与土壤缺水量的对比，受控于降水量，而与降水强度关系不大。蓄满产流多发生在土壤颗粒较粗、下渗能力较强的地区，我国南方大部分地区的产流方式多为蓄满产流。

在一个流域中土壤类型、土壤孔隙状况、土层厚度、植被等影响下渗强度的关键要素的空间变化很大，从而导致流域内下渗能力的空间分布异常不均，有些地方下渗能力强，有些地方下渗能力弱，在下渗能力强，即下渗强度大于降水强度的地方有可能形成蓄满产流，而在下渗强度小于降水强度的地方有可能形成超渗产流。

渗入土壤中的水分不参与地表径流的形成，但有可能参与壤中流和地下径流的形成。因此，下渗进入土壤中的水分对地表径流的形成而言也是一种损失，即下渗的水分越多，形成的地表径流就越少，造成的土壤侵蚀和水土流失也就越轻微。可见，在防治由地表径流引起的土壤侵蚀和水土流失时，如何提高和增大土壤的下渗能力、增加下渗量是减少和防治地表径流形成的关键，也是防治土壤侵蚀和水土流失的关键，而修建鱼鳞坑、水平阶、梯田等改变地形、增加下渗的措施，以及造林种草改良土壤下渗能力的措施，必然成为水土流失地区生态环境建设的首选措施。

D. 填洼损失。在一个流域中由于各个部位的土壤特性、土层厚度、土壤含水量、地表状况等因素各不相同，各处的下渗能力及土层缺水量各异，下渗能力或缺水量最先被满足的地方首先会出现超渗产流或蓄满产流，形成沿着坡面向河网汇集流动的地表径流。这些径流在流动过程中还会遇到流路上的坑洼，只有把这些坑洼填满后才能继续向河网汇集。径流在流动过程中填满流路上坑洼的现象称为填洼。填满流路上坑洼所需要的水量称为填洼量。在一次降水程中，当满足了流路上各处的填洼量后，地表径流才能持续向河网汇集，进入汇流阶段。

填洼的降水量最终耗于蒸发及下渗，也不参与地表径流的形成，对于地表径流的形成而言也是一种损失，填洼量越大，形成的地表径流量就会越少。因此，在防治坡面地表径流造成的土壤侵蚀和水土流失时，修建鱼鳞坑、水平阶、涝池、塘坝以及海绵城市建设中的下凹式绿地等各种能够增加流域填洼量的蓄水措施已成为必然选择。

植物截留、枯枝落叶拦蓄、下渗、填洼合称为流域的蓄渗过程，植物截留量、枯枝落叶吸水量、下渗量、填洼量合称为蓄渗量。当降水满足了流域内各处的蓄渗量以后，便形成了地表径流。由于流域内地形地貌、土壤地质、植被的空间异质性，导致流域内各处的蓄渗量及蓄渗过程的发展不均匀，地表径流产生的时间有先有后，先满足蓄渗的地方先产流，蓄渗量大的地方形成的地表径流量少。因此，如何定量描述流域蓄渗过程的空间变异性是建立流域产流模型的关键。

②地表径流形成机理：地表径流是降水扣除各种损失后形成的，如果以某一厚度的土层为研究对象，降水过程中的水量平衡方程为：

$$P = F + R \tag{6-4}$$

式中：P 为到达地表的降水量，mm；F 为渗入土壤之中的下渗量，mm；R 为地表径流量，mm。

如果取单位时间，则上式可以变换为：

$$i = f + r \tag{6-5}$$

式中：i 为降水强度，mm/min；f 为下渗强度，mm/min；r 为径流强度，mm/min。

公式(6-5)经变化后可得：

$$r = i - f \tag{6-6}$$

从公式(6-6)可以看出，要形成地表径流，即 $r \geqslant 0$，就必须满足 $i \geqslant f$，即降水强度必须大于土壤的下渗强度，这就是超渗产流的机理。

但是当降水强度小于土壤的下渗强度时，研究土体的水量平衡方程仍然是：

$$P = F + R \tag{6-7}$$

其中下渗量 F 的最大值等于土壤层中的缺水量 $\theta_s - \theta_i$，因此，上式可以变换为：

$$R = P - (\theta_s - \theta_i) \tag{6-8}$$

式中：R 为产流量；P 为降水量；θ_s 为土层的饱和含水量；θ_i 为降水开始前的土壤含水量。从上式可以看出，要形成地表径流，即 $R \geqslant 0$，就必须满足 $P \geqslant \theta_s - \theta_i$，即降水量大于土壤的缺水量，这就是蓄满产流的机理。

(2)壤中流的形成

随着降水过程的持续，渗入土壤中的水分不断增加，当土壤中某一界面以上的土层达到饱和时，在该界面上就会形成积水，这些积水在重力作用下沿土层界面侧向流动，形成壤中流。壤中流是坡面中相对不透水层上的水分流动，壤中流的形成降低了上下土层之间的摩擦系数，减小了土壤颗粒之间的黏结力和内摩擦角，削弱了土层之间的抗剪强度，同时壤中流还会传递水压力，在这些因素的共同作用下壤中流的形成很容易导致浅层滑坡的发生。

既然壤中流是土壤层中相对不透水层上形成的径流，因此，要形成壤中流必须满足三个条件(图6-3)：

①土壤中存在相对不透水层。上层土壤的下渗强度大，下层土壤的下渗强度相对较小。

②降水强度大于下层土壤的下渗强度，在上、下层土壤之间形成积水。

③相对不透水层要有一定的坡度，这样才能促使上下层之间水分流动，形成壤中流。

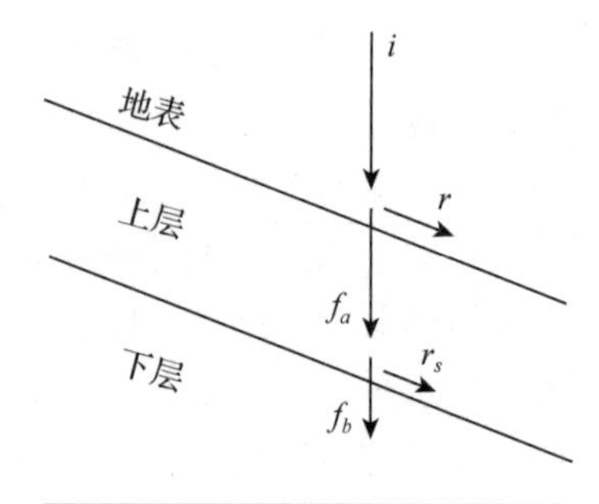

图6-3 壤中流形成示意图

如果以某一土层为研究对象，设上层土壤下渗强度为 f_a，下层土壤下渗强度为 f_b，且 $f_a > f_b$，降水强度为 i。降水强度 i 和对象土层下渗强度 f_a 及 f_b 之间在数量上存在以下几种关系：

①$i<f_b$，即降水强度 i 小于下层土壤的下渗能力 f_b，此时所有的降水全部进入土体，并且向深层渗透，不会形成地表径流，也不会形成壤中流。参见图6-3。

②$f_b<i<f_a$，即降水强度 i 小于上层土壤的下渗能力 f_a，仍然不会形成地表径流，即 $r=0$，降水全部进入上层土壤，并以下渗强度 i 向下层土壤渗透。但由于上层土壤的渗透强度 i 大于下层土壤的下渗能力 f_b，此时在上层土壤和下层土壤之间就会出现来不及下渗的水，在有坡度的条件下产生壤中流，参见图6-3。根据水量平衡原理，壤中流的产流强度 r_s 为：

$$r_s = i - f_b \tag{6-9}$$

③$i>f_a$，即降水强度 i 大于上层土壤的下渗能力 f_a，此时会在地表形成地表径流，根据水量平衡原理，地表径流的产流强度 r 为：

$$r = i - f_a \tag{6-10}$$

同时，渗入上层土壤中的水分以下渗强度 f_a 向下层渗透，由于 $f_a>f_b$，在上下层土壤之间就会形成来不及下渗的水分——壤中流，参见图6-3。根据水量平衡原理，壤中流的产流强度 r_s 为：

$$r_s = f_a - f_b \tag{6-11}$$

(3)地下径流的形成

随着降水过程的持续进行，下渗到土层中的水分继续向深层渗透，当渗透的水分穿过整个包气带到达地下水面后，就会以地下水的形式在含水层中运动，形成地下径流。地下径流在条件合适时会以泉水等形式重新汇入河槽。当地下水埋藏较浅、包气带厚度不大、土壤透水性较强的地区，连续降雨过程中下渗锋面能够到达支持毛管水带的上缘，此时下渗到土层中的水分便与地下水建立了水力联系，包气带含水量也达到了饱和，非毛管孔隙中的重力水也开始补给地下水时便形成了地下径流。

对于均质土层而言，形成地下径流时整个包气带已经饱和，土壤水分以稳渗速率 f_c 向地下含水层渗透，即地下径流量 r_g 等于包气带的稳渗速率 f_c。

$$r_g = f_c \tag{6-12}$$

对于非均质土层而言，由于土层中有相对不透水层，而且产生了侧向流动的壤中流 r_s，因此，地下产流率 r_g 应该为稳渗速率 f_c 与壤中流强度 r_s 之差。

$$r_g = f_c - r_s \tag{6-13}$$

6.2.2 坡面汇流过程

降水在扣除植物截留、枯枝落叶拦蓄、下渗、填洼等四种损失后，形成的地表径流以片状流、细沟流、股流的形式在坡面上向溪沟流动的现象称为坡面汇流(也称为坡面漫流)。坡面汇流首先发生在蓄渗量容易得到满足的地方。在坡面汇流过程中，地表径流一方面继续接受降水的直接补给而增加，另一方面又在流动过程中不断地消耗于下渗和蒸发，使地表径流减少。地表径流的产流过程与坡面汇流过程是相互交织在一起的，前者是后者发生的必要条件，后者是前者的继续和发展。地表径流坡面汇流过程中对地表物质进行侵蚀、搬运和沉积，其结果是在坡面形成面蚀和沟蚀，塑造出流水地貌和侵蚀地貌。

壤中流和地下径流也同样沿坡地土层进行汇流，但它们都是在有孔介质中的水流运动，因此，流速要比地表径流慢。壤中流和地下径流所通过的介质性质不同，所流经的途径各异，沿途所受的阻力也有差别，因此，壤中流和地下径流的流速也不相同。壤中流主要发生在近地面透水性较弱的土层中，它是在临时饱和带内的非毛管孔隙中侧向运动的水流，服从达西定律。通常壤中流汇流速度比地表径流慢，但比地下径流快得多，有些学者称其为快速径流。

壤中流在总径流中的比例与流域土壤和地质条件有关。当表层土层薄、透水性好、下伏有相对不透水层时，可能产生大量的壤中流，此时壤中流将成为河流流量的主要组成部分。

壤中流在汇流过程中与地表径流可以相互转化。如壤中流在流动过程中遇剖面被挖开，壤中流便重新回到地表，转化为地表径流。地表径流在流动过程中如遇地形阻碍，便会重新渗入土层，土层中如若存在相对不透水层，重新渗入的地表径流就会转变为壤中流。

地下径流因其埋藏较深，且受地质条件的约束，流动速度缓慢，变化较小，对河流的补给时间长，补给量稳定，是构成河川基流的主要成分。地下径流是否完全通过本流域的出口断面流出，取决于地质构造条件，如果是闭合流域，地下径流将从流域出口流出；如果是非闭合流域，地下径流并不一定完全由流域出口流出。

地表径流、壤中流、地下径流的汇流过程，构成了坡面汇流的全部内容，就其特性而言，地表径流、壤中流、地下径流的量级有大有小、汇流过程有急有缓，出现时刻有先有后，历时有长有短。对一个具体的流域而言，地表径流、壤中流、地下径流并不一定同时存在于一次径流形成过程中。

在径流形成过程中，坡面汇流过程是对各种径流成分在时程上的第一次再分配作用。降水停止后，坡面汇流仍将持续一定时间，直到离河槽最远点的径流汇入河槽为止。

6.2.3 河网汇流过程

各种径流成分经过坡面汇流注入河网后，沿河网向流域出口断面汇集的过程称为河网汇流过程。

河网汇流过程自坡面汇流注入河网开始，直至将最后汇入河网的径流输送到出口断面为止。坡面汇流注入河网后，河网中水量增加、水位上涨、流量增大，成为流量过程线的涨水段。在涨水段，由于河网水位上升速度大于河槽两岸地下水位的上升速度，在河水与两岸地下水之间形成水力坡度，从而促使一部分河水补给到两岸的地下水中，增加了两岸的地下蓄水量，这称为河岸容蓄。同时，在涨洪阶段流域出口断面以上坡地汇入河网的总水量必然大于流域出口断面流出的水量，即有一部分径流暂时滞蓄在河网之中，这称为河网容蓄。当由坡面汇入河网的水量与流域出口的流出量之差达到最大时，河网内水位最高，河岸容蓄和河网容蓄的水量达最大值，此后进入退水段。

在退水段由流域出口流出的水量大于由坡面汇入河网的水量，河网蓄水开始消退，河网中容蓄的水量逐渐减少，水位逐渐降低，流量逐渐减少。当河网中的水位低于河岸的地下水位时，涨水段容蓄于两岸土层的水分及地下水重新回归到河网中，补给河水，由于河岸地下水补给河水的强度低、过程缓慢，从而使河网汇流的退水过程较为平缓，持续的时间加长。当汇入河道的所有径流全部从流域出口断面流出后，河网汇流过程结束，此时河槽的泄水量与地下水补给量相等，河槽中的流量趋于稳定。

河岸容蓄与河网容蓄统称为河网调蓄。河网调蓄是对降水量在时程上的又一次再分配，因此，流域出口断面的流量过程线远比降水过程线平缓，而且滞后。

河网汇流过程是河网中不稳定水流的运动过程，是洪水波的形成和运动过程，而河流断面上水位、流量的变化过程是洪水波通过该断面的直接反映，当洪水波全部通过出口断面时，河流水位及流量恢复到原有的稳定状态，一次降水的径流形成过程即结束。

径流形成过程中的蓄渗过程称为产流过程，坡地汇流与河网汇流合称为汇流过程。

径流形成过程的实质是水分在流域上的再分配与运行过程(图6-4)。在产流过程中水分以垂直方向的运动为主，主要是降水在流域空间上的再分配过程，也是构成不同产流机制的过程和形成不同径流成分的过程。汇流过程中水以水平方向的运动为主，水平运行的结果构成了降水在时程上的再分配过程。

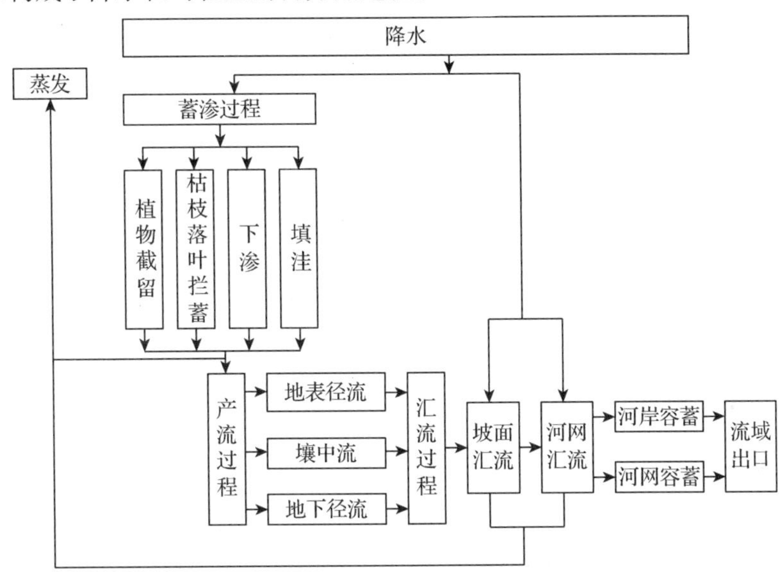

图6-4 径流形成过程示意图

6.3 径流的影响因素

径流的影响因素主要包括气候因素、下垫面因素和人类活动因素。

6.3.1 气候因素的影响

气候因素包括降水、蒸发、气温、风、湿度等。

径流来源于降水，径流形成过程的实质就是下垫面对降水过程的再分配，因此，降水量及其空间分布、降水随时间的变化过程均会对径流产生直接影响。蓄存在流域中的地表水、土壤水、地下水等也均来源于降水，且与流域产水量(径流量)密切相关，这些蓄存在流域中的水分会通过蒸发的形式重返大气，从而使流域蓄水量降低，这必然也对径流的形成产生影响，从而影响河川径流量及其过程。气温、湿度、风是通过影响降水、蒸发、水汽输送等对径流产生间接影响。因此，可以认为径流是气候的产物。气候的空间格局和多样性决定了径流的时空分布规律和变化特性，直接导致径流成分的多样性和径流变化的复杂性。

（1）降水

径流是降水的直接产物，因此，降水类型、降水量、降水强度、降水过程及降水在流域空间上的分布对径流有直接影响。流域出口断面的径流过程是流域降水与流域下垫面因素、人为因素综合作用的直接后果，相同时空分布的降水在不同流域所产生的径流过程具有完全不同的特性。

降水类型的影响：不同类型的降水形成的径流量和径流过程完全不同。由降雨形成的降雨径流主要发生在雨季，径流对降水的响应迅速，径流量相对较大，径流过程一般为陡涨陡落型，产流历时较短。由积雪融化形成的融雪径流一般发生在春季，径流对降水的响应相对迟缓，径流量相对较少，径流过程相对平缓，产流历时较长。

降水量的影响：径流的直接和间接来源都是降水，在降水强度一定的情况下，径流量与降水量成正比，降水量越多径流量越大。

降水强度的影响：降水强度决定产流过程中植物截留损失量和下渗损失量，一般情况下，降水强度越大，植物的截留损失量越小，下渗量损失也越小，形成的径流量越多，而且形成的径流能够在较短时间内向河网汇集，从而形成洪峰流量较大的洪水，洪水过程属于陡涨陡落型。总体而言，降水强度对径流的形成起着决定作用，在降水量一定的情况下，降水强度越大，径流量越多，洪峰流量越高，径流过程线越尖峭。

降水过程的影响：自然界的降水过程可以概化成均匀型、先大后小型、先小后大型、两头小中间大型等几种类型，在各种类型条件下对径流的影响不尽相同，参见图6-5和图6-6。

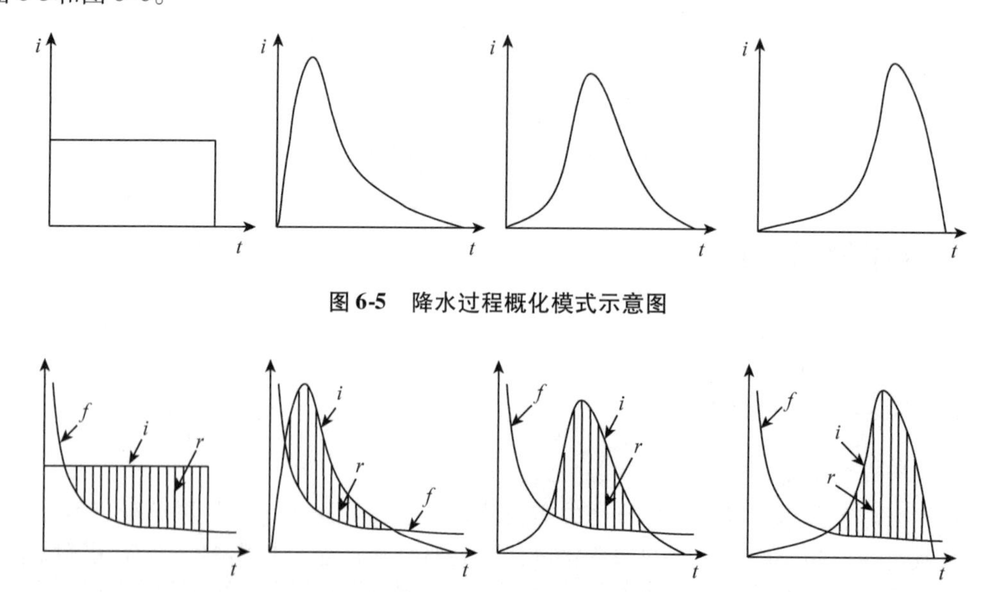

图6-5　降水过程概化模式示意图

图6-6　降水过程、下渗过程、径流过程的对比示意图

注：i 为降水强度，f 为下渗强度，r 为径流强度，t 为时间

从图6-6可见，不同的降水过程形成的径流过程和径流量不尽相同。对于先大后小型降水，虽然降水前期的降水强度大，但此时土壤含水量较低，下渗强度也高，因此，有更多的降水能够下渗进入土壤，随着降水的持续，渗入土壤中的降水逐渐增多，土壤的下渗能力也逐渐降低，但降水强度也随之减小，形成的径流量并不一定很多。而对于先小后大型降水而言，降水前期的降水相对较小，而土壤下渗能力很强，所有降水全部渗入土壤不会形成径流，但随着渗入土壤中的降水的增加，土壤下渗能力会急剧减小，但在降水后期降水强度却急剧增加，而此时的土壤下渗强度却因前期降水急剧减少至很低的水平，因此会有大量的降水来不及下渗而形成径流，因此，先小后大型降水形成的径流量反而更多。总之径流强度是降水强度和下渗强度之差，降水过程对径流的影响实质上是渗入土壤中水量对土壤下渗能力影响的结果。

降水空间分布的影响：降水空间分布主要指暴雨中心的位置和移动方向，如果暴雨中心自流域上游向下游移动，在流域上游形成的径流通过河网汇流随着暴雨中心一起向下游移动，与流域下游形成的径流叠加在一起，从而很容易形成较大的洪峰流量。如果暴雨中心自流域下游向下游移动，在流域下游形成的径流通过河网提前从流域出口排除，暴雨中心在流域上游形成的径流通过河网汇流到达下游时，下游的径流早已排空，不会产生叠加效应，因此，形成的洪峰流量相对较小。

(2)蒸发

蒸发是影响径流的重要因素之一，大部分的降水最终都以蒸发的形式返回大气。在径流形成过程中植物截留、枯枝落叶拦蓄、下渗、填洼的降水都没有参与径流的形成，最终也都蒸发返回大气。在北方干旱地区，80%~90%的降水消耗于蒸发，在南方湿润地区也有30%~50%。根据水量平衡方程，在一个较长的时间范围内，蒸发量越大，径流量越小。

对于某一次降水而言，如果降水前的蒸发量大，林冠层和枯枝落叶层相对更为干燥，植物截留损失和枯枝落叶拦蓄损失量相对较大。同时土壤含水量相对较低，降水时土壤的下渗强度较大，土壤中可容纳的水量相对较多，下渗损失相对较多，相应的径流量就少。

6.3.2 下垫面因素的影响

下垫面是水循环过程中接受降水的地面，更是水分的蒸发面，也是下渗、径流等水文要素的作用面，因此，下垫面的性状特征一定会对径流产生影响。下垫面因素一般包括地理位置、地形地貌、地质土壤、流域面积、流域形状、土地利用类型和植被等。

下垫面因素在空间上的随机组合，构成了下垫面条件的空间差异，这种空间差异导致了流域产流条件、产流方式、产流量即产流过程的差异。出口断面形成的流量过程线是流域降水与流域下垫面因素、人为因素综合作用的直接后果，但下垫面因素是一个缓变的因素，在某一特定流域中，其径流的形成过程主要受降水过程和人为因素的控制。相同时空分布的降水，在不同流域所产生的流量过程具有完全不同的特性。

(1)地理位置

地理位置经常用经纬度表示。地理位置决定了离海洋的远近程度，以及与高大山脉的位置关系，这与降水量、温度、湿度等密切相关，因此，地理位置对径流的影响不可忽视。流域的地理位置不同，其气候条件差别很大，受气候条件影响和制约的径流必然有其特殊性。如我国南方的流域，溪水潺潺、清澈、径流量大、年内分配比较均匀，而我国北方的流域常年断流、浑浊、径流量小、年内分配不均。即使同处北方的流域，离海洋更近的东部地区的流域与西部的流域相比，径流量更大，四季变化更小。

(2)地形

地形包括海拔高度、坡度、切割程度等。地形一方面通过影响气候因素间接影响径流，另一方面还通过直接影响流域的汇流条件来影响径流。

如迎风坡与背风坡相比，降水量有所增加，径流也会相应增加。海拔较高的流域与海拔较低的流域相比，高海拔的流域气温较低，降水量较多，而蒸发较少，径流量必然较大，同时高海拔地区的流域内降雪较多，融雪径流的比例也会提高。

流域的坡度越陡，径流的流速就会越大，形成的径流更容易流走，汇流时间越短，降水和径流的下渗机会相对较少，因此，与坡度较缓的流域相比坡度越陡流域不仅径流量大，洪峰流量高，径流过程线更为尖峭，尤其是地表径流量相对更多。另外坡度越陡，土壤侵蚀越严重，可蓄水的土层相对较薄，蓄水容量较低，相同降水条件下可能形成更多的径流。

切割程度反映流域地面被径流切割的深度和广度，切割深度越深，就越有可能使地下含水层露出地表，这样就会有更多的地下径流汇入河槽，从而增加流域出口的径流总量，尤其是切割程度越深的流域，河流的基流量可能越多，流量越稳定。

(3)流域面积

流域面积是反映流域大小的指标，面积越大，接收的降水量越多，形成的径流总量也就越多。一般情况下流域面积越大，流域内自然条件越复杂，土地利用类型也更加多样，某一个自然要素对径流的影响作用就越不突出，且各种要素对径流的影响也有可能相互抵消，也有可能相互增长。因此，面积较大的流域与面积较小的流域相比，不仅仅是径流总量多，而且径流的变化小，径流过程更为平缓。

由于流域面积直接影响径流总量的大小，为了对比分析面积不同流域的径流量的多寡，常采用单位面积上的径流量(径流模数或径流深)，以消除面积对径流总量的影响，这也是水文学中描述径流量时常常采用径流深和径流模数的原因。

(4)流域形状

流域的形状常用形状系数来表示，流域平均宽度与流域长度之比称为形状系数。当把流域概化为矩形时，流域形状系数就是流域面积与流域长度平方的比值。当形状系数接近于1时，流域越接近于圆形或正方形，反之流域越接近于狭长形。一般而言，在流域面积相同的条件下，流域的形状主要影响径流形成过程中的汇流过程，从而对径流过程线的形状产生影响。如形状接近于圆形的扇形流域，洪峰流量大，流量过程线尖瘦，径流过程相对较短。而狭长形的羽状流域，洪峰流量小，流量过程线扁平，径流过程相对较长。

(5)地质条件和土壤特性

地质条件决定着流域内岩石的种类、断层、节理、裂隙的发育程度，以及岩石的风化程度和土壤的类型。

不同的岩石种类，产生的风化母质不同，其上发育形成的土壤就有其特殊性，这也决定了其上生长植被的不同，而母质、土壤、植被均是影响径流的关键要素。不同的地质构造上发育着不同的断层、节理和空隙(孔隙、裂隙、溶隙)，这些要素都影响着流域的透水性和容水性，而透水性和容水性是决定产流量的关键，在其他条件相同时，透水性越好的岩层，水分更容易沿着孔隙进入地下，降水时形成的地表径流相对较少，地下径流可能会更多。另外，不同的地质条件下岩石上覆盖的风化物的类型和厚度不同，这必然会影响流域蓄渗量，进而对径流量产生影响。粗颗粒的风化物，透水性好、下渗能力强，这样的流域内地表径流量相对较少，而壤中流和地下径流相对较多。相反，细颗粒的风化物，透水性差、持水性好、下渗能力弱，这样的流域更容易形成地表径流，而壤中流和地下径流相对较少。风化层厚度是决定蓄水量的重要因素，一般而言，风化层越厚，可供蓄水的空间越大，降水过程中的蓄渗损失相对较多，形成的径流量相对较少。

径流是降水与土壤层相互作用后形成的，在降水条件一定时，不同土壤上形成的径流量和径流过程应该不同。对于粗孔隙相对较多的沙土而言，因其粗孔隙多，下渗能力较强，降水时有更多的水分进入土壤层，从而减少了形成地表径流的水量，因此，地表径流量相对较少，而且多以蓄满产流为主，除了蓄满产流形成的地表径流外，渗入沙土中的水分在地形条件合适时才能慢慢渗出，因而径流过程线相对平缓。而对于细孔隙相对较多的黏土而言，因其细孔隙较多，下渗能力相对较弱，降水时渗入土壤层中的水分相对较少，因此，形成的地表径流相对较多，而且多以超渗产流为主，径流过程线相对比较陡峭。

土壤性质主要通过直接影响下渗和蒸发来影响径流，渗透性能好的土壤，下渗量大而径流量小。蒸发量相对较大的土壤，在降水时有更多的孔隙可用于蓄存降水，且在相对较低的含水量条件下，下渗能力相对较强，形成的径流量相对较少。

(6)植被

植被对径流的影响主要体现在三个方面，一方面是对径流总量的影响，其次是对枯水径流量的影响，第三是对洪峰流量的影响。

①植被对径流总量的影响：植被生长在陆地表面，在其生长过程中一定会通过蒸发散消耗土壤水分，根据水量平衡原理，植被通过蒸发散消耗的水量越多，形成的径流量肯定越少。但另一方面，植被通过枯枝落叶和根系能够对土壤结构和孔隙状况进行改良，因此，降水过程中将会有更多的水分渗入土壤之中，这一定会减少地表径流量的形成，但是渗入土壤层的水分有可能以壤中流和地下径流的形式从流域出口流出，从而增加河流的基流量。渗入到土壤中的降水能否以地下径流和壤中流的形式从流域出口流出，一方面取决于流域的地形和地质条件，另一方面取决于渗入土壤中的水量的多寡。

总体而言，与其他地类相比森林具有强大的蒸发散量，根据水量平衡原理，在降水量一定的前提下，森林流域的河川径流量就应该小。同时，由于植物截留、枯枝落叶层对雨水的吸收，以及森林土壤有很好的下渗能力，在径流形成过程中降水的损失量大，因此，森林必然会减少地表径流量。也正因为森林有较强的下渗能力，使较多的降水能够渗入地下，以地下径流的方式缓慢补给河川径流，因此说，森林有可能增加河川枯水期的径流量。但是，森林增加的枯水期径流量是否与减少的地表径流量相抵消，不同地区的研究人员有着不同的研究结论。

在美国和日本，研究人员对森林砍伐后和砍伐前的径流量进行对比分析后指出，砍伐森林能够增加流域的产水量，这就说明了森林能减少流域径流量。而在俄罗斯，研究人员通过对有林流域和无林流域的产水量进行长期对比观测后则指出，森林能够增加流域径流量。

A. 森林植被减少径流量。以美国和日本学者为代表，通过比较无林流域和有林流域的径流量，或者长期观测同一流域采伐前和采伐后的径流状况后得出森林植被减少年径流量的结论。

以流域为单元研究森林对径流的影响始于19世纪后期。当时在Alps地区发生了一系列的自然灾害，洪水泛滥、山体滑坡、农田遭到破坏，这些都是因为建立牧场而砍伐了大量森林所带来的严重后果，但它也促使了世界上第一个集水区研究的开始。1900年，在瑞士的Bernese Emmental地区对两个0.6km^2的集水区进行了对比观测。其中一个集水区99%为森林，另一个集水区69%是牧草地，31%是森林。99%森林覆盖的集水区洪水流量和年径流量均低于森林覆盖率为31%的积水区，但基流量却更多。俄罗斯人M. K. Torsky(1894)在奥吉河上游最早开展了森林水文的观测研究，他发现无森林覆盖流域的径流量为155mm，森林覆盖率为18%时，径流为119mm，而当森林覆盖率为46%时，径流只有112mm。

在美国最有影响的是在Coweeta开展的流域试验，Coweeta位于美国北卡罗来纳州，研究工作开始于1933年，是研究历史最长的流域实验，其流域面积为18km^2，包括25个小集水区，其中有砍伐森林和重新种植树木等不同处理的集水区。长期的监测结果显示，砍伐森林可以增加大约15%的平均流量和洪峰流量。径流量与森林类型密切相关，将阔叶林转变为针叶林后年径流量减少250mm，将阔叶林转变为草地后径流量也会发生变化，流域径流量随草地生产量的增加而减少。

美国阿巴拉契亚山区29个对比流域实验结果表明，采伐20%的森林后可以观测到流域径流量增加，将实验流域的森林全部采伐后，流域年产水量的增加幅度在0~400mm，采伐面积每增加10%，年径流量增加28mm。美国东海岸平原区的7个对比流域实验结果表明，全部采伐森林后径流量增加250mm以上，采伐面积每增加10%，径流量增加18mm。

英国于20世纪60年代选择两个相邻流域进行对比试验，流域面积10km^2，其中一个为森林流域，另一个为草地流域。研究结果发现，森林流域的蒸发量高于草地流域区，即森林流域的径流量低于草地流域，在小洪水时森林流域的洪峰流量低于草地流域，但大洪水时，二者差异不明显。森林植被会减少径流量，其原因是林冠截留导致蒸发量大大增加所致。

日本1911—1919年首先采用单一集水区在茨城县太田实验场开展森林水文效应研究，结果表明，森林完全采伐后年径流量增加300mm，径流量随森林的皆伐、择伐量的增加而增加，森林覆盖率与洪峰流量呈反比，与枯水期流量呈正比。

我国的流域试验始于20世纪60年代，主要探讨森林植被覆盖率与径流量的关系，多数结论认为森林覆盖率的减少会不同程度地增加河川年径流量，即森林能够减少径流量。刘昌明(1978)通过分析黄河中游地区降雨和径流资料后指出，黄土高原林区的年径流深显著低于无林的外围边缘地区，非林区的年径流量为林区的1.7~3.0倍，黄土高原森林减少了37%以上的径流量。

B. 森林植被增加径流量。俄罗斯在斯莫列斯克、季洛夫、伏尔加河左岸三个地区的观测资料表明，在相同的气候条件下，有林流域较无林流域的径流量增加114mm，即森林覆盖率每增加1%，年径流量增加1.1mm。金栋梁认为，在我国长江流域森林覆盖率高的流域比森林覆盖率低的流域径流量均有所增加，增加幅度为21.8%~32.8%。中国林学会森林涵养水源考察组在华北进行的流域对比分析表明，森林覆盖率每增加1%，径流深增加0.4~1.1mm。

C. 森林植被对径流量无影响。在匈牙利西部阿巴拉契山地，生长有枫树、橡树林的集水区于1957年实施13%的强度择伐后，与未经采伐的对照区相比径流量和洪水性质、水质没有发生任何变化。俄罗斯西北部和上伏尔加河流域等地集水区的观测资料也表明，森林对小流域径流量无明显影响，或没有发现明显的规律性。我国的一些研究也得到了相似的结果，据海南万泉河乘坡水文站的观测资料表明，随森林植被变化径流量变化并不十分明显。乘坡水文站控制面积727km^2，20世纪60年代和70年代的森林覆盖率分别为15%和40%，年降水量分别为2601mm和2428mm，年均径流量分别为1805mm和1676mm，径流系数均为0.69。对四川西部米亚罗高山林区、岷江上游冷杉林小集水区的对比研究得出，森林流域的径流量虽然较无林或少林流域大，但差异不显著。

②植被对枯水径流影响：枯水径流是指一年中主要由地下水补给时的径流，也称为基流。

部分学者认为森林能增加枯水径流量，因为有林地的包气带土层比无林地疏松，降水更容易渗入土壤，促使地表径流转化成土壤水、壤中流和地下径流，从而发挥土壤水库的调蓄作用。到了枯水季节，降水减少，河川径流主要靠流域蓄水补给，森林土壤含蓄的水分可以增加流域的枯水径流量，使枯水径流量保持均匀、稳定。如在川西高原的原始林区，有林集水区冬季(1~3月)平均枯水流量很稳定，径流模数为16~19L/(km^2·s)之间，而森林被采伐的集水区径流模数为4~7L/(km^2·s)之间。但也有学者持反对观点，如南非的观测资料表明，以松树和桉树为主的森林流域，由于枯水期蒸发散增加，从而使枯水径流严重减少。Scott(1997)指出，在以大叶桉为主的研究区，植树后第9年枯水径流完全消失，当桉树生长到16年时进行皆伐，皆伐5年后枯水径流量也没有恢复。

枯水径流量能否增加取决于降水时的下渗量和降水后林地蒸发散量的对比关系，如果降水时的下渗量大于降水后的蒸发散量，土层中水分就会有盈余，这些盈余的水分就有可能在枯水季节以枯水径流的方式流出，从而增加枯水径流，维持基流稳定。相反，如果降水后的蒸发散量大于降水时的下渗量，土壤中的水分因不断消耗而处于亏缺状态，这必将导致枯水期径流量的减少。一般而言，湿热带地区增加植被，往往使枯水径流增加。

③植被对洪峰流量的影响：美国韦勒克河流域在暴雨量相当的情况下，森林衰退后洪水总量减小，洪峰流量增大，洪峰出现时间提前。我国辽宁抚顺1995年7月25～29日降水量450.6mm，森林小流域的洪峰流量比皆伐迹地小流域削减了35.2%，洪峰出现时间推迟了1h，径流过程延长了76h。日本的中野秀章认为，在降水强度较小的情况下，森林对洪水的影响较大，而对于降水历时较长的大暴雨而言，森林植被对洪水的影响逐渐减弱，甚至接近于零，当连续性降水量超过400mm时，森林与洪水已无关系。我国学者也认为森林对洪水的影响，与降水量和流域前期蓄水量密切相关。当降水强度大、历时短，但降水量级较小且前期流域蓄水较少的情况下，植被能起到显著的削峰、减洪和拦沙的作用。如果降水量级很大，前期流域蓄水已经达到饱和后，植被就无法起到削峰、减洪的作用。

多数学者认为，森林可以减少洪水量、削弱洪峰流量及推迟和延长洪水的汇集时间，但这种削弱作用并不是无限的，森林对洪水的削减作用是有条件的，受到很多因素的影响，如土壤前期含水量、枯枝落叶层被前期降水湿润饱和的程度、暴雨的强度与历时、森林分布的地貌部位、土壤厚度与下伏岩石的透水性等。一般来说。对小暴雨或短历时暴雨而言，森林具有较大的调节作用，但对特大暴雨或长历时的连续多峰暴雨来说，森林的调蓄能力有限，因为森林的拦蓄容量已为前一次暴雨所占用，后续暴雨时森林的拦蓄作用会大大降低。

(7)湖泊和水库

湖泊和水库具有一定的容积，能够将径流蓄存，可以通过蓄水量的变化调节和影响径流的年际和年内变化。在洪水季节大量洪水进入水库和湖泊，水库和湖泊的蓄水量增加，从而减少流域出口的径流量。在枯水季节，水库和湖泊中蓄积的水慢慢泄出，其蓄水量减少，从而增加河道的枯水径流量和维持基流的稳定。因此，流域中的水库或湖泊，能够消减洪峰流量、调节枯水径流，使洪水过程线变得更加平缓。

6.3.3 人为活动的影响

人为活动对径流的影响主要是通过改变下垫面性质直接或间接地对径流产生影响。人为活动对径流的影响有正反两个方面。

人类可以通过修建各种水利工程和水土保持措施，拦蓄地表径流、消减洪峰流量、调节径流。水土保持措施中梯田、水平条等措施减缓了原地面的坡度，增加了地表糙率，从而增加了下渗量，延长了汇流时间，减少了地表径流量，消减了洪峰流量，使流量过程线变得平缓。人类还可以通过植树造林，涵养水源、调节径流。跨流域调水改变径流的空间分布。人工影响气候通过改变降水、蒸发等水循环要素，进而对径流产生影响。

城市化建设中的地面硬化减少了下渗，必然引起地表径流的增加，从而产生内涝。大量开采地下水以及采矿，导致地下水面下降，间接引发山区泉水干涸、河流断流。过度地砍伐森林、陡坡开荒、无序开采地下各种资源等都能造成严重的水土流失。另外，工业生产废弃物的任意排放、农业生产中各种农药和化肥无节制的使用、生活垃圾的随意堆放，不但破坏了土壤及土壤水库(土壤中有大量的孔隙，这些空隙具有蓄水功能，相当于水库)对径流的调蓄作用，还严重污染了水质。因此，必须植树造林种草，开展生态清洁小流域的综合治理，防治水土流失，保护生存环境。

6.4 坡面径流的测定

坡面是最基本的地貌单元，更是水土流失发生发展的最小单元，观测坡面的水土流失是探索坡面水土流失防治措施的关键，是正确评价水土保持效益的基础，是水土保持研究的基本方法。因此，坡面径流量、产沙量的观测是水文学和水土保持监测中最重要的内容。

降雨或融雪时形成的沿坡面向下流动的坡面径流，在流动过程中对坡面进行侵蚀后形成挟沙水流，其挟带的泥沙量为侵蚀量。目前，坡面径流量、侵蚀量多采用径流小区进行观测。坡面径流小区是观测坡面径流量和侵蚀量的基本设施，多个坡面径流小区集中在一起组成径流泥沙观测场，简称径流场。

最早的坡面径流小区是1877年由德国土壤学家沃伦(Ewald Wollny)设计，用于观测和研究森林植被对土壤侵蚀的影响。此后，这种小区观测在全世界得到普遍认可，广泛用于坡面径流和坡面土壤侵蚀研究，探讨地形因子(坡度、坡长、坡型)、植被因子、土壤因子、人为活动等对坡面径流和土壤侵蚀的影响。径流小区是对比研究某一单项因素对坡面径流和土壤侵蚀影响的基本方法。

6.4.1 径流小区数量的确定

径流小区是观测坡面径流量和土壤侵蚀量的常用方法，其主要目的是通过测定代表性典型坡面的径流量和土壤侵蚀量，推算整个观测区域坡面径流量和土壤侵蚀量，因此，首先必须确定研究区域所需径流小区的数量。

径流小区数量可以根据研究区域的土地利用类型来确定。首先，通过遥感或查阅土地利用现状图等手段，把握研究区域的土地利用类型及其面积，再根据土地利用类型数量和面积，以在每种地类上至少布设一个径流小区为基本原则，确定所需要径流小区的最少数量。其次，在每种土地利用类型中选择最具代表性的地块作为修建径流小区的待选地，在面积较广、类型较多的地类中可以适当增加径流小区的数量。

6.4.2 径流小区的选择

利用径流小区观测坡面径流量和土壤侵蚀量，是将在微小面积上测定的结果扩展到整个坡面，属于尺度扩展，所选择的径流小区必须有很强的代表性，否则将会造成较大的误差。为此，选择径流小区时必须遵循以下几项原则：

①代表性原则：径流小区应选择在地形、坡向、土壤、地质、植被、地下水和土地利用等有代表性的地段上。

②自然性原则：径流小区的坡面尽可能处于自然状态(土壤、植被)，不能有土坑、道路、坟墓、土堆等影响径流流动的障碍物。

③均一性原则：径流小区的坡面、土壤、植被应均匀一致。

④重复性和可比性原则：不同措施的小区要有重复试验和对比试验。

⑤便于管理的原则：径流小区应布设在便于观测和维护管理的地方，交通便利，能够开展人工降雨试验。

6.4.3 径流小区的勘查

径流场选择好以后，必须进行地形测量，开展基岩和土壤特性调查、植被调查等工作。

(1)地形测量

径流小区选好以后，首先进行径流场的地形测量，比例尺采用1∶200或1∶500(视径流场的坡长而定)，等高线间距采用0.25～0.5m，除了拟定修建径流小区的地段外，还应测绘径流场四周约100m范围内的地段，记录地理坐标、地貌类型、高程、坡度、坡向、坡位、坡型等。地理坐标、高程可以用GPS测量，也可以直接查阅地形图。坡度、坡向可以用罗盘测量，地形可以用经纬仪测量，也可以用罗盘和测距仪测量。地形测量的结果和图件应该作为径流小区的原始资料进行归档保存。

(2)基岩、土壤特性调查

在径流场附近较为开阔的坡地上选择三个典型地段挖土壤剖面，在黄土区等土层深厚的地区剖面深度不小于1m，在土石山区等土层较薄的地区剖面深度根据土层厚度而定。主要调查内容包括基岩类型、风化层厚度、土壤类型、土壤层次及厚度、容重、孔隙度、硬度、渗透性能、土壤养分状况等，并绘制土壤剖面图。基岩和土壤特性调查结果必须作为径流小区的原始资料进行归档保存。

(3)植被调查

在拟建的径流小区内，用每木检尺的方法调查所有树木，确定林分起源、林龄、胸径、树高、冠幅、密度、郁闭度、生物量等，绘制树冠投影图。调查灌木和草本的种类、空间分布状况、盖度、高度、地径、生物量、多样性等指标。调查地表枯枝落叶的组成、现存量(厚度和单位面积的重量)、分解状况、持水能力。

乔木生物量的测定：在小区附近选择地形地貌和植被状况相似的地方设20m×20m的样方，选择3株标准木，伐倒、称重，计算出标准木的单株生物量，再以径流小区内乔木树种的株数乘以标准木的单株生物量得到径流小区内的乔木生物量。也可以采用现有的生物量与胸径和树高的关系曲线计算径流小区内乔木的生物量。

树冠投影图的绘制：以小区内的每株树木为中心，按16个方位分别测定树冠投影的水平长度，在图纸上按照一定的比例尺以树干为中心，以16个方位上的水平长度为依据绘制成多边形，该多边形可以近似认为是树干的投影。

由于乔木树种每年都在生长，生物量每年都在变化，因此，在观测期间内每年都需要对径流小区乔木树种的生长状况进行调查，建立径流小区内植被生长调查档案。

灌木生物量调查：在乔木生物量测定样方内的4个角和中心处分别设5m×5m的灌木生物量测定样方，采用收割法测定灌木生物量(5个灌木样方)。

草本生物量调查：在每个测定灌木生物量小样方内的4个角和中心处分别设1m×

1m 的草本生物量测定样方，采用收割法测定草本生物量(25 个草本样方)。

灌木和草本也应该每年进行调查，并建立灌木和草本调查档案。

枯枝落叶量的测定：在乔木生物量测定样方 2 条对角线上均匀布设 4 个 1m×1m 的样方，测定枯枝落叶的厚度，收集所有枯枝落叶后称重，计算单位面积上枯枝落叶的保存量。还需要对枯枝落叶量的逐月回收量进行调查，建立枯枝落叶调查档案。

农作物生长量调查：农地小区要调查耕作方式、农作物生长过程以及生物量的季节变化，记录农作物的管理过程，尤其是松土除草的方式与具体日期，农药和化肥的施用量及具体的施用日期，建立农地小区调查和管理档案。

6.4.4 径流小区的设计和布设

(1)径流小区的大小和形状

在平整坡地上的径流小区为长方形，面积 $100m^2$，即与等高线垂直的长边为 20m(水平距离)，与等高线平行的短边为 5m。这种径流小区常被称为标准径流小区。但在野外布设时由于地形限制，无法完全按照标准径流小区进行设计和修建，此时可以根据地形条件和植被状况对径流小区面积和形状进行适当调整。常见径流小区有 5m×10m、10m×20m、20m×40m、10m×40m 等多种规格，为了配合人工降雨，径流场的尺寸可以略小一些，常采用 2m×5m 或 2m×10m 的规格。在坡地上布置径流小区时，长边垂直于等高线，短边平行于等高线。

目前常用的径流小区均为矩形，如果受地形条件限制，径流小区可以设计成各种形状。由于标准径流小区只有 $100m^2$，面积较小，在这种微小坡面上虽然地形、植被条件容易形成一致，但在这种微小坡面上径流形成后并不一定能达到最大流速，地表径流在微小坡面上形成的侵蚀量与更长的自然坡面相比会有一定差距。因此，如果在研究区域内能够选择一个完整坡面(全坡面)作为径流小区，可以沿整个坡面的分水线围成一个自然集水区作为全坡面径流小区。这样的全坡面径流小区不仅面积较大，而且是一个完整的自然集水区，更能代表自然坡面的实际情况，在这种全坡面的径流小区上形成的地表径流过程和侵蚀过程也更具代表性，用这种全坡面的小区观测出的径流量和侵蚀量推求整个区域的径流量和侵蚀量时精度更高。

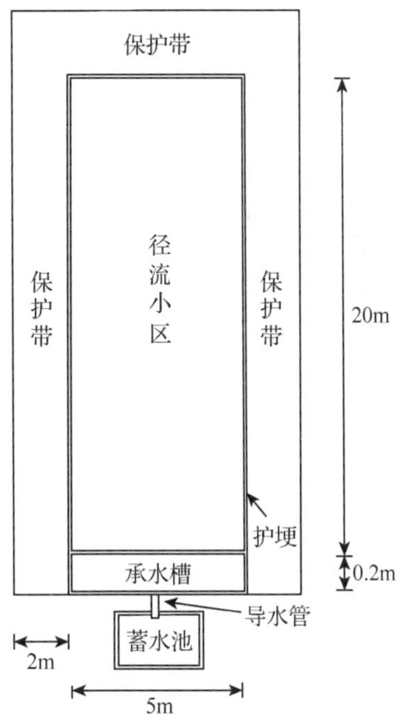

图 6-7 径流小区示意图

(2)径流小区的组成

径流小区由保护带、护埂、承水槽、导水管、量水设施等几部分组成(图 6-7 和图 6-8)。

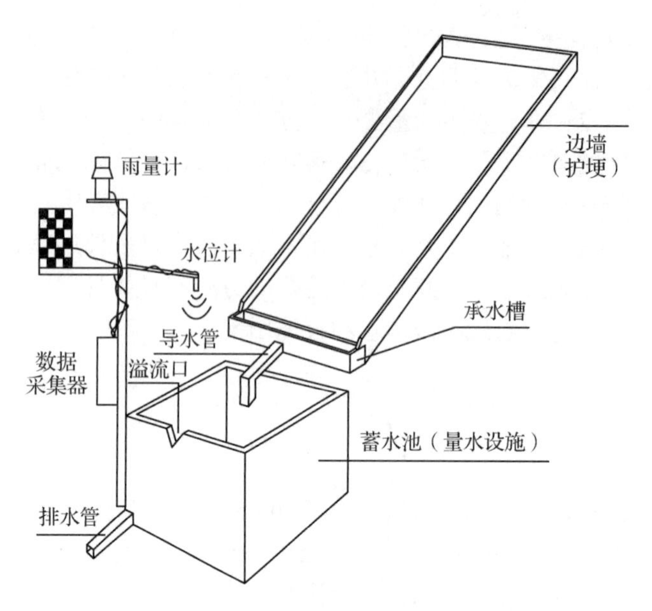

图 6-8 径流小区组成示意图

保护带：是设置在径流小区上方和两侧、用于防止外部径流侵入的区域，也是将径流小区和周围环境隔开的区域，保护带的宽度和深度视具体地形而定，必须保证上方来水和两侧径流不会进入径流小区，同时必须保证周围环境中的植物根系、树冠不会伸展到径流小区内。在保护带内必须设置排水渠，以排出保护带内产生的径流和外围进入保护带的径流。保护带也可以设计成步道，以便于管理人员通行。

护埂：是设置在径流小区上方和两侧用于防止小区内的径流外泄、防止外部径流进入小区、将径流小区和保护带隔开的设施，可以用金属、木板、预制板等材料做成。护埂应高出地面15~30cm。用预制板作护埂时，护埂的顶部应该做成楔形(内直外斜)，以防止降落在护埂上的雨水进入径流小区。预制板之间必须用水泥砂浆填满，以保证径流小区内的水分不外泄，小区外的水分也不会进入小区。每块预制板必须安置在基岩上，基岩与预制板之间填满水泥砂浆，以防止水分通过，从而保证整个径流小区与外界环境之间无水分交换，尤其是当径流小区用于水量平衡研究时，整个径流小区必须与周围环境完全隔离。

承水槽：位于径流小区的下方，用于承接径流小区产生的径流，并通过导水管把径流导入量水设施。承水槽一般为矩形，底面需要有一定的坡度，以便于径流向导水管汇集。承水槽可以用混凝土、砌砖水泥护面、铁皮等制成，不论用何种材料制作，必须保证不漏水。承水槽上面应加盖盖板，以防雨水直接进入承水槽而影响观测精度。承水槽的断面应根据当地频率为1%的暴雨径流计算确定。

$$\omega = Q_m / V \tag{6-14}$$

式中：ω 为承水槽的流水断面面积；Q_m 为当地频率为1%的暴雨形成的洪峰流量；V 为承水槽中水流的平均流速，可按谢才公式计算。

$$V = C(RJ)^{1/2} \tag{6-15}$$

式中：C 为谢才系数，$C=R^{1/6}/n$；n 为糙率，混凝土槽的糙率 n 采用0.011；J 为水力比降，一般采用承水槽底面的坡度；R 为水力半径，可根据公式 $R=\omega/x$ 确定，x 为承水槽的湿周。

导水管：是连接承水槽与量水设施的管道，通过导水管将坡面产生的径流和泥沙导入量水设施。导水管的管径必须保证能及时将径流全部导入量水设施，不能在承水槽中形成积水。设计时可以根据最大洪峰流量确定管径的大小。

量水设施：是用于收集和量测径流泥沙量的设施，最为常用的量水设施是蓄水池或蓄水桶。蓄水池或蓄水桶必须能够容纳径流小区产生的全部径流量，这样蓄水池的容积就会很大，为了减小蓄水池的容积，可以安装分水箱。

6.4.5 坡面径流量的测定

径流量的观测方法可以根据径流场可能产生的最大流量和最小流量进行确定，常用的方法有体积法、堰箱法。

(1)体积法

体积法是在导水管下方配置一定断面面积的蓄水池或容器，根据蓄水池中水位变化计算一定时间内的径流量。体积法只能观测到一定时间内的径流总量，不能观测径流过程，为此，经常在蓄水池上安装水位计以观测径流过程。

体积法是观测径流总量最为准确的方法，但因蓄水池必须能够容纳符合设计标准的最大径流量，常常需要修建体积很大的蓄水池，但在山区往往没有修建大蓄水池的地形条件。为了减小蓄水池的尺寸并节约费用，可以在蓄水池上设置分水箱进行分流，只让一部分径流进入蓄水池，参见图6-9。

分水箱是通过测定出一部分径流量计算径流总量的装置，常用的分水箱有5孔分水箱、7孔分水箱、9孔分水箱、10孔分水箱等。分水箱的各个分水孔孔径必须一致，各分水孔必须在同一水平面上，且每个分水孔外的管道长度和倾斜角度也必须一致，这样才能保证从每个分水孔流出的水量是一致的。为了保证测量结果的准确性，可以事先在室内对分水箱进行标定，以确定每个分水孔的流量占总流量的比例。参见图6-9。

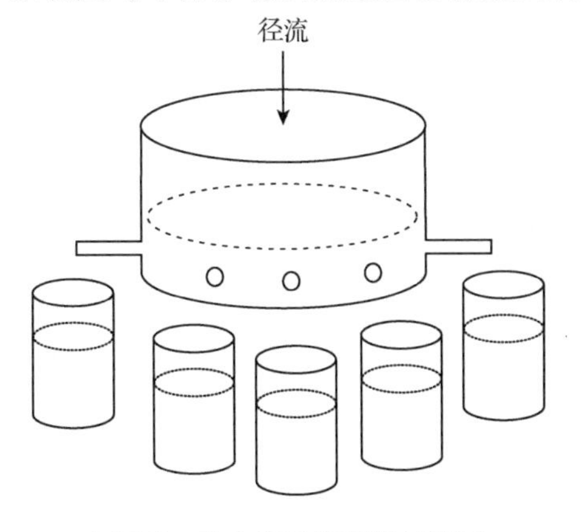

图6-9 分水箱及其标定示意图

为了防止从导水管流出的径流落入分水箱时形成波浪，造成各分水孔出水量不一致的情况出现，可以将导水管的出水口安装在低于分水孔的高度上，这样从导水管落入分水箱的径流是从导水管出口溢出后向上涌动，不会造成较大的波浪，还能保证分水箱中各方向的水位均匀上升。

使用体积法观测径流量时，每次降水后立刻用钢尺测定蓄水池中的水深，或用安装在蓄水池壁上的水尺读取水深，利用水深和蓄水池断面积计算出泥水总量。降水前应该检查蓄水池中是否有积水，如有积水应该将其及时放掉，并关闭阀门，如来不及放掉积水，应该测定产流前蓄水池中的水深并取水样测定泥沙量。

如果使用了分水箱，用钢尺分别测定分水箱中的水深和蓄水池中的水深，此时的泥水总量应该为：

$$V = H_{分} \times S_{分} + H_{蓄} \times S_{蓄} \times N \tag{6-16}$$

式中：V 为泥水总量；$H_{分}$ 为分水箱中的泥水深；$S_{分}$ 为分水箱的截面积；$H_{蓄}$ 为蓄水池中的泥水深；$S_{蓄}$ 为蓄水池的截面积；N 为分水孔数量。

(2)堰箱法

当径流小区面积较大或采用全坡面径流小区时，坡面径流量较大，无法使用蓄水池容纳全部径流，此时一般采用堰箱法进行测定。在开展坡面的产流过程的相关研究中，也可以利用堰箱进行坡面径流的观测。

堰箱就是在蓄水池一侧开设一个三角形或矩形的溢流口，形成薄壁堰。当蓄水池中的水位高于溢流口时，流入堰箱的径流便从溢流口流出。从溢流口流出的泥水体积可以通过水位流量关系曲线计算得出。

采用堰箱时因不能直接测定出径流量，必须通过测定堰箱中水位变化过程和溢流口的水位变化过程，利用水位流量关系曲线计算出径流过程和径流总量。因此，利用堰箱测定坡面径流小区的径流量时必须有堰箱的水位流量关系曲线。

水位流量关系曲线是流量随水位变化的关系曲线，每个堰箱在设计时都有设计的水位流量关系曲线，但安装在野外的堰箱，其使用条件和安装状态与实验室条件有较大差异，因此，每个堰箱安装后都需要进行标定，即对设计的水位流量关系曲线进行修正。

堰箱的标定有体积法和流速面积法。标定后的水位流量关系曲线可用于计算流量。

采用体积法标定堰箱时，需要在溢流堰出水口下方放置一定体积的容器，记录某一水位条件下从堰箱流出一定体积的水所需要时间，以此为基础计算流量。反复测量不同水位时的流量，再绘制水位流量关系曲线，拟合流量公式。

采用流速面积法进行标定时，首先测定溢流口的水位，同时利用流速仪测定出堰箱溢内某一断面处水流流速，然后根据水位计算出过水断面的面积，再利用过水断面面积乘以流速得出该水位对应的流量。当水位条件发生变化后，重复以上步骤，得到不同水位条件下的流量，据此绘制水位流量关系曲线，拟合流量公式。

利用堰箱观测径流量时，需要在堰箱上安装自记水位计，利用自记水位计观测出产流过程中堰箱中水位变化，降雨后根据水位流量关系曲线和水位变化过程数据计算出径流过程和总径流量。常用的水位计有浮子式水位计、超声波水位计和压力式水位计，但压力式水位计不适合在含沙水流中使用。

6.4.6　坡面侵蚀量的测定

坡面侵蚀量的测定一般采用取样法，即在蓄水池中用取样器取样，在室内过滤、烘干，求算泥水样的含沙量，再利用含沙量和泥水总量计算出侵蚀总量。

(1)取样

坡面径流小区中形成的侵蚀量会随地表径流一并进入小区下方的蓄水池或堰箱中。在蓄水池中测完水深后，用木棍充分搅拌蓄水池中的泥水样，使泥水充分混合，然后用取样瓶取3个泥水样，每个泥水样的体积为1000mL，带回室内进行泥沙分析。

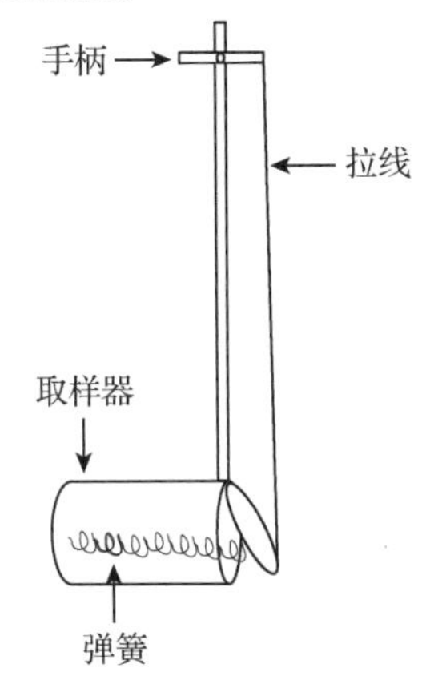

图6-10　泥沙取样器示意图

如果蓄水池内泥沙较多，无法搅拌均匀时，可以用张建军设计的简易泥沙取样器进行分层取样(图6-10)。简易泥沙取样器为一个密闭容器，一侧的盖子可以打开。取样时，将泥沙取样器放入泥水中一定深度后，通过机械传动装置将取样器的盖子打开，泥水样便进入取样器，松开传动装置后在弹簧的拉力下取样器的盖子自动关闭，泥水样密封在取样器内，把取样器从泥水中取出，打开盖子，将泥水样装入取样瓶后，冲洗取样器，进行下一次取样。

取完泥水样后打开蓄水池下部的放水阀门，将蓄水池内的泥水放净，并用清水冲洗蓄水池，然后关闭放水阀门。

利用堰箱虽然可以测定径流量和径流过程，但无法测定泥沙量。为此必须将由堰箱中流出的径流导入分水箱进行分流后将一部分径流保存在分流桶中，降水结束后用木棍充分搅拌蓄水池和分流桶中的泥水样，使泥水充分混合，然后分别在蓄水池和分流桶中用取样瓶各取三个泥水样，每个泥水样的体积为1000ml，带回室内进行泥沙分析，取完泥水样后打开蓄水池和分水桶上的放水阀门，将蓄水池和分水桶内的泥水放净，并用清水冲洗蓄水池和分水桶，然后关闭放水阀门。

泥沙量的观测也可以采用泥沙自动取样器进行，目前常用的泥沙自动取样器有美国生产的ISCO6712，该仪器包括雨量计、水位计、控制器等几部分。雨量计用于降雨观测，水位计用于观测蓄水池中水位的变化，控制器通过采样程序控制水泵抽取泥水样。ISCO6712最多可以采取24个泥水样品。取样报告以文本文件的形式保存在控制器中，可以随同降雨数据和水位数据利用专用软件(Flowlink)从控制器中下载。泥沙自动取样器ISCO6712在工作之前需要人工输入启动条件，当启动条件满足后便可以开始自动采样。一般情况下雨量和水位均可以作为泥沙自动取样器的启动条件。雨量条件就是当单位时间内的雨量(降雨强度)大于某一值时取样器开始工作，水位条件是指当水位大于某一设定值后(水位高于某一临界值)取样器开始工作，也可以设定为当雨量大于某一值、同时水位也大于某一值后取样器开始工作。泥沙自动取样器的取样条件一般根据观测地区的产流条件确定，并可以通过操作面板输入到泥沙取样器的控制器中。泥沙自动取样器ISCO6712启动后，便可以按照一定的时间间隔从取水口抽取一定体积的泥水样注入取样瓶，取完24个泥水样后，仪器自动关闭。每个取样瓶对应的取样时间都以文本文件的形式保存在取样报告中。

(2)泥沙含量的测定

将取回的泥水样品，在室内采用过滤烘干法进行测定。具体步骤为：

①在室内将装有泥水样的取样瓶外面擦干净，用天平称其总重 W_1；

②将泥水样倒入量筒测定体积 V 后，用定量滤纸(滤纸的重量为 W_L)进行过滤；

③将滤纸和滤纸上的泥沙放入105℃的烘箱烘干至恒重，烘干后的泥沙加滤纸重 W_2；

④将取样瓶洗净后烘干，并称重 W_P；

⑤径流量和侵蚀量的计算公式如下：

$$\text{净水率} = (W_1 - W_P - W_2 + W_L)/V \times 100\%$$

$$\text{净水量} = \text{净水率} \times \text{泥水总量}$$

$$\text{径流深} = \text{净水量}/\text{径流小区面积}$$

$$\text{径流系数} = \text{径流深}/\text{降水量} \times 100\%$$

$$\text{净泥率} = (W_2 - W_L)/V \times 100\%$$

$$\text{净泥量} = \text{净泥率} \times \text{泥水总量}$$

$$\text{单位面积侵蚀量} = \text{净泥量}/\text{径流小区面积}$$

6.5　小流域径流泥沙的测定

小流域是最基本的地貌单元和水文单元，更是一个生态经济系统，在水土保持中小流域面积一般小于30km²，水土保持经常以小流域为单元进行综合治理，因此，小流域的径流泥沙观测是在小流域尺度上把握水文、泥沙变化过程的关键手段，是评价水土保持效益的基础。

小流域的径流量和泥沙量是指单位时段内(一年)从小流域出口流出的径流量和输沙量。小流域径流泥沙的观测不仅是在小流域尺度上把握水土流失的动态变化规律、评价小流域综合治理效益的关键，而且径流量的观测还可以掌握水土流失和地表水资源量的动态变化，以及为下游防洪工作中的洪水预测预报提供依据。小流域输沙量的观测可以为下游各种水利工程的正常运行提供基础数据。因此，小流域径流泥沙的观测是水文学和水土保持学的重要内容，通常采用量水堰(卡口堰)和自然观测断面进行观测。

6.5.1　小流域选择及观测断面选取

小流域的径流泥沙观测与研究是在小流域尺度上把握水土流失规律、探讨人类活动对小流域径流泥沙的影响、评价人类活动水文效益的基础，因此，选择研究流域时应该遵循以下三个原则：

代表性原则：根据研究目的选择几何特征、地形地貌、土壤地质、植被、土地利用、水土保持等自然地理特征和人为活动都有代表性的小流域作为研究对象。

闭合性原则：所选择的小流域必须是一个闭合流域，以保证观测流域内的所有径流均从流域出口流出，且观测小流域与周围小流域间没有水分交换。

对比性原则：为了对比人类活动、下垫面特征等对小流域径流泥沙的影响，在选择观测小流域的同时，必须选择对比流域同时进行观测。

观测断面是修建量水建筑物，长期开展径流泥沙观测的地段。选择观测断面时必须考虑以下几个方面：

①观测断面必须选择在小流域出口，以控制全流域的径流和泥沙。如果在小流域出口处没有修建量水建筑物的地形和地质条件，可适当把观测断面向上游移动，但必须选择在能够明显确定流域汇水面积的河道上。

②观测断面必须选择在河道顺直、沟床稳定(不冲不淤)、没有支流汇水影响的河道上，这样的河道水流比较平稳，不会发生严重的冲刷或淤积，以保证观测断面的稳定与安全，这样的地段也容易修建量水建筑物。

③观测断面应选择在地质条件稳定的地方。滑坡、塌陷、断裂等地质运动会造成量水建筑物的破坏，选择观测断面时，必须避开这些地质条件不稳定的河段。

④观测断面上游应该有30m以上的平直河段，且不能有巨石、跌水等影响水流平稳的障碍物，下游有10m以上的平直河段，观测断面处不能受回水影响。如果观测断面条件不佳，可以进行人工修整。

⑤观测断面应选择在交通方便、便于修建量水设施、便于观测和管理的河段。

6.5.2 小流域的调查与分析

在小流域尺度上观测径流与泥沙，必须充分了解小流域的地形地貌、土壤地质、土地利用、植被、社会经济等对径流泥沙有影响的要素，为此，必须对选定的小流域进行详细调查，调查内容主要包括以下几个方面：

(1)收集地形图，制作数字高程模型DEM

收集研究流域的地形图，如果没有该流域的数字高程模型DEM，则需要对地形图进行数字化处理，制作出DEM。如果可以直接获取地形图和DEM，可以从地形图上量取或利用GIS软件通过DEM求算流域面积、流域长度、平均高程、沟壑密度、形状系数、对称系数、平均坡度、沟道的平均比降等影响径流和泥沙的基本地形地貌参数。

(2)土地利用现状调查

结合遥感影像资料进行土地利用现状调查，绘制土地利用现状图，并利用GIS软件对土地利用变化进行管理，建立土地利用类型管理数据库，从土地利用现状图上量算或利用GIS软件求算各地类的面积，当观测小流域内的土地利用发生变化时，应该对土地利用现状图和土地利用数据库进行更新。

(3)植被调查

结合遥感影像资料进行植被调查，制作植被分布图，求算森林覆盖率，并利用GIS软件对各种植被类型分布的位置、面积、覆盖度、生物量、生长状况等进行管理，建立植被管理数据库。植被调查应该每5年进行一次，每次调查数据导入植被管理数据库。

(4)土壤地质调查

结合土壤地质图进行土壤地质调查，制作土壤地质分布图，调查基岩类型、风化状况、土壤类型、土层厚度、土壤容重、孔隙度、土壤含水量、土壤抗蚀性、土壤抗冲性等指标。并利用GIS软件对小流域内各个地块的土壤地质属性进行管理，建立土壤、地质属性管理数据库。

(5)水土流失现状调查

通过水土流失现状调查，绘制水土流失现状图，确定面蚀、沟蚀、重力侵蚀等水土流失形式的分布范围，以及水土流失的强度和程度，并利用GIS软件对各地块的水土流失现状进行管理，建立水土流失现状属性管理数据库。

(6)水土保持措施调查

通过水土保持措施调查，确定坡面水土保持工程措施的数量、质量、分布范围，确定沟道水土保持工程措施的数量、质量、分布范围，绘制水土保持生物措施、工程措施的分布图，并利用GIS软件对各种水土保持措施的位置、面积、现状等进行管理，建立水土保持措施的属性管理数据库。

(7)小流域社会经济条件调查

调查小流域内人口数量、企业、产业结构、工农业生产总值、用水量等，建立社会经济属性管理数据库。

(8)分析观测流域与对比流域的相似性

分析观测流域与对比流域在地形地貌特征、土壤地质方面的相似性，尤其是在流域面积、长度、高程、沟壑密度形状系数、平均坡度、河道比降等方面的相似性，只有当观测流域与对比流域在地形地貌、土壤地质等方面的特征相近时，才能在小流域尺度上对比分析不同下垫面、不同植被覆盖、不同水土保持措施对流域水文过程的影响，评价下垫面变化、人为活动的水文效应。

6.5.3 小流域径流量和输沙量的观测

小流域径流的观测方法有断面法和量水建筑物法。

(1)断面法测流

断面法是利用天然河道的自然断面或人工断面进行观测，不需要修建专门的测流建筑物，费用较低、测流范围大，但精度较低，我国的水文站大多数采用断面法进行测流。其测流原理为流速面积法。由于天然河道的断面上各处流速不同，断面平均流速无法直接测定，只能将河道断面分成若干部分，分别测定各部分的断面流速和面积，求得各部分断面的流量，然后将各部分断面的流量累加得出整个观测断面的流量。参见图6-11。

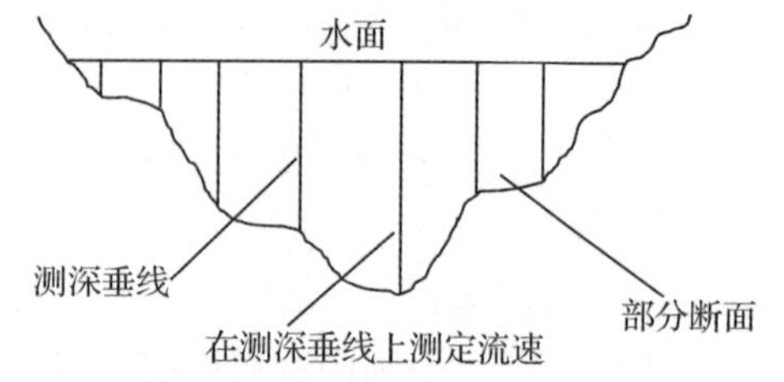

图6-11 观测断面示意图

利用断面法的测流步骤如下。

①选择观测断面

观测断面一般选择在流域出口，以观测整个小流域的径流量。观测断面处的河道应该平缓顺直，没有跌水等突变点，沟床稳定(不冲不淤)，没有支流汇水的影响。

②观测断面的测量

选择好观测断面后，首先测量观测断面，计算观测断面面积。观测断面面积是计算流量的主要依据，断面面积测量误差的大小直接影响测流精度的高低。观测断面的面积可以使用经纬仪准确测量，并绘制观测断面图。由于自然河道的断面是不规则形状，因此，在测量断面时必须将河道断面上的地形突变点在断面图上标注出来，并在这些突变点上作测深垂线。测深垂线将整个过水断面划分为多个梯形，观测断面的面积等于这些梯形面积之和，参见图 6-11。

③水深测定

在测深垂线上用水尺测定水深，测定时水尺一定要保持垂直状态，读数精确到 1mm。

④流速测定与取样

在测深垂线上测定水深的同时用流速仪测定流速。流速仪是测量流速最常用、最精确的仪器，我国最为常用的流速仪有旋杯式和旋桨式两种。在河流中因不同深度处的流速不同，也必须在测深垂线的不同深度上测定流速，然后求测深垂线上的平均流速。测定流速时常用一点法、二点法、三点法、五点法，参见流速测点设定表(表 6-1)。在测定流速的同时用取样器取泥水样，装入取样瓶带回室内进行过滤、烘干，计算泥沙含量。

表 6-1 流速测点设定表

测深垂线水深(m)	方法名称	测点位置
$h<1$	一点法	$0.6h$
$1<h<3$	二点法	$0.2h$，$0.8h$
	三点法	$0.2h$，$0.6h$，$0.8h$
$h>3$	五点法	水面，$0.2h$，$0.6h$，$0.8h$，河底

测深垂线上平均流速的计算：

五点法：$V=(V_{0.0}+3V_{0.2}+3V_{0.6}+2V_{0.8}+V_{1.0})/10$

三点法：$V=(V_{0.2}+2V_{0.6}+V_{0.8})/4$

二点法：$V=(V_{0.2}+V_{0.6})/2$

一点法：$V=V_{0.6}$ 或 $V=k_1V_{0.0}$ 或 $V=k_2V_{0.2}$

式中：V 为垂线平均流速；$V_{0.0}$为水面的流速；$V_{0.2}$为 0.2 倍水深处的流速；$V_{0.6}$为 0.6 倍水深处的流速；$V_{0.8}$为 0.8 倍水深处的流速；$V_{1.0}$为河底处的流速；$k_1=0.84\sim0.87$；$k_2=0.78\sim0.84$。

测深垂线上的平均含沙量的计算：

$$\eta_j=(\eta_{j1}+\eta_{j2}+\cdots+\eta_{jn})/n \tag{6-17}$$

式中：η_j为第 j 条测深垂线上的平均含沙量；η_{ji}为第 j 条测深垂线上某一水深处水样的含

沙量；n 为测深垂线上取样的点数。

⑤流量与输沙量计算

某一时刻从观测断面上流出的径流量 Q_t 等于该时刻内各部分断面流量 Q_{tj} 之和，一次径流的总量 Q 等于相邻两个时刻径流量 Q_t 的平均值与时段长乘积的累加。

$$Q = \sum_{t=1}^{m} (Q_t + Q_{t-1}) \times \Delta t/2 \tag{6-18}$$

$$Q_t = \sum_{j=1}^{n} Q_{tj} \tag{6-19}$$

$$Q_{tj} = \frac{V_j + V_{j-1}}{2} \times S_j \tag{6-20}$$

式中：Q 为径流总量；Q_t 为某一时刻的径流量；Q_{tj} 为某一时刻的部分断面流量；V_j 为某一时刻第 j 条测深垂线上的平均流速；S_j 为第 j 个部分断面的面积；Δt 为相邻两个时刻的时段长；m 为时段数；n 为部分断面的个数。

某一时刻从观测断面上流出的泥沙量 SS_t 等于该时刻内各部分断面输沙量 SS_{tj} 之和，部分断面输沙量 SS_{tj} 等于部分断面流量 Q_{tj} 与两条测深垂线含沙量均值的乘积，一次径流的总输沙量 SS 等于相邻两个时刻径流量 SS_t 的平均值与时段长乘积的累加。

$$SS = \sum_{t=1}^{m} (SS_t + SS_{t-1}) \times \Delta t/2 \tag{6-21}$$

$$SS_t = \sum_{j=1}^{n} SS_{tj} \tag{6-22}$$

$$SS_{tj} = Q_{tj} \times \frac{\eta_j + \eta_{j-1}}{2} \tag{6-23}$$

式中：SS 为输沙总量；SS_t 为某一时刻的输沙量；SS_{tj} 为某一时刻部分断面的输沙量；η_j 为某一时刻第 j 条测深垂线上的平均含沙量；Q_{tj} 为第 j 个部分断面的流量；Δt 为相邻两个时刻的时段长；m 为时段数；n 为部分断面的个数。

(2)量水建筑物测流

量水建筑物法是利用专门修建的具有一定规格和形状的建筑物进行径流泥沙观测，需要修建量水建筑物，观测便利、精度较高，但造价比较昂贵，测流范围也有一定的限制。

常见的量水建筑物有测流堰和测流槽。最为常见的测流堰有薄壁堰和宽顶堰，常用测流槽有巴歇尔槽、三角槽、矩形槽等。利用量水建筑物观测径流的方法属于水力学测流，是根据测定的水位数据，利用水位流量关系式计算径流量。同时，在测流过程中取泥水样，过滤烘干后计算出泥沙含量，利用泥沙含量和流量数据计算出输沙量。利用量水建筑物测流是小流域径流泥沙观测的主要方法。

量水建筑物是用于测定小流域径流量和径流过程的建筑物，常用的量水建筑物有测流堰和测流槽。最为常见的测流堰有薄壁堰、三角形剖面堰和宽顶堰，常用测流槽有复合槽、三角槽、矩形槽等，参见图6-12至图6-18。

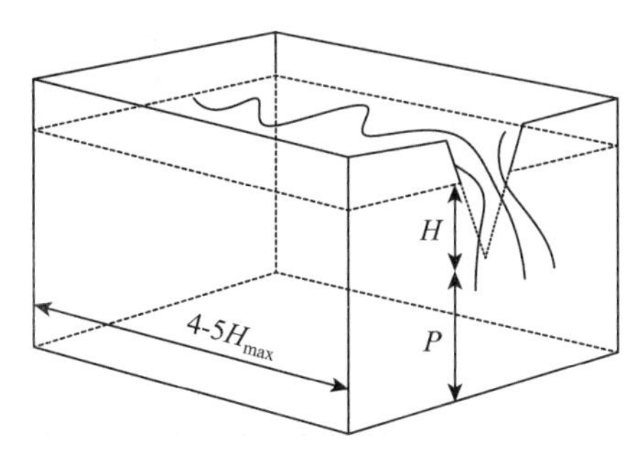

图 6-12 三角形薄壁堰示意图

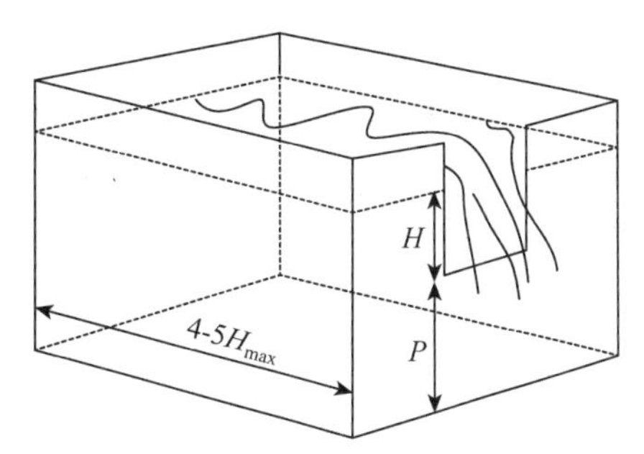

图 6-13 矩形薄壁堰示意图

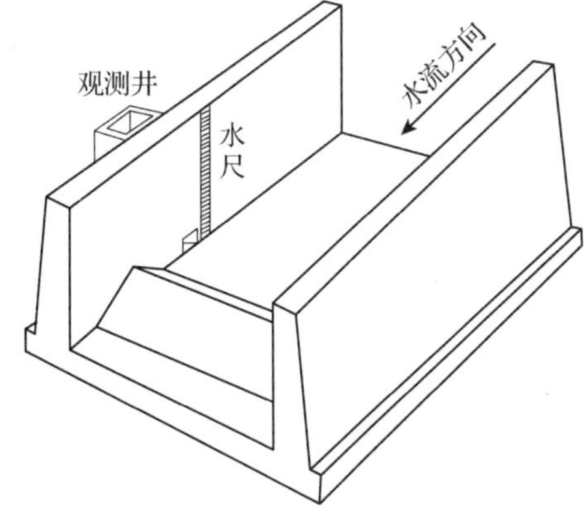

图 6-14 三角形剖面堰示意图

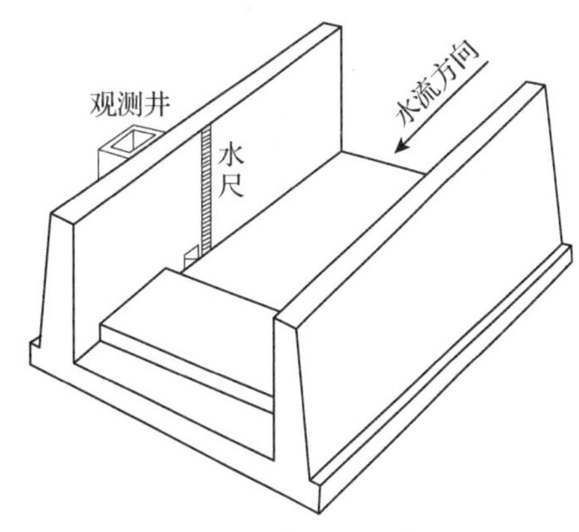

图 6-15 宽顶堰示意图

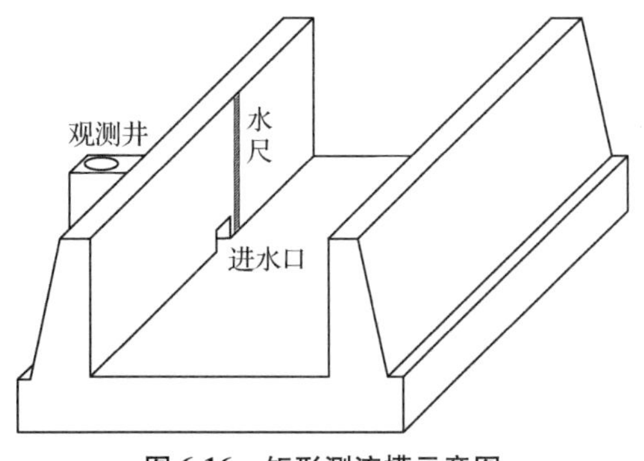

图 6-16 矩形测流槽示意图

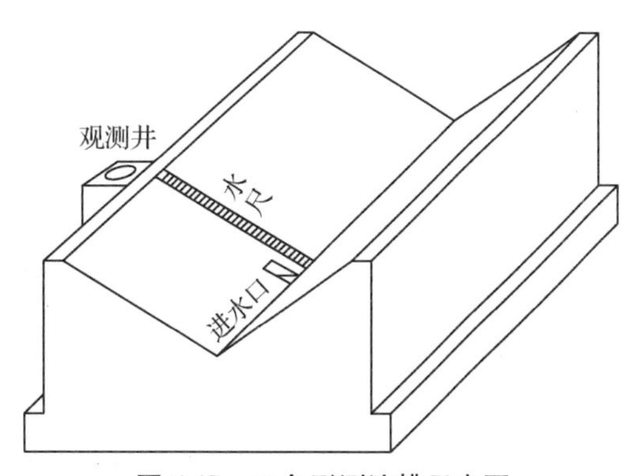

图 6-17 三角形测流槽示意图

量水建筑物一般由观测室、观测井、进水口、导水管、堰体、引水墙、沉沙池、水尺等组成。观测室是安置水位计等观测仪器的小屋，一般修建在量水建筑物的一侧，屋内有观测井，观测井通过导水管、进水口与量水建筑物上的水体相通。堰体是量水建筑物的主体，不同的量水建筑物其建筑材料和尺寸各不相同，但堰体上水流的流动必须平稳。引水墙是将河道内所有水流导入量水建

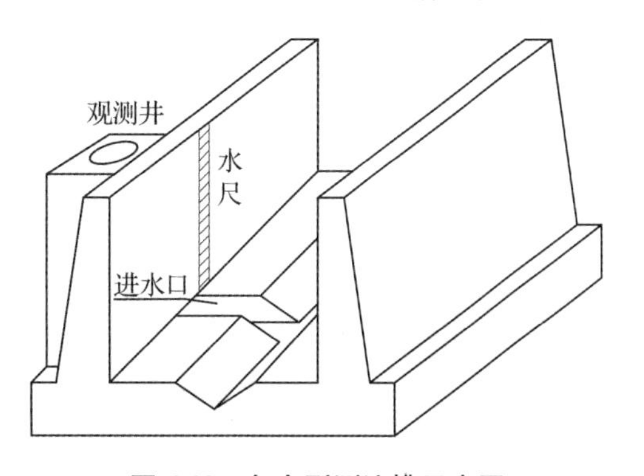

图 6-18 复合型测流槽示意图

筑物的构件，一般成“八”字形，经常采用混凝土浇筑。沉沙池是修建在量水建筑物上游，收集推移质泥沙的构件，一般用混凝土浇筑而成，其大小以能容纳一次洪水挟带的所有推移质泥沙量为原则。水尺是安装在量水建筑物上用于人工观测水位的设备。利用量水建筑物测定径流量就是通过观测量水建筑物上水位的变化过程，根据量水建筑物的水位流量关系曲线，计算出径流量的变化过程。因此，利用量水建筑物测定径流的关键是水位观测。

①水位测定

水位测定方法有利用水尺观测和利用水位计观测两种。第一种方法是利用安装在量水建筑物上的水尺进行观测。观测时人工读取水位数据，并记录该水位出现的时间。对于一次径流过程而言，人工水位观测应该从量水堰上水位上涨开始，直到水位回落并稳定后结束，人工观测水位的时间间隔可以固定(如 30min、1h 等)，也可以根据水位变化随时调整观测时间。第二种方法是在测流建筑物上安装自记水位计，自动观测和记录水位变化。

利用水尺人工观测水位变化时，由于观测的时间间隔不尽相同，为了计算日平均水位，可以采用面积包围法。面积包围法就是以时间为横坐标，以水位为纵坐标，绘制 0:00~24:00 的水位过程线，水位过程线与时间轴围成的面积(多边形 ABCD 的面积)除以 24h 即为日平均水位(图 6-19)。

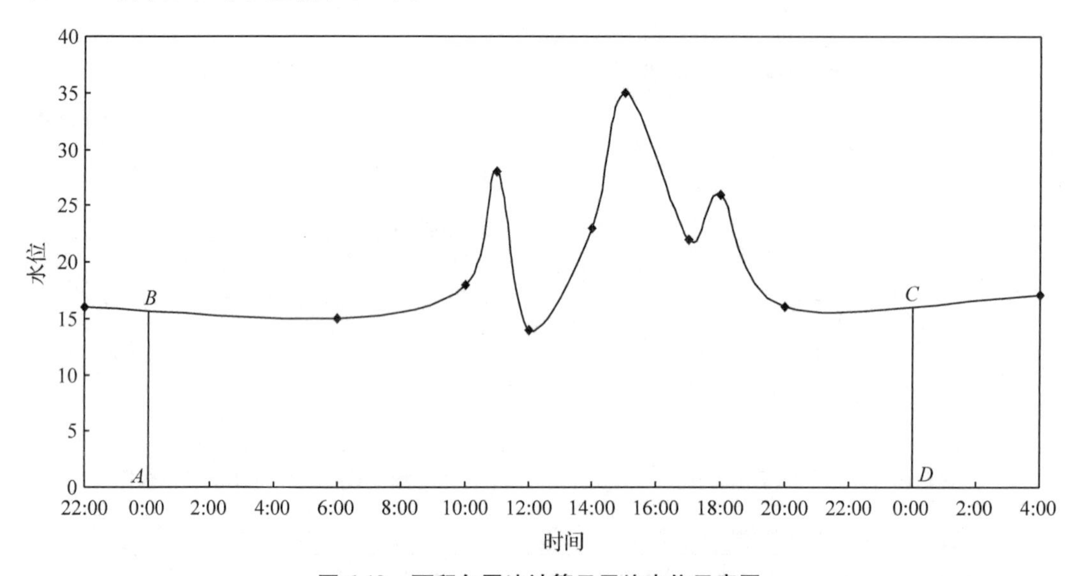

图 6-19 面积包围法计算日平均水位示意图

如果利用自记水位计观测水位变化，由于观测时间间隔相等，可以直接用算术平均法求得日平均水位，即将各时刻观测到的水位值求平均得出。利用水位计观测水位时，必须保证水位计计时准确，同时每隔一定时间必须对水位计的读数进行人工校正，即利用人工实测的水位值订正水位计的记录值，每次订正均要有明确的订正记录，以供数据整理人员在整理与分析数据时参考。

水位计是能够自动观测水位变化过程的仪器，常用的水位计有浮子式水位计、压力式水位计、超声波式水位计。各种水位计在量水堰上的安装如图 6-20 至图 6-22 所示。

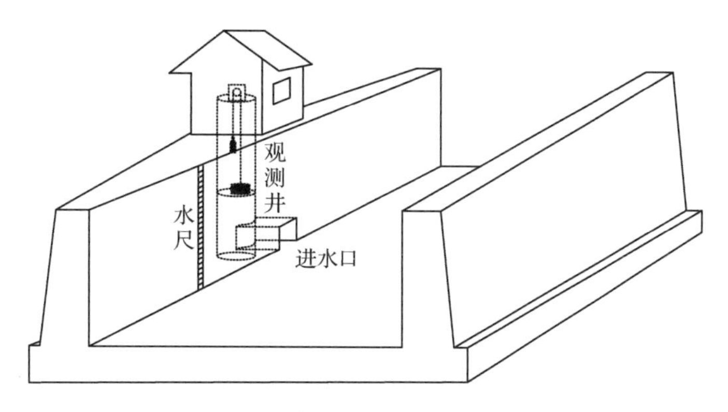

图 6-20 浮子式水位计安装示意图

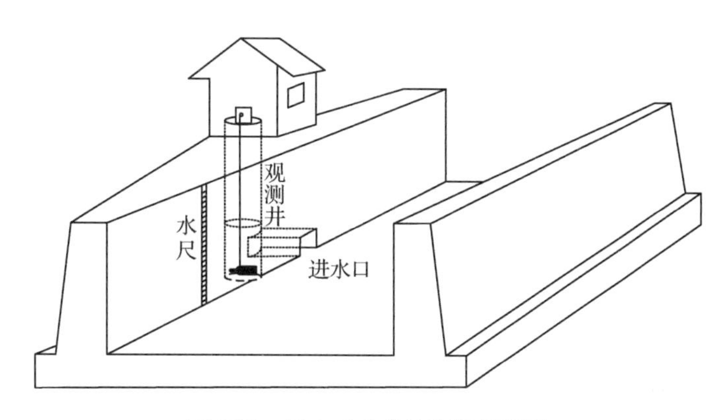

图 6-21 压力式水位计安装示意图

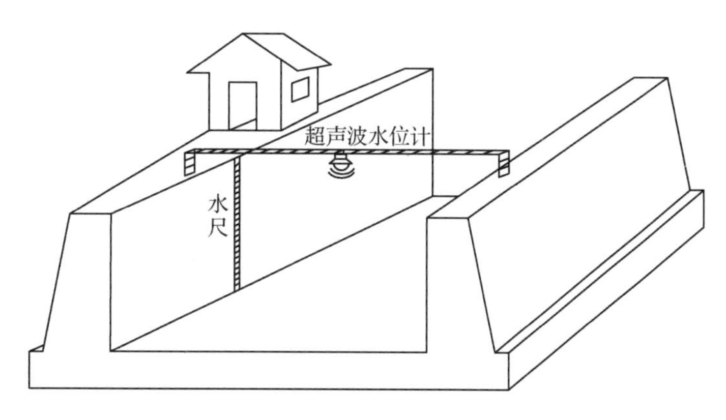

图 6-22 超声波水位计安装示意图

A. 浮子式水位计。将漂浮在水面的浮子用钢丝和重锤相连后挂在定滑轮上，重锤和浮子处于平衡状态，当水位上升或下降时，在浮子和重锤的作用下定滑轮转动，一定时间内水位上升或下降的高度可以通过定滑轮转动的角度记录在记录纸上，或转化为数字信号将数据保存在存储器中。

浮子式水位计是最常用的自记水位计，有两种记录方式。一种是将水位变化画在记录纸上，记录纸上的横坐标是时间，纵坐标是水位，浮子式水位计能够将水位的变化过程在记录纸上如实地记录下来，但每次观测后需要数据分析人员在室内按时间摘录水位数据。另一种是把浮子上升或下降的高度(水位变化量)转化成数字信号，保存在数据存储器中，观测一定时段后直接将数据存储器中的数据下载到计算机中，形成水位和观测时间的数据文件。

浮子式水位计的优劣可以用两个指标进行判断，一个是时间的准确性，要求≤1min/d；另一个是水位观测的精度，要求≤1mm。利用浮子式水位计观测水位时，因浮子是放在观测井中，如果观测井中淤积泥沙的高度高于进水口的水位，浮子式水位计就不能如实反映量水堰中的水位变化，因此，每次降水后必须清理观测井和进水口中淤积的泥沙，以保证量水堰水位和观测井水位变化的一致性。

B. 压力式水位计。利用水压力与水深成正比的原理测定水位变化，是一种数字式的水位计，体积小，使用方便。使用时可以直接将压力式水位计固定在量水堰中进行观测(容易丢失)，也可以将压力式水位计放入观测井中进行观测(容易受泥沙淤积的影响)。但水的压力与水中所含物质(特别是泥沙含量)密切相关，在相同的水深条件下，水体中泥沙含量越高，水的比重越大，水压力也越大。因此，用压力式水位计观测清水和浑水所得的水位数据往往会相差很大，即使是在一次洪水过程中水深相同，但由于泥沙含量不同，压力式水位计测出的水位数据也会相差很大，因此，压力式水位计一般比较适合于观测泥沙含量较低的径流，尤其适合测定地下水位的变化。另外压力式水位计是投入水体中进行观测的，观测到的压力是水压力和大气压力之和，而大气压力在一天中的变化也较为剧烈，不同的天气状况下也有着不同的大气压力，因此，用压力式水位计测定水位变化时，必须消除大气压力变化的影响。消除大气压力变化影响的方法有两种：一种是在压力式水位计上增加通气管，以消除大气压力的影响；另外一种办法是使用两台压力式水位计，一台投入水中观测，一台放在空气中观测，两台仪器观测值的差值就是水位值。

C. 超声波水位计。利用超声波在空气中传播速度恒定这一原理观测水位，当超声波发生器到水面距离一定时(即在某一水位时)，从超声波发生器发出的超声波到达水面再返回到接收器所用的时间 T 也为定值，当水位升高或下降后，时间 T 就会减小或增加。水位升高或下降的高度与时间 T 减小或增加的量成正比。超声波水位计也是一种非接触的数字式水位计，安装在量水堰正上方直接观测水面的变化，因此，不受水体中泥沙含量与泥沙淤积的影响，但超声波水位计的准确度受温度影响很大，大多数超声波水位计均有温度自动修正和补偿功能，但水位误差仍然较大。另外，大气压力和空气中的粉尘对超声波在空气中的传播速度影响也较大，这也会影响超声波水位计的观测精度。所以在使用超声波水位计的过程中必须利用人工观测数据，定期对超声波水位计的观测数据进行校正。

不论使用哪种水位计，都必须定期对安装在量水堰上的水位计进行巡查，巡查时检查进水口是否有泥沙淤积或杂物堵塞，检查观测井泥沙淤积是否高于进水口，如果泥沙淤积严重必须及时清淤。另外，巡查时通过量水堰上的水尺读取水位数据(或直接用钢尺测定进水口的水深)，并记录相应的时间，该巡查记录可作为水位计观测数据的补充，还可用于水位计观测数据的校正。每次巡查时必须对水位计的记录值与水尺上的读数进行比对，以检查水位计读数的准确性，如果有误差，必须对水位计进行校正，并做好水位计校正记录，以作为后期数据整编时的依据。同时，必须对水位计的时间进行校对，检查水位计的电池、电瓶电量是否充足，如果电量不足应立刻更换。

②量水建筑物的标定

利用量水建筑物测流就是通过观测量水建筑物上水位的变化，利用水位流量关系曲线计算出流量。但野外修建的量水建筑物与实验室设计的量水建筑物肯定有一定的差距，因此，对野外量水建筑物的水位流量关系曲线必须进行标定后才可以使用。量水建筑物的水位流量关系曲线一般可以用流速面积法进行标定。

流速面积法就是利用流速仪测定平均流速，同时测定量水建筑物上的水位，通过水位和量水建筑物的断面尺寸计算出过水断面面积，流速与断面面积的乘积就是流量。以水位为横坐标，流量为纵坐标，点绘出水位流量关系曲线，或用数学方法拟合出水位流量方程。

在实际标定过程中，不可能对各种水位都能够进行标定，此时可以利用测定出的流速数据，采用谢才公式和曼宁公式计算出量水建筑物的糙率。再利用计算出的糙率，反复应用曼宁公式和谢才公式，推算出不同水位所对应的流量。谢才公式和曼宁公式的表达式分别为：

谢才公式：
$$V = C\,(RJ)^{\frac{1}{2}} \tag{6-24}$$

曼宁公式：
$$C = \frac{1}{n}R^{\frac{1}{6}} \tag{6-25}$$

式中：V 为流速；C 为谢才系数；R 为水力半径，是过水断面面积与湿周之比；J 为水力坡度，是水流沿程的水头损失，即量水建筑物的底面比降；n 为糙率。

③径流量的计算

通过在量水建筑物上安装的自记水位计，观测得到水位变化过程(或人工观测出量水堰上的水位)后，就可以利用标定出的水位流量关系曲线计算流量过程。

瞬时流量 Q_n 是某一时刻某一水位对应的流量，即用水位流量关系计算出的流量。时段流量 W_i 是指某一时段内从量水建筑物上流出的水量，等于时段初瞬时流量与时段末的瞬时流量平均后乘以时段长。径流总量 W 是指到某一时刻为止，从量水建筑物上流出的总水量，等于该时刻前所有时段流量之和，参见图 6-23。

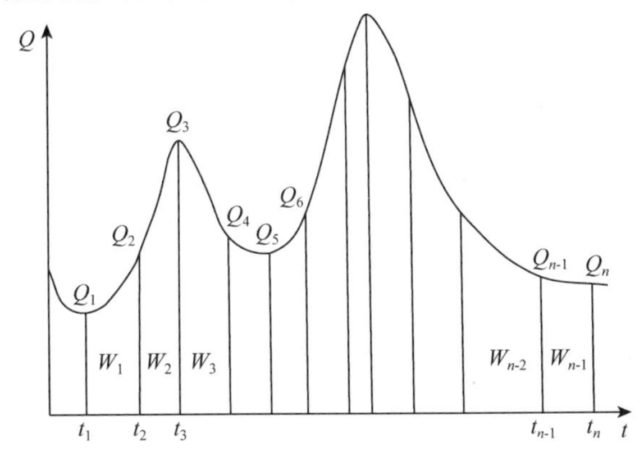

图 6-23　流量计算示意图

$$W = W_1 + W_2 + \cdots + W_{n-1} \tag{6-26}$$

其中：

$$W_i = \frac{Q_i + Q_{i+1}}{2} \times (t_{i+1} - t_i) \tag{6-27}$$

式中：W 为径流总量；W_i为时段流量；Q_n为某一时刻对应的某一水位的瞬时流量；t_i为时间。

径流系数是一次降雨形成的径流总量(径流深)与降水量(降水深)的比值，径流深是径流总量与小流域面积之比。

在量水堰上观测到的径流总量包括地表径流量和地下径流量。在没有常流水的小流域内，一次降水形成的径流量全部从流域出口流出，量水堰上观测到的径流总量全部为地表径流量。而在有常流水的小流域内，有一部分降水渗入到土壤及岩石缝隙中，缓慢流出形成基流，因此，量水堰上观测到的径流总量既包括地表径流量，又包含地下径流量(基流量)，需要将地表径流量和基流量进行分割。

(3)地表径流量与地下径流量的分割

通过观测断面、量水建筑物或水文站得到的流量过程线既包括地表径流，又包括河川基流。基流是指由地下水补给的径流。降水经过产流过程和汇流过程后，按其进入河道的路径可分为地表径流(直接径流)、壤中流(快速表层流)和基流(地下径流)三种。洪水分析中经常需要将流量过程线分割成不同的径流成分，因而需要进行基流分割。

要将流量过程线分割成地表径流线和地下径流过程线，首先需要判断地表径流的起涨点，即流量过程线与前期稳定基流消退曲线的分叉点，如图6-24中的 A 点。起涨点 A 一般容易判断，在所观测到的流量过程线上流量开始上涨的点就是 A 点。但地表径流结束时的 B 点，一般不容易判断，根据 B 点的判断方法，可以把基流分割的方法分为直线平割法、直线斜割法。

直线平割法：从实测流量过程线的起涨点 A 作与横坐标平行的水平线，该水平线与流量过程线相交于 B 点，将 B 点作为地表径流的终止点。水平线 AB 就是该次洪水的地表径流和地下径流的分割线，AB 线以下为基流，AB 线以上为地表径流(图6-24)。AB 线与流量过程线围成的面积就是地表径流量，AB 线与横坐标轴围成的面积就是基流量。直线平割法简便易行，一般适用于流域面积较小、洪水历时短、地下径流少而且流量较为稳定的小流域。而对于地下径流比重大、径流过程持续时间长的小流域而言，直线平割法则会造成较大的误差，此时改用直线斜割法较为合理。

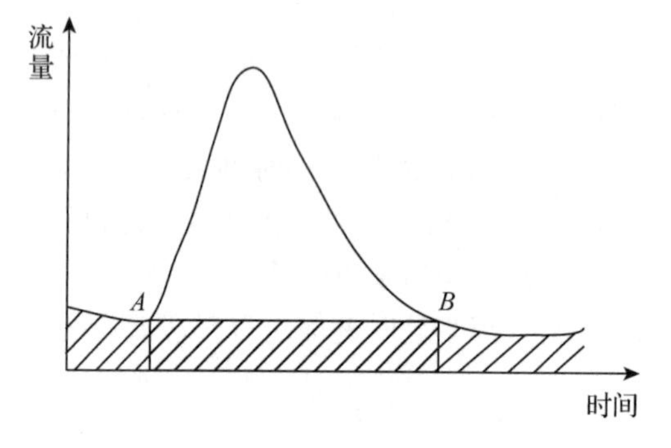

图6-24 直线平割法示意图

直线斜割法：将同一流域上的多条流量退水曲线组合在一起，绘制在同一坐标纸上，并使其下部重叠，这样得到的组合线的下包线即为标准退水曲线(参见图6-25中的 CBD 线)。将标准退水曲线移绘到透明纸上，再将其覆盖到要分割的流量过程线的退水段上(注意比例尺要一致)，使横轴重合，然后左右平移使两者退水段尾部吻合，则标准退水曲线与实测的洪水过程线分开的那一点就是 B 点，将 B 点作为地面径流的终止点（图 6-26）。然后将实测流量过程线的起涨点 A 与地面径流终止点 B 连成斜线 AB，ABD 线以下的即为基流，AB 线以上为地表径流。AB 线与流量过程线围成的面积就是地表径流量，ABD 线与横坐标轴围成的面积就是基流量。

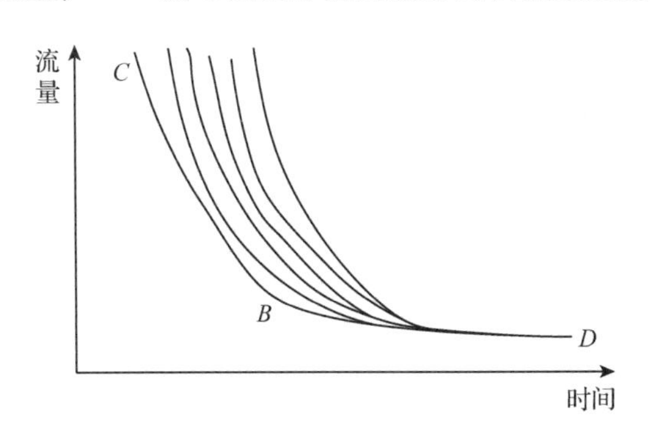

图 6-25 标准退水曲线示意图

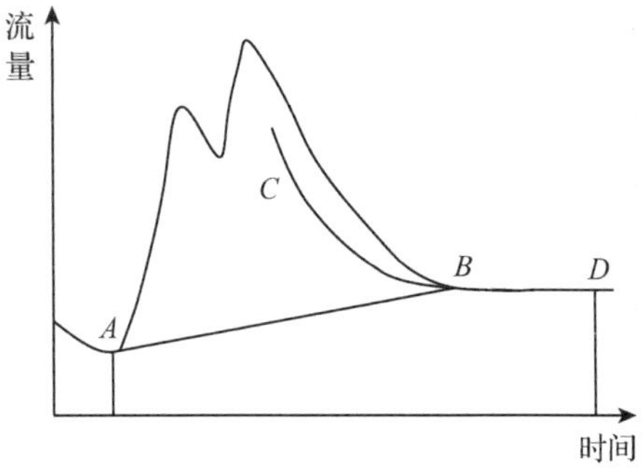

图 6-26 斜线分割法示意图

6.5.4 小流域输沙量的观测

泥沙观测是水文观测、水土流失监测和研究的主要内容。

输沙量是指单位时间内从小流域出口断面随径流一起流出的泥沙量，有年输沙量、场降雨输沙量之分。年输沙量是指一年中从流域出口断面输出的泥沙量；场降雨输沙量是一场降雨形成的径流从流域出口输出的泥沙量。输沙量与流域面积关系很大，一般情况下大流域输出的泥沙量多，而小流域输出的泥沙较少，因此，直接用输沙量无法对比两个面积不同流域土壤侵蚀量、产沙量的大小。为了便于对比不同流域侵蚀量和产沙量的大小常用输沙模数表示一个流域输沙量的多少，输沙模数是指单位时间内单位面积上的输沙量，单位为 $kg/(km^2 \cdot t)$，利用输沙模数就可以直接对比两个不同流域土壤侵蚀和产沙量的强弱。输沙模数越大，流域内的土壤侵蚀越强烈，产生的泥沙也就越多。

小流域输出的泥沙有悬移质泥沙和推移质泥沙之分。悬移质泥沙是悬浮在水体中随水流一起移动、颗粒较细的泥沙。在紊流作用下悬移质泥沙常远离河床面悬浮在水中。悬移质泥沙多由黏土、粉沙和细沙等组成。悬移质泥沙经常用取样器取样，在室内用过滤烘干法测定。推移质泥沙是在水流的拖拽力作用下，沿河床滚动、滑动、跳跃或层移的泥沙。通常颗粒较粗的泥沙（如砾、沙）作滚动或滑动搬运，较细的泥沙（如细沙、粉沙）则呈跳跃搬运。泥沙颗粒的搬运方式可随水流速度的变化而变化，当水流流速增大，滑动或滚动的泥沙颗粒有可能变为跳跃的泥沙，跳跃的泥沙也可能变为悬浮泥沙。而当流速降低时，则发生相反的转变。推移质与悬移质之间经常随留宿的变化而发生转换。推移质泥沙因在河床表面附近移动，测定异常困难，常在河床附近安装卵石采样器和沙石采样器测定，也可以用坑测法（沉沙池）进行测定。

（1）小流域悬移质输沙量的测定

小流域悬移质输沙量一般采用取样法测定，取样有人工取样和自动取样两种。

人工取样是在降雨过程中每隔一定时间，用取样器在量水建筑物上或河流中取泥水样。当水深较浅时可直接将取样器放入量水堰上的径流中取泥水样，当水深较深时应该分层取样，即在不同深度上用取样器取泥水样，每次取样时需要测定水位、记录取样时间。取样体积一般为1000mL。在一次洪水过程中，泥沙含量并不是均匀分布的，尤其在洪峰前后泥沙含量的变化很大，因此，在测定输沙量时应该从洪水起涨点开始进行连续取样，一直到洪水结束，在水位变化剧烈时、洪峰出现前后应该缩短取样的时间间隔，增加取样次数，以把握洪水的输沙过程。

自动取样需要配备泥沙自动取样器，如美国生产的ISCO6712泥沙自动取样器。ISCO6712泥沙自动取样器由雨量计、超声波水位计、控制器、取样瓶、取样头等几个主要部件组成。雨量计用于测定降雨量，水位计用于测定量水建筑物上水位的变化，雨量计和水位计的观测数据均保存在控制器中，用于控制泥沙自动取样器的启动条件。控制器是泥沙自动取样器的大脑，可以设置取样器的取样时间、取样间隔、取样条件(降雨条件和水位变化条件)、取样方式、取样的体积等，并保存取样报告，也可以在控制器上直接查看雨量、水位数据和取样报告。在取样报告中，主要记录了泥沙自动取样器的启动条件、启动时间、每个样品的取样时间、取样方式、样品的数量等信息。取样瓶是装泥水样品的容器，ISCO6712中最多可以放置24个取样瓶，该仪器可以将某一时刻泥水样装入不同的取样瓶中，也可以将不同时刻的泥水样装入同一取样瓶。取样头是放入量水建筑物上的径流中吸取泥水样的部件，泥水样在控制器控制下通过取样头将一定体积的泥水吸入取样瓶保存。泥沙自动取样器中记录的降雨数据、水位数据、取样报告等均可以通过专门的软件Flowlink用笔记本电脑下载，降雨数据、水位数据均可以保存为Excel表格，取样报告可以保存为文本文件。

用泥沙自动取样器观测小流域的输沙量最为关键的是设置启动条件。启动条件有5种，分别为人工启动、定时启动、降雨启动、水位启动和降雨水位联合启动。人工启动是每次降雨形成径流后，由观测人员按启动按钮，泥沙取样器按照事先设定好的取样间隔和取样体积自动完成取样过程。定时启动是事先在取样程序中设定好启动时间，当到了启动时间，泥沙自动取样器按照设定的取样程序完成取样。降雨启动是事先在启动程序中输入降雨启动条件，如降雨启动条件设置为>1.0mm/min，当雨量计观测到的降雨强度>1.0mm/min时泥沙取样器就会启动，并按照事先设置好的取样程序完成取样过程。水位启动是事先在启动程序中输入水位启动条件，如水位启动条件设置为>3cm，当水位计观测到的水位>3cm时泥沙取样器就会启动，并按照事先设置好的取样程序完成取样过程。降雨水位联合启动是事先在启动程序中输入降雨和水位两个启动条件，如设置降雨强度>1.0mm/min、水位>3cm，可以设置降雨条件和水位条件全部满足时启动泥沙取样器，也可以设置满足降雨或水位条件时启动泥沙取样器。总之，泥沙取样器是一款功能强大、设置简单的仪器，具体操作请参阅说明书。

另外，需要说明的是，泥沙自动取样器的取样头是放入量水建筑物的径流中吸取泥水样的部件，当流量较大时，在水流的作用下，该取样头往往会漂浮在水面上，致使每次抽取的泥水样只是表层水样，而泥沙含量在整个观测剖面上并不是均匀分布的，尤其是河水表层的含沙量很难代表整个剖面的含沙量，为此，在安装取样头时应该将其固定在一个能够随水位变化而上下浮动的浮子上，以保证取样头总处在水面以下一定深度处，这样采取的水样才具有代表性。

取回的泥水样在室内进行处理，处理的方法为过滤烘干法。首先，将取样瓶擦拭干净后称泥水样和取样瓶的总重 M，用量筒测定取样体积 V，用滤纸过滤泥水样，然后将滤纸和泥沙一起放入105℃的烘箱中烘干至恒重，用感量为0.01g的电子天平称烘干后的滤纸和干泥重 M_1，如果干滤纸的重量为 $M_{滤}$，取样瓶的重量为 $M_{瓶}$，则泥沙含量 φ 和净水率 η 分别为：

$$\varphi = \frac{M_1 - M_{滤}}{V} \tag{6-28}$$

$$\eta = \frac{M - M_{瓶} - M_1 + M_{滤}}{V} \tag{6-29}$$

一次洪水过程中悬移质泥沙的测定只是在某一时间点通过取样进行的，两次取样之间从流域出口断面输出的泥沙量为时段输沙量 W_i，时段输沙量 W_i用下式计算：

$$W_t = \left(\frac{Q_t + Q_{t-1}}{2}\right) \times T \times \left(\frac{\varphi_t + \varphi_{t-1}}{2}\right) \tag{6-30}$$

式中：W_t为 t 时段输沙量；Q_t为 t 时段末的瞬时流量；Q_{t-1}为 t 时段初的瞬时流量；T 为时段长；φ_t为时段末的泥沙含量；φ_{t-1}为时段初的泥沙含量。

一次洪水过程中悬移质泥沙的总输沙量 W 等于时段输沙量 W_t之和。

$$W = \sum W_t$$

悬移质泥沙的输沙模数 = 悬移质总输沙量/小流域面积。

(2) 小流域推移质泥沙的测定

推移质泥沙因在河床表面附近移动，泥沙颗粒较粗，是河道、水库淤积的主要泥沙，尤其在我国南方水土流失区，推移质泥沙所占比重较大。由于推移质泥沙和悬移质泥沙在水流条件发生变化时会相互转化，同一粒径的泥沙在水流流速较慢时可能是推移质，当水流流速加快时，有可能转变为悬移质，这就使得推移质泥沙的准确测定变得异常困难。目前推移质泥沙的测定主要采用采样器法和坑测法进行。

①采样器法

采样器有沙质推移质采样器和卵石采样器两类。沙质推移质采样器采集的是粒径为0.05~2mm的泥沙，卵石采样器采集的是粒径为2~16mm的泥沙。测定时，在测沙垂线上将采样器紧贴河底放置一定时间(如10min)后，将采样器取出，倒出采样器中收集的推移质泥沙，带回室内烘干称重，在每条测沙垂线上必须重复测定几次。测沙垂线一般可以与测深垂线和测速垂线重合。在一次洪水过程中应该从洪水起涨点开始观测，直至洪水结束，这样就可以测定出整个推移质的输沙过程。为了计算一次洪水的推移质输沙量，首先要计算出某一时刻测沙垂线的推移质输沙率，然后计算该时刻两条测沙垂线间的推移质输沙率，即部分断面的推移质输沙率，再计算该时刻整个观测断面的推移质输沙率，最后计算整个洪水过程的推移质输沙率，参见图6-27。

某一时刻某条测深垂线的推移质输沙率 S_i采用下式计算：

$$S_i = \frac{W_i}{T \times b} \tag{6-31}$$

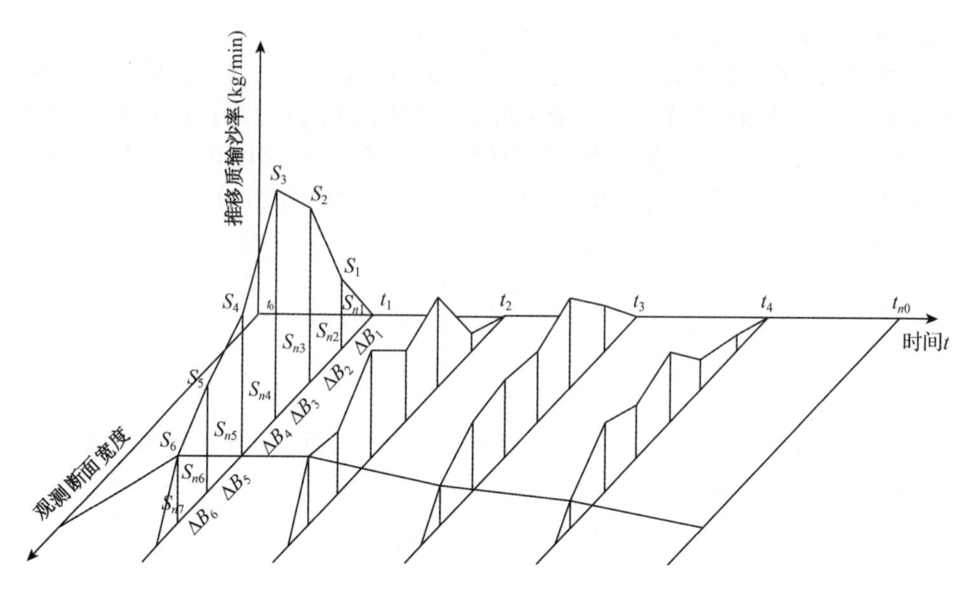

图 6-27 推移质输沙率计算示意图

式中：S_i为某条测深垂线上的推移质输沙率；W_i某条测深垂线上测得的推移质泥沙干重；T为每次取样的时间长；b为取样器宽度。

某一时刻部分断面的推移质输沙率S_{ni}采用下式计算：

$$S_{ni} = \frac{S_i + S_{i-1}}{2} \times \Delta B_i \tag{6-32}$$

式中：S_{ni}为第i个部分断面的推移质输沙率；S_i为第i条测深垂线上的推移质输沙率；S_{i-1}为第$i-1$条测深垂线上的推移质输沙率；ΔB_i为第i个部分断面的底宽，也就是第i条和第$i-1$条测深垂线的间距。

某一时刻观测断面的推移质输沙率W_{ti}采用下式计算：

$$W_{ti} = \sum_{i=1}^{n} S_{ni} \tag{6-33}$$

式中：n为部分断面的数量。

如果一次洪水测定过程中，分别在t_1，t_2，…，t_n时刻进行了推移质输沙率的测定，每次测定的断面输沙率为W_1，W_2，…，W_n，则该次洪水的推移质输沙量W为：

$$W = [W_1(t_1 - t_0) + (W_1 + W_2)(t_2 - t_1) + (W_2 + W_3)(t_3 - t_2) + \cdots + (W_{n-1} + W_n)(t_n - t_{n-1}) + W_n(t_{n0} - t_n)]/2 \tag{6-34}$$

式中：t_0为洪水起涨点时间；t_{n0}为洪水结束的时间。

推移质的输沙模数用下式计算：

$$M = \frac{W}{S} \tag{6-35}$$

式中：M为推移质输沙模数；W为推移质输沙量；S为观测小流域的面积。

②坑测法

推移质泥沙在河床表面分布很不均匀，利用采样器测定又是在水下进行操作，测定误差较大，观测结果需要进行校正，常用的校正方法为坑测法。坑测法就是在河道的观测断面处(如有量水建筑物，可在量水建筑物的下游或上游)用混凝土修筑一定体积的测定坑，坑的宽度与河道宽度一致，以保证河道中的推移质能够全部进入测定坑。坑的上沿与河底齐平，坑的体积以能够容纳一次洪水的全部推移质为准。一次洪水后测量测坑中推移质的量，并取样烘干，计算出推移质的干重。每次测定后将测定坑中的推移质泥沙清理干净。如果一次洪水过后观测坑没有被推移质泥沙淤满，说明该次洪水过程中所有的推移质泥沙全部沉积在测定坑中，这种情况下测定结果应该是真实可靠的。如果一次洪水过后观测坑被泥沙全部淤满，这说明观测坑体积过小，没有能够将全部推移质沉积在测定坑中，有一部分推移质随洪水流走，则测定结果就不能代表该次洪水携带推移质的总量。如果观测的小流域中有长流水，在每次观测推移质前需要测量一下观测坑中已有的推移质量，洪水过后应该把测定坑中已有的推移质量扣除。

坑测法推移质的输沙模数用下式计算：

$$M = \frac{W}{S} \tag{6-36}$$

式中：M 为推移质输沙模数；W 为观测坑中的泥沙干重；S 为观测小流域的面积。

不论是采样器法还是坑测法，推移质的测定都十分困难，而悬移质泥沙的测定相对较为容易。在测定推移质泥沙时往往会同时测定悬移质泥沙。对于同一条流域而言推移质泥沙与悬移质泥沙在数量上有固定的关系，如果取得了多场降水后的推移质输沙量与悬移质输沙量，可以利用数理统计的方法建立推移质输沙量和悬移质输沙量之间的相关关系，这样每次测定出悬移质输沙量后，可利用已经建立的推移质输沙量和悬移质输沙量之间的相关关系计算出推移质输沙量。

6.5.5 浮标法测流

利用量水建筑物法测流需要修建量水建筑物，利用断面法测流需要有流速仪，在这些条件不具备或者临时需要测定某个断面的流量时，经常采用浮标测流的方法。

浮标是能够漂浮在水面随水流一起流动且能够能明显识别的漂浮物。浮标不能太轻、体积也不能太大，否则受风的影响很大，在风的吹动下很容易漂向岸边甚至逆流而上。浮标也不能太小、太重，浮标太小不醒目，也不易观察，浮标太重会沉入水中。

浮标法测流的基本步骤如下：

①选择断面

采用浮标法测流需要选择浮标投放断面、上断面、中断面、下断面。如图 6-28 所示。浮标投放断面位于河段的最上游，用于投放浮标，并使浮标随河水一起移动一段距离，以保证浮标与河水具有相同的流速。上断面是浮标测流的起点，当浮标从投放断面到达上断面时开始计时。中断面是观测断面，在中断面上需要观测浮标在河水中的具体位置(距岸边的距离)。下断面是浮标测流的终点，当浮标到达下断面时计时结束。

②断面测量

中断面是观测断面，需要准确测量中断面的断面尺寸。测量时可以在中断面两侧设立两个固定桩，在固定桩上拉一根刻度尺，准确测定岸边在刻度尺上的具体位置，同时

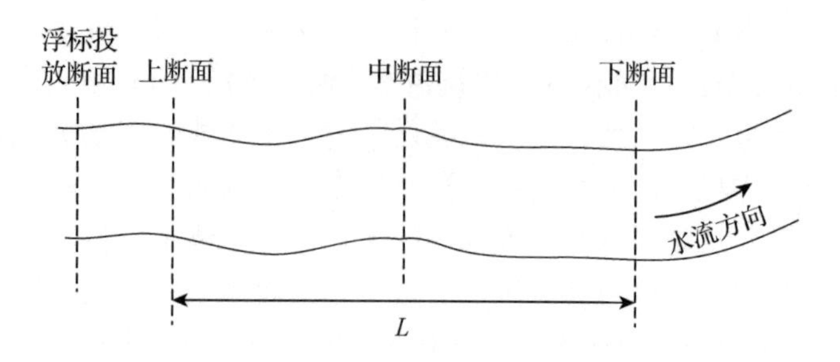

图 6-28 浮标测流断面示意图

从岸边开始每隔一段距离测量刻度尺到河底的距离，直到对岸。这样就可以绘制出中断面(观测断面)的断面图。

③上断面和下断面的间距测量

浮标测流是通过测定浮标从上断面流动到下断面所用时间来计算流速，因此，必须事先准确测定上下断面的距离。上下端面的距离可以直接用皮尺测量。

④浮标测流

在浮标投放断面将浮标投入河水中，浮标会随水流一起流向上断面。当浮标到达上断面时开始计时，浮标继续随水流向中断面流动，当浮标到达中断面时，准确记录浮标在中断面的具体位置(距离岸边的距离)，并用水尺测量浮标经过处的水深。浮标继续随水流向下断面流动，当浮标到达下断面时计时结束，得出浮标从上断面流动到下断面所需的时间。如此往复连续测定 5 次以上。

⑤流量计算

以进行 5 次浮标测流为例(图 6-29)，计算公式如下：

$$Q = \frac{V_1}{2}S_1 + \frac{V_1 + V_2}{2}S_2 + \frac{V_2 + V_3}{2}S_3 + \frac{V_3 + V_4}{2}S_4 + \frac{V_4 + V_5}{2}S_5 + \frac{V_5}{2}S_6 \tag{6-37}$$

式中：V_1，V_2，…，V_5分别为每次测定出的浮标流速；S_1，S_2，…，S_6分别为部分断面的面积；h_1，h_2，…，h_5分别为每个浮标在中断面处的水深；L_1，L_2，…，L_6分别为每个浮标距离岸边的距离。

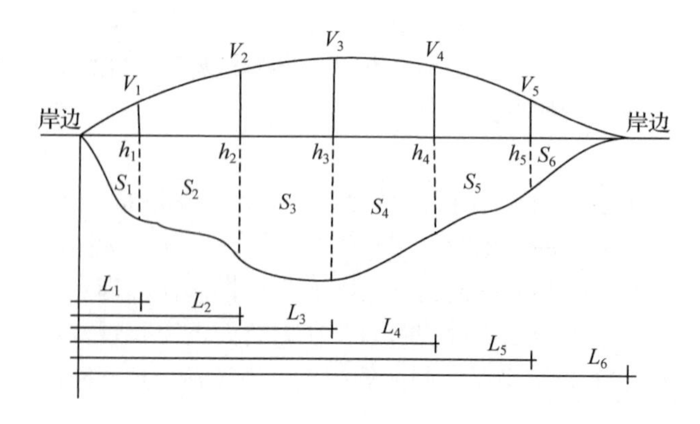

图 6-29 浮标法测流计算示意图

思考题

1. 论述径流的形成过程及其径流的影响因素。
2. 根据径流的形成机理，阐述防治水土流失的主要方法。
3. 阐述森林与水的关系。
4. 说明径流量、径流模数、径流系数的含义。
5. 影响径流的因素有哪些？各因素如何影响径流和径流过程？
6. 常用的水位计有哪些？分析每种水位计的优缺点和适用范围。
7. 布设坡面径流小区时需要遵守哪些原则？需要对哪些要素进行调查？
8. 常用的量水建筑物有哪些？分析各种量水建筑物的适用性。
9. 北方某闭合流域面积为 $100km^2$，植被覆盖率为 65%，土地利用类型主要为次生林地、人工林地、荒草地、农地、道路和建筑用地，流域出口有水文观测站，近 10 年观测到的径流总量、降水量如下表所示。试求该流域多年平均的径流模数和径流系数。

年份	2009	2010	2011	2012	2013	2014	2015	2016	2017	2018
A 站降雨量(mm)	510	320	487	565	496	625	369	401	497	503
B 站降雨量(mm)	517	330	490	521	490	598	376	415	479	518
C 站降雨量(mm)	530	332	472	562	483	604	388	407	512	510
径流总量($\times 10^4 m^3$)	10.38	3.27	7.25	12.63	7.83	18.27	3.78	7.34	10.42	12.76

10. 设计一个评价坡面水土保持林地(刺槐人工林)防治水土流失效益的实验，要求给出此实验原理、实验方案、所需仪器、计算公式。

第7章

水文统计

水文现象是随机事件的一种，具有周期和随机性，水文统计方法是水文学研究的重要方法之一。本章主要讲述水文随机事件的基本概念、总体概率和样本频率的计算方法、概率分布、重现期计算以及水文变量各种统计参数的计算方法，重点介绍频率分布曲线和适线法的计算过程。

7.1 概述

水文现象是水分循环过程中水的存在形式和运动形态，降水、径流、蒸发等是常见水文现象的具体表现形式，均是受诸多因素影响和制约的随机过程和不确定过程，水文现象具有随机性。同时，水文现象涉及范围广泛、空间变异大、时间尺度长，需要进行多尺度、长序列的观测研究，但因自然条件和人为因素等各种条件的限制，很难实现多尺度、长序列的水文观测和研究，缺少大尺度、长序列的实测资料。同时许多水文现象的极值也很难预测，只有通过对历史观测资料的汇总、分析、预估水文现象可能发生的大小范围及其发生概率。因此，水文分析计算就是根据现有的水文资料，利用数理统计的方法探求水文现象的统计规律，并对未来可能发生的水文情势进行预估。

7.1.1 随机事件

自然界中不断出现和发生的事物或现象统称为事件，也可以指在一定条件下的试验结果中所有可能或不可能出现的事情，有确定性事件和随机事件之分。

确定性事件可以分为必然事件和不可能事件。必然事件是指在一定的条件下必然发生的事件，如土壤饱和后再降水必然会产生地表径流，或降水强度大于土壤下渗强度时必然会形成地表径流，这都是必然事件。在一定的条件下必然不发生的事件称为不可能事件，如一场降雨形成的径流量不能大于降水量，对于闭合流域而言多年平均的径流系数与蒸发系数之和不能大于1。必然事件与不可能事件虽然不同，但在因果关系上都具有可确定性。

除了确定性事件外，还有另外一类事件就是随机事件，其发生条件和事件发生与否之间没有确定的因果关系，这种事件称为随机事件。比如降雨后是否产流、产流量的多少都是随机事件。每年汛期河流中总会出现一次最大流量，这个流量可能大于指定的某一流量，也可能小于或等于这个指定流量，但这次洪水出现前人们无法确定其流量到底是大于、小于还是等于指定流量，因此，河流流量在数值上的大小也是一个随机事件。

人们对随机事件进行长期观测研究后发现，随机事件仍然有一定的规律可循。比如每次掷硬币时出现正面或反面这一事件虽然是随机的，但掷硬币的次数达到一定程度后，出现正面朝上和反面朝上的次数大致相等。一条河流的年径流量虽然在各个年份并不相同，有大有小，但长期观测后就会发现年径流量的多年平均值也趋于是一个稳定数值，即正常年径流量。

随机事件具有的这种规律称为统计规律。这种统计规律可以针对属性，也可以针对具体数量。比如掷硬币时正反面、阴天还是晴天、下雨还是下雪均为针对属性进行统计。而径流量、蒸发量、土壤含水量、洪峰流量等均是针对具体数量进行统计。

7.1.2 总体和样本

在数理统计中把全体所有研究对象称为总体，把总体中的每个基本单位称为个体。如研究河流的年径流量时，有史以来该河流各年径流量的全体就是总体，各年的年径流量就是个体。如研究某一测站的降水量时，该站有史以来所有降水的全体就是总体，每场降水就是个体。即总体就是一个随机变量 X，而个体就是随机变量的一个取值 x_i。

一般情况下总体是未知的，因为不可能对随机事件的总体进行普查，因此，总体无法得到，这就像人们无法掌握某条河流在其形成以来所有年份的年径流量一样。但为了掌握总体的统计规律，一定可以从总体中抽取一部分个体组成样本，对这些个体组成的样本进行观察研究，并根据这些被抽查个体的特征对总体的特征进行分析和推断，从而掌握总体的性质和规律，这种方法称为抽样法。

从总体中抽取的个体称为样本，从总体中抽取的个体数量称为样本容量。从总体中抽取样本时，如果不带有任何主观意识随意抽取，所得到的样本就称为随机样本。

自然界的水文现象长期存在，水文系列的总体通常是无限的，有限期内所观测到的系列仅仅是一个很小的随机样本。例如，某水文站观测的年降水量的总体应该是自古迄今，再至未来长远岁月中所有的年降水量，但人们观测到的降水量只是十几年、几十年，最多也就是上百年的样本。可见水文系列的总体虽然是客观存在的，但无法得到。因此水文分析计算中概率分析的目的就是由样本特征估计总体特征，并对未来的水文情势做出概率预估。

样本和总体既有区别又有联系，样本既然是总体的一部分，那么样本的特征在某种程度上就能够反映和代表总体的特征，这就是水文学能够通过对实测系列(样本)的研究来推估未来水文变化情势的原因。现有的水文观测资料可以认为是水文变量总体的随机样本。正是因为样本只是总体的一部分，由样本推断出的总体的统计规律显然会有误差。这种由样本推断总体统计规律而产生的误差称为抽样误差。随着样本容量的增大，抽样误差会逐渐减小，因此，由样本推算总体时，应尽可能地增大样本容量。水文分析计算中必须对抽样误差的大小及范围要做出概率估计。

7.1.3 概率与频率

每一事件的发生都有某种程度的可能性，有的可能性大，有的可能性小。为了比较随机事件出现可能性的大小，必须要有一个数量标准，这一数量标准就是事件出现的概率。概率可以表示和度量在一定条件下随机事件出现或发生的可能性。针对不同的情况，概率有不同的定义。按照数理统计的观点，事件可以看作是试验的结果。如果试验结果是有限的，并且每种实验结果出现或发生的机会都相同，且相互独立，则事件概率为：

$$P(\mathrm{A}) = \frac{m}{n} \tag{7-1}$$

式中：$P(\mathrm{A})$为随机事件 A 的概率；n 为试验可能发生的结果总数；m 为试验发生事件 A 的结果数。

例如，掷骰子时可能发生的结果为 1、2、3、4、5、6，共 6 个结果，是有限的，即可能发生结果的总数为 6，掷骰子掷出 1~6 的可能性也是相同的，每次掷骰子又相互独立，一次掷一个骰子不可能同时出现 2 个数字。因此，可以用上式计算出出现 1~6 各个数字的概率。

如果定义 Z 为随机事件“掷骰子点数大于 3”，则可能出现的结果为 4、5、6 共三种情况，即事件 Z 可能发生的结果数是 3。按照上述公式，随机事件 Z 的概率 $P(\mathrm{Z}) = 3/6 = 0.5$。

上述例子只是简单的、等可能性、相互排斥和独立的情况，但自然界中的随机事件并非等可能性，如一般降雨出现的可能性大，大暴雨出现的可能性小，特大暴雨出现的可能性更小，相应地一条河流中出现大洪水的可能性和一般洪水的可能性显然也是不相同。

对于非等可能性的事件，将事件 A 出现的次数定义为频数 μ，将频数 μ 与试验次数 n 的比值称为频率，记为 $W(\mathrm{A})$，则：

$$W(\mathrm{A}) = \frac{\mu}{n} \tag{7-2}$$

大量实践证明，当试验次数无限大时，随机事件的频率会趋于稳定，此时频率 $W(\mathrm{A})$将无限趋近于概率 $P(\mathrm{A})$。

$$\mathrm{Lim}_{n \to \infty} W(\mathrm{A}) = P(\mathrm{A}) \tag{7-3}$$

必然事件的概率等于 1（表示事件必然发生），不可能事件的概率等于 0（表示事件发生的可能性是 0，必然不发生）；一般随机事件的概率介于 0~1 之间。

进行某一水文要素的统计时，影响该水文要素的各有关因素必须保持不变，如果某一要素发生了变化，则该水文要素的统计规律就会发生变化。例如，流域自然地理条件中的下垫面条件如果发生了很大变化（将坡耕地全部退耕还林还草、流域内修建淤地坝和水库），再将下垫面条件发生变化前和变化后的水文资料放在一起进行统计，就会出现严重偏差，此时应该把实测水文资料进行必要的还原和修正以后再进行统计分析和计算。

表 7-1　某水文站水位频数表

水位(m)	次数	频率(%)
50	2	2/40 = 5.0
40	5	5/40 = 12.5
30	8	8/40 = 20.0
20	10	10/40 = 25.0
15	15	15/40 = 37.5
合计	40	100

例 7-1　某水文站共观测到 40 天的水位数据，各水位出现的频数见表 7-1。试确定水位 $H \geqslant 40$m 和 $H \geqslant 30$m 的累积频率。

解： 水位≥40m 的累计频率应该为 40m 水位和 50m 水位出现的频率之和，水位≥30m 的累计频率应该为≥40m 水位出现的频率与 30m 水位出现的频率之和。

$P(H \geqslant 40) = P(40) + P(50) = 12.5\% + 5.0\% = 17.5\%$

$P(H \geqslant 30) = P(H \geqslant 40) + P(30) = 17.5\% + 20.0\% = 37.5\%$

7.2　随机变量及其概率分布

7.2.1　随机变量

进行水文计算和水利工程设计时，需要了解和掌握水文情势，尤其是必须把握径流量的动态变化，并对未来可能发生的径流过程进行预测。但因影响径流量及其过程的因素复杂多变，目前还难以通过成因分析法进行准确的计算和长期预测。实际工作中经常利用水文现象的周期性和随机性，对水文实测资料进行统计分析和计算，探讨水文现象的统计规律，然后按照得出的统计规律对未来可能发生的水文情势进行估计。此时需要将水文现象当作随机事件进行量化，使其成为随机变量。

进行随机试验时，每次试验结果可用一个数值 x_i 来表示，每次试验的结果并不相同也不确定，但是某一数值 x_i 出现时常具有相应的概率，表明这种变量 X 带有随机性，这种变量称为随机变量。如一条河流每年的径流量都不会相同，但通过统计发现，对应于某一数值的径流量，会有相应的概率，可见径流量就是一个随机变量。当然与径流量相关的洪峰流量、洪水历时、降雨量、降雨强度等均是随机变量。水文现象中的水文特征值均可以看作是随机变量，由随机变量所组成的系列称为随机变量系列，可用大写字母 X 表示。随机变量系列可以是有限的，也可以是无限的。随机变量有离散型和连续型两种。

(1) 离散型随机变量

如果随机变量的取值是自然数，就称为离散型随机变量。离散型随机变量的取值是一个具体的数值，而不是一个范围，不存在中间值。离散型随机变量可以是有限的，也可以是无限的，但必须是可数的。如某一水文站观测的某年产流天数、降雨天数均应该是一个具体的数值，而不可能是一个范围。

(2)连续型随机变量

如果随机变量的取值不能用一个具体的数据表示，是不可数的，而是在某一个区间内的任意取值，这种随机变量就称为连续型随机变量。如一条河流的年径流量可以在0和最大流量之间变化，某一年的径流量可以在0和最大值之间取任何数值，所以年径流量是连续型随机变量。水文要素中的降雨量、降雨强度、径流量、下渗量、蒸发量、流量、水位等等都是连续型随机变量。

对于随机变量最为重要的是掌握各种取值的可能性，也就必须明确随机变量各种取值的概率，掌握其统计规律。

7.2.2 概率分布

随机变量的取值可以是其所有可能值中的任何一个值，即随机变量 X 可能取 x_1、也可能取 x_2，x_3，…，x_n，但是取某一可能值的机会并不相同，取有些值的机会大，取有些值的机会小。这就是说随机变量的取值具有一定的概率，随机变量与其概率的对应关系，称为随机变量的概率分布规律，简称概率分布。概率分布反映了随机现象的变化规律。

对于离散型随机变量，可以用列举的方式表示其概率分布。离散型随机变量 X 只可能取有限个数值。设 X 的所有可能值为 x_1，x_2，x_3，…，x_n，且对应的概率为 p_1，p_2，p_3，…，p_n，且 $p_1+p_2+p_3+\cdots+p_n=1$，或将随机变量 X 的所有取值及其相应的概率列成表，称为随机变量 X 的概率分布表。

对于不可数的连续型随机变量，因为其可能的取值有无限个，不能一一列举其具体取值，取某一个别值的概率趋近于0，因而无法研究个别值的概率，只能研究某一区间取值的概率，这就需要分析连续性随机变量在某一区间内取值的概率，具体到水文计算中就需要统计水文变量大于或等于某一数值的概率。

随机变量的取值总是有着相应的概率，而概率的大小随着随机变量取值的变化而变化，即这种随机变量的取值与其概率之间有着对应关系，这种对应关系称为随机变量的概率分布，即对于随机变量而言，当取值不同时，大于或等于该取值的概率也随之而变，随机变量 $X \geqslant x$ 的概率 $P(X \geqslant x)$ 因随机变量的取值 x 而变化，是 x 的函数，这个函数 $f(x)$ 称为随机变量 X 的概率密度函数。

$$F(x) = P(X \geqslant x) = \int_{x=x_p}^{\infty} f(x)\,\mathrm{d}x \tag{7-4}$$

$P(X \geqslant x)$ 为随机变量 X 的取值大于或等于 x 的概率，$f(x)$ 为随机变量 X 的概率密度函数，$F(x)$ 的几何曲线如图7-1所示。图中的纵坐标为随机变量的取值 x，横坐标表示随机变量取值 $\geqslant x$ 时的概率密度值，该曲线在数学上称为随机变量的概率密度分布曲线，在水文学中称为随机变量的累积频率曲线，简称频率曲线。在图7-1中，当 $x=x_p$ 时，在概率密度分布曲线上的阴影部分就是随机变量取值 $\geqslant x_p$ 时的累计频率。

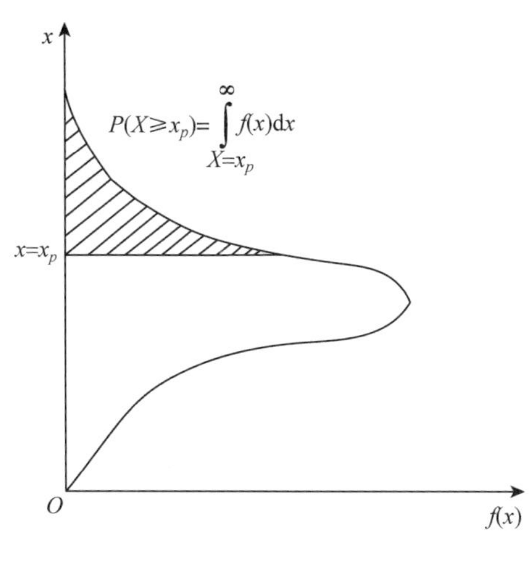

图 7-1 概率密度分布曲线

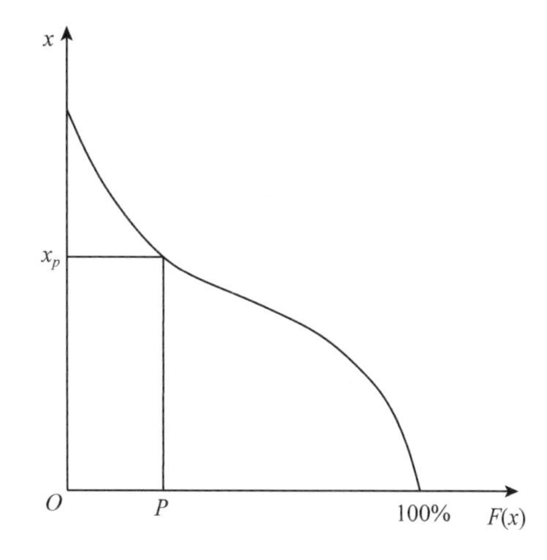

图 7-2 累积频率分布曲线

在水文计算中经常将水文变量取值大于或等于某一数值的概率称为该水文变量的频率，同时将表示水文变量频率分布的曲线称为累积频率分布曲线(图 7-2)。水文变量的频率就是概率密度函数从变量取值到正无穷大区间的积分值。随机变量概率密度函数也可用曲线的形式表示。

$$f(x) = -F(x) = -\frac{\mathrm{d}F(x)}{\mathrm{d}f(x)} \tag{7-5}$$

式中：$F(x)$为随机变量 X 的分布函数，也就是水文变量 X 取值$\geqslant x$ 的频率，而$f(x)$是概率密度函数。水文变量的分布函数可以用频率曲线表示，概率密度函数也可以用概率密度函数曲线表示。

从图 7-1 中可以看出，随机变量取值的概率密度函数值越大，表明随机变量在这个值附近区间取值的概率越大。因频率 $F(x_p)$是概率密度函数从 x_p到正无穷大这个区间的积分，所以，图 7-2 中的 $F(x_p)$等于图 7-1 中 x_p以上的阴影面积，x_p取值越小，阴影面积越大，频率 $F(x_p)$取值也越大，即随机变量取值越小，大于等于这个取值的可能性越大。

例 7-2 某降水观测站某年有 118 次降水资料，参见表 7-2。试分析该年次降水量的频率密度分布规律，并绘出频率密度分布曲线。

表 7-2 某降水观测站某年次降水量分组即频率计算表

降水量(mm)		组内频数	累积频数	频率	累计频率	频率密度
上限	下限	(次)	(次)	(%)	(%)	(l/mm)
130	120	1	1	0.85	0.85	0.08
120	110	2	3	1.69	2.54	0.17
110	100	3	6	2.54	5.08	0.25
100	90	6	12	5.08	10.17	0.51
90	80	9	21	7.63	17.80	0.76
80	70	10	31	8.47	26.27	0.85
70	60	11	42	9.32	35.59	0.93
60	50	15	57	12.71	48.31	1.27

（续）

降水量(mm)		组内频数（次）	累积频数（次）	频率（%）	累计频率（%）	频率密度（l/mm）
上限	下限					
50	40	18	75	15.25	63.56	1.53
40	30	21	96	17.80	81.36	1.78
30	20	15	111	12.71	94.07	1.27
20	10	6	117	5.08	99.15	0.51
10	0	1	118	0.85	100.00	0.08

解：将118次降水量数据从大到小按每10mm一组划分成组，并统计各组内的降水次数，计算各组对应的频率、累积频率和平均频率密度值，列于表7-2中，以表7-2中频率密度值为横坐标，以降水量为纵坐标，绘成频率密度分布曲线，如图7-3所示，绘成累积概率分布曲线，如图7-4所示。

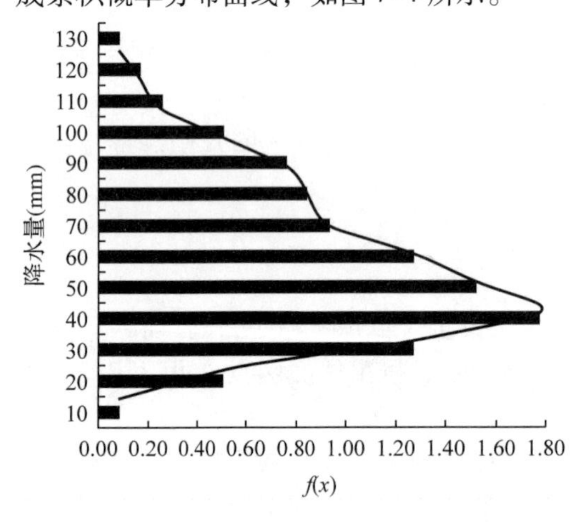

图7-3 次降水量的概率密度分布曲线

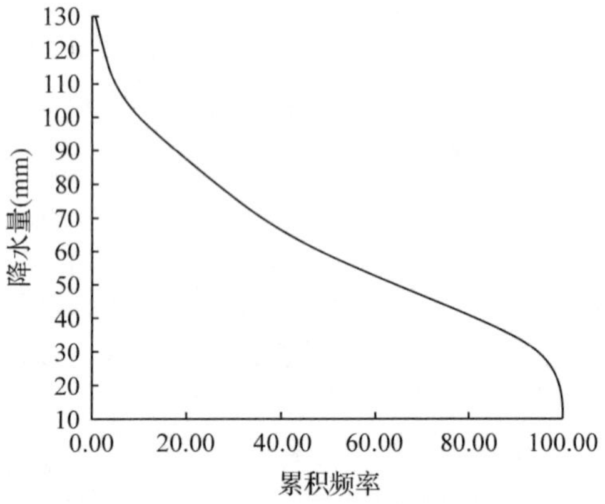

图7-4 次降水量的累积频率分布曲线

例7-3 图7-5为某雨量站年降水量的累计频率分布曲线。求该站年降雨量在800~900mm之间的概率。

解：这是求解随机变量落在某区间$(x,\ x+\Delta x)$内的概率问题。从图7-5可见，降雨量≥800mm的累积概率为0.60，降雨量≥900mm的累积概率为0.26，按照概率加法定律，降雨量≥800mm的累积概率一定等于降雨量在800~900mm之间的累积概率与降雨量≥900mm的累积概率之和。

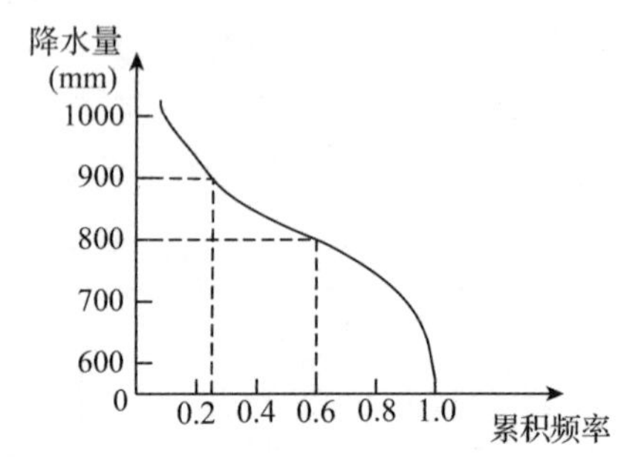

图7-5 降水量累计频率分布图

因此，降雨量在800~900mm之间的累积概率等于降雨量≥800mm的累积概率减去降雨量≥900mm的累积概率，即$0.60-0.26=0.34$。

7.2.3 重现期

重现期是等量或超量的水文特征值平均多长时间出现一次，表示随机事件在长时间内发生的周期，常用“多少年一遇”来表示重现期。

重现期和概率一样，都是用以表示随机变量统计规律的参数，如百年一遇的大暴雨，百年一遇的大洪水，这都用于说明暴雨或洪水出现的平均概率。百年一遇的大暴雨说明这种暴雨发生的平均概率为100年1次。一条河流发生了百年一遇的大洪水，是指在一个较长的时期内，大于或等于该次洪水的情况平均100年可能发生1次。

重现期是对水文现象发生可能性的定量表述之一，但不能理解为水文现象在重现期内必然发生。如百年一遇不能理解为水文现象每隔100年一定会出现1次，百年一遇的水文现象很可能在100年内发生多次，也可能1次也不发生。

水文变量往往是连续型的随机变量，在水文学中，频率是等量或超量的水文变量出现的概率。对应于频率，重现期是指水文变量在某一个范围内取值的周期。如用T表示重现期，用P表示频率，频率P和重现期T互为倒数关系，即：

$$T = \frac{1}{P} \tag{7-6}$$

对于水利工程而言，水量越大，水利工程被破坏的可能也越大，对工程建设也越不利，为此，规定洪水的频率P小于或等于50%，洪水的重现期与频率的关系直接用上式表示。例如，频率$P=5\%$的洪水，表示100年可能出现5次的洪水，或平均20年出现1次的洪水，亦即重现期T为20年，称为20年一遇的洪水。如果水库的设计标准为20年一遇，当发生20年一遇的洪水时，水库应该是安全的，但当出现大于20年一遇设计标准的洪水时，水库就很有可能被破坏。

在灌溉、发电、供水工程规划设计时，需要研究枯水问题，在枯水期或少水年份，水量越少，越难利用，对水利工程也越不利，此时重现期是指水文随机变量小于或等于某一数值的平均周期。按照概率论的相关理论，随机变量“小于或等于某一数值”是“大于或等于某数值”的对立事件，如果“大于或等于某数值”的概率为P，则“小于或等于某一数值”的概率为$1-P$。枯水的频率$P>50\%$，因此枯水的重现期计算公式为：

$$T = \frac{1}{1-P} \tag{7-7}$$

例如，某灌区设计的枯水频率为$P=95\%$，则其重现期$T=1/(1-0.95)=20$年，表示该灌区按20年一遇的枯水作为设计标准，表示20年中可能会有1年的水量得不到保证，故设计枯水的频率常作为设计用水的保证率。

7.3 统计参数

在水文分析和计算中，求解概率分布函数或者概率密度函数一般都比较困难，但有一些特征值具有特殊的指示意义，可以简明地表示水文变量的统计规律和特性，为此把这些特征值称为随机变量的统计参数，常用的统计参数为均值、变差系数和偏态系数。

7.3.1 均值

均值反映水文变量系列的平均取值，表示水文变量样本系列的平均情况，可以反映系列总体水平的高低。例如，甲乙两条河流多年平均流量分别为1000m³/s和100m³/s，就说明甲河流的径流量远比乙河流的径流量丰富。

根据随机变量在系列中的出现情况，计算均值的方法有加权平均法和算术平均法两种。

（1）加权平均法

设实测的水文要素系列由 h_1，h_2，…，h_n组成，每个水文要素重复出现的次数（频数）分别为f_1，f_2，…，f_n，则实测水位平均值，即平均水位为：

$$\bar{h} = \frac{h_1f_1 + h_2f_2 + \cdots + h_nf_n}{f_1 + f_2 + \cdots + f_n} = \frac{1}{N}\sum_{i=1}^{n} h_if_i \tag{7-8}$$

式中：N 为样本系列的总项数，$N = f_1 + f_2 + \cdots + f_n$。

（2）算术平均法

若实测系列内水文要素很少重复出现，可以不考虑出现次数的影响，即可用算术平均法直接求平均值。

$$\bar{x} = \frac{1}{n}\sum_{i=1}^{n} x_i \tag{7-9}$$

式中：n 为样本系列的总数，即样本容量，x_i为水文要素每次的观测值。

对于水文要素系列而言，一年内的观测值有限，而且很少出现重复数据，因此，一般使用算术平均法计算均值。如果水文观测系列中出现了几个数值相同的水文特征值，在计算累计频率时可以将这几个相同值排在一起，各占一个序号。

均值是水文变量最基本的统计特征，在频率密度曲线图上均值位于频率密度曲线与x轴所包围面积的形心处，这说明水文变量所有可能的取值是围绕中心分布的，故称为分布中心，它反映了水文变量的平均水平，能代表整个水文变量水平的高低。例如，南京的多年平均降水量为970mm，而北京的多年平均降水量为670mm，可见，用平均降水量就可以说明南京的降水量比北京更为丰沛。

根据均值的特征，可以利用均值推求设计频率条件下的水文现象的特征值，也可以利用均值表示出各种水文现象特征值的空间分布情况，从而绘制成各种等值线图。例如，多年平均径流量等值线图、多年平均24h暴雨量等值线图等。

7.3.2 均方差

均值表示了水文要素系列的平均水平，无法反映水文要素每次观测值之间的差异和变化情况。均方差则表示水文要素系列中各观测值相对于均值的离散程度。当两个系列的均值相等时，均方差越大，数据系列的离散程度越大。例如，甲乙两个水文站的水位观测数据系列分别为：

甲站水位系列：5m、10m、15m

乙站水位系列：2m、10m、18m

虽然甲乙两站观测到的平均水位都是10m，但甲乙两站水位的变化程度完全不同，即水位数据相对于均值的离散程度不同。显然甲站的水位相对更加平稳，变化不如乙站剧烈。

均方差能够反映水文观测系列的变化幅度，以及观测系列在均值两侧分布的离散程度，在数值上等于水文变量离均差平方和的平均数再开方，用符号 s 表示，即：

$$s = \sqrt{\frac{\sum_{i=1}^{n}(x_i - \bar{x})^2}{n}} \tag{7-10}$$

式中：n 为系列的总项数。

但上式只适用于总体，而对于样本系列应采用如下的修正公式：

$$\sigma = \sqrt{\frac{\sum_{i=1}^{n}(x_i - \bar{x})^2}{n-1}} \tag{7-11}$$

均方差反映水文要素实测资料系列中各观测值远离平均值的平均情况，均方差大，说明数据系列在均值两旁的分布比较分散，整个数据系列的变化幅度大；均方差小，表示数据系列集中分布在均值两旁，整个系列的变化程度小。对于均方差小的系列而言均值的代表性好，而对于均方差大的系列而言，均值的代表性差。

如甲乙两个降水观测点观测到的降雨量数据如表 7-3 所示。

表 7-3 甲乙两个降水观测点的降雨数据

甲站(mm)	48	49	50	51	52	平均值 = 50
乙站(mm)	10	30	50	70	90	平均值 = 50

经计算甲站的均方差为 $\sigma_{甲} = 1.58$，乙站的均方差为 $\sigma_{乙} = 31.4$，甲站观测到的降雨数据的均方差远小于乙站，说明甲站降雨数据的离散程度小，乙站降雨数据的离散程度大。

7.3.3 变差系数

均方差代表了水文要素系列的绝对离散程度，这对于均值相同、均方差不同的系列而言，能够比较两个系列数据的离散程度，但对于均值不同均方差相同或均值均方差都不同的系列而言，就无法比较数据的离散程度，这是因为均方差不仅仅受数据系列分布的影响，还与数据系列中数值大小有关。因为在两个不同的数据系列中，数值大的系列，一般而言均值和均方差也大。数值小的系列均值和均方差都要小一些。如甲乙两条河流的径流量数据系列如下：

甲河流：5mm、10mm、15mm

乙河流：995mm、1000mm、1005mm

甲河流的平均径流量为 10mm，乙河流的平均径流量 1000mm，均值显然不等，但甲乙两河径流量的均方差 $\sigma_{甲} = 5\text{mm}$，$\sigma_{乙} = 5\text{mm}$，单纯从均方差进行分析，甲乙两河流径流量的离散程度应该是相同的。但由于两河流径流量的均值相差悬殊，其离散程度肯定不相同。如甲河流最大径流量和最小径流量的绝对差值为 10mm，相当于其均值的 100%，而乙河流最大径流量和最小径流量的差值也是 10mm，但这个差值仅相当于均值的 1%，这种差别已经可以忽略不计了。

为了消除水文要素取值大小对均方差的影响，提出了变差系数 C_v，以克服均方差衡量数据系列离散程度的不足，变差系数又称离差系数或离势系数，它是数据系列均方差与其均值的比值，即：

$$C_v = \frac{\sigma}{\bar{x}} = \frac{1}{\bar{x}}\sqrt{\frac{\sum_{i=1}^{n}(x_i - \bar{x})^2}{n-1}} \tag{7-12}$$

有了变差系数 C_v，再分析上述甲乙两河流径流量系列的离散程度。用上式计算求得甲河流径流量的变差系数 $C_{v甲}=0.5$，而乙河流的变差系数 $C_{v乙}=0.005$，这就说明甲河流径流量数据系列的相对离散程度远比乙河流的相对离散程度大。

在水文学中，计算出某一水文要素系列的变差系数后，通常需要分析其在空间上的分布和变化规律，绘制成 C_v 等值线图以反映其空间分布规律。如我国降雨量和径流量的 C_v 分布规律大致是南方小、北方大，沿海小、内陆大，平原小、山区大。

7.3.4　偏差系数

变差系数说明了水文数据系列的离散程度，但不能反映数据系列在均值两边的分布情况，如数据系列在均值两边的分布是否对称，如果不对称，是大于均值的数据出现的次数多，还是小于均值的数据出现的次数多。为此水文学中引入偏差系数 C_s（也称偏态系数），用以描述数据系列在均值两边的分布情况。

$$C_s = \frac{\sum_{i=1}^{n}(x_i - \bar{x})^3}{(n-3)\times\bar{x}\times C_v^3} = \frac{\sum_{i=1}^{n}(K_i - 1)^3}{(n-3)\times C_v^3} \tag{7-13}$$

式中：C_s 为偏差系数；C_v 为变差系数；n 为样本系列的项数，即样本容量；K_i 为模比系数。当 $C_s=0$ 时，数据系列在均值两旁呈对称分布；$C_s>0$ 属正偏分布；$C_s<0$ 属负偏分布。

但在实际的水文计算中如果没有百年以上的资料，C_s 的计算结果很难得到一个合理的数值。而水文实测资料往往不足，因此，实际工作中并不计算 C_s，而是假定 C_s 与 C_v 的比例关系，利用适线法进行计算。

模比系数 K_i 在水文学中应用广泛，是指某一水文要素的取值与其平均值的比值。模比系数反映了水文要素的取值与平均值的对比关系；如果模比系数大于1，说明该水文要素的取值大于平均值；如果模比系数小于1，说明该水文要素的取值小于平均值。丰水年和枯水年的判断就是利用模比系数，如果某条河流年径流量的模比系数大于1，说明当年的径流量大于多年平均径流量，属于丰水年，如果模比系数等于1，则说明是平水年，如果模比系数小于1，则为枯水年。

7.4　频率计算

频率计算是水文统计中最常用的方法，其实质就是在对现有实测水文资料进行审查的基础上，由实测水文资料（样本）系列的频率分布（统计参数）估算总体的概率分布（统计参数），并对未来的水文情势做出预估，从而为水利工程的规划设计、施工和管理提供依据。

7.4.1 经验频率曲线

经验频率曲线就是根据某水文要素实测资料的样本系列，将其由大到小排列，计算大于或等于某一值的累积频率，并在专用的频率格纸上以经验频率为横坐标，以水文要素的取值为纵坐标绘制而成的曲线。

经验频率曲线的绘制步骤如下：

(1)将样本资料系列由大到小排列；

(2)计算各值的经验频率(累积频率)；

(3)以经验频率为横坐标，以水文要素的取值为纵坐标，在频率格纸上点绘经验点；

(4)用圆滑曲线连接经验点，绘制成经验频率曲线。

经验频率的计算公式为：

$$P = \frac{m}{n+1} \times 100\% \tag{7-14}$$

式中：P 为水文要素取值大于或等于某值的累积频率(%)；m 为水文资料系列由大到小排序时各取值所对应的序号；n 为水文资料系列样本系列总个数，即样本容量。

例 7-4 某水文站 1993—2018 年的年降水量观测记录如表 7-4 所示，计算经验频率，绘制经验频率分布曲线，并求算 $P=5\%$ 的年降水量。

解： 具体计算过程如下：

①首先将降水量数据按年份填入表 7-4 的第(1)和第(2)栏。

②将第(2)栏中降水量数据由大到小排序并编号，分别填入表 7-4 的第(3)和第(4)栏。如果有两个年份的降水量数据相同，这两个降水量数据也应该分别给予序号。

③按 $P=m/(n+1)\times 100\%$ 计算每个降水量数据所对应的累计经验频率，填入第(5)栏。

④在频率格纸上以经验频率为横坐标，以降水量为纵坐标点绘经验点，用圆滑曲线连接经验点，得到经验频率曲线(图 7-6)。

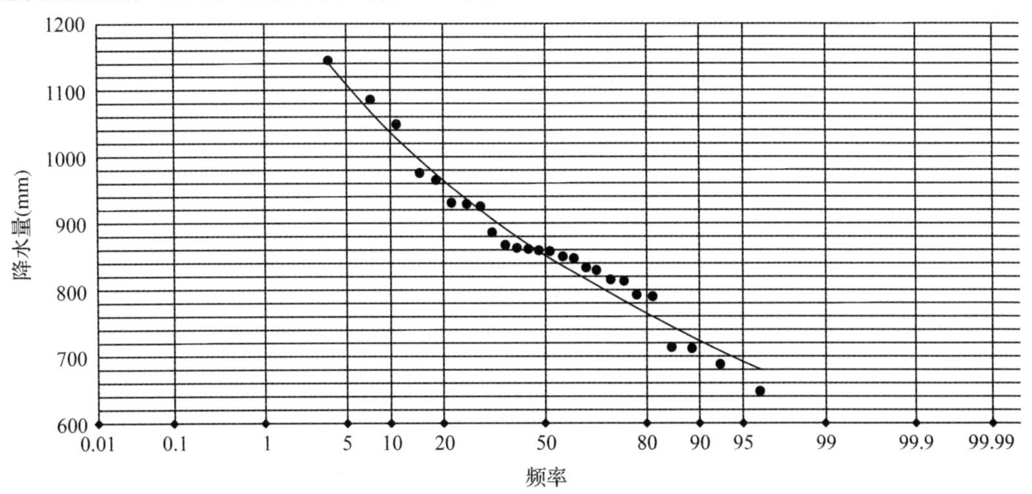

图 7-6 降水量的经验频率分布曲线

(5)有了经验频率曲线后，可以在频率曲线上求算指定频率的降水量。如频率 $P=5\%$ 的降水量为1110mm。

表7-4　某水文站1993—2018年的年降水量

年份	年降水量(mm)	序号	排序	经验频率(%)	年份	年降水量(mm)	序号	排序	经验频率(%)
(1)	(2)	(3)	(4)	(5)	(1)	(2)	(3)	(4)	(5)
1993	1048	1	1144	4	2006	966	14	859	52
1994	1144	2	1087	7	2007	859	15	851	56
1995	689	3	1048	11	2008	829	16	846	59
1996	868	4	975	15	2009	851	17	833	63
1997	926	5	966	19	2010	930	18	829	67
1998	861	6	932	22	2011	975	19	817	70
1999	888	7	930	26	2012	817	20	815	74
2000	1087	8	926	30	2013	649	21	794	78
2001	864	9	888	33	2014	833	22	791	81
2002	791	10	868	37	2015	794	23	715	85
2003	846	11	864	41	2016	815	24	713	89
2004	932	12	863	44	2017	863	25	689	93
2005	713	13	861	48	2018	715	26	649	96

由于经验频率曲线是采用目估法绘制而成，曲线的形状因人而异，尤其当经验点分布较为散乱时更是如此，因此，不同的绘制人员得出的某一频率所对应的水文要素的取值 x_p 就会有所不同。另外，由于水文资料的样本系列长度有限，很少有观测资料长度超过100年的，一般只有几十年的资料，据此绘制的经验频率往往限制在某一频率范围内，如有20年的资料，计算出的经验频率范围为5%~95%，如有50年的资料，计算出的经验频率范围为2%~98%。而水利工程设计中更需要低频率所对应水文要素的取值，如水利工程设计中往往需要掌握频率为1%、0.1%，甚至为0.01%时所对应的水文资料，而这种低频率在经验频率曲线上往往没有，从而查不出相应 x_p 值。因此，必须对经验频率曲线进行延长。但在延长经验频率曲线时因无实测数据控制，随意性很大，这必然会直接影响设计成果的正确性。同时，经验频率曲线仅为一条曲线，在分析水文现象的空间分布特征和地区性规律时，很难进行地区综合。这导致经验频率曲线的实用性受到限制。为了克服经验频率曲线的上述缺点，保证设计成果的准确性，在实际水文计算和设计中常常采用数理统计中已知的频率曲线对经验频率曲线进行拟合。

7.4.2　皮尔逊Ⅲ型曲线

水文分析计算中使用的概率分布曲线统称为水文频率曲线。根据实测资料绘制水文要素在某一区间的取值与频率的关系曲线称为经验频率曲线，由概率论和数理统计等数学方式所表示的频率曲线称为理论频率曲线。

英国生物学家、统计学家皮尔逊分析了生物、物理以及经济领域里的许多随机变量，归纳出一系列概率分布，其中在水文学中应用最为广泛的为皮尔逊Ⅲ型曲线。

皮尔逊Ⅲ型分布的概率密度函数曲线是单峰的，曲线一端为有限，另一端为无限，形状不对称。数学上常称伽马分布，其概率密度函数为：

$$f(x) = \frac{\beta^{\alpha}}{\Gamma(\alpha)}(x - \alpha_0)^{\alpha-1}e^{-\beta(x-\alpha_0)} \tag{7-15}$$

$$\alpha = \frac{4}{C_S^2}$$

$$\beta = \frac{2}{\bar{x}C_v C_s}$$

$$\alpha_0 = \bar{x}\left(1 - \frac{2C_v}{C_s}\right)$$

式中：Γ 为 α 的伽马函数；α，β，α_0为皮尔逊Ⅲ型分布的形状尺度和位置参数，$\alpha>0$，$\beta>0$。

皮尔逊Ⅲ型曲线的 3 个参数 α、β、α_0分别与均值、变差系数 C_v、偏差系数 C_s之间存在着函数关系。所以，只要能够确定水文变量的均值、C_v和 C_s，就可以确定水文变量频率分布曲线的密度函数，但是在水文计算中常用的是累积频率分布曲线，所以需要对上式进行积分，以求出等于和大于 x_p的累积频率 P 值，即：

$$P = P(x \geqslant x_p) = \frac{\beta^{\alpha}}{\Gamma(\alpha)}\int_{x_p}^{\infty}(x - \alpha_0)^{\alpha-1}e^{-\beta(x-\alpha_0)}dx \tag{7-16}$$

但直接用上式计算 P 值非常麻烦，实际做法是通过变量转换。为此，水文学家根据数学推导，提出了利用离均系数、C_v以及 C_s/C_v比值计算模比系数 K_p的方法，同时制作了离均系数查算表和模比系数查算表。现在可以直接利用这些方法根据 C_v以及 C_s/C_v比值，计算对应于某个频率 P 的模比系数 K_p，有了 K_p和均值，就可以直接计算出不同频率所对应的水文要素的取值。

利用皮尔逊Ⅲ型曲线计算某一频率的模比系数 K_p值时可以采用公式(7-17)：

$$\begin{aligned} K_p &= \varphi_p C_v + 1 \\ \varphi_p &= \frac{C_s}{2}x_p - \frac{2}{C_s} \end{aligned} \tag{7-17}$$

式中：P 为频率；K_p为某个频率 P 时的模比系数；φ_p为离均系数；C_s为偏差系数；C_v为变差系数；x_p可以用 Excel 中的函数 GAMMAINV(1 - P/100，α，1)进行计算，其中 α 用下式计算。

$$\alpha = \frac{4}{C_s^2} \tag{7-18}$$

计算出不同频率所对应的水文要素的取值后，便可以绘制出频率分布曲线，在频率分布曲线上，可以方便地查出不同频率条件下水文要素的取值，如 50 年一遇、百年一遇、千年一遇的径流量等，从而为水利工程建设等提供设计依据。

7.4.3 统计参数对皮尔逊Ⅲ型频率曲线的影响

为了避免水文计算时调整参数的盲目性，掌握统计参数均值、变差系数 C_v、偏差系数 C_s对皮尔逊Ⅲ型分布曲线的影响十分必要。

(1)均值对频率曲线的影响

当变差系数 C_v、偏差系数 C_s不变时，均值的变化主要影响皮尔逊Ⅲ型分布曲线的高低，当均值增大时，曲线统一升高；反之，随均值减小，曲线统一降低。参见图7-7。

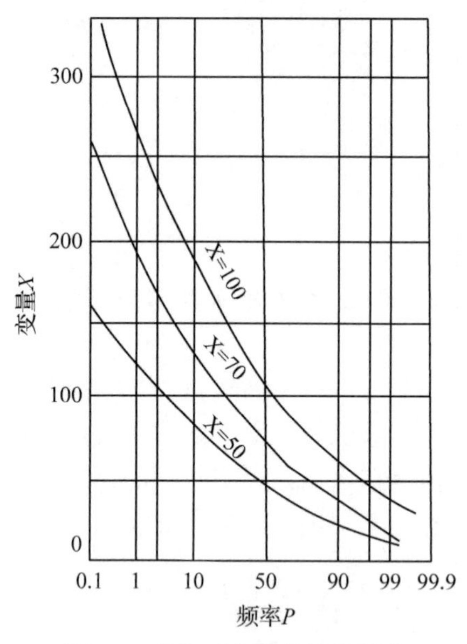

图7-7 均值对频率曲线的影响

(2)变差系数 C_v对频率曲线的影响

当均值、偏差系数 C_s一定时，变差系数 C_v主要影响曲线的陡缓程度。C_v愈大，皮尔逊Ⅲ型分布曲线愈陡，即左端低频率部分上升，右端高频率部分下降。当 $C_v=0$ 时，皮尔逊Ⅲ型分布曲线变成一条 $K_P=1$(或 $x_p=$均值)的水平直线。参见图7-8。

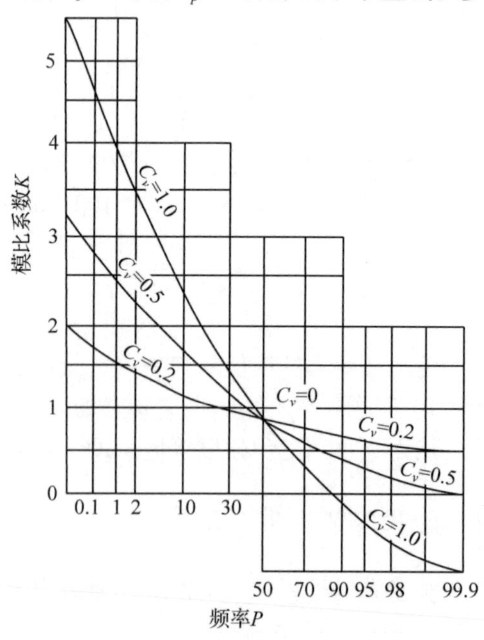

图7-8 变差系数对频率曲线的影响

(3)偏差系数 C_s 对频率曲线的影响

当均值、变差系数 C_v 一定时，在 $C_s>0$(正偏)的情况下偏差系数 C_s 主要影响频率曲线的弯曲程度，C_s 增大时，曲线变弯，即曲线两端部上翘，中间部分下凹。当 $C_s=0$ 时，曲线变成一条直线。参见图 7-9。

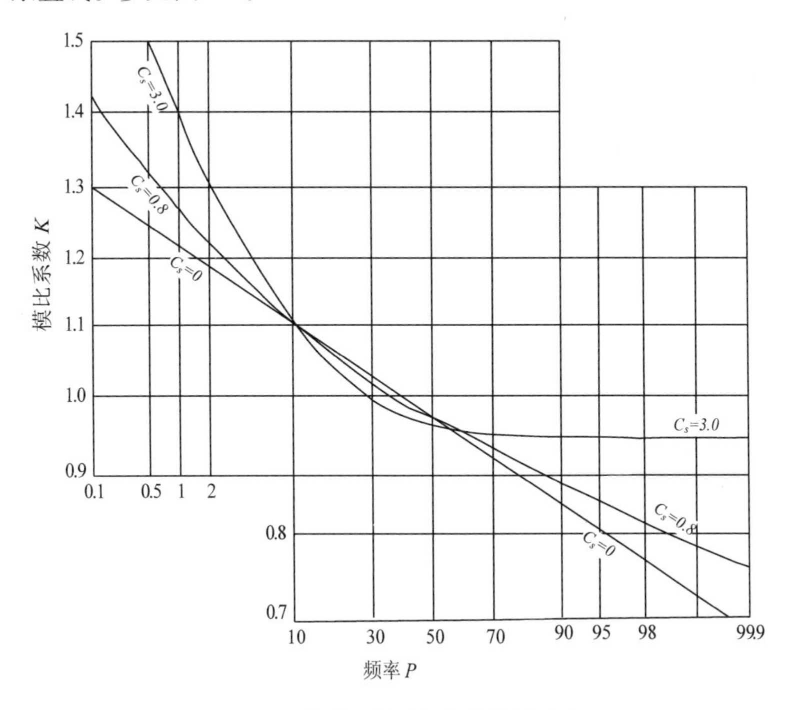

图 7-9 偏差系数对频率曲线的影响

7.4.4 适线法

由水文要素实测数据系列求得的经验频率曲线，是对水文要素总体概率分布的推断和描述。如前文所述，将经验频率曲线直接用于具体工程设计的水文计算时，必然存在着一定的局限性。我国目前的水文实测资料一般不超过几十年，由此计算的经验频率至多相当于几十年一遇，而在工程规划设计的水文计算中，常常需要确定百年一遇、千年一遇甚至万年一遇的水文要素取值，而这样的低频率稀遇值根本无法从经验频率曲线上直接获取，只能借助理论频率曲线对经验频率曲线进行延长，以求取低频率稀遇水文要素特征值的频率分布。

为了借助理论频率曲线对经验频率曲线进行延长，需要找到一条与水文要素经验频率点拟合较好的理论频率曲线，即该曲线在实测资料范围内表示出的统计规律应该和实测资料的统计规律一致，理论频率曲线能够体现水文要素总体的统计规律，这样就可以通过确定理论频率曲线的参数，推求设计频率条件下水文要素的特征值，以作为工程规划设计的依据。

根据实测资料可以绘制经验频率曲线，通过对皮尔逊Ⅲ型频率密度曲线积分可以绘出理论频率曲线。但由于统计参数计算过程中存在误差，经验频率曲线与理论频率曲线不一定能够完全吻合，为此，必须通过选择合适的参数进行试算，以确定与经验频率曲线吻合最好的理论频率曲线，这种方法称为适线法。

适线法是现行水文频率计算的基本方法。常用的适线法有三种：试错适线法、三点适线法、优化适线法。本书主要讲述试错适线法。

试错适线法的基本步骤如下：

(1)将审核过的水文资料按递减顺序排列，计算经验频率，并点绘于频率格纸上；

(2)计算统计参数均值、变差系数 C_v；

(3)假定 C_s/C_v的比值，如 $C_s=2.0C_v$、$C_s=2.5C_v$、$C_s=3.0C_v$等；

(4)根据变差系数 C_v、C_s/C_v的比值，计算或查算不同频率所对应的模比系数 K_p；

(5)利用均值、模比系数 K_p计算不同频率所对应水文要素的取值；

(6)在频率格纸上以频率为横坐标、以水文要素的取值为纵坐标，绘制理论频率曲线；

(7)观察不同 C_s/C_v比值条件下理论频率曲线与经验频率曲线的吻合情况，若二者基本吻合，则为所求，该条理论频率曲线的统计参数即为对总体的估计值，可以从该条理论频率曲线上查出设计频率条件下水文要素的特征值。否则，重新调 C_s/C_v比值，直到满意为止。

计算实例，根据例7-4 中的观测数据，匹配皮尔逊Ⅲ型频率曲线，结果如图7-10所示。

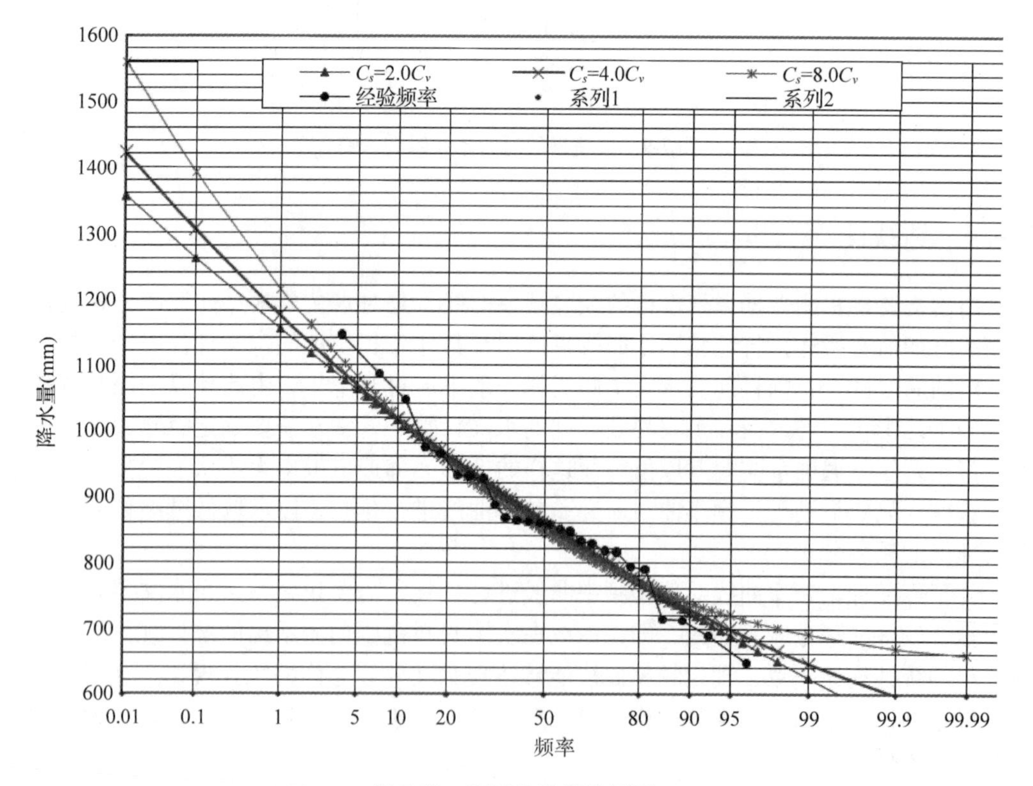

图7-10 适线法计算结果图

从图7-10可以看出，理论频率曲线在 $P=15\%$ 至 $P=80\%$ 之间与经验频率曲线吻合很好，但理论频率曲线的两端均与经验频率吻合不好，对比之后可以发现，$C_s/C_v=8.0$ 时的理论频率曲线在上端(低频率段)与经验频率更为贴近，但下端(高频率段)与经验频率更为远离，反而 $C_s/C_v=2.0$ 时的理论频率曲线更为贴近经验频率曲线。因此，建议在进行水文计算时，如果计算的是洪水，建议采用 $C_s/C_v=8.0$ 时的理论频率曲线，如果计算是枯水，建议采用 $C_s/C_v=2.0$ 时的理论频率曲线。

7.5 抽样误差

7.5.1 抽样误差的概念

对于水文现象而言，几乎所有水文变量的总体都是无限的，而目前掌握的实测水文资料仅仅是容量十分有限的样本，样本的分布不等于总体的分布。在水文分析计算中，用有限的实测资料样本的统计参数估算总体的统计参数肯定会存在误差，这种误差是从总体中随机抽取的样本与总体有差异而引起抽样误差。各种参数的抽样误差以均方差表示，为了区别于其他误差称为均方误。

从总体中随机抽样，可以得到多个随机样本，这些样本的统计参数也属于随机变量，它们也具有一定的频率分配，这种分配称为抽样误差分配。假设总体有 N 项，从中随机抽出 n 项组成1组样本，这样的样本组可以有多个，设共有 m 组样本，每组样本都有自己的统计参数。

由于是随机抽样，所以每个样本的统计参数也属于随机变量。以均值为例，m 组样本的均值组成的系列为 $\bar{x}_1,\bar{x}_2,\cdots,\bar{x}_m$，它们也具有一定的频率分布，称为均值 $\bar{x}$ 的抽样分布，抽样分布多属于正态分布。由各样本均值所组成系列的均值为:

$$E(\bar{x})=\frac{1}{m}\sum_{i=1}^{m}\bar{x}_i \tag{7-19}$$

7.5.2 抽样误差的计算

抽样误差的大小采用均方误来表述，均方误的计算公式与总体分布有关。对于皮尔逊Ⅲ型分布的水文要素而言，用 $\sigma_{\bar{x}}$，σ_σ，σ_{C_v}，σ_{C_s} 分别代表 $\bar{x}$，σ，C_v，C_s 样本参数的均方误，则它们的计算公式为:

$$\sigma_{\bar{x}}=\frac{\sigma}{\sqrt{n}} \tag{7-20}$$

$$\sigma_\sigma=\frac{\sigma}{\sqrt{2n}}\sqrt{1+\frac{3}{4}C_s^2} \tag{7-21}$$

$$\sigma_{C_v}=\frac{C_v}{\sqrt{2n}}\sqrt{1+2C_s^2+\frac{3}{4}C_s^2-2C_vC_s} \tag{7-22}$$

$$\sigma_{C_s}=\sqrt{\frac{6}{n}(1+\frac{3}{2}C_s^2+\frac{5}{16}C_s^2} \tag{7-23}$$

由上述公式可见，抽样误差一般随样本的均方差σ、变差系数C_v及偏差系数C_s的增大而增大，随样本容量n的增大而减小。一般情况下样本系列愈长、样本容量大，样本对总体的代表性也就愈好，其抽样误差就小。反之，样本系列愈短、抽样误差愈大，样本对总体的代表性也就越差。所以，在水文分析过程中一般要求样本系列的容量要有足够长度，这也是水文计算中总是要求更长系列的水文资料的原因所在。

思考题

1. 试述概率与频率的联系与区别。
2. 重现期与频率的关系如何？50年一遇洪水的频率为多少？频率为95%的枯水的重现期是多少？
3. 如何表示随机变量的概率分布规律？
4. 随机变量的三个统计参数(均值、变差系数、偏差系数)的统计意义是什么？
5. 试分析均值、变差系数、偏差系数对皮尔逊Ⅲ型频率曲线形状的影响。
6. 某流域面积为3500km^2，从1975—2016年间观测到的洪峰流量数据如下表所示。试用适线法选配频率曲线，并计算百年一遇的洪峰流量。

年份	洪峰流量(m^3/s)	年份	洪峰流量(m^3/s)	年份	洪峰流量(m^3/s)
1975	1813	1989	1028	2003	653
1976	684	1990	1972	2004	2148
1977	643	1991	413	2005	1985
1978	785	1992	487	2006	977
1979	480	1993	571	2007	1138
1980	2425	1994	444	2008	2771
1981	475	1995	278	2009	2258
1982	869	1996	1226	2010	969
1983	698	1997	852	2011	625
1984	568	1998	1082	2012	250
1985	1093	1999	1133	2013	1019
1986	680	2000	1589	2014	746
1987	278	2001	620	2015	2095
1988	259	2002	1184	2016	1212

第8章

流域产流汇流分析与计算

前面的相关章节中介绍了径流的形成过程，本章从定量的角度阐述径流形成的原理和计算方法，从而为由暴雨资料推求设计洪水、降雨径流的预测预报奠定基础。本章主要内容为资料整理与分析、产流分析计算、汇流分析计算、河道洪水演算和洪水淹没分析。产流计算的实质就是计算降雨的各种损失、推求净雨过程；汇流分析计算就是根据净雨过程推求径流过程。

8.1 基本资料的整理与分析

产流、汇流计算中涉及的基本资料主要包括降水资料、蒸发资料、径流资料。其中降水资料整理中需要将各观测站点的点雨量转换为面雨量，即流域平均降水量，具体方法已在前面相关章节涉及。本节主要介绍径流量的分割、前期影响雨量的计算。

8.1.1 径流的分割

流域内发生暴雨后，在流域出口断面就能观测到形成的洪水过程。实测的洪水过程中包括本次暴雨所形成的地表径流、壤中流和浅层地下径流，以及深层地下径流和前次降水尚未流出的部分水量。为此，产流计算之前需要将本次暴雨形成的径流量从观测到的洪水过程中独立分割出来，并分别计算各自的径流深。

从径流形成过程的分析可知，地表径流与壤中流汇流情况相近，汇流速度快，属于“早来早退”型，并在一次洪水总量中所占比例较大，为此水文学中经常将地表径流与壤中流合并后进行分析计算，并称之为地面径流。地面径流全部流出后，洪水过程线主要由地下径流(浅层地下径流和深层地下径流)组成，流量会明显减小，从而导致洪水过程线的退水段上出现一个明显的拐点。由于地下径流汇流速度慢，退水过程也慢，所以，洪水过程线的尾部呈缓慢下降趋势，经常会出现一次洪水尚未全部退尽，又遭遇另一次洪水的情况。在这种情况下，需要把一次降雨形成的洪水过程与前次降水形成的径流过程中分割出来，还需要把各次洪水中地面径流和地下径流分割开来，即需要进行两种意义上的分割：次洪水过程分割与径流成分分割，参见图8-1。

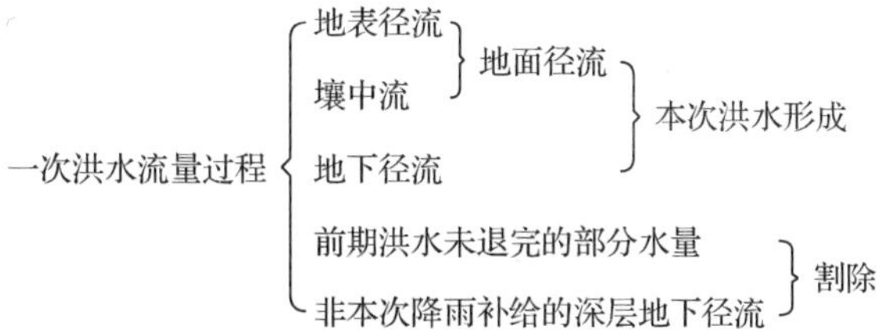

一次洪水流量过程
- 本次洪水形成
  - 地面径流
    - 地表径流
    - 壤中流
  - 地下径流
- 割除
  - 前期洪水未退完的部分水量
  - 非本次降雨补给的深层地下径流

图8-1　次洪水水源组成及分割

(1)次洪水过程分割

次洪水过程分割之目的是把几次暴雨所形成的、混在一起的径流过程线分割开来，形成独立的单次降雨的洪水过程线。在进行次洪水过程分割时，经常利用退水曲线。具体做法为：将研究流域的退水曲线放在需要分割的洪水过程线上，并沿着横坐标进行水平移动(两张图的比例尺必须相同)，尽可能使退水曲线与本次洪水过程的退水段相吻合，这条吻合的退水曲线就是分割线，如图 8-2 中的 *ekd* 段就是本次洪水的退水过程线，*ac* 段就是前次洪水的退水过程线，*aekfd* 就是本次降雨的洪水过程线，*aekfdc* 所包围的面积即为分割之后本次降雨的洪水总量。

退水曲线是反映流域蓄水量消退规律的过程线，可按下述方法综合多次实测流量过程线的退水段求得：采用相同的纵、横坐标比例尺，将若干条洪水过程线的退水段(一定是峰后无雨的退水段)绘在透明纸上。绘制时将透明纸沿时间坐标轴左右移动，使退水段的尾部相互重合，并作一条能够将所有退水过程包含在内的圆滑下包线，该下包线反映了地下径流的消退规律，这条下包线即为退水曲线。

深层地下径流是由承压水补给形成的，其特点是流量虽然小，但持久稳定，常称为基流。基流的流量可以通过分析、调查枯水期的径流资料进行综合分析得出。选定基流量后，可在洪水过程线底部用直线分割法割除基流，如图 8-2 中的 *bcd* 线，*bcd* 线以下的径流即为深层地下径流(基流)。

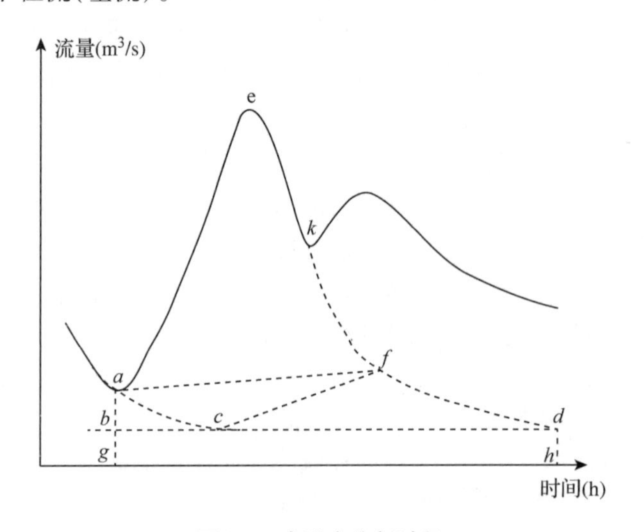

图 8-2 次洪水分割过程

(2)地面径流和浅层地下径流的分割

次洪水过程分割完成后，还需要进行地面径流、浅层地下径流的划分，即按水源进行径流分割。

地面径流与浅层地下径流的分割有水平线分割法与斜线分割法。其中斜线分割法最为常用，具体做法为：用退水曲线确定洪水退水段上的拐点 *c*，从洪水起涨点 *a* 向 *c* 点画一斜线，该线以上为地面径流，该线与水平线所包围的面积为浅层地下径流(图 8-3)。

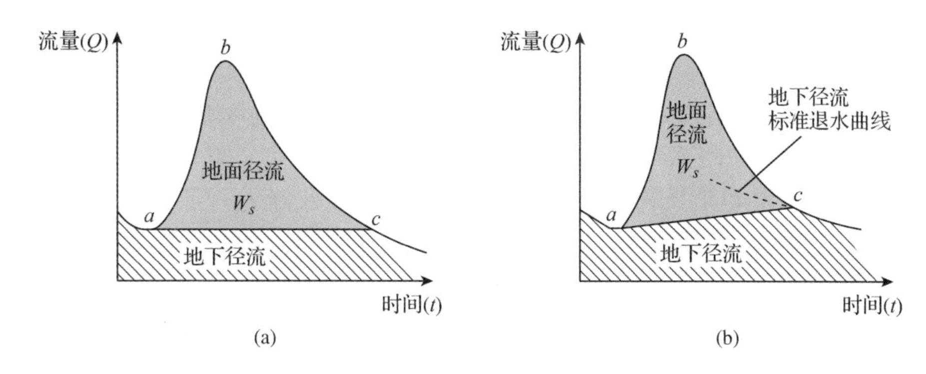

图 8-3 水平线分割法(a)及斜线分割法(b)

(3)径流量的计算

分割完地面径流、基流后，即可利用径流过程线计算各种径流成分的量，也就是各种径流过程线所包围的面积。

径流总量计算即是推求从 a 点经 e 点、k 点、f 点至 d 点的图形与曲线 acd 所围成的面积，参见图 8-2。

地面径流量计算即是推求从 a 点经 e 点、k 点至 f 点的图形与曲线 acf 所围成的面积，参见图 8-2。

浅层地下径流量计算就是推求直线 cf、cd 与曲线 fd 所围成的面积，参见图 8-2。

基流量的计算就是推求矩形 $bdhg$ 的面积，参见图 8-2。

径流量可以用径流深表示，径流深是把径流量平铺到流域面积上得到的水深，由求得的径流量除以流域面积即得径流深。计算公式如下：

$$R = \frac{3.6\sum_{i=1}^{n} Q_i \times \Delta t_i}{F} \tag{8-1}$$

式中：R 为次洪水的径流深，mm；Q_i为第 i 时段的平均流量，m^3/s；Δt_i为第 i 时段的时段长，h；F 为流域面积，km^2；3.6 为单位换算系数。

8.1.2 前期影响雨量的计算

降雨时流域包气带的土壤含水量是影响本次降雨产流量的重要因素。降雨前的土壤含水量被称为前期影响雨量 P_a或初始土壤含水量 W_0。前期影响雨量 P_a反映本次降雨发生时，前期降雨滞留在土壤层中的雨量，故称为前期影响雨量。对于湿润地区而言，包气带较薄，前期影响雨量 P_a肯定有一上限值 I_m，I_m称为流域最大蓄水容量，在数值上等于十分干旱情况下，大暴雨产流过程中的最大损失量，包括植物截留损失量、枯枝落叶拦蓄损失量、下渗损失量、填洼损失量，是渗入包气带被土壤滞留的雨量与被植物拦截雨量之和。流域的实际蓄水量 W 在 $0\sim I_m$之间变化。

(1)流域最大蓄水容量 I_m的确定

流域最大蓄水容量 I_m可由实测的降雨、径流资料中，选取久旱不雨、突发暴雨的实测资料，计算出流域平均雨量及其径流深。由于是久旱不雨后的突发暴雨，可以认为前

期影响雨量 $P_a=0$，根据水量平衡原理，研究流域的水量平衡方程为：

$$I_m = P - R - E \tag{8-2}$$

式中：P 为流域平均降雨量；R 为流域的平均径流量；E 为流域在降雨期间的蒸发量，在降雨历时较短时可忽略不计。

流域最大蓄水量 I_m 是反映蓄水能力的基本指标，在我国 I_m 一般为 80～120mm，例如：广东 95～100mm，福建 100～130mm，湖北 70～110mm，陕西 55～100mm，黑龙江 140mm 等。

(2) 消退系数 K 的确定

综合反映流域蓄水量因蒸发散而减少的特性指标称为消退系数 K。消退系数 K 通常根据气象因子进行确定。

一般而言，流域蓄水量尤其是土壤含水量的消耗取决于蒸发散量。流域的日蒸发散量 Z_t 是该日气象条件(气温、太阳辐射、风等)和土壤含水量 P_a 的函数。假定第 t 日的蒸发散量 Z_t 与流域土壤含水量 $P_{a,t}$ 为线性关系，因为 $P_a=0$ 时，$Z_t=0$；$P_a=I_m$ 时，$Z_t=Z_m$（最大蒸发散量，即蒸发散能力），故：

$$\frac{Z_t}{Z_m} = \frac{P_{a,t}}{I_m} \text{或} Z_t = \frac{Z_m}{I_m} P_{a,t} \tag{8-3}$$

又

$$Z_t = P_{a,t} - P_{a,t+1} = (1-K)P_{a,t} \tag{8-4}$$

对上面两式联立求解可得：

$$K = 1 - \frac{Z_m}{I_m} \tag{8-5}$$

其中，日蒸发散能力 Z_m 并无实测值，根据多年观测资料的分析可知，80cm 口径的蒸发器观测所得的水面蒸发量可作为 Z_m 的近似值。但是蒸发散能力与天气状况密切相关，晴天和阴雨天的蒸发散能力相差很大，因此，在计算过程中必须按晴天、阴天分别统计蒸发散能力。

(3) 前期影响雨量 P_a 值的计算

前期影响雨量 P_a 值的大小取决于前期降雨时雨水对土壤水的补给量和雨后蒸发散对土壤蓄水量的消耗量，计算时通常以 1 天为时段，逐日递推，一直推算到本次降雨开始前的土壤蓄水量——前期影响雨量 P_a 值为止。计算公式如下：

$$P_{a,t+1} = K(P_{a,t} + P_t - R_t) \tag{8-6}$$

式中：$P_{a,t}$ 为第 t 日的土壤蓄水量；$P_{a,t+1}$ 为 $t+1$ 日的土壤蓄水量；P_t 为第 t 日的降雨量；R_t 为第 t 日的产流量；K 为土壤蓄水量的日消退系数。

如 t 日无雨，则公式(8-6)可写成：

$$P_{a,t+1} = KP_{a,t} \tag{8-7}$$

如 t 日有雨但没有产流，公式(8-7)可改写成：

$$P_{a,t+1} = K(P_{a,t} + P_t) \tag{8-8}$$

若计算过程中出现 $P_{a,t+1} > I_m$，则取 $P_{a,t+1} = I_m$，可以认为超过最大蓄水量 I_m 的降雨全部化为径流量。

采用上述计算公式虽然可以计算出降雨开始时的 P_a，但 P_a 从何时起算呢？这存在两种情况。

第一种情况：当本次降雨前期相当长一段时间无雨时，可取 $P_a=0$。

第二种情况：一次大雨后出现产流，可取 $P_a=I_m$，然后以该 P_a 值为起始值，按照上述前期影响雨量计算公式逐日往后推算出本次降雨开始时的 P_a 值。

例 8-1 表 8-1 中列出了某流域 2018 年 7 月 28 日至 8 月 5 日的降雨和平均蒸发能力观测结果，流域最大蓄水量 $I_m=100$mm。试求 7 月 28 日和 8 月 3 日两次降雨的前期影响雨量 P_a 值。

解：该流域 $I_m=100$mm，根据 7 月 18 日至 8 月 5 日每天的蒸发散能力 Z_m 可计算出各天的消退系数 K 值，利用消退系数 K 值和降雨量即可计算前期影响雨量 P_a 值，结果见表 8-1。

表 8-1 P_a 值计算

年. 月. 日	降雨量 P(mm)	平均日蒸发能力 Z_m(mm)	消退系数 $K=1-\frac{Z_m}{I_m}$	前期影响雨量 P_a(mm)
2018. 7. 18	85. 6	1. 5	0. 985	
19	42. 7	1. 8	0. 982	
20	15. 6	2. 0	0. 980	100. 0
21	3. 2	2. 5	0. 975	100. 0
22		5. 0	0. 950	98. 0
23		5. 1	0. 949	93. 0
24		5. 2	0. 948	88. 2
25		5. 4	0. 946	83. 4
26		5. 3	0. 947	79. 0
27		5. 5	0. 945	74. 7
28	24. 6	2. 0	0. 980	73. 2
29	39. 7	1. 7	0. 983	96. 1
30	1. 2	2. 8	0. 972	100. 0
31		5. 2	0. 948	95. 9
2018. 8. 1		6. 2	0. 938	90. 0
2		6. 5	0. 935	84. 1
3	10. 6	3. 1	0. 969	81. 5
4	41. 8	1. 9	0. 981	90. 4
5	18. 7	2. 1	0. 979	100. 0

由表 8-1 可知，7 月 18~20 日 3 天的降雨量很大，土壤已经完全湿润，根据经验判断应该产生了径流，可以取 20 日的 P_a 为 $I_m=100$mm，其后逐日的 P_a 值计算过程如下：

7 月 21 日 $P_a=0.975\times(100+15.6)=112.7>100$(mm)，取 100mm

7 月 22 日 $P_a=0.95\times(100+3.2)=98$(mm)

7 月 23 日 $P_a=0.949\times(98+0)=93$(mm)

……

直到 7 月 28 日的 $P_a=73.2$mm 就是 7 月 28~30 日这几场雨的 P_a 值。

同理，8 月 3 日的 $P_a=81.5$mm，就是 8 月 3~5 日这场雨的 P_a值。

8.2 流域产流计算

8.2.1 蓄满产流的计算方法

蓄满产流是当降雨量大于土壤的缺水量时，多余的雨水(无法下渗)便在地表形成径流的产流方式，常发生在湿润地区。蓄满产流常用的计算方法为降雨径流相关图法。

(1)基本假定及数学模型

基本假定：湿润地区土层相对较薄，蓄水容量有限，当降雨量达到一定数值后土层能够蓄满，同时土壤孔隙状况较好，渗透能力强，不易发生超渗产流。只有当全流域全部蓄满时才会形成径流，未蓄满则不会形成径流。

基本计算模型：由水量平衡原理可知，流域的水量平衡方程为：

$$R = P - I = P - (I_m - P_a) \tag{8-9}$$

式中：R 为产流量；P 为降雨量；I 为降雨总损失量；I_m为流域最大蓄水量；P_a为前期影响雨量。

(2)降雨径流相关图的绘制

雨量为 P 的降雨所产生的径流量 R 的数值主要与土壤湿润程度(含水量)有关，在工程设计中习惯用前期影响雨量 P_a来表示土壤的湿润程度。在实际工作中，常以径流量 R 为横坐标，降雨量 P 为纵坐标，点绘次降雨量、径流量的关系点，并在关系点据旁标注 P_a值，分析绘制出 P_a等值线图，该图就是 $P-P_a-R$ 相关图，即降雨量—前期影响雨量—径流量相关图(图 8-4)。

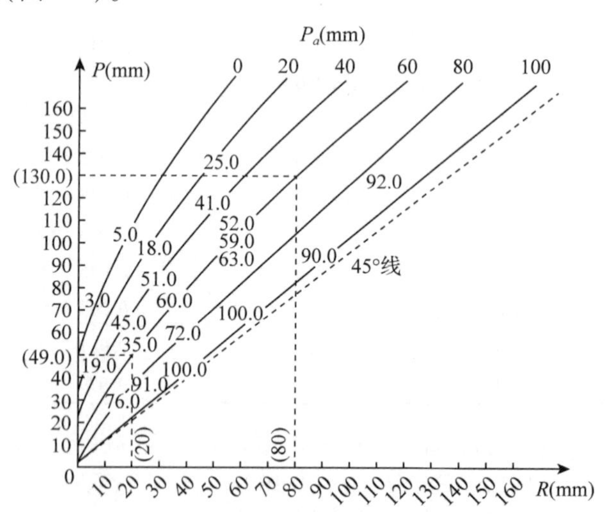

图 8-4 $P-P_a-R$ 相关图

(3)产流量计算

利用 $P-P_a-R$ 相关图不仅可以计算一次降雨的径流总量，而且可以推求出径流过程。

产流量计算步骤如下:

①由初始土壤含水量 W_0(或 P_a),确定计算过程中将采用的 P_a等值线。

②按照时段顺序计算各时段结束时的累积降雨量。

③根据累计降雨量和确定的 P_a等值线,在 $P-P_a-R$ 相关图上查出累积降雨量对应的累积径流量。查用 $P-P_a-R$ 相关图时,若图上无计算所需 P_a等值线,可以采用内插法绘制。

④根据各时段结束时的累积径流量反推时段径流量。

如某次降雨共划分为3个时段,首先根据前期影响雨量 P_a值确定需要采用的降雨径流相关线(P_a等值线),然后根据雨量站观测到的雨量资料,求出各时段的流域平均降雨量 P_1、P_2、P_3及各时段结束时的累积雨量 $\Sigma P_1=P_1$、$\Sigma P_2=P_1+P_2$、$\Sigma P_3=P_1+P_2+P_3$;然后利用前面确定的 P_a等值线,查出与累计雨量 ΣP_1、ΣP_2、ΣP_3相对应的累积径流量 ΣR_1、ΣR_2、ΣR_3。则各时段的径流量分别为 $R_1=\Sigma R_1$,$R_2=\Sigma R_2-\Sigma R_1$,$R_3=\Sigma R_3-\Sigma R_2$,总径流量 $R=\Sigma R_3$。

例8-2 图8-4为某流域按蓄满产流方式建立的降雨径流相关图,已知该流域本次降雨过程分为2个时段,分别为5月10日8:00~14:00和14:00~20:00(表8-2),5月10日的前期影响雨量 $P_a=60$mm。试求该次降雨的产流过程和该次降雨的总损失量。

表8-2 次降雨过程

时间(月.日.时)	5.10.8:00~14:00	5.10.14:00~20:00	合计
雨量(mm)	49	81	130

解:

①计算累积降雨量

第1时段的降雨量 P_1为49mm,第2时段的降雨量 P_2为81mm;

第1时段末的累积降雨量 $\Sigma P_1=49$mm,第2时段末的累积降雨量 $\Sigma P_2=49+81=130$mm。

②查算累积产流量

利用前期影响雨量 $P_a=60$mm,在降雨径流相关图的60mm等值线上查算累计雨量对应的累积径流量。

第1时段末的累积降雨量49mm对应的累积径流量 $\Sigma R_1=20$mm;

第2时段末的累积降雨量130mm对应的累积径流量 $\Sigma R_2=80$mm。

③计算时段产流量

第1时段的时段产流量 = 累积径流量 = 20mm;

第2时段的时段产流量 $=\Sigma R_2-\Sigma R_1=80\text{mm}-20\text{mm}=60\text{mm}$。

④该次降雨的总损失量

总损失量 = 降雨量 − 径流量 = 130mm − 80mm = 50mm。

表8-3 降雨径流相关图法求解过程表

时间(月.日.时)	5.10.8:00~14:00	5.10.14:00~20:00
雨量(mm)	49	81
累积雨量(mm)	49	130
累积径流(mm)	20	80
时段径流深(mm)	20	60

8.2.2 超渗产流计算

在干旱和半干旱地区，地下水埋藏很深，流域的包气带很厚，缺水量大，降雨过程中下渗的水量很难使整个流域包气带达到饱和，通常不产生地下径流，只有当降雨强度大于下渗强度时才有可能产生地面径流，因此，干旱和半干旱地区的产流方式多为超渗产流。湿润地区在久旱不雨后如遇特大暴雨，也有可能形成超渗产流。超渗产流的计算方法为初损后损法。

一般情况下，降雨开始时降雨强度较小，土壤相对较为干燥，下渗强度大，所有的降雨全部渗入土壤之中并不形成径流，即所有的降雨全部损失于土壤入渗，这一时段的历时称为初损历时 t_0，该历时内的降雨量称为初损雨量，以 I_0 表示。随着降雨的持续，降雨强度逐渐增大，而土壤的下渗强度却随着渗入土壤中水分的增多而逐渐减小，当降雨强度大于土壤的下渗强度时进入超渗产流阶段，开始形成地表径流，当降雨强度再次小于土壤的下渗强度时，超渗产流结束，产流历时为 t_c。进入超渗产流阶段就是进入了后损阶段。在降雨末期，因降雨强度小于土壤的下渗强度，所有降雨均渗入土壤并不形成径流，这部分雨量称为后期不产流雨量，以 P' 表示，如图8-5。

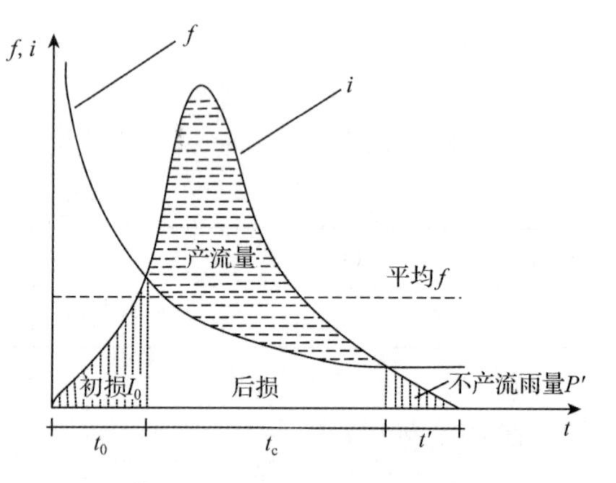

图8-5 初损后损法示意图

初损后损法将整个产流过程划分为损失和产流两部分，产流前的损失为初损雨量 I_0，产流后的损失为后损雨量，在数值上等于产流历时 t_c 内的平均下渗强度 $\bar{f}$ 与产流历时 t_c 的乘积 $\bar{f}t_c$，再加上后期不产流的雨量 P' 之和。因此，流域内一次降雨所产生的径流量可用下面的水量平衡方程计算得出：

$$R = P - I_0 - \bar{f}t_c - P' \tag{8-10}$$

利用上式进行超渗产流计算的关键是初损量 I_0 和流域平均下渗强度 $\bar{f}$。

(1)初损量 I_0 的确定

一次降雨的初损值 I_0，可根据实测降雨径流资料分析求得。对于水土保持工作中的小流域而言，流域面积小，汇流时间短，流域出口断面的流量过程线的起涨点可以看作是产流开始时刻，因此，起涨点以前的降雨累积值即为初损雨量 I_0，如图8-6所示。对于较大流域，可将流域划分为若干个子流域，按上述方法求得各子流域出口处流量过程线起涨点前的累积雨量，即各个子流域的初损雨量，然后将各子流域求得的初损雨量进行平均，得出该流域的初损雨量 I_0，也可以将各子流域初损雨量中的最大值作为该流域的初损量。

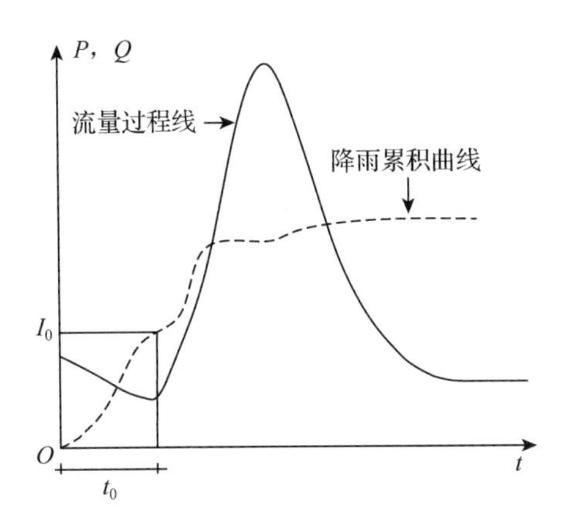

图 8-6　初损量确定示意图

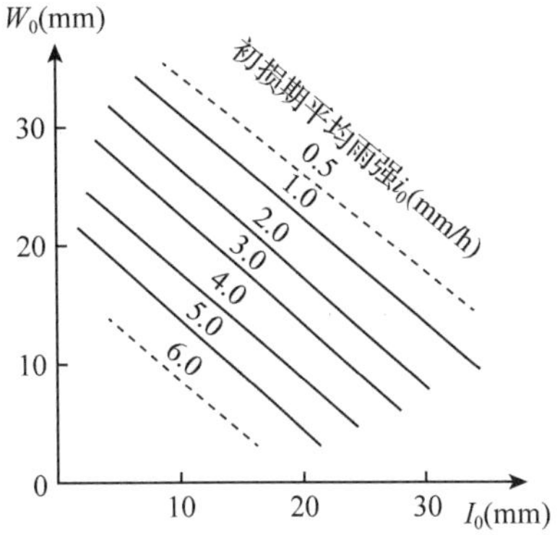

图 8-7　W_0 与 I_0 及降雨强度相关图

每次降雨的初损雨量 I_0 的大小与降雨开始时的土壤含水量 W_0 成反比关系，W_0 越大，I_0 就越小；反之则大。因此，可根据各次实测的降雨径流过程资料分析得出不同的 W_0 值及其对应的 I_0 值，并点绘两者的相关图(图 8-7)。如果 W_0 与 I_0 的关系不密切，可增加降雨强度作为参数，一般而言，降雨强度大，容易形成超渗产流，I_0 值就小；反之则大。同时植被和土地利用的季节变化也会对 W_0 与 I_0 的关系产生影响，因此，也可以按月份或季节，绘制 W_0 与 I_0 的关系图。

例 8-3　湟水流域 W_0 与 I_0 及降雨强度的相关图如图 8-7 所示，2018 年 6 月 18 日暴雨的平均雨强 $i_0=5\text{mm/h}$，降雨前流域的含水量 $W_0=20\text{mm}$，求该场暴雨产流的初损值 I_0。

解：根据初始雨强 $i_0=5\text{mm/h}$，确定 W_0-I_0 的相关线(图 8-7)，在相关线上查出，$W_0=20\text{mm}$ 时，其对应 $I_0=4\text{mm}$。

(2) 平均下渗强度的确定

在初损量确定以后，平均下渗强度 $\bar{f}$ 可用下式进行计算：

$$\bar{f}=\frac{P-R-I_0-P'}{t-t_0-t'} \tag{8-11}$$

式中：$\bar{f}$ 为平均下渗强度，mm/h；P 为降雨量，mm；P' 为后期不产流的雨量，mm；t 为降雨历时，h；t_0 为初损历时，h；t' 为后期不产流的降雨历时，h。

通过对研究地区典型流域多次实测降雨径流资料进行分析，便可利用上式确定出流域平均下渗强度 $\bar{f}$。

例 8-4　某流域面积为 100km^2，某次实测的降雨径流过程资料如表 8-4 所示，试分析该场降雨的初损雨量 I_0 和平均下渗强度 $\bar{f}$。

表8-4　流域实测降雨洪水资料

时间		实测流量 Q	地下径流 Q_g	地面径流 Q_s	流域面雨量
日	时	(m^3/s)	(m^3/s)	(m^3/s)	(mm)
(1)		(2)	(3)	(4)	(5)
8	0:00	20			15
8	6:00	10	10	0	50
8	12:00	23	10	13	8
8	18:00	60	10	50	
9	0:00	40	10	30	
9	6:00	20	10	10	
9	12:00	10	10	0	
9	18:00	10	10		
合计			103		

解：①求初损雨量 I_0

从实测流量过程可以看出，洪水的起涨时刻为8日6:00，故以8日6:00作为开始产流的时刻，该时刻以前的降雨量即为初损雨量 I_0，从表8-4可见，8日6:00之前的降雨量为15mm，即 $I_0=15\text{mm}$。

②分割地下径流

由于流域面积为 100km^2，仍然属于小流域，故可采用水平分割法分割地下径流，起涨点8日6:00的径流量为 $10\text{m}^3/\text{s}$，可以认为是地下径流量，因此从实测流量中减去 $10\text{m}^3/\text{s}$ 便可得出地面径流量过程，见表8-4第(4)栏，并由此可计算出地面径流深为：

$$R=\frac{3.6\sum Q_S\Delta t}{F}=\frac{3.6\times103\times6}{100}=22.5(\text{mm})$$

③试算法求产流历时内的平均下渗强度

假设第3时段(8日12:00~18:00)的降雨不形成径流，即不产流降雨量 $P'=8\text{mm}$，不产流降雨历时 $t'=6\text{h}$，则产流历时 t_c：

$$t_c=t-t_0-t'=18\text{h}-6\text{h}-6\text{h}=6\text{h}$$

利用公式 $\bar{f}=\dfrac{P-R-I_0-P'}{t-t_0-t'}$ 计算平均下渗强度：

$$\bar{f}=\frac{\sum P-R-I_0-P'}{t-t_0-t'}=\frac{(15+50+8)-22.5-15-8}{6}=4.62(\text{mm})$$

第2时段(8日6:00~12:00)的降雨量为50mm，降雨历时为6h，平均的降雨强度 $i=8.33\text{mm/h}$，可见该时段 $i>\bar{f}$。

第3时段 $i=8\text{mm}/6\text{h}=1.33\text{mm/h}$，$i<\bar{f}$，即第3时段不会形成径流，这与第3时段降雨不形成径流的假设相符，故假设成立。如果假设不成立，重复前面的步骤再进行试算。

因此，本次降雨过程中产流时段的平均下渗强度为4.62mm/h。

(3)初损后损法计算产流量

有了初损雨量 I_0、产流时段的平均下渗强度 $\bar{f}$ 及其他有关的后损参数后，就可由已知的降雨过程推求产流过程。

例 8-5 已知某流域的降雨过程如表 8-5 所示，降雨开始时土壤含水量 W_0 = 15.4mm，根据 $W_0 - I_0$的关系图，查算得到初损雨量 I_0 = 31.0mm，该流域平均下渗强度 $\bar{f}$ = 1.5mm/h。试求产流过程。

解：①从降雨过程中扣除初损降雨，确定产流起始时间

由于初损雨量 I_0 = 31.0mm，可以从第 1 时段开始累加降雨量，直到满足初损雨量为止。第 1 时段和第 2 时段的降雨量之和为 19mm，第 3 时段中还应该有 31mm - 19mm = 12mm 为初损雨量。参见表 8-5 第 3 列。第 3 时段的总降雨量为 36mm，平均降雨强度为 36mm/3h = 12mm/h，初损 12mm 降雨的历时为 1h，因此第 3 时段的产流历时为 2h。

②利用平均下渗强度 $\bar{f}$ 和产流时段计算后损量

第 3 时段的后损量为 2h × 1.5mm/h = 3.0mm；

第 4 时段、第 5 时段、第 6 时段的后损量均为 3h × 1.5mm/h = 4.5mm；

③确定不产流雨量 P'

第 7 时段的降雨量只有 1.9mm，平均降雨强度为 1.9mm/3h = 0.63mm/h < 平均下渗强度 f，属于不产流雨量 P'。

④计算产流过程和产流量

利用降雨过程减去相应时段的初损雨量和后损雨量，便可得到产流过程。通过计算得出本次降雨的径流量为 29.4mm，参见表 8-5 中的 R 列。

表 8-5 初损后损法产流计算表

时间	时段	P(mm)	I_0(mm)	$\bar{f}_t$(mm)	P'(mm)	R(mm)
3:00~6:00	1	1.2	1.2			0
6:00~9:00	2	17.8	17.8			0
9:00~12:00	3	36.0	12.0	3.0		21.0
12:00~15:00	4	8.8		4.5		4.3
15:00~18:00	5	5.4		4.5		0.9
18:00~21:00	6	7.7		4.5		3.2
21:00~24:00	7	1.9			1.9	0
合计		78.8	31.0			29.4

8.3 流域汇流分析与计算

在流域内各处形成的径流，经过坡面和河网汇集后向流域出口断面流动的过程称为流域汇流。同一时刻在流域内各处形成的径流，因距流域出口断面的远近不同、流速也不同，不可能在同一时刻到达流域出口断面。但是，在流域各处不同时刻形成的径流，却有可能在同一时刻到达流域出口断面。分析计算流域内各处径流汇集到流域出口的过程就是汇流分析与计算，常用的方法为单位线法。

8.3.1 单位线法

(1)基本概念与假定

单位时段内均匀分布的单位净雨(径流)汇集到流域出口断面所形成的径流过程线称为单位线，也称为时段单位线。

单位净雨(径流)一般为10mm；单位时段可根据观测资料取1h、3h、6h等，可以根据流域汇流特性和精度要求单位时段的长度，一般以洪水过程线涨洪历时的1/2～1/4为宜。

单位线的基本假定为倍比假定和叠加假定。

倍比假定：如果单位时段内的净雨不是1个单位，而是 n 个单位，则这 n 个单位的净雨在流域出口所形成的流量过程线的总历时与单位线的总历时相同，各时刻的径流量为单位线相应时刻径流量的 n 倍。

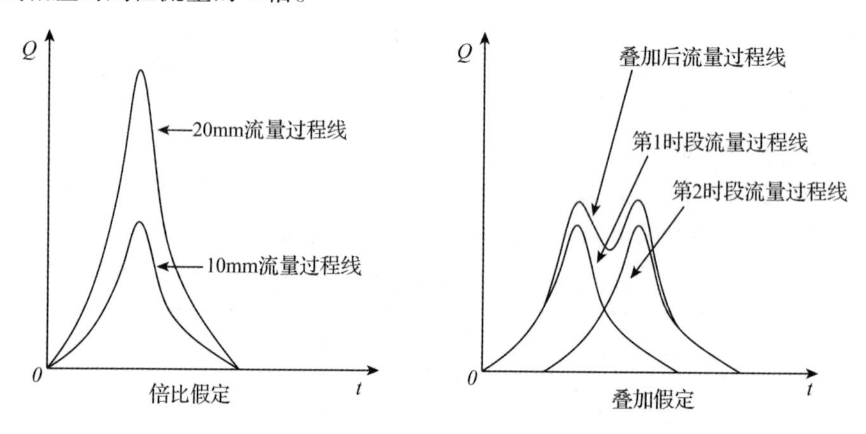

图 8-8 单位线假定示意图

叠加假定：如果净雨历时不是1个单位时段，而是 m 个单位时段，则各时段径流在流域出口所形成的流量过程线之间互不干扰，出口断面的流量过程等于 m 个单位时段的径流过程之和，流量过程线的总历时为第1个单位时段的净雨开始至第 m 个单位时段净雨结束，各时刻的径流量为按时序对各时段净雨的叠加之和。

(2)利用单位线法推求地面径流过程线

根据单位线的定义与基本假定，只要流域内的净雨分布均匀，不论其强度与历时如何变化，都可以利用单位线推求径流过程线，利用单位线计算径流过程一般采用列表法。

例 8-6 已知某流域，某次降雨扣除各种损失后的净雨过程 $P(t)$ 和该流域6h 的单位线 $q(t)$ 如表8-6所示。试推求该次降雨的径流过程。

表 8-6 时段单位线 $q(t)$ 及地面净雨 $P(t)$

时段 $\Delta t=6$h	0	1	2	3	4	5	6	7	8	9
$q(t)$ (m^3/s)	0	90	150	230	300	250	180	90	60	0
$P(t)$ (mm)	60	25								

解：①列计算表

从表 8-6 可见，本次降雨的单位时段 $\Delta t = 6h$，有 2 个净雨过程，第 1 个净雨过程的净雨量为 60mm，第 2 个净雨过程的净雨量为 25mm。将这 2 个净雨过程按顺序列入计算表中的第(2)列，将单位线各时段的流量数据列入第(3)列。计算表格见表 8-7。

表 8-7 用时段单位线推求地面径流过程线的计算表

时段 $\Delta t = 6h$	净雨深 $h(t)$ (mm)	单位线 $q(t)$ (m^3/s)	部分径流(m^3/s)		$Q(t)$ (m^3/s)
			h_1	h_2	
(1)	(2)	(3)	(4)	(5)	(6)
0	0	0	0		0
1	60	90	540	0	540
2	25	150	900	225	1125
3		230	1380	375	1755
4		300	1800	575	2375
5		250	1500	750	2250
6		180	1080	625	1705
7		90	540	450	990
8		60	360	225	585
9		0	0	150	150
10				0	0
合计	85	1350 折合 10mm			11475 折合 85mm

②计算第 1 个净雨的流量过程

根据倍比假定，第 1 个净雨(60mm)形成的流量是单位净雨(10mm)的 6 倍，因此，将单位线的流量乘以 6 填入第(4)列，得出 60mm 净雨过程形成的流量过程。

③计算第 2 个净雨的流量过程

根据倍比假定，第 2 个净雨(25mm)形成的流量是单位净雨(10mm)的 2.5 倍，因此，将单位线的流量乘以 2.5 填入第(5)列，得出 25mm 净雨形成的流量过程。但是第 2 个净雨过程比第一个净雨晚出现一个单位时段，因此第 2 个净雨形成的流量过程要比第 1 个净雨形成的流量过程晚出现 1 个单位时段，即在填入第(5)列时要错后 1 个单位时段。同理，如果有第 3 个净雨，填表时要比第 2 个净雨再错后 1 个单位时段，依此类推。

④计算径流过程线

根据叠加假定，将 2 个净雨过程形成的流量按时段进行叠加，得出地面径流过程 $Q(t)$，即将第(4)列和第(5)列的同行数据进行相加后列入第(6)列。

⑤计算径流总量

$$R = 3.6\sum_{t=1}^{n} Q(t) \times \Delta t/F = 3.6 \times 11457 \times 6/2916 = 85\text{mm}$$

用径流过程线计算出的径流总量与净雨相同，都是85mm，说明计算正确。

但必须注意，用时段单位线推求径流过程时，净雨的时段长必须与单位线的时段长相同。

(3)单位线存在的问题

单位线的非线性问题：根据单位线的基本假定，一个流域的单位线是固定不变的，因此，可以根据单位线的倍比假定和叠加假定推求流量过程，但这与实际情况并不完全相符。实际工作中，由每次实测的降雨径流资料分析得出的单位线并不完全相同，这说明单位线存在非线性问题。这是由于降雨条件不同、形成的径流量并不相同，而不同流量会影响汇流速度呈非线性变化所致。一般情况下，降雨强度大，产流量多，产流强度大，汇流速度快，由这类降雨径流资料分析得出的单位线洪峰流量高，洪峰出现(峰现)时间早；反之，单位线的洪峰流量较低，洪峰出现(峰现)时间滞后。但产流强度(净雨强度)对单位线的影响是有限度的，当产流强度(净雨强度)超过一定界限后，汇流速度趋于稳定，单位线的洪峰不再随产流强度(净雨强度)的增加而增加。

为了解决单位线的非线性问题，一般将单位线进行分类综合，以供选用。即按产流强度(净雨强度)进行分级，每种产流强度选用一条单位线。在使用时根据产流强度选择相应的单位线。但是在根据设计暴雨或可能最大暴雨推求设计洪水或可能最大洪水时，应尽量采用由实测大洪水分析得出的单位线进行径流过程的推算。

单位线的非均匀性问题：单位线定义中的"均匀分布的净雨"与实际情况不完全相符。天然降雨在流域上的分布并不均匀，形成的净雨(产流量)分布肯定也不均匀。当暴雨中心在流域下游时，由于汇流路程短，河网对洪水的调蓄作用小，由此种洪水分析出的单位线峰值相对较高，洪峰出现(峰现)时间较早；若暴雨中心在流域上游时，河网对洪水的调蓄作用大，由此种洪水分析出的单位线峰值较低，洪峰出现(峰现)推迟。若暴雨中心移动方向与河网汇流方向一致时，由这样的洪水推求得到的单位线峰值更高，洪峰出现(峰现)更早。

时段单位线的非均匀性问题，常采用以下措施进行处理，以降低洪水预报的误差。第一种措施是在设计洪水的推求过程中，采用最不利的暴雨分布情况分析单位线。第二种措施是按暴雨中心的位置分别推求单位线，以供设计时选用。第三种措施是将对象流域分成若干子流域，并假定各子流域内降雨分布均匀，然后再分别进行子流域的汇流计算，最后将子流域的流量过程进行叠加，得出对象流域的总径流过程。

8.3.2 瞬时单位线法

(1)基本概念与公式

当净雨历时接近于无限小时，其在流域出口断面处形成的径流过程线称为瞬时单位线，或称河网汇流曲线。

假设流域由 n 个串联水库组成，净雨过程就是这 n 个串联水库的泄流过程，每个水库的蓄泄关系为等系数的线性关系，应用水库调洪计算原理，经过数学推导，可以求得瞬时单位线的基本公式为：

$$u(t)=\frac{1}{K\Gamma(n)}\left(\frac{t}{K}\right)^{n-1}e^{-\frac{t}{K}} \tag{8-12}$$

式中：$u(t)$为t时刻的瞬时单位线纵坐标值；K为调蓄参数，是反映流域汇流时间的参数；n为调节次数，或称调节参数，即把流域划分为n个串联水库；$\Gamma(n)$——n的Γ函数。

(2)参数n、K的估计

瞬时单位线计算公式中有n和K两个参数，这两个参数直接反映了瞬时单位线的形状。瞬时单位线可以根据流域的降雨和洪水资料进行推求，但是根据n、K值在模型中的作用寻找它们与雨洪特征的直接联系非常困难。如果能够找出其他既能反映单位线形状，又能根据实际资料进行计算的特征值，就可能在实际雨洪资料与模型参数之间建立联系，从而解决参数n、K值的估计问题，而面积矩是符合上述两方面要求的特征值，常用于推求n、K值。经过对瞬时单位线面积矩的数学推导，可以求得参数n、K，计算公式为：

$$K=(M_Q^{(2)}-M_i^{(2)})/(M_Q^{(1)}-M_i^{(1)})-(M_Q^{(1)}+M_i^{(1)}) \tag{8-13}$$
$$n=(M_Q^{(1)}-M_i^{(1)})/K$$

式中：$M_i^{(1)}$,$M_i^{(2)}$分别为净雨过程的一阶原点矩和二阶原点矩；$M_Q^{(1)}$,$M_Q^{(2)}$分别为径流过程的一阶原点矩和二阶原点矩。

在根据雨洪资料计算净雨过程与地面径流过程的一、二阶原点矩时，首先要检查利用同一次雨洪资料求出的净雨过程与径流过程的总水量是否相等。然后选取适当的计算时段Δt，逐时段计算出时段净雨深R_j($j=1$，2，…，m；m为净雨时段总数)。从径流过程与净雨过程的起涨点开始，每隔一个Δt，摘取一个流量值Q_i($i=1$，2，…，n；n为地面径流总历时的时段数)。净雨过程与径流过程的一、二阶原点矩可按下式计算：

$$M_i^{(k)}=\frac{\sum_{j=1}^{m}R_j\left[(j-0.5)\Delta t\right]^k}{\sum_{j=1}^{m}R_j}\quad(k=1,2) \tag{8-14}$$

$$M_Q^{(k)}=\frac{\sum_{i=1}^{n}Q_i\,(i\Delta t)^k}{\sum_{i=1}^{n}Q_i}\quad(k=1,2) \tag{8-15}$$

净雨过程的一、二阶原点矩计算式中$j-0.5$是因为时段净雨深R_j是第j时段的净雨深，其中心点在$(j-0.5)\Delta t$处。

(3)瞬时单位线转换为时段单位线

在实际计算工作中仍需使用时段单位线，为了将瞬时单位线转换为时段单位线，经常采用S曲线法。S曲线就是将瞬时单位线积分后得到的曲线。

$$S(t)=\int_0^t u(t)\mathrm{d}t=\frac{1}{\Gamma(n)}\int_0^{t/K}\left(\frac{t}{K}\right)^{n-1}e^{-\frac{t}{K}}\mathrm{d}\left(\frac{t}{K}\right) \tag{8-16}$$

由于瞬时单位线与时间轴围成的面积为1，即其所包含的水量相当于单位净雨，因此，当时段$t\to\infty$时，

$$S(t)_{max} = \int_0^{\infty} u(t)\mathrm{d}t = 1 \tag{8-17}$$

当n、K已求出时，瞬时单位线的S曲线可用积分的方法求出，并绘制成以n、t/K为参数的S曲线查用表(参见各地的《水文手册》)。

S曲线也可以用Excel表格中的GAMMADIST函数直接计算，该函数有x、α、β、*cumulative*共4个参数，在计算S曲线时该函数可以变形为GAMMADIST(t/k，n，1，ture)，因此，只要计算出参数K和n，便可用该函数计算出S曲线。

将$t=0$为始点的S曲线$S(t)$向后平移一个时段Δt，就可得到$S(t-\Delta t)$的S曲线。两条S曲线的纵坐标差值为：

$$u(\Delta t,t) = S(t) - S(t-\Delta t) \tag{8-18}$$

$u(\Delta t, t)$是时段为Δt的无因次时段单位线，水文学中习惯上经常采用净雨深为10mm的时段单位线。在时段Δt内10mm的单位净雨所产生的时段单位线的纵坐标值可由下式算出：

$$q(\Delta t,t) = \frac{10F}{3.6\Delta t}u(\Delta t,t) \tag{8-19}$$

式中：$q(\Delta t, t)$是时段单位线的纵坐标值，m^3/s；F为流域面积，km^2；Δt为时段长，h。

用求得的时段单位线与时段净雨配合，即可求得地面径流过程。将计算得出的地面径流过程与实测地面径流过程进行比较，如误差小于允许值，则计算出的时段单位线即为所求。否则要对n、K值进行调整，至满足要求为止。

例8-7 某流域面积为3395km^2，一次降雨洪水过程中的净雨及地面径流过程资料如表8-8所示。试分析该流域的瞬时单位线。

解：①计算净雨的一、二阶原点矩，结果参见表8-8中的第(6)列。

②计算径流的一、二阶原点矩，结果参见表8-9中的第(5)列。

表8-8 净雨原点矩计算表

时程(h)	j	时段净雨R_j (mm)	$t_j=(j-0.5)\Delta t$ (h)	R_jt_j (mm·h)	$R_jt_j^2$ (mm·h^2)	
(1)	(2)	(3)	(4)	(5)	(6)	(7)
0	1	19.7	3.0	59.1	177.3	
6	2	9.0	9.0	81.0	729.0	
12	3	7.0	15.0	105.0	1575.0	$M_i^{(1)} = \frac{506.1}{46.7} = 10.8h$
18	4	6.0	21.0	126.0	2646.0	$M_i^{(2)} = \frac{8772.3}{46.7} = 188h^2$
24	5	5.0	27.0	135.0	3645.0	
30	6	0				
Σ		46.7		506.1	8772.3	

表 8-9 径流原点矩计算表

时程 t_i (h)	Q_i (m^3/s)	Q_it_i [$m^3/(s \cdot h)$]	$Q_it_i^2$ [$m^3/(s \cdot h^2)$]	
(1)	(2)	(3)	(4)	(5)
6	87	522	3132	
12	398	4776	57312	
18	851	15318	275724	
24	1006	24144	579456	
30	1062	31860	955800	
36	1002	36072	1298592	
42	873	36666	1539972	
48	660	31680	1520640	
54	486	26244	1417176	$M_Q^{(1)}=\frac{270072}{7343}=36.8\text{h}$
60	343	20580	1234800	
66	233	15378	1014948	$M_Q^{(2)}=\frac{12022416}{7343}=1637\text{h}^2$
72	149	10728	772416	
78	92	7176	559728	
84	55	4620	388080	
90	27	2430	218700	
96	12	1152	110592	
102	5	510	52020	
108	2	216	23328	
Σ	7343	270072	12022416	

③计算参数 $K=(M_Q^{(2)}-M_i^{(2)})/(M_Q^{(1)}-M_i^{(1)})-(M_Q^{(1)}+M_i^{(1)})$

$$K=(1637-188)/(36.8-10.8)-(36.8+10.8)=8.13(\text{h})$$

④计算参数 $n=(M_Q^{(1)}-M_i^{(1)})/K$

$$n=(36.8-10.8)/8.13=3.2$$

⑤根据 n、K 值，用 Excel 表格中的函数 GAMMADIST(t/k, n, 1, *ture*)，计算$S(t)$，结果参见表 8-10 中的第(3)和第(4)列。第(5)列等于第(3)和第(4)列的差值。

⑥根据 $q(\Delta t,t)=\frac{10F}{3.6\Delta t}u(\Delta t,t)$ 计算时段单位线，结果见表 8-10 中第(6)列。

表 8-10 时段单位线计算(Δt=6h)

t(h)	t/K	$S(t)$	$S(t-\Delta t)$	$u(\Delta t, t)$	q(m^3/s)
(1)	(2)	(3)	(4)	(5)	(6)
0	0	0	0	0	0
6	0.738	0.028	0	0.028	44.1
12	1.476	0.152	0.028	0.124	194.3
18	2.214	0.334	0.152	0.183	287.0

（续）

t(h)	t/K	$S(t)$	$S(t-\Delta t)$	$u(\Delta t,\ t)$	q(m^3/s)
24	2.952	0.518	0.334	0.184	289.6
30	3.690	0.672	0.518	0.154	241.9
36	4.428	0.787	0.672	0.115	180.5
42	5.166	0.867	0.787	0.079	124.9
48	5.904	0.919	0.867	0.052	82.0
54	6.642	0.952	0.919	0.033	51.7
60	7.380	0.972	0.952	0.020	31.6
66	8.118	0.984	0.972	0.012	18.9
72	8.856	0.991	0.984	0.007	11.0
78	9.594	0.995	0.991	0.004	6.3
84	10.332	0.997	0.995	0.002	3.6
90	11.070	0.998	0.997	0.001	2.0
Σ				1.000	1569.3 折合 10mm 净雨

8.4 河道洪水演算

河道洪水演算也称河道汇流计算，其主要内容是由已知上游断面的洪水过程，推算下游断面洪水过程，是估算洪水淹没范围以及洪水影响评价的主要内容。河道洪水演算主要有两类方法：一类是水力学方法，即以圣维南方程组为依据的演算；另一类是水文学方法，即以水量平衡方程和槽蓄方程联立求解为依据的演算。本小节主要介绍常用的水文学方法——马斯京根法。

8.4.1 河道洪水波

在没有降水的条件下，河道中的水流呈稳定流状态。当流域发生暴雨时，形成的径流汇入河道，河道水量急剧增大，使得原来呈稳定流状态的水体因受到干扰而形成洪水，洪水从上游向下游运动，这就是洪水波。当径流注入河道后，河道增加的流量称为波流量，波流量从上游向下游移动的过程就是洪水波的运动过程。上游闸坝放水或偶发溃坝也能形成河道的洪水波。

洪水波的形态特征：洪水波的形态特征包括波体、波高、波峰和波长。波体是在原稳定流水面之上附加的水体，如图8-9中的$A_1S_1C_1A_1$中所包含的水体。波体的最高点S_1称为波峰，波峰至稳定流水面的高度h_1称为波高。波体的底宽称为波长，如图8-9中A_1C_1线段的长度即为波长。洪水波的波长比波高大数千倍甚至数万倍，所以，洪水波向下游的运动属于缓变不稳定流。以波峰为界，位于波峰前部的波体称为波前，位于波峰后部的波体称为波后，图8-9中的S_1C_1部分为波前，A_1S_1部分为波后。

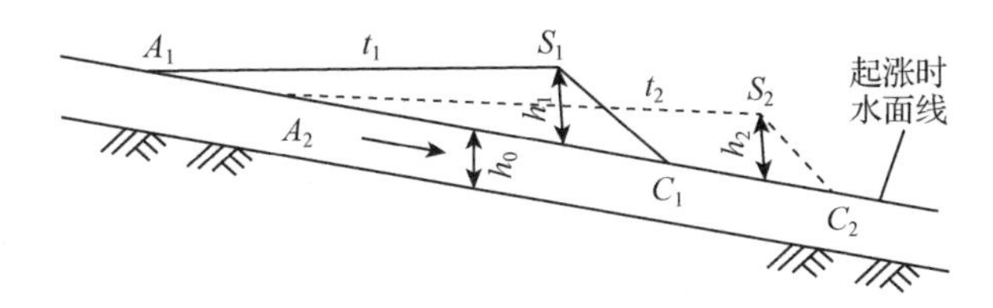

图 8-9 河道洪水波的传播与变形

洪水波的运动特征：洪水波的运动特征有附加比降、相应流量和波速等。洪水波轮廓线上任一点的相对位置，就是该点的位相。洪峰位于洪水波轮廓线上的最高点，因此，波峰也是一个位相。同样，洪水波的波谷位于波体高度的最低点，也是一个位相。洪水波波体上某一位相所对应的流量称为相应流量，又称传播流量。同一次洪水中上游断面和下游断面的洪峰流量是同位相的相应流量。虽然与相应流量对应的位相在洪水波运动过程中保持不变，但相应流量的数值并非固定不变，随着洪水波的传播相应流量也随之变化。洪水波的波体上某一位相沿河道的运动速度称为该位相的波速，波速就是相应流量沿河道的运动速度。如果只考虑一维水流情况，则波速可表示为：

$$C_k = \frac{dx}{dt} \tag{8-20}$$

式中：C_k为波速；dx 为洪水波在微小时段 dt 内传播的距离。

洪水波的水面比降与稳定流的水面比降 J_0的差值 $J_\Delta = J - J_0$，称为洪水波的附加比降。在河槽断面沿程变化不大的情况下，稳定流的水面比降 J_0近似等于河底比降(天然河道属宽浅型河槽，一般满足此近似条件)。由于洪水波波前水面比稳定流水面陡，所以波前附加比降为正；洪水波波后水面比稳定流水面缓，所以波后附加比降为负。

8.4.2 马斯京根法

马斯京根法是1983年由 G. T 麦克锡提出，因最早在美国马斯京根河上使用，因此被称为马斯京根法。

(1)基本原理

当洪水波经过河段时，由于附加比降的影响，洪水涨、落时的河槽蓄水量由柱蓄和楔蓄两部分组成。

柱蓄：就是稳定流水面线以下的蓄水量；

楔蓄：就是稳定流水面线与实际水面线之间的蓄水量，如图 8-10 所示的阴影部分。

为了建立河段的蓄水方程，令 x 为流量比重因素，$S_{Q_上}$、$S_{Q_下}$分别为上、下断面在稳定流情况下的河槽蓄水量，S 为河段的总蓄水量(包括柱蓄和楔蓄两部分)。于是可以建立蓄水量关系：

涨水情况下：$S = S_{Q_下} + x(S_{Q_上} - S_{Q_下})$。

落水情况下：$S = S_{Q_上} + x(S_{Q_下} - S_{Q_上})$。

无论是涨水还是落水，以上两式是相同的，均可表达成：

$$S = xS_{Q_上} + (1 - x)S_{Q_下} \tag{8-21}$$

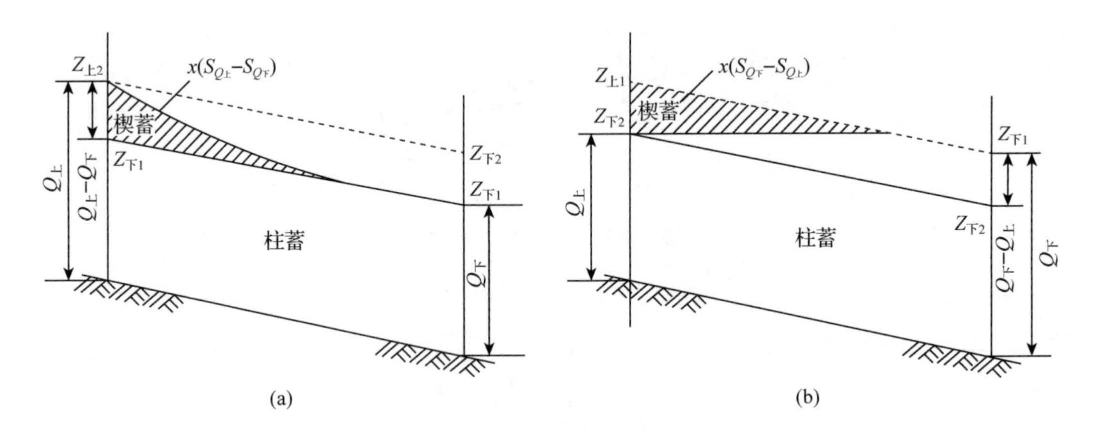

图8-10　河段槽蓄量示意

(a)涨水；(b)落水

在稳定流情况下，河槽蓄水量与流量之间存在线性关系，即：$S_{Q_上}=K_{Q_上}$及$S_{Q_下}=KQ_下$，将其代入上式，得马斯京根蓄泄方程：

$$S = K[xQ_上 + (1-x)Q_下] \tag{8-22}$$

令

$$Q' = xQ_上 + (1-x)Q_下 \tag{8-23}$$

则得槽蓄方程：

$$S = KQ' \tag{8-24}$$

式中：Q'为示储流量；K为稳定流情况下的河段传播时间。

(2)演算公式

根据水量平衡方程，某一河段在dt时段内的流入水量$I(t)$与流出水量$O(t)$之差应等于河段蓄水量的变化量$dS(t)/dt$，即：

$$I(t) - O(t) = \frac{dS(t)}{dt} \tag{8-25}$$

如果流量在dt时段内呈直线变化，则又可写成：

$$(Q_{上,1}+Q_{上,2})\frac{\Delta t}{2} - (Q_{上,1}+Q_{上,2})\frac{\Delta t}{2} = S_2 - S_1 \tag{8-26}$$

式中：$Q_{上,1}$，$Q_{上,2}$分别为上断面时段初、末的流量；$Q_{下,1}$，$Q_{下,2}$分别为下断面时段初、末的流量；Δt为计算时段。

将上式与马斯京根蓄泄方程$S=K[xQ_上+(1-x)Q_下]$联立求解得

$$Q_{下,2} = C_0Q_{上,2} + C_1Q_{上,1} + C_2Q_{下,1} \tag{8-27}$$

其中：

$$C_0 = \frac{0.5\Delta t - Kx}{K(1-x)+0.5\Delta t}$$

$$C_1 = \frac{0.5\Delta t + Kx}{K(1-x)+0.5\Delta t}$$

$$C_2 = \frac{K(1-x) - 0.5\Delta t}{K(1-x)+0.5\Delta t}$$

式中：C_0，C_1，C_2为演算系数，三者之和等于1。

对某一河段而言，只要确定了 K、Δt 和 x 值，C_0、C_1、C_2就可以求得，从而由上断面的入流洪水过程和初始条件，通过逐时段演算即可求得下断面的出流洪水过程。

应用马斯京根法的关键是如何确定合适的 K、x 值，目前一般由实测资料通过试算求出。即对某一次具体洪水而言，假定不同的 x 值计算出 Q'，并做出 S 与 Q'的关系曲线，其中能使两者成为单一直线的 x 即为所求，而该直线的斜率即为 K 值。取多次洪水进行分析计算，就可以确定出 K、x 值。

例 8-8 根据某河段一次实测洪水资料(表 8-11)，用马斯京根法进行河段洪水演算。

表 8-11 马斯京根法 S 与 Q'值计算表

月.日.时	$Q_{上}$ (m^3/s)	$Q_{下}$ (m^3/s)	$q_{区}$ (m^3/s)	$Q_{上}+q_{区}$ (m^3/s)	$Q_{上}+q_{区}-Q_{下}$ (m^3/s)	ΔS [$m^3/(s\cdot 12h)$]	S [$m^3/(s\cdot 12h)$]	Q'(m^3/s)	
								$x=0.2$	$x=0.3$
(1)	(2)	(3)	(4)	(5)	(6)	(7)	(8)	(9)	(10)
7.1.0:00	75	75	0	75	0		0	75	75
7.1.12:00	370	80	9.0	379	299	150	150	140	170
7.2.0:00	1620	440	39.6	1660	1220	759	909	684	806
7.2.12:00	2210	1680	54.0	2264	584	902	1811	1797	1855
7.3.0:00	2290	2150	55.9	2346	196	390	2201	2189	2209
7.3.12:00	1830	2280	44.7	1875	-405	-105	2096	2199	2158
7.4.0:00	1220	1680	29.8	1250	-430	-418	1678	1594	1551
7.4.12:00	830	1270	20.3	850	-420	-425	1253	1186	1144
7.5.0:00	610	880	14.9	625	-255	-337	916	829	803
7.5.12:00	480	680	11.7	492	-188	-222	694	642	624
7.6.0:00	390	550	9.5	400	-150	-169	525	520	505
7.6.12:00	330	450	8.1	338	-112	-131	393	428	416
7.7.0:00	300	400	7.3	307	-93	-102	291	381	372
7.7.12:00	260	340	6.4	266	-74	-83	208	325	318
7.8.0:00	230	290	5.6	236	-54	-64	144	279	274
7.8.12:00	200	250	4.9	205	-45	-50	94	241	236
7.9.0:00	180	220	4.4	184	-36	-40	54	213	209
7.9.12:00	160	200	3.9	164	-36	-36	18	193	189
合计	13510	13840	330	13840	0				

解：①根据表 8-11 中第(1)列，确定时段长 $\Delta t=12h$。

②将河段实测洪水资料列于表中的第(2)和第(3)列。由于流入总量与流出总量之间存在 $330m^3/s$ 的差值，这应该是上下断面间的流入水量，该水量较小，故按所占流入水量的比例进行分配后，填入第(4)列。将第(2)与第(4)列合并作为上断面流量填入第(5)列。

③按水量平衡方程式$(Q_{上,1}+Q_{上,2})\dfrac{\Delta t}{2}-(Q_{下,1}+Q_{下,2})\dfrac{\Delta t}{2}=S_2-S_1$，分别计算各时段

河槽蓄水量的变化量ΔS，填入第(7)栏，然后逐时段累加ΔS得河槽蓄水量S，填入表中第(8)栏(为了计算方便，假定初始时的河槽蓄水量为0)。

④假定x值，按$Q'=xQ_{上}+(1-x)Q_{下}$计算Q'值。本例分别假设$x=0.2$和$x=0.3$，计算结果列于表中第(9)、(10)栏。

⑤按第(8)、(9)、(10)列的数据，分别点绘两条S-Q'关系线，选择S-Q'关系为直线、且决定系数R^2较高者所对应的x值即为所求，该直线的斜率与Δt的乘积即为K值。

本例中选择$x=0.3$的关系线近似于直线(图8-11)，且决定系数R^2较高，那么$x=0.3$，$K=0.9342\times12=11.21$(h)即为所求。

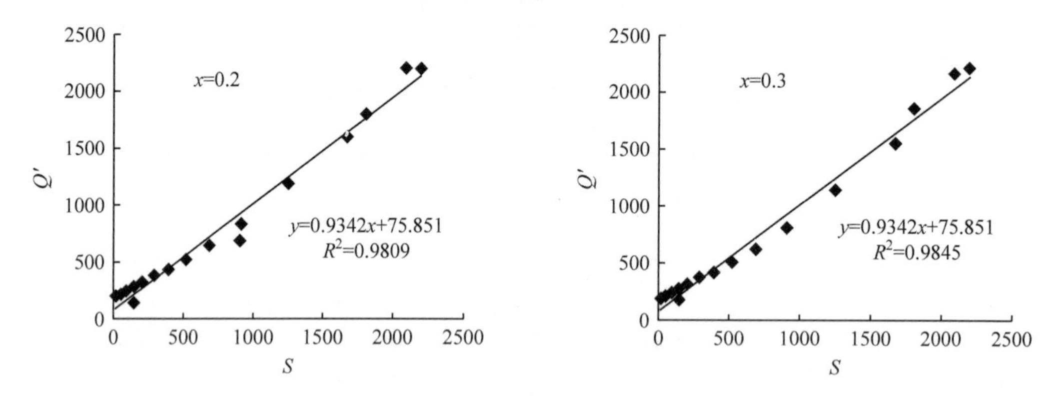

图8-11 马斯京根法S-Q'关系曲线图

⑥将$x=0.3$，$K=11.21$h以及$\Delta t=12$h，代入C_0、C_1、C_2的计算公式得：

$$C_0=0.1904$$
$$C_1=0.6762$$
$$C_2=0.1334$$

而且$C_0+C_1+C_2=1.0$，计算无误。

因此，该河段的洪水演算方程为：

$$Q_{下,2}=0.1904Q_{上,2}+0.6762Q_{上,1}+0.1334Q_{下,1}$$

⑦根据本河段另一场洪水的上断面流量资料，参见表8-12中第(2)列，用上述洪水演算方程$Q_{下,2}=0.1904Q_{上,2}+0.6762Q_{上,1}+0.1334Q_{下,1}$即可求出下游断面的流量，结果见表8-12中第(6)列。

表8-12 马斯京根洪水演算表

时间(月.日.时)	$Q_{上}$	$C_0Q_{上,2}$	$C_1Q_{上,1}$	$C_2Q_{下,1}$	$Q_{下,2}$
(1)	(2)	(3)	(4)	(5)	(6)
6.10.12:00	250				250
6.11.0:00	310	59	169	33	261
6.11.12:00	500	95	210	35	340

（续）

时间(月.日.时)	$Q_{上}$	$C_0Q_{上,2}$	$C_1Q_{上,1}$	$C_2Q_{下,1}$	$Q_{下,2}$
6.12.0:00	1560	297	338	45	680
6.12.12:00	1680	320	1055	91	1466
6.13.0:00	1360	259	1136	195	1590
6.13.12:00	1090	208	920	212	1339
6.14.0:00	870	166	737	179	1081
6.14.12:00	730	139	588	144	872
6.15.0:00	640	122	494	116	732
6.15.12:00	560	107	433	98	637
6.16.0:00	500	95	379	85	559

(3)有关问题的讨论

①K 值的综合

从计算 $K=\Delta Q'/\Delta S$ 可知，K 具有时间因次，它基本上反映了河道稳定流的传播时间。理论和实践证明，K 随流量 Q 的增大而减小，因此，当各次洪水分析的 K 值变化较大时，可建立 K 与流量 Q 的关系。应用时可根据不同的流量 Q 选不同的 K 值。

②x 值的综合

流量比重因素 x 主要反映楔蓄量在河槽调蓄作用中的影响。对于一定的河段，x 在洪水涨落过程中基本稳定，但也有随流量增加而减小的趋势。天然河道的 x 值一般是从上游向下游逐渐减小，介于 0.2~0.45 之间，也有小于 0 的特殊情况出现。实际工作中当发现 x 随流量 Q 变化较大时，也可建立 $x-Q$ 关系线，对不同的流量 Q 取不同的 x 值。

③Δt 的选取与连续演算

Δt 的选取涉及演算的精度。为使摘录的洪水值能比较真实地反映洪水的变化过程，首先，Δt 不能取得太长，以保证流量过程线在 Δt 内近于线性；其次，为了计算中不漏掉洪峰，Δt 的选取最好等于河段洪水的传播时间 T。这样，上游在时段初出现的洪峰，在 Δt 后就正好出现在下断面，而不会卡在河段中。但有时为了照顾前面的要求，也可取 Δt 等于 1/2 或 1/3 的 T，这样计算洪峰的精度虽然较差，但也能保证不漏掉洪峰。为了提高精度，同时又不会漏掉洪峰，可把河段划分成许多子河段，使 Δt 等于子河段的传播时间，然后进行连续演算，推算出下游断面的流量过程。

④非线性问题

马斯京根法属于线性方法，其特点是两个基本方程式均为线性，2 个参数 K 和 x 均为常数，这在许多情况下与实际不符，如考虑 K 和 x 不为常数，则成为非线性的马斯京根法。关于非线性马斯京根法的处理方法有多种，例如非线性马斯京根法的槽蓄方程可表示为：$W=K[xI+(1-x)O]^m$。其中，m 为反映非线性槽蓄关系的指数。此时，马斯京根法就有 3 个参数 K、x、m 需要估计，估计的方法显然不可以用试算法，但可以用最小二乘法、遗传算法、混沌模拟算法等。

8.5　洪水淹没分析

我国是一个洪水灾害十分频繁的国家，洪水的淹没范围和淹没区水深分布的确定，对防洪减灾、洪水风险分析和灾情评估都具有重要的意义。本节主要介绍基于由数字高程模型(DEM)生成的格网模型进行洪水的淹没分析，并给出给定洪水水位和给定洪量两种条件下的洪水淹没分析方法，并给以实例讲解。

洪水淹没是一个复杂的过程，受多种因素的影响，其中洪水特性和受淹区的地形地貌是影响洪水淹没的主要因素。对于一个特定防洪区域而言，洪水淹没可能有两种形式，一种是漫堤式淹没，即堤防并没有溃决，而是由于河流中洪水水位过高，超过堤防的高程，洪水漫过堤顶进入淹没区；另一种是决堤式淹没，即堤防溃决，洪水从堤防决口处流入淹没区。无论是漫堤式淹没还是决堤式淹没，洪水的淹没都是一个动态的变化的过程。

针对目前防洪减灾的应用需求，对于洪水淹没分析可以概化为两种情况。

第一种情况是在某一洪水水位条件下，最终会造成多大的淹没范围和怎样的水深分布，这种情况比较适合于堤防漫顶式的淹没情况。这种情况需要有维持给定水位的洪水源，这在实际洪水过程中是不可能发生的，为此，可以根据洪水水位的变化过程，取一个合适的洪水水位值作为淹没水位进行分析。

第二种情况是在给定某一洪量条件下，它会造成多大的淹没范围和怎样的水深分布，这种情况比较适合于溃口式淹没。当溃口洪水发生时，溃口大小是在变化的，导致溃口的分流比也在变化。另外发生溃口时一般都会采取防洪抢险措施，溃口大小与分流比在抢险过程中也在变化，洪水淹没并不能自然地发生和完成，往往有人为防洪抢险因素的作用，如溃口的堵绝、蓄滞洪区的启用等。这种情况下要直接测量溃口处进入淹没区的流量是不太可能，因为堤防溃决的位置不确定，决口的大小也在变化，现场布设测流设施也是非常困难和非常危险的。所以实际应用时，可以使用河道流量的分流比计算进入淹没区的洪量。

由于水源区和被淹没区有通道(如溃口、开闸放水等)和存在水位差，就会产生淹没过程，洪水淹没最终的结果是水位达到平衡状态，此时淹没范围区就是最终的淹没区。基于水动力学的洪水演进模型可以将这一洪水淹没过程模拟出来，即可以分析不同时间的洪水淹没范围，这对于分析洪水的淹没过程是非常有用。洪水演进模型虽然能够较准确地模拟洪水演进的过程，但由于洪水演进模型建模过程复杂，建模费用高，通用性不好，一个地区的模型往往不能在其他地区应用，特别是在江河两侧大范围的农村地区，洪水演进模型的边界很难确定，所以上述两种概化处理方法非常有用。

8.5.1　基于格网模型的淹没分析思想

基于DEM的洪水淹没分析虽然可以解决上述两种洪水最终淹没范围和水深分布的问题，但由于DEM数据量大，对于较大范围的洪水淹没分析，在目前的计算机硬件技术水平上还不能较快地计算出结果，这对于防洪减灾决策是不允许的。

格网模型的思想很早就已经提出，并且在各个领域得到广泛的应用，如有限元计算的离散单元模型，目前所能见到的较先进的洪水模拟演进模型也是一种格网化的模型，基于空间展布式社会经济数据库的洪涝灾害损失评估模型也是基于格网模型的思想。由于格网本身对于模型概化具有优越性，同时洪水演进模型和洪涝灾害损失评估模型应该能够更好结合，所以采用基于格网的洪水淹没分析模型成为必然选择。

由 DEM 可以较方便地生成不规则三角网(TIN)模型。生成的 TIN 模型，其三角格网的大小分布情况反映了高程的变化情况，即在高程变化小的区域其三角格网大，在高程变化大的区域其三角格网小，这样的三角格网在洪水淹没分析方面具有以下优点：

①洪水淹没的特性与三角格网的这种淹没特性是一致的，即在平坦的地区淹没面积大，在陡峭的区域淹没面积小，所以采用这种格网能够体现洪水的淹没特性。

②洪水的淹没边界和江河边界等都是非常不规则的，采用三角形格网模型比规则的四边形格网模型等更能够模拟这种不规则的边界。

③三角形格网大小疏密变化不一致，既能满足模型物理意义上的需求，也能节省计算机的存储空间，提高计算速度。

8.5.2 基于三角格网模型的淹没分析方法

针对一个特定地区的洪水淹没，为了减少数据量和便于分析，一般根据洪水风险，预先圈定一个最大的可能淹没范围，并且将沿江河两岸分成左右两半分别进行处理分析，靠近江河的边界处理为淹没区的进水边界。这对于防洪减灾来说是合理的，一般在防洪区域，沿江河两岸堤防建设的洪水保证率并不一致，重要地区的洪水保证率高一些，非重要地区的洪水保证率相对低一些，所以，需要将两岸分开处理，也需要按地段分别进行处理。

目前国家测绘局能够提供七大江河周边地区 1∶10000 的 DEM 数据，在实际应用中需要根据特定防洪区域的微地形修正该 DEM 数据，以保证地形数据的准确，根据实测微地形(如堤防、水利工程等)数据修正 DEM 的栅格高程值。将修正后的 DEM 数据根据洪水最大可能淹没范围进行剪裁，得到的区域就是所需要进行淹没分析的研究范围。

将 DEM 转换为 TIN 模型，提取三角格网，并对每个三角格网赋高程值(三个顶点的平均高程)，该三角格网就是要洪水淹没分析的格网模型，如图 8-12 所示。

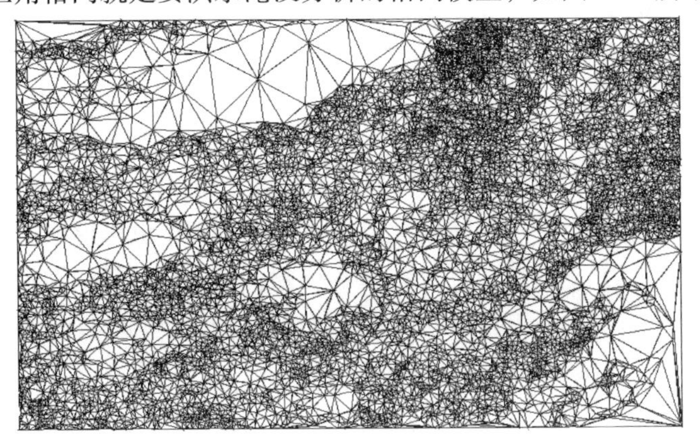

图 8-12 三角形格网模型

(1)给定洪水水位(H)条件下的淹没分析

选定洪水源的入口，设定洪水水位，在三角格网中通过与设定洪水水位的对比分析，选出低于洪水水位的三角单元，从洪水入口单元开始进行三角格网的连通性分析，能够连通的所有单元即组成淹没范围，针对这些连通的每个三角单元，计算在给定洪水水位条件下的淹没水深 R，即可得到洪水淹没得水深分布图，如图8-13所示。

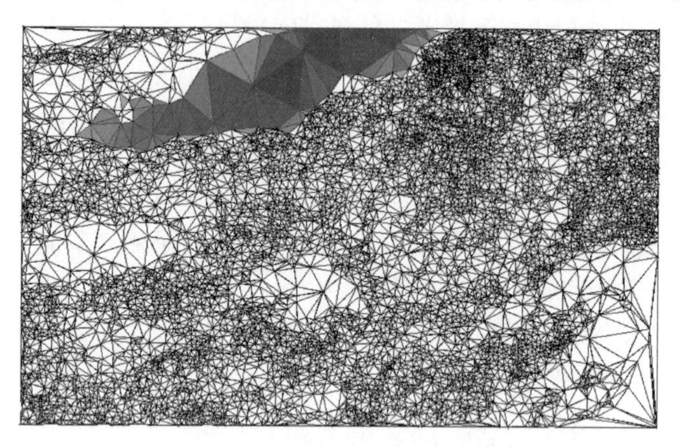

图8-13 三角单元水深分布图

单元水深的计算公式为：

$$R = H - E \tag{8-28}$$

式中：R 为单元水深；H 为洪水水位；E 为三角格网单元的平均高程。

(2)给定洪水量(Q)条件下的淹没分析

在进行灾前预警评估分析时，可以根据可能发生的洪水量，或者以某一洪水频率对应的洪水量的百分比数作为给定洪水量 Q 值。在灾中评估分析时给定洪水量 Q 值可以根据流量过程线和溃口的分流比计算得出，如果能够实测，可以实测出溃口的分流量。如不能实测，也可以根据上下游水文站点的流量差，并考虑上下游水文站间来水补给量计算得出溃口的分流量。

在上述给定洪水水位(H)条件下的淹没分析基础上，通过给定不同水位 H 条件，求出与其对应的淹没区的容积 V 及流出量 Q，利用二分法等逼近算法，求出与流出量 Q 最接近的 V，V 所对应的淹没范围和水深分布即为淹没分析的结果。

一般情况下，$V = f(H)$，简化计算式

$$V = \sum_{i=1}^{m} A_i \cdot (H - E_i) \tag{8-29}$$

式中：V 为连通淹没区的水体体积；A_i 为连通淹没区三角格网单元的面积，可由连通性分析求解得到；E_i 为连通淹没区三角格网单元的平均高程，也可由连通性分析求解得到；m 为连通淹没区单元个数，由连通性分析求解得到；H 为给定的洪水水位。

定义函数：

$$F(H) = Q - V = Q - \sum_{i=1}^{m} A_i \cdot (H - E_i) \tag{8-30}$$

显然，该函数为单调递减函数，函数变化趋势如图 8-14 所示。

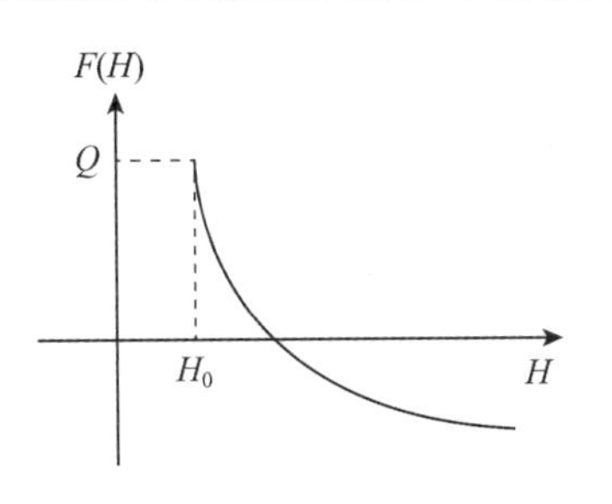

图 8-14 $F(H)$函数变化趋势图

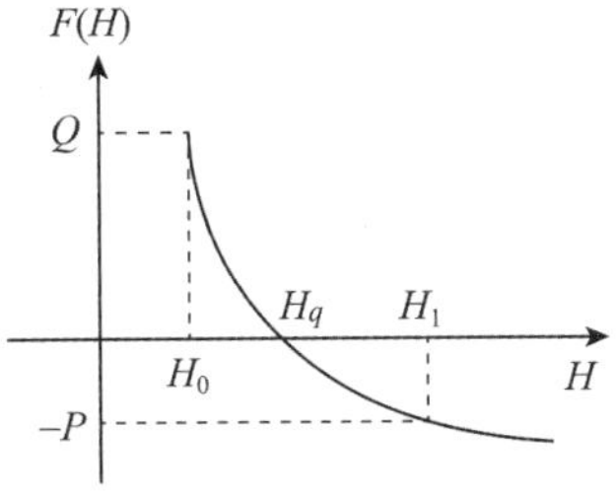

图 8-15 Hq 求解示意图

已知 $F(H_0)=Q$，H_0为入口单元对应的高程，要求得一个 H，使得出流量 Q 与淹没区的水体体积相同，即 $F(H)\to 0$。为利用二分逼近算法加速求解，在程序设计时考虑变步长方法进行加速收敛过程，需要预先求得一个 H_1使 $F(H_1)<0$。H_1的求解可以设定一个较大的增量 ΔH 循环计算，直到 $F(H_1)<0$，（$H_1=H_0+n\Delta H$）。再利用二分法求算 $F(H)$在(H_0，H_1)范围内趋近于0 的 Hq。Hq 对应的淹没范围和水深分布即为给定洪量 Q 条件下对应淹没范围和水深，如图 8-15 所示。

(3)洪水淹没连通区域算法

对洪水淹没区域连通性的考虑，在一些淹没分析软件中，仅考虑了高程平铺的情况，即在任何低于给定水位的低洼区域都能同时进水，但这与洪水淹没实际情况并不完全相符，洪水首先是从洪水源处开始向外扩散淹没，只有水位高程达到一定程度之后，洪水才能越过某一地势较高的区域到达另一个洼地。因此，洪水淹没连通性的计算可以从投石问路法的原理进行理解。

假定有一个探险家，他带着一个标准高程(水位高程)，需要将这一高程以下所有能够相互连通的区域探寻出来。假定这片区域由不同大小的格网组成，格网是由边数一样多(当然也可以不一样多，但那样会使问题更复杂)的多边形组成，这里为讨论问题的方便我们假定为四边形(其他格网单元的多边形可作类似考虑)，探险家前进的方向即为投石问路的石子，探险家背着一个袋子，袋子里装着前进方向的石子。开始时探险家只有1 颗石子，这个石子标明了能够进入下一个单元的边界方向，能够从这一边界进入下一单元的条件是，下一单元的高程比现在所处单元的高程低。探险家投出这颗石子并从这一边界进入下个单元，进入该单元后需要进行标记，表明已经走过，同时又得到 3 颗石子。然后需要对这 3 颗石子检验是否可以继续用于投石问路，首先检验石子指明方向的单元是否有已走过的标记，如果有则丢弃这颗石子，如果没有则保留，继续检验这石子所指示的方向是否满足条件(所指方向的高程是否低于他所携带的标准高程)，如果高于标准高程则该石子不合格，丢弃之，如果低于标准高程则合格，放入袋子中，袋中石子数量自动增加。检验完后，判断袋子中的石头个数是否为0，如果不为0，则可以继续往下探寻，再从袋子中取出 1 颗石子(袋中石子个数减 1)，继续投石问路，直到袋子中没有石子为止。这样就能遍历整个区域，找出与入口单元相连的满足标准高程的连通区域。

从问题的收敛性上来看，这种算法是完全可以收敛的，因为探险家开始的本钱只有

1 颗石子，每前进一步，得到的石子个数可能为 0、1、2、3(别的多边形数目可能不一样，一定包括 0)，但他一定得消耗 1 颗用于探路的石子，所以如此不断探寻下去，最后石子用完，连通区域也就找出来了。

8.5.3 任意多边形格网模型的洪水淹没分析方法

利用 TIN 模型生成的三角单元格网进行洪水淹没分析仍然有一些缺陷。首先，由 DEM 生成 TIN 模型时对高程进行了概化，即将三角网格单元内的高程概化为均匀性，即在实际处理时将三个点的高程进行平均。

将 DEM 转化为多边形时，将具有相同高程并且相邻的单元合并为一个多边形，这样可以大大减少多边形的数量，同时又能保证 DEM 的高程精度完全不损失。这样得到的格网模型与三角单元格网模型相比，单元格数量虽然多出很多，但单元格内的高程精度要比三角单元格高，所以，三角单元的格网模型可以用于较粗精度的分析，由 DEM 直接转化为多边形的格网模型可以用于较高精度的分析。

任意多边形格网模型的洪水淹没分析方法与三角单元格网模型相似，也可以采用投石问路算法，但与三角单元格网模型相比需要在算法上进行一些巧妙处理，因为每一个单元格相邻的单元格数量不确定，在计算时将每个单元格相邻的单元格进行编号，并预先生成一个序列，在对每一个单元格进行投石问路时，从预先生成的序列中提取出相邻单元的编号，完成投石问路的整个算法过程。虽然每个单元格相邻的单元格数量不确定，但是有限的，所以投石问路算法一定可以收敛。图 8-16 是任意多边形格网模型洪水淹没分析的一个例子。

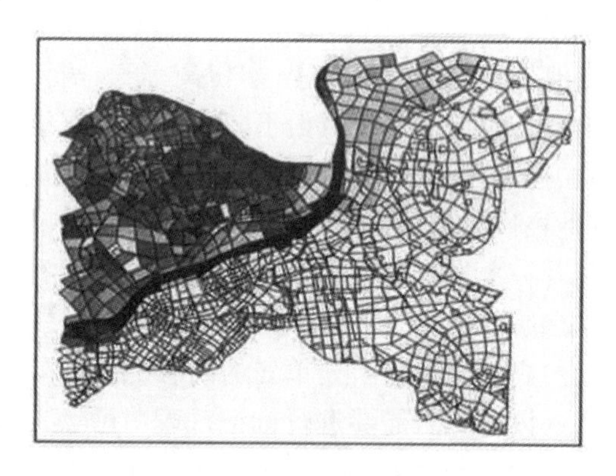

图 8-16 任意多边形格网模型洪水淹没分析结果

8.5.4 遥感监测淹没范围水深分布分析

遥感监测对于洪水淹没范围的确定非常有效，但对于淹没深度(水深)的分布情况却很难确定。

由 DEM 生成任意多边形的格网模型，该模型能够保证格网单元内的高程均等，将遥感监测洪水淹没范围与该多边形格网模型叠加，认为淹没边界线所在的单元格水深为零，淹没边界线以内的单元格水深即为边界单元格的高程减去所在单元格的高程，这种做法是假定淹没边界单元格内的高程是相等的，实际上可能不是这样，这时可以考虑求每一个淹没边界单元格相对于该淹没单元格产生的淹没水深，然后再用距离倒数平方和加权求出该淹没单元格的水深。图 8-17 是这种方法的一个实例，遥感监测的淹没范围可以通过遥感影像进行圈定，淹没范围内水深分布通过颜色梯度表现。

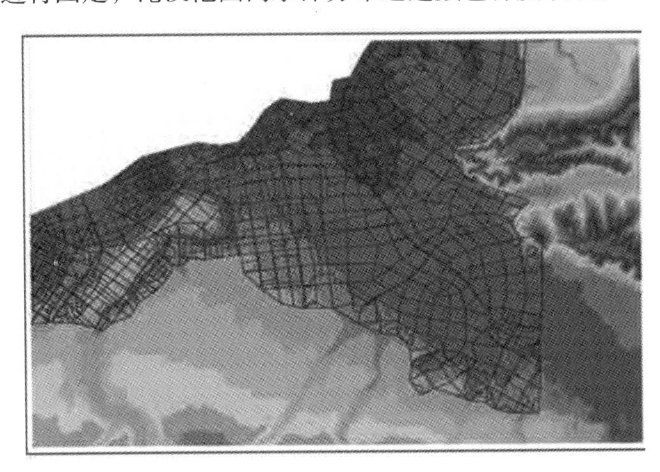

图 8-17 遥感监测淹没范围水深分布分析结果

思考题

1. 什么是退水曲线？如何获取？
2. 何为前期影响雨量？简述其计算方法与步骤。
3. 降雨径流相关图如何绘制？如何用其进行产流计算？
4. I_0、$\bar{f}$的含义是什么？如何确定？
5. 单位线的定义及基本假定是什么？如何用其进行汇流计算？
6. 单位线在应用中存在什么问题？如何解决？
7. 马斯京根演算法的基本原理是什么？
8. 已知暴雨过程 $P(t)$ 和流域的时段单位线 $q(t)$ 如下表所示，并确定 $I_0=80\text{mm}$，$\bar{f}=2\text{mm/h}$，基流为 $6\text{m}^3/\text{s}$。试推求洪水过程线并计算该流域面积。

暴雨过程 $P(t)$ 及流域 6h 时段单位线 $q(t)$

时段 $\Delta t=6\text{h}$	0	1	2	3	4	5	6	7	8	9
$q(t)$ (m^3/s)	0	100	150	350	300	250	180	100	50	0
$P(t)$ (mm)		65	90	30	10					

第9章

设计年径流分析与计算

年径流量是反映流域产水量多寡的指标，是水利工程、水土保持工程设计的重要参数，更是水量平衡计算的关键要素。本章主要讲述径流量的年内变化和年际变化特征、正常年径流量、设计年径流量、径流年内变化的计算方法。

径流在时间变化上有以年为周期的循环特性，可以用年为单位去分析和研究径流的变化规律，并预估未来的变化趋势。在一个水文年度内通过河流某一断面的水量称为该断面以上的年径流量，常用年平均流量、年径流深、年径流总量或年径流模数表示。以年为单位分析径流年际变化与年内分配情况，掌握径流量的变化规律，可以预估水利、水保工程运用期间的径流变化情势，为防洪、水利和水保工程的建设管理提供可靠的水文依据。

洪水也是一种径流，属于非正常的径流，是指河道中流量激增、水位猛涨并超过基本河槽的径流，具有很大的危害性。洪水对水利工程、交通设施及河流沿岸具有严重的破坏性，一般多由夏季、秋季的暴雨或大面积降雨造成；春季融雪、地震、溃坝等也常造成灾害性洪水。水工建筑物、交通设施、防洪设施在运用期间也都会面临洪水的威胁和袭击，施工建设期间也要考虑防洪问题。城镇排洪规划、水库设计、交通设施选址、水土保持措施的选择，必须以符合设计标准的设计洪水为依据，因此，设计年径流量的分析是工程水文计算人员与设计人员必须掌握的重要内容。

设计年径流量是指符合某一设计频率的年径流量。如百年一遇(频率为1%)的年径流量，50年一遇(频率为2%)的年径流量，10年一遇(频率为10%)的年径流量等均为设计年径流量。

9.1 年径流的变化特征

年径流量受降水、地形地貌、土壤地质、植被等要素的综合影响，在这些要素的共同作用下年径流量的变化具有年内变化特征和年际变化特征。

9.1.1 年内变化特征

径流的年内变化具有汛期与枯水期交替出现的规律，而且这种交替变化具有周期性，变化周期大致为1年。但是各年汛期、枯水期的历时有长有短，发生时间有早有迟，水量有大有小。各年汛期、枯水期出现的时间、持续时间、径流量各不相同，很难重复，具有偶然性和随机性。

9.1.2 年际变化特征

径流量的年际变化很大，有些河流丰水年的径流量可达平水年的2~3倍，枯水年径流量却只有平水年的10%~20%。在降水量丰沛的地区，因降水量大、而且降水量的年际变化小，因此，年径流量不仅大，而且年径流量的年际变化较小，相对比较稳定。而在降水量相对较少且在时间分配上相对集中的地区，因降水量的年际变化大，径流量的年际变化也大。

9.1.3 多年变化特征

年径流在多年变化中有丰水年组和枯水年组交替出现的现象。如黄河陕县站的观测结果表明，1922—1932年连续11年为少水年，1935—1949年则连续15年为多水年。哈尔滨水文站观测的结果显示，1927年以前的30年松花江基本上是连续的少水年，而1928—1966年则是连续39年的多水年。浙江新安江水电站也曾出现过连续13年的连续少水年。这说明每条河流的年径流量具有一定的连续性，即逐年径流量之间并非独立，而是有一定的相关关系。

针对年径流的变化特性，在水利水保工程规划设计阶段，要充分研究年径流量的年际变化特征和年内分配规律，从而为水利和水保工程规模的确定提供主要的设计依据。

9.2 正常年径流量

9.2.1 正常年径流量的概念

径流量是以降水为主的多因素综合影响的产物，表现为某一河流任一断面上的逐年径流量各不相同，有些年份水量偏多(丰水年)，有些年份水量偏少(枯水年)，有些年份的水量处于平均状况(平水年)。在水文学中常用多年平均值反映河流年径流量的多少，长期的观测结果表明，一条河流径流量的多年平均值会长期维持在某一数值，该数值即为正常年径流量。年径流量的多年平均值称为正常年径流量。计算公式如下：

$$Q = \sum_{i=1}^{n} Q_i / n \tag{9-1}$$

式中：Q为多年平均年径流量；Q_i为第i年的年径流量；n为观测年数。

在气候和下垫面基本稳定的条件下，随着观测年数的不断增加，多年平均年径流量Q趋向于一个稳定数值，这个稳定数值称为正常年径流量。正常年径流量是反映河流在天然情况下所蕴藏的水资源量，是河川径流的重要特征值。在气候及下垫面条件基本稳定的情况下，可以根据过去长期实测的年径流量，计算多年平均年径流量代替正常年径流量。

但是正常年径流量的稳定性不能理解为不变性，因为流域内没有固定不变的因素。一个流域的气候条件和下垫面条件，虽然也随着地质年代的进展而变化，但这种变化非常缓慢，可以不用考虑，但是大规模的人类活动，特别是人为活动对下垫面的改变将使正常年径流量发生显著变化。

9.2.2 正常年径流量的计算

正常年径流量的计算一般需要观测资料作为基础，根据观测资料的长短或有无，正常年径流量的推算方法有三种情况：有长期实测资料、有短期实测资料和无实测资料。

(1)有长期实测资料

有长期实测资料的含意是：实测资料系列足够长，且具有一定的代表性，由这样的长期资料计算出的年径流量多年平均值基本上趋于稳定。由于不同流域的气候和下垫面特性差异较大，其年径流量多年平均值趋于稳定所需的时间也不尽相同。对于年径流量变差系数 C_v 值较大的河流，所需观测资料的系列要更长一些。资料的代表性一般是指在观测系列中应包含有特大丰水年、特小枯水年及大致相同的丰水年群和枯水年群，由这样的资料计算出正常年径流量才更能反映流域径流的真实情况。

当满足以上条件时，可直接用算术平均法直接计算出正常年径流量。

$$Q = \sum_{i=1}^{n} Q_i / n \tag{9-2}$$

式中：Q 为多年平均年径流量；Q_i 为第 i 年的年径流量；n 为观测年数。

有长期资料时计算正常年径流量的关键是资料代表性分析，即在实测资料的系列中必须包含河川径流变化的各种特征值，同时还要同周边地区有更长观测资料的流域进行对比分析，以进一步确定所用实测资料的代表性。

根据我国河流特点和水文观测资料条件，一般具有30年以上的实测资料即可认为有长期资料。

(2)有短期实测资料

有短期实测资料是指仅有几年或十几年的观测资料，且代表性较差。此时，如果利用算数平均法直接计算正常年径流量将会产生很大的误差，因此，计算前必须把资料系列延长，以提高其代表性。

延长资料系列的方法主要是通过相关分析，探讨影响年径流量的关键要素，选择有更长资料系列的关键要素作为参证变量，建立年径流量(研究变量)与参证变量之间的相关关系，然后利用有更长观测系列的参证变量来延长年径流量(研究变量)的资料系列。

①参证变量的选择

延长观测资料系列的首要任务是选择恰当的参证变量，参证变量的好坏直接影响计算精度的高低。选择的参证变量必须具备以下三个条件：

a. 参证变量与研究变量在成因上必须有联系；

b. 参证变量的系列要比研究变量的系列更长；

c. 参证变量与研究变量之间必须具有一定的同步系列，以便建立相关关系。

当有多个参证变量待选时，可以选择与径流量相关关系最好变量作为首选参证变量，也可以同时选择几个参证变量，建立研究变量与所选参证变量间的多元相关关系。总之，以研究成果精度的高低作为评判参证变量优劣的标准。目前，水文学上常用的参证变量是年径流量和年降水量。

②利用年径流量资料展延插补

当研究流域附近的其他流域有长期实测年径流量资料，或在研究流域的上游或下游有长期实测的年径流量资料时，可以用这些相邻流域的年径流量资料或研究流域上下游的实测年径流资料进行资料展延插补。当所选参证流域的资料较少，不足以建立年相关时，也可先建立月相关，延展插补月径流量，然后再将月月径流量累加后计算出年径流量。

例 9-1 某河流拟在乙站处修建水库(图 9-1)，乙站流域面积 $F=1200\mathrm{km}^2$，具有 1976—1979 年、1983—1985 年共 7 年实测年径流资料。位于乙站上游的甲站控制流域面积 $F=820\mathrm{km}^2$，有 1972—1989 年共 18 年的较长系列资料。试求乙站处的多年平均径流量，以为待建的水库设计提供水文依据。

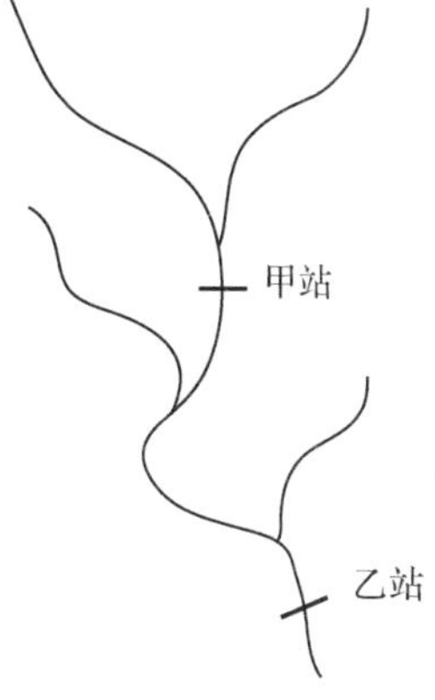

图 9-1 流域图示

解： 由于甲站位于乙站的上游，甲、乙两站的径流在成因上有内在联系，且甲站的资料系列更长，甲、乙两站也有 7 年的同步资料，因此，甲站的资料可以作为参证资料。

首先用甲、乙两站的同步资料(1976—1979 年、1983—1985 年)点绘出甲、乙两个站点的流量相关图，结果见图 9-2。可见，甲、乙两个站点流量的相关性很好，因此可以利用甲、乙两个站点流量的相关方程，根据甲站的实测流量资料对乙站缺失年份的流量进行计算，并得出乙站流量的多年平均值，成果见表 9-2。

表 9-1 甲、乙两站各年实测年平均流量表 单位：m^3/s

年 份	1972	1973	1974	1975	1976	1977	1978	1979	1980
甲站	8.73	16.5	17.6	10.1	10.1	8.19	150	4.67	6.61
乙站					15.4	12.5	25.0	7.00	
年 份	1981	1982	1983	1984	1985	1986	1987	1988	1989
甲站	8.13	10.2	25.9	7.46	2.36	8.93	7.07	5.65	6.26
乙站			40.4	12.0	3.76				

表 9-2 乙站年平均流量的插补延长 单位：m^3/s

年 份	1972	1973	1974	1975	1976	1977	1978	1979	1980
年平均流量	13.6	25.7	27.4	15.8	15.4	12.5	25.0	7.0	10.3
年 份	1981	1982	1982	1984	1985	1986	1987	1988	1989
年平均流量	12.7	15.9	40.4	12.0	3.76	13.9	11.0	8.82	9.77
多年平均流量	15.61								

③利用年降水资料展延插补

与径流资料相比降水资料更容易取得，降水资料的系列也较径流资料更长，当不能用径流资料进行延长插补时，可用流域内或流域外的降水资料进行延长插补。

利用降水资料延长插补径流资料时，必须分析降水量与径流量之间的相关性。一般

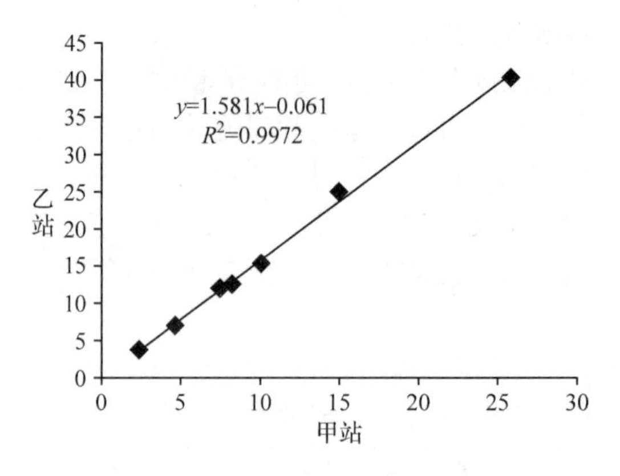

图9-2 甲乙两站流量相关图

在湿润地区降水充沛，径流系数大，年径流量与年降水量之间的关系较密切，而在干旱地区或半干旱地区，蒸发量大，大部分降水消耗于蒸发，年径流量与年降水量之间的关系不够密切，此时，可适当增加参证变量，如增加降水强度等。当资料很少时，也可通过建立月降水量与月径流量间的相关关系，推求出月径流量，然后再将月径流量累加得出年径流量。

例9-2 某流域面积为992km²，1973—1990年间实测了年径流量，但其间1976—1978年和1990年的资料缺失，流域内有甲、乙两处降水观测站，观测到的降水资料和径流资料参见表9-3。试对缺失年份的径流资料进行插补，并计算正常年径流量。

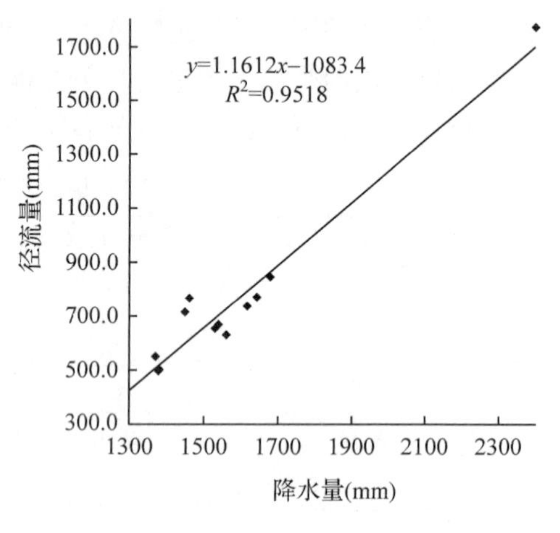

图9-3 降水量与径流量相关图

解： 由于流域出口的径流是由整个流域上的降水汇集形成，因此，建立降水和径流的相关关系时，必须对流域的降水量进行平均，然后再用平均降水量与径流量建立相关关系，结果参见图9-3。根据年降水量与年径流量的相关关系图，就可以由平均降水资料插补缺测年份的年径流量，然后计算正常年径流量，成果见表9-4。

表9-3 某流域年径流及年降水量表 单位：mm

年 份	1973	1974	1975	1976	1977	1978	1979	1980
甲站年降水量	1345.7	2305.4	1396.2	1598.6	1603.2	1073.8	1576.8	1604.8
乙站年降水量	1559.9	2493	1526.6	1961.6	1712.4	1313.6	1660.4	1681.6
年径流量	712.1	1767.5	763.0				734.4	769.3
年 份	1982	1983	1984	1985	1986	1987	1988	1989
甲站年降水量	1530.8	1292.8	1276.8	1298.7	1504.7	1478.6	1204.4	1589.4
乙站年降水量	1594.4	1452.2	1491	1461.5	1571.7	1603.4	1186.2	1771.6
年径流量	629.4	546.8	499.1	495.9	661.2	667.6	362.4	842.4

表 9-4 由平均降水资料插补缺测年份的年径流量计算结果表 单位：mm

年 份	1976	1977	1978	1990	备 注
年平均流量	983.7	841.6	302.7	759.4	多年平均径流量 = 721.7

例 9-3 某流域面积 $F = 5800\text{km}^2$，仅有 1987—1990 年 4 年各月的实测流量资料(表 9-5)和流域内 3 个降水观测点 1987—1990 年的降水资料(表 9-6)。试建立该流域的年径流与降水量的相关关系，以根据降水资料对径流量资料进行延长。

表 9-5 流域实测径流量 单位：mm

月 份	1	2	3	4	5	6	7	8	9	10	11	12
1987	7.0	10.4	21.8	48.7	76.2	145.2	42.3	97.4	45.6	21.9	40.4	13.6
1988	9.5	11.1	27.9	80.0	99.3	65.7	109.9	51.7	46.5	32.5	35.0	13.5
1989	9.0	1.0	37.1	36.7	65.1	71.5	62.8	48.5	26.3	61.4	41.2	8.0
1990	13.5	13.1	13.9	63.5	101.1	40.2	80.4	17.5	95.6	16.8	37.2	32.9

表 9-6 流域内实测降水量 单位：mm

月 份		1	2	3	4	5	6	7	8	9	10	11	12	年均
1987	甲	9.7	21.3	48.0	76.99	138.4	406.9	116.7	163.3	129.5	68.1	44.9	17.7	1241.4
	乙	9.1	21.0	46.5	79.6	160.8	295.0	94.3	272.8	115.1	63.8	44.5	15.7	1218.2
	丙	9.2	20.3	32.3	89.8	152.5	374.5	91.8	272.5	132.5	51.0	65.7	20.0	1311.1
	平均	9.3	20.7	42.3	82.1	150.6	358.8	100.9	236.2	125.7	61.0	51.7	18.9	1256.9
1988	甲	11.1	22.3	56.5	135.0	214.8	173.0	253.0	96.6	124.0	72.7	42.2	13.6	1215.4
	乙	11.2	21.1	34.2	152.0	152.6	137.5	285.7	106.9	112.8	105.4	46.6	19.0	1185.0
	丙	12.6	20.4	66.3	155.1	221.2	138.6	201.5	196.0	77.6	82.3	40.8	17.6	1231.0
	平均	11.6	21.4	52.3	143.5	196.2	149.7	246.7	133.2	104.8	86.8	43.2	16.7	1200.2
1989	甲	8.0	0.4	64.2	84.0	83.3	209.9	176.0	123.6	46.7	126.6	47.8	10.5	980.9
	乙	14.9	0.9	77.7	67.2	96.2	128.5	116.4	119.1	67.0	142.5	43.5	10.5	884.4
	丙	11.8	2.4	70.7	48.8	190.7	172.3	127.7	153.7	46.8	184.6	57.7	8.0	1075.2
	平均	11.6	1.2	70.9	66.7	123.4	170.2	140.0	132.1	53.5	151.2	49.7	9.7	980.2
1990	甲	14.7	24.9	26.1	100.1	180.6	98.2	222.2	32.8	229.2	36.8	50.6	31.1	1047.3
	乙	18.1	20.8	31.0	108.1	159.8	78.5	171.2	51.8	253.2	50.5	45.1	43.7	1031.8
	丙	19.9	22.5	26.6	147.3	185.2	109.2	178.1	38.0	233.7	41.2	41.4	44.5	1081.5
	平均	17.6	22.7	27.9	118.5	175.2	95.3	190.5	40.9	238.7	42.8	45.7	39.8	1053.5

解：该流域仅有 4 年的实测流量资料，用 4 年的流量资料和降水资料建立相关关系误差会很大，只能用流域内 3 个降水观测点的降水资料，点绘出流域月平均径流量与月平均降水量的散点图(图 9-4)。由图 9-4 可见，二者的相关点群散乱，无法用一条关系线反映月平均径流与月平均降水量的关系。但考虑到 11 月至翌年 1 月为该枯水季节，蒸发量较大，且农业用水较多，相关线偏右。2~5 月为春季，虽有一定降水，但蒸发仍然较多，径流量相对较少。6~10 月降水量大，径流量也相对较多。为此，将数据划分为 3

组进行拟合，结果见图9-5。利用图9-5中得出的不同季节的降水量与径流量的关系式，便可以根据观测到的降水资料计算出径流量，从而实现对径流资料的延长。

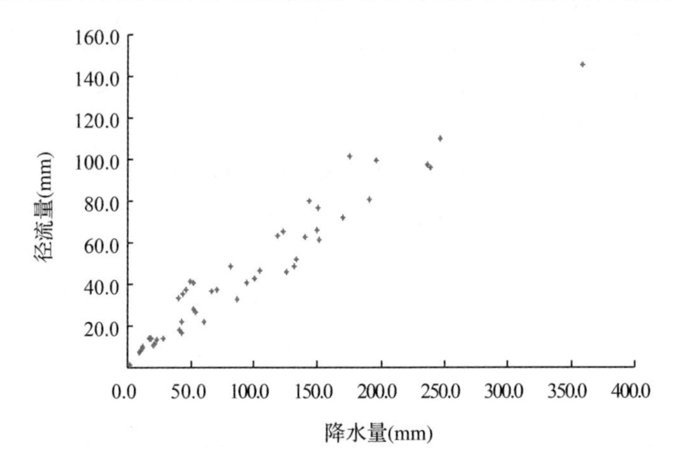

图9-4 月平均径流量与月平均降水量的散点图

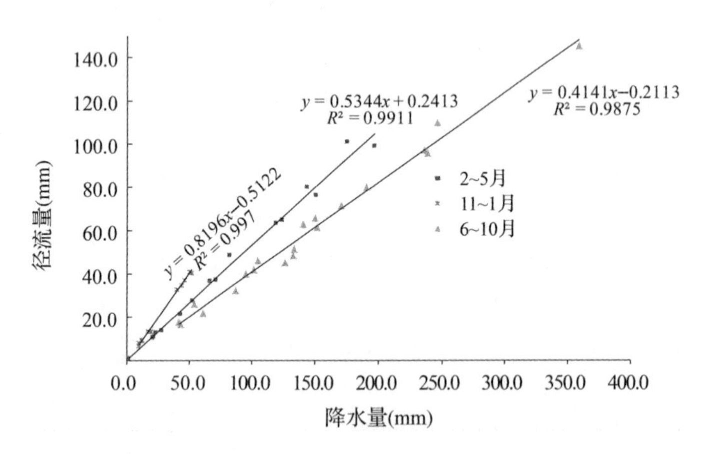

图9-5 月平均径流量与月平均降水量的相关图

(3)无实测资料

由于我国的水文站网还不是很完善，只是在一些较大的河流上有水文观测站，而在水土保持实际工作中常常遇到的小流域，根本没有径流量的观测资料，甚至连降雨资料也没有。因此，在计算正常年径流量时，需要等值线图法、水文比拟法、径流系数法和水文查勘法。

①等值线图法

在地图上将相同数值的点连接起来形成的线叫等值线。在地图上将观测到的水文特征值标记出来，然后按照一定规律将数值相同的各点连成等值线，即可构成该水文特征值的等值线图。水文特征值的等值线图反映了水文现象的地理分布规律。

闭合流域多年径流量主要受气候因素的影响，而气候因素具有地区性，即降水量与蒸发量具有地理分布规律，因此，受降水量和蒸发量影响的多年平均年径流量也具有地理分布规律。所以水文工作者利用这一特点绘制了年径流量的等值线图，并用它来推算无实测资料地区的年径流量。

由于径流量的大小与流域面积的大小直接相关，为了消除流域面积的影响，年径流量等值线图一般以径流深或径流模数为度量单位。

河流某一断面的径流量是由该断面以上所有流域面积的径流汇集而成，所以在绘制径流量等值线图时不能将径流量数据点绘在观测断面处，而是点绘在流域面积的中心处。在山区径流量有随高程增加而增大的趋势，因此，应将径流量数据点绘在流域平均高程处。目前，各省(自治区)编制的水文手册一般都绘有本省(自治区)的径流量等值线图和不同频率的径流量等值线图，可供水利水保设计人员查用。

应用等值线图推求径流量时，需要事先在等值线图上勾绘出研究流域的分水线，再找出流域的中心，而后根据等值线图利用内插法计算出研究流域中心处的径流量。如果研究流域的面积较大或地形复杂，且等值线分布不均匀，可用面积加权法推算出整个研究流域的径流量，即：

$$Y_0 = (y_1f_1 + y_2f_2 + \cdots + y_nf_n)/F \tag{9-3}$$

式中：Y_0为研究流域的径流量；y_i为相邻两条径流等值线的平均值；f_i相邻两条径流等值线间的面积；F 为研究流域的面积。

等值线图法对面积较大的流域而言计算结果精度更高，对于小流域因其很可能为不闭合流域，且河槽下切不深，不能汇集全部地下径流，所以，使用等值线图有可能导致计算结果偏大或偏小。因此，在小流域上应用等值线图法时需要结合具体情况进行适当修正。

例 9-4 某流域面积为 510km²，径流等值线将流域划分为面积分别为 30km²、50km²、80km²、120km²、110km²、70km²、50km² 的 7 块，各条等值线的径流量如图 9-6 所示，径流量等值线的单位为 mm。试求该流域的平均径流量。

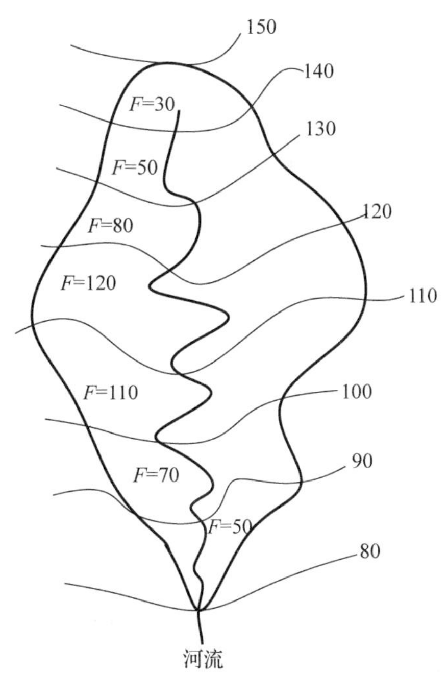

图 9-6 等值线图法示意图

解：流域的平均径流量的计算公式为

$$Y_0 = (y_1f_1 + y_2f_2 + \cdots + y_nf_n)/F \tag{9-4}$$

其中：流域面积 $F = 510\text{km}^2$，

$y_1 = (150 + 140) = 145\text{mm}$；$F_1 = 30\text{km}^2$

$y_2 = (140 + 130) = 135\text{mm}$；$F_2 = 50\text{km}^2$

$y_3 = (130 + 120) = 125\text{mm}$；$F_3 = 80\text{km}^2$

$y_4 = (120 + 110) = 115\text{mm}$；$F_4 = 120\text{km}^2$

$y_5 = (110 + 100) = 105\text{mm}$；$F_5 = 110\text{km}^2$

$y_6 = (100 + 90) = 95\text{mm}$；$F_6 = 70\text{km}^2$

$y_7 = (90 + 80) = 85\text{mm}$；$F_7 = 80\text{km}^2$

则：

$Y_0 = (145 \times 30 + 135 \times 50 + 125 \times 80 + 115 \times 120 + 105 \times 110 + 95 \times 70 + 85 \times 80)/510 = 117.5\text{mm}$

②水文比拟法

水文现象具有地区性，如果某些流域处在相似的自然地理条件下，则其水文现象具有相似的发生、发展和变化规律，这些流域的水文资料就可以相互借鉴。在水文学中将与研究流域有相似自然地理特征的流域称为参证流域。水文比拟法就是以流域水文现象的相似性为基础，将参证流域的水文资料移用至研究流域的一种简便方法。

移用参证流域的水文资料时，可以选择的指标有径流模数、径流深度、径流量、径流系数以及降水径流相关图等。但是，地球上不可能有两个流域完全一致，研究流域和参证流域或多或少存在一些差异，倘若研究流域与参证流域之间仅在个别因素上有些差异时，可以考虑用不同的修正系数进行修正。

若研究流域与参证流域的气象条件和下垫面因素基本相似，仅流域面积有所不同，这时可以只考虑面积的影响，则研究流域和参证流域的正常年径流量间有如下关系式：

$$Q_{研}/F_{研} = Q_{参}/F_{参} \tag{9-5}$$

式中：$Q_{研}$，$Q_{参}$分别为研究流域和参证流域的正常年径流量；$F_{研}$，$F_{参}$分别为研究流域和参证流域的面积。

如果使用径流深或径流模数，则不需修正即可直接使用。

若研究流域与参证流域的降水量不同时，则必须用降水量进行修正，关系式如下：

$$Q_{研}/P_{研} = Q_{参}/P_{参} \tag{9-6}$$

式中：$P_{研}$，$P_{参}$分别为研究流域和参证流域的降水量。

水文比拟法是在缺乏等值线图的情况下较为有效的方法，即使在有等值线图的条件下，当研究流域的面积较小时，其年径流量受流域自身特点的影响很大，因此，对影响研究流域水文特征值的各项因素进行深入分析，可以避免盲目使用等值线图而未考虑局部下垫面因素所产生的较大误差。因此，对于水土保持工作涉及的小流域而言，水文比拟法更有实际意义。

③径流系数法

当研究流域内(或附近)有降水观测资料，且降水量与径流量的相关关系密切时，可利用降雨量与径流量间的定量关系计算出径流量，即利用年降水量的多年平均值乘以径流系数推求出多年平均径流量(正常年径流量)。计算公式如下：

$$Q = C \times P \tag{9-7}$$

式中：Q为研究流域多年平均径流量；C为年径流系数，与研究流域的地质、土壤、地形、植被、水土保持措施、河道长度等因素密切相关，可通过调查并参考研究流域所在地区的《水文手册》确定；P为研究流域的多年平均降雨量，可从研究流域所在地区《水文手册》查出，或向附近水文站、雨量站查询。

径流系数法的准确程度取决于径流系数，如所选径流系数精度较高可获比较正确的结果。

④水文勘查法

对于完全没有水文观测资料，也找不到参证流域的研究流域而言，需要通过水文勘查法收集水文资料，进行正常年径流量的估算。这项任务一般是通过野外实地勘查访问，了解多年期间的典型水位过程线及其径流持续时间(如各月的平均水位、枯水期水位、丰水期水位），河道特性（河道断面尺寸、比降、糙率、流速等），建立水位流量关系曲线，推算出多年平均流量过程线，并估算正常年径流量。

水文勘查不仅对完全无资料的小流域而言是必要的，即使对有资料的大流域而言也是不可或缺的必要补充。

除了上述几种方法外，还可利用相关研究单位提出的经验公式推求年正常径流量。但由于经验公式都是根据各地实测资料分析得出的，具有其地区局限性，不能随意扩大应用范围。这些经验公式一般可以在当地的《水文手册》中查得。

但必须指出，在工程设计中为了工程完全可靠，一般需要采用多种方法进行估算，各种计算方法的成果可以相互验证，以保证计算成果的精度，同时选取最不利于工程安全的计算结果进行设计，以提高工程设计的安全性。

9.3　设计年径流量的计算

正常年径流量反映了流域产水量的多少，但并不能反映某一年的水量，这是因为径流量是一个随机变量，每年的数值都不相同，即径流量具有年际变化。

径流是流域气候因素、下垫面因素等自然地理因素综合影响的产物，其中气候因素具有明显的年际变化特征，即使较为稳定的下垫面因素也会逐年发生变化，因此，受其影响的径流也具有明显的年际变化特征。

所谓年际变化就是径流量每年都不相同，有些年份大，有些年份小。每个流域年径流的变化都具有本流域自然地理条件所赋予的特点，这些特点主要是反映在径流年际变化的幅度上。在降水量丰沛的地区如我国东南沿海及华南一带，年降水量变化小，因而年径流量的变化也小；而在降水量相对较少而且在时间分配上相当集中的地区，如华北、西北地区，降水量的年际变化大，径流量的年际变化也很大。

径流的年际变化反映出各年的径流量不同，如果将多年观测的径流量数据按顺序排列，将形成一个随机序列，对这个随机序列可以采用统计学的方法分析某一数值的径流出现的频率，每年的径流量都对应着一个频率，即每年的径流量其实就是某一频率条件下的径流量。因此，计算某一年的径流量，就是求算某一频率的径流量，也就是求算设计径流量。

设计年径流量就是符合某一设计标准（设计频率）的年径流量。

径流量的年际变化最好用成因分析法进行推求，但由于年径流量在时间上的变化是气候因素和自然地理因素共同作用、相互综合的产物，而这些影响因素本身又受其他许多因素的影响和制约，因果关系相当复杂，现阶段的科学水平，尚难完全应用成因分析法可靠地求出其变化规律，同时，前后相距几年的年径流之间并无显著的关系，各年径流间可认为彼此独立，其变化具有偶然性，因此，只能利用概率论和数理统计的方法研究其发生、变化的情势。

在水利、水土保持工程设计中，经常应用数理统计方法计算径流的年际变化，实际上也就是确定相应于某一设计频率的年径流量，按其资料情况的不同可分为有实测资料和无实测资料两种情况计算。

9.3.1 有实测资料

具有实测年径流量资料时设计年径流的计算，就是要确定某一频率的年径流量。常用的计算方法为适线法。计算工作可分为水文资料的审查、确定统计参数(均值，变差系数 C_v，偏差系数 C_s)、选配频率曲线、按照某一指定频率推求年径流量等几部分。

(1)水文资料的审查

水文资料是水文计算的依据，直接影响工程设计的精度。水文资料审查就是鉴定实测年径流量资料系列的可靠性、一致性和代表性。

①可靠性审查

由于径流量资料是通过观测人员采集和后期处理取得的，可靠性审查主要从测验方法、采集成果、处理方法和处理成果等几方面进行，主要包括水位资料审查、水位流量关系曲线审查、水量平衡审查。

水位资料审查：检查原始水位资料情况并分析水位过程线形状，从而了解当时水位观测的质量，分析有无不合理现象。

水位流量关系曲线审查：检查水位流量关系曲线绘制和延长的方法，并分析历年水位流量关系曲线变化情况。

水量平衡审查：据水量平衡原理，下游站径流量应等于上游站径流量加上区间径流量。通过水量平衡检查即可衡量径流资料的精度。

②一致性审查

应用数理统计法的前提是数据系列具有一致性，即要求组成系列的每个数据具有同一成因，不同成因的资料不得作为一个统计系列。对于年径流量系列而言，其一致性是建立在气候条件和下垫面条件的稳定性上。当气候条件或下垫面条件有显著变化时，资料一致性就遭到破坏。一般认为气候条件变化极其缓慢，可认为相对稳定，但下垫面条件可能由于人类活动而迅速变化，在审查径流资料时必须重点考虑下垫面条件有无明显变化。如果在人类活动下使径流量及其过程发生明显变化时，应进行径流还原计算。还原水量包括工农业及生活耗水量、水利水保工程的蓄水量、分洪或溃口的外流水量、跨流域引水量及水土保持措施的耗水量等，应对径流量及其过程影响显著的项目进行还原。如在观测站的测流断面上游修建了水库或引水工程，这些工程建成后下游观测站实测资料一致性就会遭到破坏，引用该观测站的水文站资料时，必须进行合理修正，将径流系列资料还原到工程修建前的基础之上。还原计算时经常采用水量平衡法、降雨径流相关法。如果下垫面条件变化不是非常显著，可以认为径流系列资料具有一致性。

③代表性审查

应用数理统计法进行水文计算时，计算成果精度取决于样本对总体的代表性，代表性高，抽样误差就小。因此，代表性审查对频率计算成果的精度具有重要意义。

样本对总体代表性的高低可以理解为样本分布参数与总体分布参数的接近程度。由于总体分布参数未知，样本分布参数的代表性不能通过本身获得检验，通常只能通过与更长系列的分布参数进行对比，以衡量样本分布参数的代表性。

如设某站具有1991—2010年共20年的径流观测资料系列(研究变量)，为了检验这一资料系列的代表性，可选择与该站径流在成因上有联系、且具有更长系列的参证变量，例如从1951—2010年共60年系列的邻近流域的年径流资料进行比较。首先，计算参证变量1951—2010年的分布参数。其次，计算研究变量1991—2010年的分布参数。如果计算结果表明参证变量和研究变量的分布参数值大致接近，就可认为研究变量系列(1991—2010年)具有代表性。否则，不具有代表性。

显然，这种方法必须满足两个条件：研究变量与参证变量的时序变化同步，长系列的参证变量本身具有较高代表性。在实际工作中如选不到恰当的参证变量，也可通过降水资料及历史旱涝现象的调查和气候特性的分析，论证年径流量系列代表性。

(2)确定统计参数

进行设计年径流量计算时，首先需要计算年径流系列资料的统计参数，常用的统计参数有平均值、变差系数 C_v、偏差系数 C_s，具体计算方法参见水文统计的相关章节。

(3)选配频率曲线

利用统计参数平均值、变差系数 C_v、偏差系数 C_s，采用适线法选配频率曲线，求算符合某一设计频率的径流量，即设计年径流量。

例9-5 某流域实测径流资料由小到大排列的结果见表9-7。试选配频率曲线。

表9-7 某流域年径流量经验频率计算表

序号	流量(m^3)	P_i	序号	流量(m^3)	P_i
1	18500	2.8	19	8020	52.8
2	16500	5.6	20	8000	55.6
3	13900	8.3	21	7850	58.3
4	13300	11.1	22	7450	61.1
5	12800	13.9	23	7290	63.9
6	12100	16.7	24	6160	66.7
7	12000	19.4	25	5960	69.4
8	11500	22.2	26	5950	72.2
9	11200	25.0	27	5590	75.0
10	10800	27.8	28	5490	77.8
11	10800	30.6	29	5340	80.6
12	10700	33.3	30	5220	83.3
13	10600	36.1	31	5100	86.1
14	10500	38.9	32	4520	88.9
15	9690	41.7	33	4240	91.7
16	8500	44.4	34	3650	94.4
17	8220	47.2	35	3220	97.2
18	8150	50.0			

解：①将实测资料由大到小排序，并利用 $P=m/(n+1)\times100$ 计算经验频率，在对数坐标上点绘经验频率曲线，参见表9-7和图9-7。

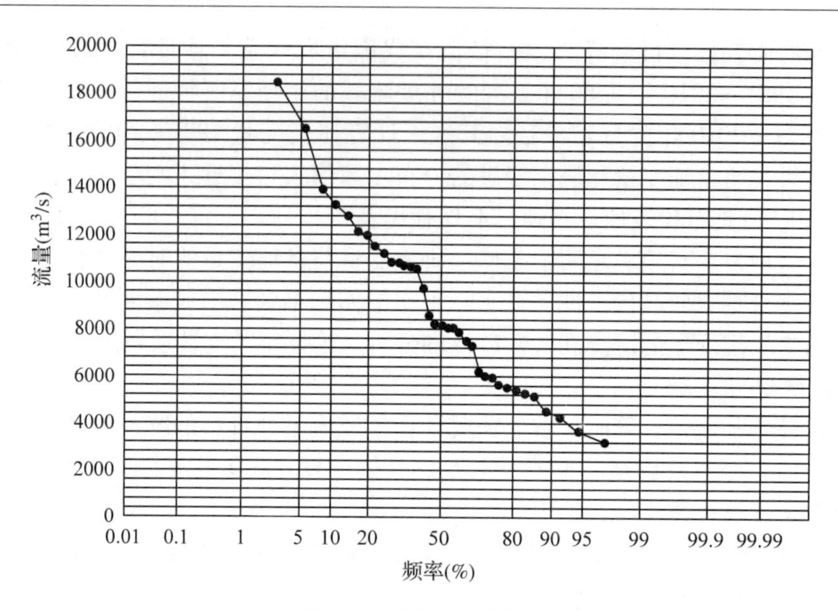

图 9-7 经验频率曲线

从经验频率可以看出，由有观测数据计算出的经验频率范围为 2.8%~97.2%，而工程设计中需要掌握 1%、0.1% 甚至 0.01% 的频率所对应的径流量，因此，需要对经验频率曲线的两端进行延长。在水文学中常用皮尔逊Ⅲ型曲线进行延长。为此，需要利用平均值、变差系数 C_v、偏差系数 C_s等参数。

②计算平均值、变差系数 C_v等统计参数

经计算表 9-7 中流量数据的平均值 $Q=8823.14$，$C_v=0.4087$。

由于 C_s的计算繁杂，假设 $C_s=2C_v=0.8174$。

③查算模比系数 K_p值

利用 C_v值、C_v/C_s、频率 P 查皮尔逊Ⅲ型曲线表得出相应于某一频率的模比系数 K_p值。再利用 $Q_p=Q\times K_p$计算出对应于某一频率的流量值，结果如表 9-8 所示。

表 9-8 不同频率条对应的模比系数

$P(\%)$	K_p	$Q_p=Q\times K_p$
0.01	3.2645	28803
0.1	2.7449	24218
1	2.1863	19290
2	2.0058	17697
10	1.5464	13644
20	1.3180	11629
50	0.9449	8337
80	0.6502	5737
90	0.5249	4631
95	0.4350	3838
99	0.2970	2621
99.9	0.1841	1624
99.99	0.1186	1046

④选配频率曲线

重新假设 $C_s=2.5C_v$，或 $3.0C_v$，或 $3.5C_v$，重复查表计算得出不同频率对应的流量值，并将经验频率曲线、不同假设条件下的皮尔逊Ⅲ型曲线绘制在同一张对数坐标上（图 9-8），对比皮尔逊Ⅲ型曲线和经验频率曲线的拟合状况，选择拟合最好的那条曲线作为计算用曲线。在该例中 $C_s=2.0C_v$时的皮尔逊Ⅲ型曲线与经验频率曲线拟合相对较好，因此按 $C_s=2.0C_v$计算出的不同频率条件下的流量值即为所求。

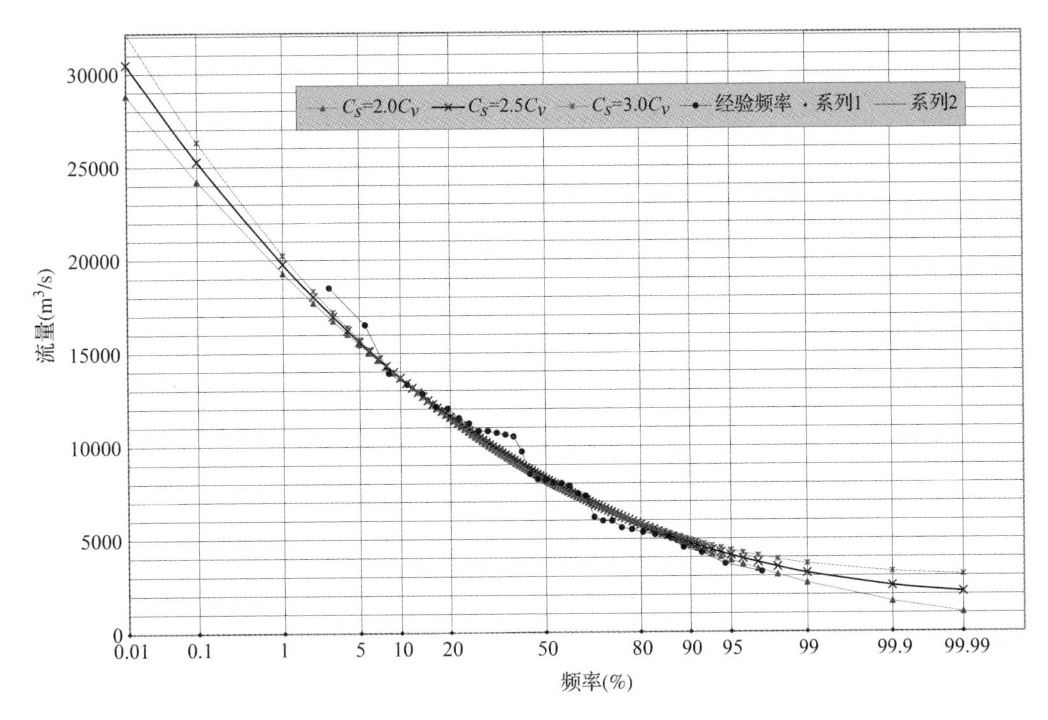

图 9-8　不同条件下的皮尔逊Ⅲ型曲线

附：利用皮尔逊Ⅲ型曲线计算某一频率的模比系数 K_p 值时可以采用如下公式：

$$K_p = \varphi_p C_v + 1 \tag{9-8}$$

$$\varphi_p = \frac{C_s}{2} t_p - \frac{2}{C_s} \tag{9-9}$$

t_p 可以用 Excel 中的函数 GAMMAINV(1－P/100，α，1)进行计算。其中：P 为频率。

$$\alpha = \frac{4}{C_s^2}$$

9.3.2　缺乏实测资料

缺乏实测年径流量资料时，设计年径流量计算的关键是通过其他间接资料确定统计参数变差系数 C_v、偏差系数 C_s、多年平均径流量 Q，其中多年平均径流量 Q 可由前面介绍的正常年径流量的计算方法求得，剩下的问题就是如何求变差系数 C_v、偏差系数 C_s。由于采用适线法计算设计年径流量时，一般假设 C_v 与 C_s 的比值，因此，缺乏实测资料时设计年径流量的计算关键就是 C_v 的确定。常用的方法有等值线图法、水文比拟法、经验公式法等。

(1)等值线图法

年径流量的 C_v 值主要取决于气候因素的变化程度及其他自然地理因素对径流的调节程度，而气候因素即自然地理因素具有缓慢变化的地区分布规律，这就为绘制和使用年径流量 C_v 等值线图奠定了基础和依据。在我国的流域管理机构和省(自治区、直辖市)都绘制有年径流量变差系数 C_v 的等值线图，设计人员可以直接查用。但是 C_v 与流域面积密切相关，在其他条件相同时流域面越大，其调节性能就越大，C_v则越小。而C_v等值线图一般是用较大流域的径流资料绘制而成(因为小流域目前尚缺乏较长的实测资料)，因此，使用C_v等值线图时要注意研究流域的面积是否在使用面积范围之内。如果将在大面积上得到的C_v等值线图直接应用在小流域上，其计算结果往往比实际偏小，因此，在使用时必须进行修正。修正时可以利用面积进行修正，也可以利用降水的C_v值进行修正，具体方法可参照正常年径流量计算的相关内容。

(2)水文比拟法

在没有C_v等值线图，也缺乏实测资料时，可直接移用邻近流域(参证流域)相关测站年径流量的C_v值，但要注意参证流域的气候条件、自然地理条件与设计流域的相似性。如果参证流域和研究流域的气候条件、自然地理条件相差甚远，将会造成很大的计算误差。

(3)经验公式法

在没有等值线图也找不到参证流域的情况下，可以查找同类地区开展过的研究成果，利用这些研究建立的年径流量变差系数C_v与其主要影响因子间的经验公式，直接求算研究流域所在地区的C_v。但是由于各地自然地理条件的差异，影响C_v的主要因子和各因子所起作用不同，这些经验公式都具有很大的局限性，使用时一般不能超出经验公式所规定的允许范围。

如：中国水利水电科学研究院水文研究所对于流域面积$F < 1000\text{km}^2$的流域提出的年径流量变差系数C_v计算公式为：

$$C_v = \frac{1.08(1-a)}{(a_0+0.10)0.8}C_vp \tag{9-10}$$

式中：C_{vp}流域内年降水量的变差系数；a为多年平均径流系数(以小数计)；a_0为地下径流占总径流量的百分数(小数计)。

嘉陵江流域年径流量变差系数C_V计算公式为：

$$C_v = \frac{0.426}{M_0^{0.21}} \tag{9-11}$$

式中：M为多年平均径流模数，L/(km^2·s)。

缺乏资料地区年径流量偏差系数C_s的估算，一般通过C_v与C_s的比值定出。在多数情况下，常采用$C_s/C_v=2.0$。对于湖泊较多的流域，因C_v较小，可采用$C_s<2C_v$，半干旱及干旱地区则常用$C_s \geqslant 2C_v$。

当统计参数中的变差系数C_v、偏差系数C_s、多年平均径流量Q确定后，即可通过查算皮尔逊Ⅲ型曲线表，确定不同频率条件下的模比系数K_p，再利用多年平均径流量Q和模比系数K_p，求出该频率条件下的年径流量Q_p——设计年径流量。

9.4　径流的年内变化

河川径流量在一年内的变化称为年内变化，也称为年内分配。天然河流的径流量在一年之内的变化，一方面呈现出由其周期性所决定的洪水季节、枯水季节交替的规律；另一方面，对于不同河流或同一河流不同的年份而言，这种交替规律并不一致，即各时段的径流量以及洪水季节、枯水季节的起止时间，由于受各种自然因素综合的影响，而带有一定的偶然性，这是由其随机性所决定的。

影响径流年内变化的因素很多，但主要影响因素是流域气象因素和与流域调蓄能力有关的自然地理因素。

我国大部分地区为季风气候区，降水多集中在雨季，冬天仅有少量降雪，因此，径流量的年内变化在很大程度上受降水量年内分配的控制。例如，长江水系上游支流汛期出现于7~8月，中下游支流汛期出现于5~8月，均与降水量最大的4个月份相呼应。在我国北方，因河流冬季冻结，流域内往往有少量积雪，春天融雪和解冻补给河流一部分水量，形成与降水过程不相应的涨水过程，即所谓春汛或桃花汛。

流域调蓄能力的大小决定于流域的土壤、植被、水文地质、地貌等条件。如果流域的土壤吸水性很强，在雨季会有大量降水下渗到深层，蓄积在土壤之中，使流域土壤蓄水及地下蓄水量增加，在雨季过后，蓄积在土壤和地下的水分慢慢流出补给河流，从而使径流的年内分配趋于均匀。土壤蓄水能力越强，径流量的年内变化越小。流域内如有调蓄作用较大的湖泊、水库等，径流的年内变化更趋于均匀。另外，流域面积越大，流域内自然条件的差异越显著，某个单项因素对径流的影响程度相对就越小，从而使径流的年内变化减弱。

径流年内变化的计算方法有两种：时序分配法和历时曲线法。

9.4.1 时序分配法

根据实测数据的有无和资料序列的长短，时序分配法也分为有长期实测径流资料和无资料两种情况。

(1)有长期资料

具有长期实测径流资料时，一般采用选取典型年利用时序分配法确定径流年内变化。即在实测的资料中，选出具有代表性的年份作为典型年，再计算这些典型年各月的径流量分配。由于径流年内分配情况与径流量的大小密切有关，选择典型年时一般分别选择多水年、少水年和平水年，分别计算径流的年内变化和分配。

根据水文现象的周期性规律，在一定的气候和自然地理条件过去发生过的径流分配，将来可能会重新出现，因此，选择典型年时应该遵循以下原则。

径流量相近原则：选取年径流量接近于设计年径流量的年份作为典型年。选取多水年、少水年、平水年的典型年时，一般选取与设计年径流量相近的年份作为典型年。

对工程不利原则：当有多个年份的径流量与设计年径流量相近时，可以将这几个年份的年内分配进行平均作为设计年径流量的年内分配。但是在水利设计中可以考虑选取对水利工程最为不利的年内分配，这样的设计更为安全。一般来说，对灌溉工程而言选取灌溉季节径流量比较少的年份，而对水电工程选取枯水期长、径流量少的年份。

将设计年径流量按典型年的月径流过程进行分配时，有同倍比法和同频率两种方法。

①同倍比法。有按年径流量控制和按供水期径流量控制两种方法。用设计年径流量Q_p与典型年径流量$Q_{典}$的比值或用设计年供水期的径流量$Q_{p供}$与典型年供水期径流量$Q_{典供}$之比值，对整个代表年的月径流过程进行缩放，即得设计径流的年内分配。

$$K_{年} = \frac{Q_p}{Q_{典}} \tag{9-12}$$

$$K_{供} = \frac{Q_{p供}}{Q_{典供}} \tag{9-13}$$

②同频率法。是按一定的时段，分别求出各时段缩放倍数的一种分配方法。即将各时段缩放倍数分别乘以典型年的各月径流量，从而得设计年径流量的各月径流量。计算时段的划分应根据工程性质以及要求而定，在给水排水工程中常采用供水期与非供水期两个时段。供水期是指径流量小于设计径流量的连续月数或日数，供水期天然来水量不足，水库必须提供给用水部门所需的水量，对于河川径流而言即是枯水期。枯水期之外的时段称为丰水期。枯水期、丰水期的缩放倍数分别为

$$K_1 = \frac{Q_{p枯}}{Q_{典枯}} \tag{9-14}$$

$$K_2 = \frac{Q_p - Q_{p枯}}{Q_{典} - Q_{典枯}} \tag{9-15}$$

式中：K_1为枯水期的缩放倍数；K_2为丰水期的缩放倍数；Q_p为设计年径流量；$Q_{p枯}$为枯水期的径流量；$Q_{典}$为典型年的年径流量；$Q_{典枯}$为典型年枯水期的径流量。

例 9-6 某流域有1971—1990年共20年的径流资料（表9-9），经过适线法计算得出频率为10%和90%的设计年径流量分别为$Q_{10\%}=212m^3/s$，$Q_{90\%}=108m^3/s$，且频率为90%时11月至翌年5月的平均径流量为$49.5m^3/s$。试用同倍比放大法计算频率为10%的设计年径流的年分配，用同频率放大法计算频率为90%的设计年径流的年分配。

表9-9 某流域有1971—1990年的径流实测资料

月份	6	7	8	9	10	11	12	1	2	3	4	5	平均
1971—1972	148	275	170	175	125	70	50	43	28	40	56	71	104.25
1972—1973	150	226	325	143	189	84	35	29	25	25	50	90	114.25
…	…	…	…	…	…	…	…	…	…	…	…	…	…
1977—1978	149	250	630	505	293	142	78	50	43	40	116	121	201.5
…	…	…	…	…	…	…	…	…	…	…	…	…	…
1982—1983	267	338	200	243	170	105	68	45	38	41	120	174	150.75
…	…	…	…	…	…	…	…	…	…	…	…	…	…
1989—1990	188	247	551	289	204	103	65	47	30	51	78	163	168.00
平均	247	380	205	255	152	101	62	50	42	38	110	137	148.25

解：①同倍比法

用同倍比放大法求$P=10\%$的设计年径流量的年内分配，由于$Q_{10\%}=212m^3/s$，1977—1978年的径流量为$201.5m^3/s$与设计年径流量相近，按照典型年选择中径流量相近原则，以年作为典型年进行年内分配。缩放倍数K为：

$$K = Q_{10\%}/Q_{1977年} = 212/201.5 = 1.05$$

利用$K=1.05$和年各月的径流量推求设计年径流的年内分配，即用$K=1.05$乘以年各月的径流量得出设计年各月的径流量，结果见表9-10。

表 9-10 同倍比放大法计算设计年径流量年内分配结果

月份	6	7	8	9	10	11	12	1	2	3	4	5	平均
1977—1978	149	250	630	505	293	142	78	50	43	40	116	121	201.5
设计年	156	263	662	530	308	149	82	53	45	42	122	127	212

②同频率法

用同频率法计算频率为90%的设计年径流的年分配，由于 $Q_{90\%}=108\text{m}^3/\text{s}$，1971 年的径流量为 $104.25\text{m}^3/\text{s}$ 与设计年径流量相近，按照典型年选择中径流量相近原则，以1971—1972 年作为典型年进行年内分配。

枯水期是指径流量小于设计径流量的连续月数，为此以 1971—1972 年 11 月至 5 月作为枯水期，6~10 月为丰水期。经计算 1971—1972 年的 11 月至翌年 5 月的平均径流量为 $51.14\text{m}^3/\text{s}$，设计年枯水期的平均径流量为 $49.5\text{m}^3/\text{s}$，由此可以计算枯水期和丰水期的缩放倍数 K_1 和 K_2：

$$K_1=49.5/51.14=0.968$$

$$K_2=(108-49.5)/(104.25-51.14)=1.102$$

利用 $K_1=0.968$、$K_2=1.102$ 和 1971—1972 年各月的径流量推求设计年径流的年内分配，即用 $K_1=0.968$ 乘以 1971—1972 年 11 月至翌年 5 月各月的径流量得出设计年 11 月至翌年 5 月的径流量，用 $K_2=1.102$ 乘以 1971—1972 年 6~10 月各月的径流量得出设计年 6~10 月的径流量，结果见表 9-11。

表 9-11 同频率放大法计算设计年径流量年内分配结果

月份	6	7	8	9	10	11	12	1	2	3	4	5	平均
1971—1972	148	275	170	175	125	70	50	43	28	40	56	71	104.25
设计年	163	303	187	193	138	68	48	42	27	39	54	69	110.8

(2) 无资料

在缺乏资料时径流年内分配的计算，一般是根据研究流域的气候因素及自然地理因素，选择有充分资料的流域作为参证流域，将参证流域典型年的径流年内分配直接移用到研究流域，然后根据研究流域的设计年径流量进行各月分配。

9.4.2 历时曲线法

时序分配法是用径流年过程线反映径流量的年内分配。而在水力发电、灌溉、航运及环境规划设计时，更需要准确掌握年内径流历时分配情况，即一年内大于和等于某一个流量值的累积时间，此时需要采用历时曲线法。

流量历时曲线的绘制：将研究流域典型年的全部日流量数据由大到小排列，并按一定的标准划分成若干组，再统计每组流量出现的累积日数，计算出大于和等于该组流量的累积天数，以天数为横坐标、流量为纵坐标绘制而成的曲线为日流量历时曲线，参见图 9-9。

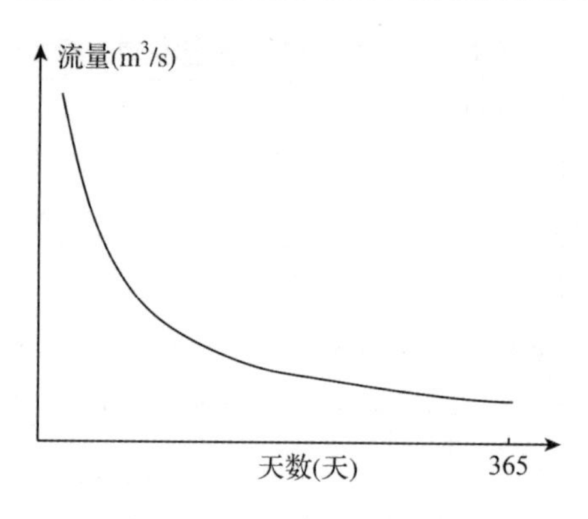

图9-9 日流量历时曲线

9.5 枯水径流计算

枯水径流是河川径流的一种特殊形态。枯水径流量往往反映流域可用水资源的数量，制约着流域内城市的发展规模、灌溉面积、通航容量和时间，同时也是决定水电站保证电力输出的重要因素，因此，在流域管理和水资源规划时必须进行对枯水径流的分析与计算。枯水径流计算的主要任务就是设计枯水径流量及其分配。

枯水径流虽然泛指枯水期的径流量，但枯水期是从哪天开始到哪天结束？枯水期内的流量尽管保持较为平稳的趋势，但仍然在缓慢变化。因此必须明确枯水期的时段长短，必须明确最小流量的时段单位，小时、日、旬、月、年。

根据观测资料的有无和资料系列的长短，枯水径流的计算分为两种情况。

9.5.1 有实测资料

当研究流域有长系列的实测径流资料时，可在资料系列中选择每年的最小流量，组成枯水径流样本系列。计算这些最小流量的平均值、变差系数，采用适线法计算不同频率条件下的最小径流量。具体计算方法同有资料时正常年径流量计算。

但需要指出的是，水文学中枯水流量采用的是不足概率 q，即以不大于该径流的概率来表示，它和洪水径流的频率 p 有 $q=1-p$ 的关系。因此在系列排队时按由小到大排列。枯水径流频率曲线的选配与正常年径流频率曲线的选配相同，都是采用皮尔逊Ⅲ型曲线进行选配。

对于枯水径流的频率曲线选配中，在某些干旱地区的小流域中，经常遇到时段流量为零的现象。此时需要改进经验频率的计算方法。

假设全部资料系列数为 n，其中非零项数为 k，零值项数为 $n-k$。首先把 k 项非零系列视作一个独立系列，按经验频率的计算方法求出其经验频率。然后利用下面的转换公式，即可求得全部系列的频率。

$$p_s = \frac{k}{n}p_f \tag{9-16}$$

式中：p_s为全系列的设计频率；p_f为非零系列的频率。

在枯水径流的频率曲线上，可能会在 $p=90\%$ 处出现频率曲线转折的现象。这可能是在频率小于90%的部分，河网及潜水逐渐枯竭，径流主要靠深层地下水补给。而在频率大于90%的部分，可能是某些年份有地表水补给，枯水流量偏大所致。

9.5.2 缺乏实测资料

当研究流域具有短期径流资料时，设计枯水径流的推求方法与9.3节所述方法基本相同，主要是借助于参证流域延长资料系列。但枯水径流与年径流相比，其变化更为稳定。因此，在利用参证流域的资料建立相互关系时，效果会更好一些。或者说，建立相互关系的条件可以适当放宽，例如用于建立相互关系的平行观测期长度可以适当短一些。

在研究流域完全没有径流资料或资料较短无法展延时，常用的方法仍然是水文比拟法或等值线图法。必须指出，为了寻求最相似的参证流域，要把分析的重点集中到影响枯水径流的主要因素上，例如流域的补给条件。若影响枯水径流的因素有显著差异，必须进行修正。此外在条件允许时，最好现场实测和调查枯水流量，例如在枯水期施测若干次流量，就可以和参证站的相应枯水流量建立关系，一次展延系列或作为修正移置的依据。

思考题

1. 年径流量具有哪些特征？这些特征是如何形成的？
2. 正常年径流量与多年平均径流量的关系如何？
3. 如何选择参证变量？
4. 如何展延水文资料？
5. 水文资料审查包括哪几个方面？各自的含义是什么？
6. 当有实测资料时，如何计算径流的年际变化？
7. 缺乏实测径流资料时，如何计算设计年径流量及其年内分配？
8. 什么是水文比拟法？如何用水文比拟法推求设计年径流量？
9. 如何开展水文勘察？
10. 试分析同倍比放大和同频率放大的主要区别。
11. 某流域有20年的水文观测资料，经计算频率为10%的设计年径流量为 $882m^3/s$，典型丰水年径流的年内分配如下表所示。试用同倍比放大法推求设计年径流的年内分配。

月份	1	2	3	4	5	6	7	8	9	10	11	12
流量(m^3/s)	117	109	306	811	1150	1290	4080	2900	550	202	327	163

12. 某流域频率为1%的设计年径流量为 $4500m^3/s$，设计供水期的径流量为 $1000m^3/s$，典型年径流的年内分配如下表所示。试用同频率放大法推求设计年径流的年内分配，绘制设计径流月平均流量的历时曲线。

月份	1	2	3	4	5	6	7	8	9	10	11	12
流量(m^3/s)	800	1400	1800	3800	5100	6000	7200	7400	6100	4000	1100	1000

第 10 章

设计洪水的分析与计算

设计洪水是符合某一设计标准的洪水，是水利工程、水土保持工程设计中确定拦洪、泄洪设施能力及工程规模和尺寸的重要依据。本章主要通过事例讲解设计洪水和设计标准的基本概念、由流量资料推求设计洪水、由暴雨资料推求设计洪水、小流域设计洪水计算分基本原理和方法。

洪水也是一种径流，属于非正常的径流，是指河道中流量激增、水位猛涨并超过基本河槽，具有很大的危害性，对水利工程、交通设施及河流沿岸具有严重的破坏性，一般多由夏、秋季暴雨或大面积降雨造成；春季融雪、地震、溃坝等也常造成灾害性洪水。水工建筑物、交通设施、防洪设施在运用期间都将面临洪水的威胁和袭击，施工建设期间也要考虑防洪问题。城镇排洪规划、水库设计、交通设施选址、水土保持措施的选择，必须以符合设计标准的设计洪水为依据，为此设计洪水的分析与计算是工程设计人员必须掌握的重要内容。

10.1 设计洪水及设计标准

流域内发生暴雨或融雪时所形成大量地表径流并迅速汇入河道，使河道内水位猛涨、流量激增，从而形成洪水。洪水通过河道的任一断面都会形成一个洪水过程，洪水过程中水位最高、流量最大的点称为洪峰，此时的流量为洪峰流量。洪水从开始上涨到水位恢复正常所经历的时间为洪水历时。一次洪水过程所流出的总水量为洪水总量，即洪水过程线与时间轴围成的面积。

当河道中的洪水水位超过河堤漫溢时，就会形成洪水灾害，为了防治洪水灾害需要在河道修建水库、河堤等水工建筑物。在设计水库的大坝、溢洪道、河堤时需要考虑其防洪作用，必须保证在发生大洪水时其自身安全以及下游和防护范围的防洪安全，因此在设计这些水工建筑物时必须参照一定的洪水作为设计标准，这种作为水工建筑物设计标准的洪水就是设计洪水，即符合某一设计标准的洪水为设计洪水。在我国的水利水电及水土保持工程设计中，广泛应用频率计算的方法，将洪水出现的频率作为防洪标准，因此，设计洪水就是符合防洪设计标准的洪水。

在水利、水保工程规划设计中确定坝高、溢洪道规格时，必须根据一定的设计标准(50 年一遇、百年一遇、千年一遇等)计算出洪峰流量和洪水总量，并按计算出的洪峰流量和洪水总量设计坝高和溢洪道尺寸，这种按照某一设计标准计算出的洪水就是设计洪水。如果设计时采用的设计洪水量过大，工程规模就大，造价随之也会很高，但工程的安全性更高，被损坏的风险相对较低，反之亦然。可见，合理分析计算设计洪水是正确解决工程规划设计中安全和经济矛盾的重要环节。由于近代水利工程规模日益增大，一旦遭遇超标准的洪水出现损坏事故，将会造成毁灭性灾害，所以设计洪水的确定是一个非常严峻的任务。

设计洪水是确定拦洪、泄洪设施能力及工程规模和尺寸的依据，设计洪水的确定是一个非常复杂的问题。首先年最大洪水的年际变化很大，如某站自1923—1970年共有33年断续的实测洪峰流量资料，在此33年中年最大洪峰流量为9200m^3/s(1956年)，最小为78m^3/s(1965年)，最大值和最小值相差达118倍。其次，洪峰流量的年际变化具明显的随机性，不可能确切知道今后工程运行期间将要发生的洪峰流量。第三，进行经济分析时，大坝破坏的损失也很难估计。因此，如何确定设计标准使工程既经济又安全，一直是水文计算中需要解决的核心问题。

最初在进行工程设计时，曾以历史上发生过的最大洪水作为设计洪水。如我国在20世纪50年代初期由于缺乏实测资料，常以历史最大洪水再加安全值作为设计依据，但这种做法存在明显缺陷：如洪水资料较多，则在这些资料中有可能包括较大的洪水，所得出的设计洪水值较大，据此设计的工程可能更为安全；反之如果资料短缺时，则有可能未包含大洪水，所得出的设计洪水值可能严重偏小，据此设计的工程其安全程度就低。另外，工程的重要性不同，洪水期工程的运行方式也会不同，对安全和经济考虑的侧重也有所不同，一律采用历史最大洪水作为设计洪水就不可能考虑这些区别。因此，目前我国水利工程设计中主要根据工程重要性，指定不同频率作为设计标准。

在《防洪标准》(GB 50201—2014)中定义了两种防洪标准的概念，分别为防洪对象的防洪标准和水工建筑物的设计洪水标准。防洪对象的防洪标准是按防护对象的重要性确定标准，水工建筑物的设计洪水标准则取决于建筑物的等级。防护等级和防洪标准参见表10-1至表10-10。

设计永久性水工建筑物时所采用的洪水标准，又分为设计标准和校核标准两种情况。设计标准较低(出现概率较大)，与设计标准对应的洪水称为设计洪水，用它确定水工建筑物的设计洪水位、设计泄洪流量等。在出现设计洪水时水工建筑物应能保持正常运转。当然水工建筑物有可能遇到比设计洪水更大的洪水，对特别重要的工程必须以可能发生的最大洪水作为校核标准。用校核标准确定水库的校核洪水位和安全超高。当水工建筑物遇到校核标准的洪水时，主要建筑物不能被破坏，但允许一些次要建筑物的损毁或失效，这种情况称为非常运用。在工程设计时需要分别采用设计标准和校核标准进行计算，以确定不同标准下的安全系数和安全超高。

需指出的是所谓工程破坏是指水工建筑物不能按设计要求正常工作，而并非水工建筑物的毁坏。对堤防、桥梁、涵洞和水库下游防护河段而言，是指遇到超标准洪水时流量超过安全泄量，以至漫溢成灾，或水位超过了控制水位。对水库本身而言，是指超标准洪水入库后使蓄水量超过调洪库容，水库被迫抬高水位至超高状态，以致一些水工建筑物被淹或冲垮，最恶劣的情况是出现大坝失事。事实上出现超过设计标准的特大洪水时，水库未必破坏，因为汛前可以通过合理调度，排空水库蓄水量以增加水库蓄洪能力，特别是可以当地气象预报的暴雨量及其空间分布，利用水文模型预测入库流量及过

表 10-1 城市防护区的防护等级和防洪标准

防护等级	重要性	常住人口(万人)	当量经济规模(万人)	防洪标准(重现期)
Ⅰ	特别重要	≥150	≥300	≥200
Ⅱ	重要	<150，≥50	<300，≥100	200~100
Ⅲ	比较重要	<50，≥20	<100，≥40	100~50
Ⅳ	一般	<20	<40	50~20

注：当量经济规模为防护区人均 GDP 指数与人口的乘积，人均 GDP 指数为防护区人均 GDP 与同期全国人均 GDP 的比值。

表 10-2 乡村防护区的防护等级和防洪标准

防护等级	人口(万人)	耕地面积(万亩*)	防洪标准(重现期)
Ⅰ	≥150	≥300	100~50
Ⅱ	<150，≥50	<300，≥100	50~30
Ⅲ	<50，≥20	<100，≥30	30~20
Ⅳ	<20	<30	20~10

注：1 亩 = $1/15\text{hm}^2$。

表 10-3 工矿企业的防护等级和防洪标准

防护等级	工矿企业规模	防洪标准(重现期)
I	特大型	200~100
II	大型	100~50
Ⅲ	中型	50~20
IV	小型	20~10

表 10-4 铁路的防护等级和防洪标准

防护等级	铁路等级	铁路在路网中的总用和性质	年客货运量(Mt)	防洪标准(重现期)			
				设计			校核
				路基	涵洞	桥梁	技术复杂修复困难或重要的大桥和特大桥
I	客用专线	客运高速铁路	—	100	100	100	300
	I	骨干铁路	≥20				
	II	联络、辅助铁路	<20，≥10				
II	Ⅲ	地区或企业铁路	<10，≥5	50	50	50	100
	IV	地区或企业铁路	<5				

表 10-5 公路的防护等级和防洪标准

防护等级	铁路等级	分等指标日交通量(万辆)	防洪标准(重现期)							
			路基	桥涵				隧道		
				特大桥	大中桥	小桥	涵洞等	特长	长	中短
I	高速	2.5~10	100	300	100	100	100	100	100	100
	一级	1.5~5.5								
II	二级	0.5~1.5	50	100	100	50	50	100	50	50
Ⅲ	三级	0.2~0.6	25	100	50	25	25	50	50	25
IV	四级	<0.2	—	100	50	25	—	50	25	25

表 10-6 防洪、治涝工程的等别

工程等别	防洪		治涝面积（万亩）
	城镇及工矿企业的重要性	保护农田面积（万亩）	
Ⅰ	特别重要	≥500	≥200
Ⅱ	重要	<500，≥100	<200，≥60
Ⅲ	比较重要	<100，≥30	<60，≥15
Ⅳ	一般	<30，≥5	<15，≥3
Ⅴ		<5	<3

表 10-7 供水、灌溉、发电工程的等别

工程等别	工程规模	供水			灌溉面积（万亩）	发电装机容量（MW）
		供水对象的重要性	引水流量（m^3/s）	年引水量（$\times 10^8 m^3$）		
Ⅰ	特大型	特别重要	≥50	≥10	≥150	≥1200
Ⅱ	大型	重要	<50，≥10	<10，≥3	<150，≥50	<1200，≥300
Ⅲ	中型	比较重要	<10，≥3	<3，≥1	<50，≥5	<300，≥50
Ⅳ	小型	一般	<3，≥1	<1，≥0.3	<5，≥0.5	<50，≥10
Ⅴ			<1	<0.3	<0.5	<10

表 10-8 水库工程的等别和防洪标准

工程等别	工程规模	总库容（$\times 10^8 m^3$）	防洪标准（重现期）				
			山区、丘陵区			平原区	
			设计	校核		设计	校核
				混凝土坝浆砌石坝	土坝堆石坝		
Ⅰ	大(1)型	≥10	1000~500	5000~2000	10000~5000	300~100	2000~1000
Ⅱ	大(2)型	<10，≥1	500~100	2000~1000	5000~2000	100~50	1000~300
Ⅲ	中型	<1，≥0.1	100~50	1000~500	2000~1000	50~20	300~100
Ⅳ	小(1)型	<0.1，≥0.01	50~30	500~200	1000~300	20~10	100~50
Ⅴ	小(2)型	<0.01，≥0.001	30~20	200~100	300~200	10	50~20

表 10-9 拦河水闸工程的等别和防洪标准

工程等别	过闸流量（m^3/s）	防洪标准（重现期）	
		设计	校核
Ⅰ	≥5000	100~50	300~200
Ⅱ	<5000，≥1000	50~30	200~100
Ⅲ	<1000，≥100	30~20	100~50
Ⅳ	<100，≥20	20~10	50~30
Ⅴ	<20	10	30~20

表10-10　灌溉与排水工程的等别和防洪标准

工程等别	泵站工程		引水枢纽	防洪标准(重现期)	
	装机流量(m^3/s)	装机功率(MW)	引水流量(m^3/s)	设计	校核
Ⅰ	≥200	≥30	≥200	100~50	300~200
Ⅱ	<200，≥50	<30，≥10	<200，≥50	50~30	200~100
Ⅲ	<50，≥10	<10，≥1	<50，≥10	30~20	100~50
Ⅳ	<10，≥2	<1，≥0.1	<10，≥2	20~10	50~30
Ⅴ	<2	<0.1	<2	10	30~20

程，根据预测出的入库流量过程合理调节水库闸门开启度，从而确保水库安全。

在水工建筑物的设计中除了考虑建筑物本身的防洪标准外，还要考虑下游防护对象的防洪标准。防护对象的防洪标准又叫“地区防洪标准”，就是防护对象能够承受(防御)多少年一遇的洪水，即当这种洪水发生时，通过水工建筑物向下游河道的最大泄流量不应超过河道的过流能力，即允许泄流量或控制水位。

10.2　设计洪水计算的内容

在进行设计洪水计算之前，首先要根据水利工程的等别确定建筑物的级别和相应的设计标准，设计洪水计算就是推求出与水工建筑物设计标准同频率(或重现期)的洪水。设计洪水计算就是推求洪水三要素，一般包括洪峰流量、洪水总量(1d、3d、7d)和洪水过程线。但对具体工程，因其特点和设计要求不同，设计计算内容和重点也不同。无调蓄能力的堤防、桥涵、灌溉渠道等，因对工程起控制作用的是洪峰流量，所以只计算洪峰流量。蓄洪区主要计算洪水总量。对于水库工程而言，洪峰流量、洪水总量、洪水过程对水库安全均有影响，因此不仅需计算洪峰流量以及不同时段的洪水总量，而且还需计算洪水过程线。在施工设计中还要求计算分期(季或月)设计洪水；对大型水库，有时还需推求入库洪水等。

目前我国计算设计洪水的方法，据资料条件和设计要求，可大致分以下几种类型：

(1)由流量资料推求设计洪水

此方法与由径流资料推求设计年径流量及其年内分配的方法相似。即先对洪峰流量及各种历时的洪水总量进行频率分析，求出符合设计频率的洪峰流量和洪水总量。然后选出一条实测洪水过程线作为标准洪水过程线，按典型放大方法进一步推求设计洪水过程。推求出设计洪水过程线后便可以进行水库的调洪演算，得出调洪库容。这样就可以把调洪库容的频率曲线问题，转化为洪水特征值的频率曲线问题。一般情况下根据洪水特征值选配一条理论频率曲线较为容易，并且还可通过历史洪水调查，把洪水特征值的系列间接延长，从而减少频率曲线外延误差。

(2)由暴雨资料推求设计洪水

一般情况下由于流量资料相对较少或资料系列太短，不能直接由流量资料推求设计洪水，而暴雨资料相对较多，设计时可由暴雨资料推求设计洪水。即通过频率计算先求出设计暴雨，再通过产流计算推求出设计净雨过程，然后再利用汇流计算推求出设计洪水过程线。此外还可根据水文气象资料，用成因分析法推求可能最大暴雨，然后经过产汇流计算得出可能最大洪水。该方法是一种统计分析与成因分析相结合的方法。

(3)利用等值线图或公式估算设计洪水

对缺乏实测资料地区，通常只能利用暴雨等值线图和一些公式间接估算设计洪水。这些等值线图或公式在各省编印的《暴雨洪水图集》以及《水文手册》中均有刊载，可供中小流域无资料地区查用。我国计算小流域洪水的公式有经验公式与推理公式。经验公式是通过对小流域实测雨洪资料的分析，建立洪峰流量与主要影响因素间的相关关系，并确定相关参数，以备本地区无资料的小流域查用。推理公式是从洪水成因出发建立的计算洪峰流量的公式，推理公式的相关参数是均以实测雨洪资料为依据定量分析得出，因此在小流域设计洪水计算中应用广泛。

(4)利用水文随机模拟法推求设计洪水

前述几种方法在推求设计洪水时虽然操作简单易行，但需要诸多假设(如各区洪水同频率、不同时段流量同频率等)，而这些假设往往与实际情况不太相符，容易造成误差。随机模拟法是利用实测资料建立数学模型，然后模拟出洪水序列，模拟序列统计参数与实测序列统计参数一致。

10.3　由流量资料推求设计洪水

当研究流域具有一定数量的实测洪水资料时，可通过频率计算由流量资料推求设计洪水。具体的推求内容包括洪峰流量和不同时段的洪水总量。

推求设计洪峰流量的方法，就是根据某断面的实测和插补的洪峰流量资料及历史洪水调查资料，通过频率计算方法估计洪峰流量的总体频率曲线，并由此曲线推求指定频率的设计洪峰流量。这样的推求方法，首先要进行选样和分析，也就是说对实测洪水资料进行选样，得出洪峰流量的样本系列，并分析它的可靠性、一致性和代表性，其次是如何考虑历史洪水调查考证资料；最后考虑应用何种频率计算方法推求设计洪峰流量，包括如何确定统计参数和如何选配频率曲线。

设计洪量的计算方法与设计洪峰流量的方法基本一致。

10.3.1　洪水资料的选择方法

由流量资料推求设计洪水时，首先需要选择洪水资料。洪水资料的选择原则是满足频率计算中关于独立、随机选择的要求，并符合安全标准。

洪水频率计算的选样方法与年径流不同，对于一个流域的出口断面而言，每年通过的年径流量只有一个数值，而洪水却不一样，每年在出口断面上出现的洪水并非一次，各次洪水的洪峰流量、洪水总量、洪水过程线形状均不相同，各年发生的洪水次数也不相同，因此在进行洪水频率计算时，首先需要挑选洪水组成样本。

(1)洪峰流量选样

每年选择最大的洪峰流量作为样本，如有几十年实测资料，便可以选出几十个最大洪峰流量组成序列。

(2)洪水量选样

从洪水开始出现至洪水结束所经历的时间为洪水历时，该历时内的水量为洪水总量。可见洪水总量与洪水历时密切相关，要确定洪水总量，首先必须确定洪水历时。

①设计时段 T 的选择

设计洪水多为大洪水或特大洪水，对特定流域而言，形成大暴雨、产生大洪水的气候条件有一定规律。通过分析研究流域各次大暴雨形成的洪水历时，选择能够代表研究流域洪水历时的时段作为设计洪水的历时，该历时称为最大统计时段或设计时段。习惯上常取1天、3天、5天、7天、10天、15天、30天等作为设计时段。对具体的工程而言，不必统计出全部时段的洪水量，可根据洪水特性和工程设计要求选定2~3个计算时段。如果是连续多峰型河流、水库调洪历时较长或下游有防洪错峰要求时，可根据具体情况多选几个时段进行计算。设计时段应能够包括调洪控制时段和洪水总历时。若有 n 年资料，按不同时段分别选出 n 个最大洪水量组成不同时段的洪水量样本系列，然后进行频率计算。同一年内所选取的不同时段的洪水量，可发生在同一次洪水中，也可能不是发生在同一次洪水中，但关键在于选取最大值。如图10-1中最大1天洪量与3天洪水量就不属于同一次洪水，图10-2中最大1天洪量与3天、5天洪水量属于同一次洪水。

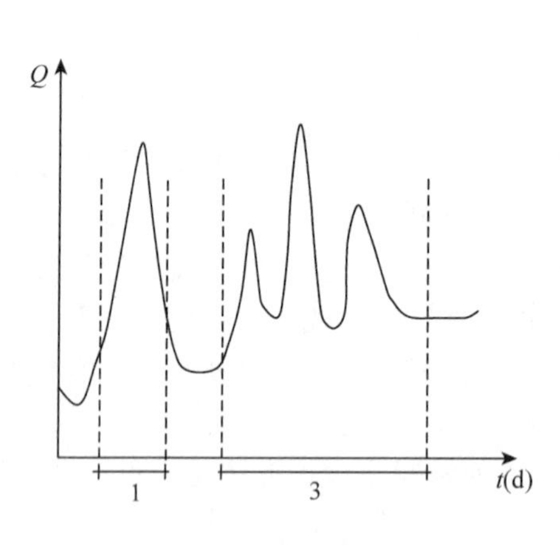

图10-1 设计时段示意图

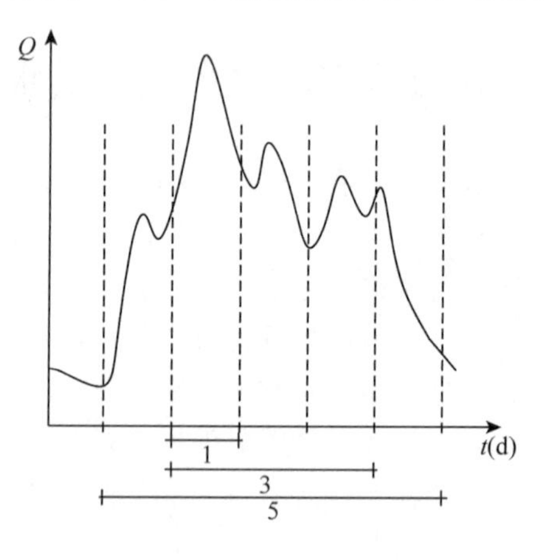

图10-2 设计时段示意图

设计时段的确定除必须考虑其代表性外，还必须考虑工程规模。图10-3中 $Q-t$ 曲线为设计洪水过程线，若水库最大下泄流量较大(q_1)时，水库调洪时间较短为 t_1，水库蓄水量较小，而当水库最大下泄流量较小(为 q_2)时，水库调洪时间较长为 t_2，水库蓄水量较大。可见，水库库容大，下泄流量可以较小，调洪时段长，相应地最大统计时段也要长。大水库可以为30天，以至60天，而中小水库则取3天、7天、15天等。水库越小，最大统计时段越短。

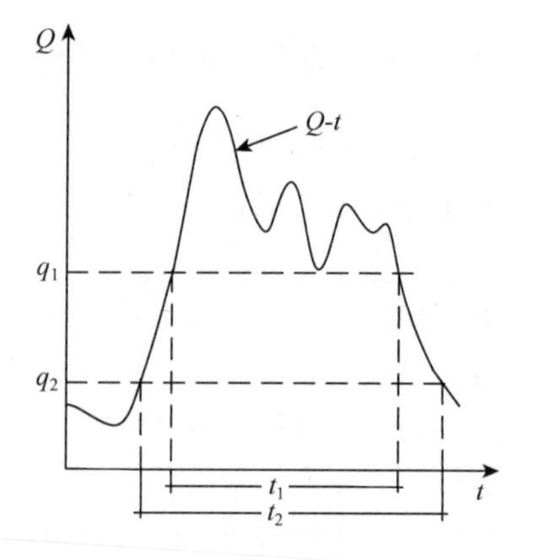

图10-3 设计时段示意图

②洪水量的确定

选定设计时段 T 以后，逐年统计设计时段 T 内的最

大洪水量 W_{mT}组成样本序列。

当采用同频率放大法推求设计洪水过程线时，还要确定几个控制时段，分别统计各控制时段的年最大洪量。例如，最大统计时段为 5 天时，除了逐年统计最大 5 天洪量 W_{m5}外，还要统计最大 1 天、3 天洪量 W_{m1}、W_{m3}等。

10.3.2 洪水资料审查和分析

洪水资料选取是进行频率计算的基础，是决定成果精度的关键，因此，必须对洪水资料进行审查和分析。在应用这些洪水资料之前，首先要对原始水文资料进行审查，洪水资料必须可靠，要有一定的精度，而且具备频率分析所必需的统计特性，例如洪水系列中各项洪水样本相互独立，且服从同一分布等。资料审查的内容和年径流量资料审查相似，具体内容包括资料可靠性、一致性和代表性审查。

洪水资料包括实测和调查洪水资料，对实测资料的审查重点应放在资料观测和整编质量较差的年份，以及对设计洪水计算成果影响较大的大洪水年份。并注意了解水文观测站的变迁、水尺零点及河道的冲淤变化情况，以及流域内土地利用变化和人类活动情况等。对调查洪水的审查，重点审查和分析论证洪峰流量、洪水总量的数值及重现期的可靠性。并注意是否遗漏了考证期内的大洪水。

为使洪水资料具有一致性，要保证调查观测期间洪水的形成条件相同，当使用的洪水资料受人类活动如修建水工建筑物、整治河道等影响具有明显变化时，应进行还原计算，使洪水资料换算到天然状态的基础上。

洪水资料的代表性反映在样本系列能否代表总体分布上，而洪水的总体又难以获得。一般认为资料年限越长，并能包括大、中、小等各种洪水年份，则代表性较好。进行洪水系列代表性分析的方法有两种，一种是通过实测资料与历史洪水调查及文献考证资料进行对比分析，看其是否包含大、中、小洪水年份以及特大洪水年份在内；另一种是与本河流上下游站或邻近流域水文站的长系列资料进行对比。如果上下游站或邻近流域水文站与本站洪水具有同步性，则可以认为两站的关系比较密切，如果这些站又具有长期的实测洪水资料，则可用这些长系列资料的代表性来评定本站的代表性。如参证系列的代表性较好，则可以判断本站同期资料也具有较好的代表性。通过古洪水研究、历史洪水调查、历史文献考证和系列插补延长等加大洪水系列长度增添信息量，是提高代表性的重要手段。为了使洪水样本具有一定的代表性，要求实测洪水年数不少于 30 年。通过增加观测年数也是提高资料代表性的重要方法。

10.3.3 历史洪水调查与特大洪水处理

(1)历史洪水调查

我国大部分水文观测站是1949 年后设立的，多数河流实测的流量资料系列一般都不长，即使对资料系列进行插补展延，也仅有 40~60 年的数据。用这样短的资料系列推算上百年一遇的大洪水或特大洪水，误差可能会很大。尤其在设计洪水计算时更需要掌握低频率对应的流量，因此对低频率对应的大洪水乃至超大洪水的把握格外重要，历史洪水调查就是了解历史上大洪水的基本方法。

历史洪水调查方法主要是通过访问和实地踏勘，选择河床断面有没发生明显变化、且有洪水痕迹的点作为调查对象，测量洪水痕迹(洪峰所达到)的高度，测量洪水痕迹处的过水断面积，测量洪水痕迹所处河段的平均比降，用水力学中的谢才流量公式计算所调查洪水的洪峰流量。

$$Q_m = FC\sqrt{Ri} \tag{10-1}$$

$$C = \frac{1}{n}R^{\frac{1}{6}} \tag{10-2}$$

$$Q_m = \frac{1}{n}FR^{\frac{2}{3}}i^{\frac{1}{2}} \tag{10-3}$$

式中：Q_m为所调查洪水的洪峰流量；F 为洪痕处过水断面面积；R 为水力半径，$R = F/X$，X 为湿周；C 为谢才系数；n 为沟床糙率；i 为河床的平均坡度。

如果在 n 年实测流量之外，通过历时洪水调查得到了 a 个特大洪水和其发生的具体年份，以最早出现的历史洪水的年份确定出洪水资料系列的总长度 N，由于 $N > n$，故抽样误差会明显减少。这些特大洪水能使频率曲线的上部(低频率)位置更为准确，从而提高设计成果的可靠性。因此在大型工程设计中，历史洪水调查与处理是必不可少的工作。

(2)历史洪水的排序及最大重现期确定

在数理统计学中将样本序列中序号连贯且无缺漏项的样本称为连续样本(图10-4)。反之，如果样本序列中序号不连贯且其间有缺漏项，这样的样本称为不连续样本(图10-5)。实测的洪水资料序列中由小洪水组成的样本一般为连续样本，而由几个特大洪水和中小洪组成的样本往往是不连续样本。

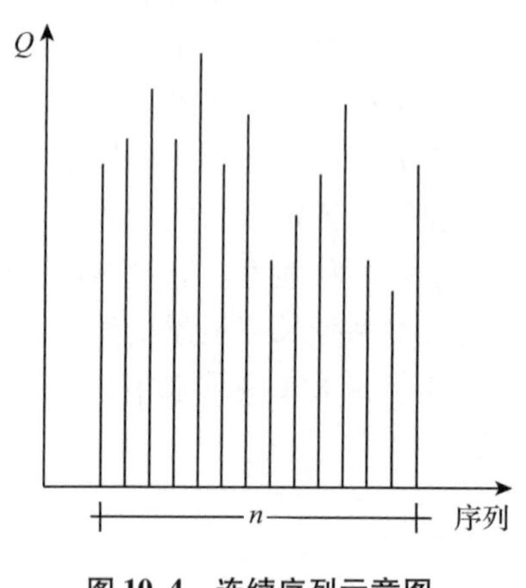

图10-4 连续序列示意图

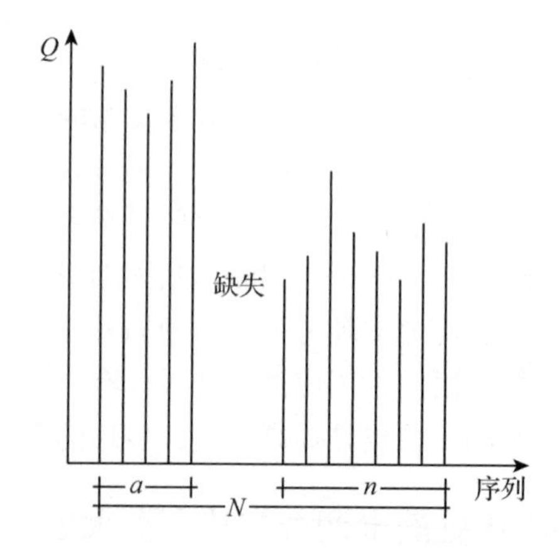

图10-5 不连续序列示意图

如果通过历时洪水调查和考证，共获得 a 个特大洪水的洪峰流量，且没有遗漏更大的洪水，这样就可以把所有实测数据和调查数据看作从总体中独立抽出的一个连续样本，则调查期间特大洪水(最大洪峰流量)的重现期

$$N = \text{设计计算年份} - \text{调查考证期最远年份} + 1 \tag{10-4}$$

若因年代久远，N 年中虽然调查到了 a 个特大洪水，但其间仍有可能遗漏，即 a 个特大洪水是不连续样本，则可根据调查考证情况分别将其在不同调查期内排序，即相当于把这些数据拆分成几个不同的连续样本。若某项洪水同时在两个连续样本中排序，则取抽样误差较小者。

例 10-1 湖南站自 1933—1977 年共有 45 年的实测洪峰流量资料，经历时洪水调查和考证获得的特大洪水资料见表 10-11，试确定它们的排序及重现期。

表 10-11 湖南站特大洪水调查资料

年份	洪峰流量(m^3/s)	说明
1795	8000	1795 年以来最大，调查
1954	5960	1923 年以来最大，实测
1942	5560	1923 年以来第二位，实测
1923	5420	1923 年以来第三位，调查

解：从表 10-11 可见，1795 年的洪峰流量为 $8000m^3/s$，为 1795—1977 年间最大的洪峰流量，故 $8000m^3/s$ 洪峰流量的重现期 $N_1 = 1977 - 1795 + 1 = 183$ 年，排序号为 1。

1954 年的洪峰流量 $5960m^3/s$ 虽然是调查和实测资料中的第二位，是 1923 年以来的最大值，但 1795—1923 年间尽管没有发生比 1795 年更大的洪水，却并不能断定没有发生比 1954 年的洪峰流量 $5960m^3/s$ 更大的洪水，因此表 10-11 中的 4 次洪水不能在 183 年中统一连续排序，而 1954 年、1942 年、1923 年的这 3 次洪水是 1923 年以来最大的 3 次洪水，能连续排序，可以组成由 1923 年以来的第二个连续样本，其最大重现期 $N_2 = 1977 - 1923 + 1 = 55$ 年，排序号连续为 1、2、3。

另外，1954 年和 1942 年的实测洪水还可在实测期 1933—1977 年中统一排位。

(3) 不连续样本的经验频率

①独立样本法

把实测系列与历时洪水系列都看作是从总体中独立抽出的 2 个随机连序样本，各项洪水可分别在各自系列中进行排序。

设有 a 个连续特大洪水资料，最大重现期为 N，则 a 个特大洪水经验频率按下式计算：

$$P_M = \frac{M}{N+1} \times 100\% \tag{10-5}$$

式中：P_M为特大洪水的经验频率；M 为特大洪水的排序号，$M = 1, 2, \cdots, a$；N 为自最远调查考证年份至今的年数。

特大洪水一般指的是历史洪水，但是在实测洪水系列中，若有大于历史洪水或数值相当大的洪水，也作为特大洪水。

另有 n 个实测的中小洪水，实测系列的经验频率仍按连序系列经验频率公式计算，实测中小洪水经验频率按下式计算：

$$P_m = \frac{m}{n+1} \times 100\% \tag{10-6}$$

式中：P_m为中小洪水的经验频率；m为中小洪水的排序号，$m=1$，2，…，n。

当实测系列内含有特大洪水时，此特大洪水亦应在实测系列中占有序号。例如，实测资料为32年，其中有2个特大洪水，则一般洪水的最大项应排在第三位，这个一般洪水最大项的经验频率 $P=3/(32+1)=0.0909$。

②统一样本法

将实测系列与特大洪水系列共同组成一个不连续系列，作为代表总体的样本序列。不连续系列中各年的洪水资料可在历史调查期 N 年内统一排序，假设在历史调查期 N 年中有特大洪水 a 项，其中有 k 项发生在 n 年实测系列之内，N 年中 a 项特大洪水的经验频率为：

$$P_M = \frac{M}{N+1} \times 100\% \tag{10-7}$$

实测系列中其余的$(n-l)$项则均匀分布在 $1-P_{M_a}$ 频率范围内，P_{M_a}为特大洪水最末项 $M=a$ 的经验频率，即：

$$P_{M_a} = \frac{a}{N+1} \times 100\% \tag{10-8}$$

式中：a 为在 N 年中连续的特大洪水项数。

实测系列第 m 项的经验频率的计算公式为：

$$P_m = P_{M_a} + (1 - P_{M_a})\frac{m-k}{n-k+1} \tag{10-9}$$

上述两种方法所得经验频率的计算结果十分接近。但第一种方法比较简单，是以假定不连续系列是由两个相互独立的连续样本组成为前提。当调查考证期 N 年中确实有特大洪水的连续系列且无错漏，为避免历史洪水的经验频率与实测系列的经验频率出现重叠现象，采用第二种方法更为合适。

10.3.4 频率参数计算

(1)统计参数初估

频率计算中统计参数的确定经常采用矩法。有特大洪水参加的不连续样本，用矩法计算统计参数的公式与连续样本一样。

假定在 N 年中除 a 个特大洪水，其余洪水都是中小洪水，缺漏年份洪水统计参数与 n 年实测洪水统计参数相同，则：

$$\overline{Q} = \frac{1}{N}\left(\sum_{j=1}^{a} Q_j + \frac{N-a}{n-k}\sum_{i=k+1}^{n} Q_i\right) \tag{10-10}$$

式中：$\overline{Q}$ 为不连续样本序列的洪峰流量均值；a 为特大洪水项数；Q_j为特大洪水的洪峰流量，$j=1$，2，…，a；k 为发生在实测系列中特大洪水的项数；n 为实测洪水项数；Q_i 为实测洪水的洪峰流量，$i=k+1$，$k+2$，…，n；N 为不连续样本的最大重现期(自最远调查考证年份至今的年数)。

同理可推得 C_v的计算公式：

$$C_v = \sqrt{\frac{1}{N-1}\left[\sum_{j=1}^{a}(K_j-1)^2 + \frac{N-a}{n-k}\sum_{i=k+1}^{n}(K_i-1)^2\right]} \tag{10-11}$$

$$C_v = \frac{1}{\overline{Q}}\sqrt{\frac{\sum_{j=1}^{a}(Q_j - \overline{Q})^2 + \frac{N-a}{n-k}\sum_{i=k+1}^{n}(Q_i - \overline{Q})^2}{N-1}} \tag{10-12}$$

$$K_j = \frac{Q_j}{Q} \tag{10-13}$$

$$K_i = \frac{Q_i}{Q} \tag{10-14}$$

式中：K_j为特大洪水洪峰流量的模比系数；K_i为中小实测洪水洪峰流量的模比系数。

不同时段洪量的统计参数也可仿照以上公式计算。

C_s根据地区统计资料，凭经验初步假定 C_s/C_v值，最后通过图解适线法确定。

(2)成果合理性检查

对洪峰流量及不同时段洪量的频率计算成果需进行合理性检查。检查时一方面可以根据邻近地区河流的一般规律，检查本站成果是否偏大或偏小，如果明显出现偏差必须进行修正。另一方面需要分析本站与邻近站点自然地理条件的差别，在自然地理条件比较一致的地区，一般随流域面积的增大，洪水峰量多年平均值及某一频率的设计值都将随之增大，而 C_v值随流域面积的增加呈减少趋势。如表 10-12 为汉水流域安康至碾盘山各测站 30 天洪量的 C_v值。从表 10-12 可见，汉水流域 30 天洪量的 C_v值随流域面积的增大具有明显的减小趋势。

表 10-12　汉水流域各测站 30d 洪量的 C_v值

站名	控制面积(km^2)	C_v
安康	41400	0.63
白河	59100	0.59
郧县	74900	0.57
丹江口	95200	0.56
襄阳	103300	0.55
碾盘山	142300	0.53

对于同一测站的计算成果，亦可根据洪峰与不同历时洪量、年径流量统计参数间的关系即变化趋势进行检验。如表 10-13 为某站洪峰流量、不同时段洪量、年径流量的 C_v及 C_s/C_v计算成果统计表，可看出洪峰流量的 C_v及 C_s/C_v值最大，而年径流 C_v及 C_s/C_v值最小，不同时段洪量的 C_v及 C_s/C_v值处于二者之间，并随时段增长而减小。

表 10-13　某站洪峰流量、不同时段洪量、年径流量的 C_v及 C_s/C_v值

	洪峰流量	不同时段洪量				年径流量
		5d	10d	20d	30d	
C_v	0.43	0.39	0.39	0.36	0.35	0.27
C_s/C_v	4	3.5	3	3	2.5	2

10.3.5 设计洪峰和洪量的确定

根据上述方法计算的参数初估值，用适线法配法求出洪水频率曲线然后在频率曲线上求得相应于设计频率的设计洪峰和各不同时段的设计洪量。

例 10-2 某流域内拟修建水库，流域内水文站有 1949—1978 年共 30 年的洪峰流量资料(表 10-14)。1979 年进行设计时，经调查考证获得 2 次历史洪水资料，分别为 1788 年的洪峰流量 Q_m 约为 9200m³/s，而且是 1788 年以来的最大值；1909 年的洪峰流量 Q_m 约为 6710m³/s，为 1909 年以来的第二位。实测系列中 1954 年的洪峰流量 Q_m 为 7400m³/s，是 1909 年以来的第一。1788—1909 年间的其他洪水情况未能查清。根据以上资料推求千年一遇的设计洪峰流量。

表 10-14 某流域 1949—1978 年的洪峰流量及经验频率计算结果

按时间序列排列		按流量大小排序		$N_2=191$ 年		$N_1=70$ 年		$n=30$ 年	
年份	流量	年份	流量	序号	频率(%)	序号	频率(%)	序号	频率(%)
1788	9200	1788	9200	1	0.52				
1909	6710	1954	7400			1	1.4		
1954	7400	1909	6710			2	2.8		
1949	3128								
1950	1190	1955	4230					2	6.4
1951	4190	1951	4190					3	9.6
1952	3860	1953	4030					4	12.9
1953	4030	1952	3860					5	16.1
…	…	…	…					…	…
1974	2000	1977	1540					26	83.9
1975	2720	1972	1490					27	87.1
1976	2350	1978	1360					28	90.3
1977	1540	1966	1240					29	93.4
1978	1360	1950	1190					30	96.8

①计算经验频率

从 1909 年以来的调查考证期 $N_1=70$ 年中，已查清没有遗漏比 1954 年更大的洪水，故 1954 年、1909 年可分别排为 70 年中的第一位、第二位。而 1788 年应为调查考证期 $N_2=191$ 年中的第一位，因在 1788—1909 年间其他洪水的具体情况不明，所以 1909 年以后的洪水不能提出来放在 191 年中一起排位。根据以上分析，由独立样本法分别计算各年洪峰流量的经验频率，如表 10-14 所示。

②初估统计参数

分别用计算均值和偏差系数的公式计算出洪峰流量的平均值和偏差系数。

$$\overline{Q} = \frac{1}{N}\left(\sum_{j=1}^{a} Q_j + \frac{N-a}{n-k}\sum_{i=k+1}^{n} Q_i\right)$$

$$C_v = \sqrt{\frac{1}{N-1}\left[\sum_{j=1}^{a}(K_j-1)^2 + \frac{N-a}{n-k}\sum_{i=k+1}^{n}(K_i-1)^2\right]}$$

计算结果为：$\overline{Q}=2835\text{m}^3/\text{s}$，$C_v=0.5263$

③选配频率曲线并求算设计洪水

根据平均洪峰流量 $\overline{Q}=2835\text{m}^3/\text{s}$，$C_v=0.5263$，假设不同的 C_s/C_v 比值，通过查皮尔逊Ⅲ型曲线表得出不同假设条件下的理论频率曲线，选定与经验频率曲线最为接近的理论频率曲线，本例中 $C_s=3.0C_v$ 时理论频率曲线与经验频率曲线最为贴近，此时千年一遇(频率0.1%)的模比系数 $K_p=3.7874$，$Q_{m0.1\%}=2835\text{m}^3/\text{s}\times3.7874=10737\text{m}^3/\text{s}$。

例10-3　某流域水文站实测洪峰流量资料共30年[参见表10-15第(2)栏]，历史特大洪水2年[见表10-15第(3)栏]，历史考证期102年，试用矩法初选参数进行配线，并推求该水文站500年一遇的洪峰流量。

解：①计算经验频率

利用公式 $P_M=\dfrac{M}{N+1}$ 计算特大洪水的经验频率，此例中 $N=102$，计算成果列入表10-15的第(3)栏。

利用公式 $P_m=P_{M_a}+(1-P_{M_a})\dfrac{m-k}{n-k+1}$ 计算实测洪水的经验频率，此例中 $n=30$，$k=0$，$P_{M_a}=P_{M_2}=0.0194$，计算成果列入表10-15第(6)栏。

②用矩法计算统计参数

$$\overline{Q}=\frac{1}{N}\left(\sum_{j=1}^{a}Q_j+\frac{N-a}{n-k}\sum_{i=k+1}^{n}Q_i\right)$$

$$=\frac{1}{102}\left(4720+\frac{102-2}{30-0}\times16536\right)=586.6667$$

$$C_v=\frac{1}{\overline{Q}}\sqrt{\frac{\sum_{j=1}^{a}(Q_j-\overline{Q})^2+\frac{N-a}{n-k}\sum_{i=k+1}^{n}(Q_i-\overline{Q})^2}{N-1}}$$

$$=\frac{1}{586.7}\sqrt{\frac{6340622+9624418}{101}}=0.6777$$

表10-15　某流域水文站实测洪峰流量资料及频率计算表($a=2$，$k=0$)

序号	洪峰流量	$P_M=\frac{M}{N+1}$	$P_m=\frac{m}{n+1}$	$(1-P_{M_a})\frac{m}{n+1}$	$P_{M_a}+(1-P_{M_a})\frac{m}{n+1}$
(1)	(2)	(3)	(4)	(5)	(6)
Ⅰ	2520	0.0097			
Ⅱ	2200	0.0194			
1	1400		0.0323	0.0316	0.0510
2	1210		0.0645	0.0633	0.0827
3	960		0.0968	0.0949	0.1143
4	920		0.1290	0.1265	0.1459
5	890		0.1613	0.1582	0.1776
6	880		0.1935	0.1898	0.2092

（续）

序号	洪峰流量	$P_M=\frac{M}{N+1}$	$P_m=\frac{m}{n+1}$	$(1-P_{M_a})\frac{m}{n+1}$	$P_{M_a}+(1-P_{M_a})\frac{m}{n+1}$
7	790		0.2258	0.2214	0.2408
8	784		0.2581	0.2531	0.2725
9	670		0.2903	0.2847	0.3041
10	650		0.3226	0.3163	0.3357
11	638		0.3548	0.3479	0.3674
12	590		0.3871	0.3796	0.3990
13	520		0.4194	0.4112	0.4306
14	510		0.4516	0.4428	0.4623
15	480		0.4839	0.4745	0.4939
16	470		0.5161	0.5061	0.5255
17	462		0.5484	0.5377	0.5572
18	440		0.5806	0.5694	0.5888
19	386		0.6129	0.6010	0.6204
20	368		0.6452	0.6326	0.6521
21	340		0.6774	0.6643	0.6837
22	322		0.7097	0.6959	0.7153
23	300		0.7419	0.7275	0.7469
24	288		0.7742	0.7592	0.7786
25	262		0.8065	0.7908	0.8102
26	240		0.8387	0.8224	0.8418
27	220		0.8710	0.8541	0.8735
28	200		0.9032	0.8857	0.9051
29	186		0.9355	0.9173	0.9367
30	160		0.9677	0.9490	0.9684

③选配频率曲线并求算设计洪水

根据平均洪峰流量 $\overline{Q}=586.7\text{m}^3/\text{s}$，$C_v=0.7$，假设不同的 C_s/C_v 比值，通过查皮尔逊Ⅲ型曲线表得出不同假设条件下的理论频率曲线，选定与经验频率曲线最为接近的理论频率曲线，本例中 $C_s=2.0C_v$ 时理论频率曲线与经验频率曲线在低频率段更为贴近，此时500年一遇（频率0.2%）的模比系数 $K_p=3.5147$，$Q_{m0.2\%}=586.7\text{m}^3/\text{s}\times3.5147=2062\text{m}^3/\text{s}$。

10.3.6 设计洪水过程线推求

设计洪水过程线是指相应于某一设计标准(设计频率)的洪水过程线。通过前面的洪水频率计算可求得设计洪峰流量及不同时段的设计洪量。但在进行设计时还需要完整的设计洪水过程线，以作为确定水工建筑物规模和尺寸的依据。

洪水过程是极为复杂的洪水波传播过程，目前水文学中并无推求指定频率洪水过程线的完善方法。普遍采用选择典型的洪水过程线作为参照进行放大，放大后得到的洪水过程线的某些特征值(洪峰、时段洪量)如果与设计洪水的特征值相符，则可以认为该过程线就是“设计洪水过程线”。即推求设计洪水过程线的基本方法是在实测洪水资料中按一定原则选出典型洪水过程线，再经放大求得。目前在我国普遍采用同倍比放大和同频率放大的方法。

(1)典型洪水过程线的选择

通过对形成洪水的气候条件、洪水过程线形状特征及洪水发生季节等统计分析，初步确定一些符合流域一般特性的大洪水作为典型洪水。选择典型洪水时应遵循以下原则：

①选择洪峰高、洪水总量(洪量)大的实测洪水。峰高量大的洪水特征值接近于设计值，放大后洪水过程线变形相对小，与真实情况较接近。

②典型洪水过程应具有一定的代表性。典型洪水的发生季节、峰型特征、洪水历时、峰值和总量关系等能够反映研究流域大洪水的一般特性。

③应选择对工程安全较为不利的洪水作为典型洪水。一般情况下洪峰比较集中、主峰出现时间偏后的洪水过程对工程安全更为不利。

选择的典型洪水必须是洪峰高、洪水总量(洪量)大的实测洪水。当待选洪水的洪峰流量或洪量接近设计值时，应该选择洪水过程线的形状对水利工程威胁大(如主洪峰靠后，洪量集中等)的洪水作为典型洪水。如难以挑选出同时符合上述条件的洪水，则可多选出几次洪水作为待定洪水，经放大后分别得到几条待定的洪水过程线，利用这些待定洪水过程线分别进行调洪演算，最终选取对水库安全最为不利的洪水过程线作为设计洪水过程线。

(2)典型洪水过程的放大

选取的典型洪水虽然与设计洪水接近，但洪峰流量、洪水总量毕竟与设计洪水有所差异，因此必须对典型洪水的过程线进行放大或缩小，常用的方法有同倍比放大和同频率放大方法两种。

①同倍比法

将典型洪水过程线上各个时刻的流量都按同一个倍比值进行放大求出设计洪水过程线的方法称为同倍比放大法。有些水利工程如桥梁、涵洞、排洪沟等，决定其断面尺寸的主要因素是洪峰流量，这类工程只要洪峰流量能够顺利通过，洪水就不会对其造成影响和破坏，即由洪峰流量控制工程的规格尺寸(洪峰控制)，对于这类工程可以直接用洪峰流量进行设计。设计时经常采用同倍比放大法，放大倍比值用下式进行计算：

$$K_Q = Q_{mP}/Q_{mD} \tag{10-15}$$

式中：K_Q为洪峰控制的同倍比放大值；Q_{mP}为设计洪峰流量；Q_{mD}为典型洪水的洪峰流量。

有些对径流过程具有调节作用的水利工程(如水库、淤地坝、塘坝、蓄水池等)，其水工建筑物规格尺寸主要取决于一定时段内的洪水总量，即洪水总量控制工程的规格尺寸(洪量控制)，对于这类工程可以直接用洪水总量进行设计。设计时也采用同倍比放大法，但放大倍比的值用下式进行计算：

$$K_W = W_{TP}/W_{TD} \tag{10-16}$$

式中：K_W为以量控制的同倍比放大值；W_{TP}为T时段内的设计洪水的洪量；W_{TD}为T时段内典型洪水的洪量。

得出放大倍比值后，用它乘以典型洪水过程线上各时刻的流量Q_{TD}，即得到设计洪水各时刻的流量Q_{TP}及洪水过程线

$$Q_{Tp} = KQ_{Td} \tag{10-17}$$

同倍比法操作简单，放大得到的设计洪水过程线与典型洪水过程线形状基本相似。但是设计洪水可能只有洪峰流量符合设计标准，或某时段的洪量符合设计标准，而其余各时段洪量和洪峰流量并不一定符合设计标准。另外，采用不同的典型洪水放大后得到的设计洪水过程线差别可能较大，为此在设计时刻采用同频率放大法。

②同频率法

选择好典型洪水后，将其洪水过程线按几个不同的放大倍比值进行放大，从而使设计洪水过程线的洪峰和各时段洪量分别与设计洪峰和设计洪量相匹配，即通过放大求出的设计洪水过程线的洪峰流量、不同时段的洪水量都能符合同一个设计频率。这种放大方法就称为同频率放大法。目前大中型水库规划设计中主要采用同频率法。

洪峰流量的放大倍比值仍然用下式计算：

$$K_Q = Q_{mp}/Q_{md} \tag{10-18}$$

当选定的设计时段为1天、3天、7天时，各设计时段洪量的放大倍比值可按下列公式推求。

设计时段为1天时最大洪水量的放大倍比K_{W1}计算公式为：

$$K_{W_1} = W_{1p}/W_{1d} \tag{10-19}$$

设计时段为3天时，最大3天的洪量一定要包括最大1天的洪量，故3天中其余2天洪量的放大倍比$K_{W_{3-1}}$值为：

$$K_{W_{3-1}} = \frac{W_{3p} - W_{1p}}{W_{3d典} - W_{1d典}} \tag{10-20}$$

设计时段为7天时，最大7天的洪量一定要包括最大3天的洪量，故7天中其余4天洪量的放大倍比$K_{W_{7-1}}$值为：

$$K_{W_{7-3}} = \frac{W_{7p} - W_{3p}}{W_{7d典} - W_{3d典}} \tag{10-21}$$

可见，最大1天洪量包括在最大3天洪量之中，最大3天洪量包括在最大7天洪量之中，这样得出的设计洪水过程线上的洪峰和不同时段的洪量恰好等于设计值。设计时段的划分视洪水过程线的长度而定，但不宜太多，一般以3段或4段为宜。由于各时段

放大倍比不相等，放大后的洪水过程线可能会在时段分界处出现不连续现象，此时可进行修匀处理，修匀后仍应保持洪峰和各时段洪量等于设计值。如放大倍比相差太大，需要分析原因，并采取措施消除不合理的现象。

典型洪水过程线放大时按如下次序：首先按 K_Q 放大典型洪水的洪峰流量，然后用 K_{W_1} 乘以典型洪水过程线最大 1 天洪量范围内的各流量值，再用 $K_{W_{3-1}}$ 乘以最大 3 天洪量范围内其余 2 天的各流量值，再用 $K_{W_{7-3}}$ 乘以最大 7 天洪量范围内其余 4 天的各流量值。依此类推，总之先放大核心部分，再逐步放大其他时间段的流量。

由于各时段的放大倍比值不同，处在时段交界处的流量可同时按两个放大倍比值放大，以致整个流量过程线不连续，须进行人为修匀处理，使其成为光滑曲线，处理原则是修匀后各时段洪量仍等于设计洪量，误差不超 1%。

各种时段的洪量选样是按独立原则进行，并没有要求长时段一定包含短时段。而在同频率放大法中，却一定要按照长时段包含短时段的原则进行。独立原则是为了使样本真正符合“最大”条件，保证频率计算成果的安全性。长时段包含短时段的原则一方面简便易行，另一方面放大后的洪水过程线中洪量集中，保证了计算成果的安全性。

例 10-4 某站 $P=1\%$ 的设计洪峰流量为 $7100\text{m}^3/\text{s}$，设计 1 天洪量为 $30340\times10^4\text{m}^3$，设计 3 天洪量为 $41000\times10^4\text{m}^3$，选定某年 7 月的洪水作为典型洪水（表 10-16），用同频率法推求设计洪水过程线。

解： ①求典型洪水的洪峰流量、最大 1 天、3 天的洪量。

从表 10-16 中可见，典型洪水洪峰流量为 $5950\text{m}^3/\text{s}$。经统计得出最大 1 天洪量 $26676\times10^4\text{m}^3$，最大 3 天洪量为 $33171\times10^4\text{m}^3$。

②求洪峰流量的放大倍比

$$K_Q=\frac{7100}{5950}=1.1933$$

③求最大 1 天、3 天洪量的放大倍比

$$K_{W_1}=\frac{30340\times10^4}{26676\times10^4}=1.1374$$

$$K_{W_{3-1}}=\frac{10^4\times(41000-30340)}{10^4\times(33171-26676)}=1.6413$$

④求设计洪峰流量

$$Q_{mp}=K_Q\times Q_{md}=1.1933\times5950=7100$$

填入第 6 行设计洪水的洪峰流量（修匀前）。

⑤求最大 1 天各时段的设计洪量

用 K_{W_1} 乘以表 10-16 中第 5～12 行（除去第 6 行）典型洪水的流量值得出相应设计洪水最大 1 天各时段的流量值（修匀前）。

用 $K_{W_{3-1}}$ 乘以表 10-16 中其他各行（第 1～4 行、第 13～25 行）典型洪水的流量值得出相应设计洪水最大 3 天各时段的流量值（修匀前）。

表 10-16 某站 $P=1\%$设计洪水过程线计算 单位：m^3/s

序号	年.月.日.时	典型洪水	1天最大洪量	3天最大洪量	设计洪水	
					修匀前	修匀前
1	2018.7.12.0:00	176			218	230
2	2018.7.12.3:00	350			433	458
3	2018.7.12.6:00	350			433	458
4	2018.7.12.9:00	900			1024	1084
5	2018.7.12.12:00	1850			2104	2228
6	2018.7.12.15:00	5950			7100	7517
7	2018.7.12.18:00	5800			6597	6984
8	2018.7.12.21:00	3900	26676×10^4		4436	4696
9	2018.7.13.0:00	3100			3526	3733
10	2018.7.13.3:00	2000			2275	2408
11	2018.7.13.6:00	1200			1365	1445
12	2018.7.13.9:00	900			1112	1178
13	2018.7.13.12:00	720		33171×10^4	890	942
14	2018.7.13.15:00	580			717	759
15	2018.7.13.18:00	470			581	615
16	2018.7.13.21:00	400			494	523
17	2018.7.14.0:00	340			420	445
18	2018.7.14.3:00	300			371	393
19	2018.7.14.6:00	270			334	353
20	2018.7.14.9:00	245			303	321
21	2018.7.14.12:00	215			266	281
22	2018.7.14.15:00	198			245	259
23	2018.7.14.18:00	181			224	237
24	2018.7.14.21:00	167			206	219
25	2018.7.15.0:00	152			188	199

⑥计算设计洪水的洪水总量

利用修匀前的设计洪水过程线计算3天的设计洪水的总量为 $38727\times10^4m^3$，与原设计3天洪量为 $41000\times10^4m^3$ 相差 $2273\times10^4m^3$，误差达到了5.5%，不满足要求，需要进行修正。

可以将 $2273\times10^4m^3$ 的误差按照各时段流量的大小，采用加权平均的方法分配到各时段，最后得出修匀后的洪水过程线，参见图10-6。

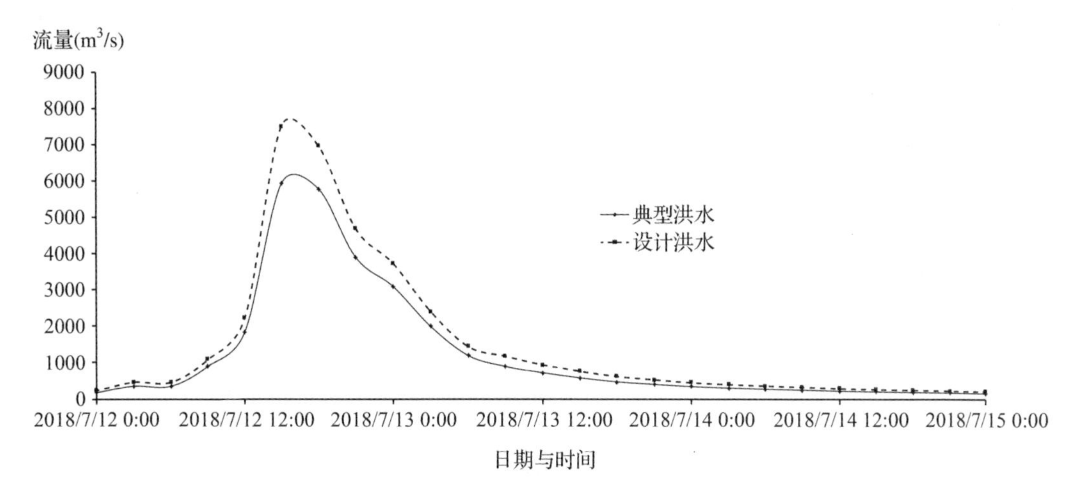

图 10-6 同频率放大法计算设计洪水线结果示意图

10.4 由暴雨资料推求设计洪水

由于我国水文测站数目远小于雨量站数目，即使研究流域内有水文站，但由于流量资料太短，不能直接根据流量进行设计洪水推求，从而限制了根据流量资料推求设计洪水的应用。另外，经常存在流域内因大量人类活动造成下垫面条件发生明显变化，破坏了实测流量系列的一致性，难以由流量资料推求设计洪水的情况。降水资料容易观测，而且我国气象站数量多、分布广，资料系列长，这为由暴雨资料分析设计洪水创造了有利条件，同时流域下垫面变化一般对流域暴雨影响较小，基本不存在暴雨资料不一致的情况，因此由暴雨资料分析推求设计洪水已经成为目前的主要途径。

流域出口的洪水是由流域内的暴雨形成的，暴雨量、暴雨过程与洪水量和洪水过程密切相关，可以认为流域上某一频率的暴雨产生相同频率的洪水，所以用暴雨资料推求设计洪水时假定了暴雨与洪水同频率，流域可能最大洪水由流域可能最大暴雨推求。具体计算时首先由流域暴雨资料推求与设计洪水同频率的流域设计暴雨，再由设计暴雨通过流域产流与汇流计算求出设计洪水。即由暴雨资料推求设计洪水包含设计暴雨计算、产流计算和汇流计算三个主要环节。

10.4.1 设计暴雨计算

设计暴雨是指与设计洪水同频率的流域面暴雨，包括不同时段的设计面暴雨量和暴雨过程两方面。

设计暴雨的计算方法与由流量资料推求设计洪水相似，但设计暴雨的时段长度应根据流域降雨径流的内在规律、流域面积大小和水利工程本身的调蓄能力等因素确定，并应与设计洪水的时段相一致。时段长度一般有长、短两种，长历时包括 1 天、3 天、7 天、15 天、30 天等时段长度，短历时有 1h、3h、6h、12h、24h 等时段长度。

根据雨量资料的有无和资料系列的长短，设计暴雨量的计算一般也分为两种情况。

当流域内雨量站较多，分布较为均匀，各雨量站又有长期的实测资料，并由此能够求出比较可靠的流域平均面雨量时，以面雨量作为研究对象，选取每年不同时段的年最大面雨量组成样本系列，进行频率计算，求出符合某一频率的不同时段的设计面雨量，这种方法称为流域设计暴雨计算的直接法。另一种情况是流域内雨量站稀少，观测资料系列较短或观测资料较少，无法利用实测资料求算流域面暴雨量，只能先求算流域代表站不同时段的点暴雨量，然后借助流域内面暴雨量和点暴雨量的关系，把流域代表站的设计暴雨量转换为流域设计面暴雨量。该方法被称为流域设计暴雨计算的间接法。

(1)直接法计算设计暴雨

①暴雨资料的收集

暴雨资料主要来源于气象部门所刊印的雨量站网观测资料，水文部门也有降雨观测站网，同时也刊印有《水文年鉴》，另外各部门的定位观测站、水土保持监测站也都有降雨观测资料。强度特大的暴雨中心的点雨量往往不易观测，因此在资料收集时必须注意收集暴雨中心范围和历史上特大暴雨资料，尽可能估计出调查地点的暴雨量。

根据降雨的观测方法，暴雨资料一般分为日雨量资料、自记雨量资料和时段雨量资料三种。日雨量资料一般是指当日8:00到翌日8:00的雨量，自记雨量资料是以分钟为单位记录的雨量过程资料，分段雨量资料一般以1h、3h、6h、12h等不同时间间隔记录的雨量资料。

②暴雨资料审查

可靠性审查。审查特大或特小雨量记录是否真实，有无错误或漏测情况，必要时可结合实际调查进行数据纠正。检查自记雨量资料是否存在雨量计故障和误差影响，应该将自记雨量资料与同时段的人工观测雨量资料进行比较，以审查其准确性。

代表性分析。通过与其他邻近地区长系列雨量资料进行对比，分析所选资料的代表性。通过分析研究流域或邻近流域实际发生大洪水时的降雨资料，所选资料的代表性。代表性分析时必须注意所选用暴雨资料系列是否存在偏丰或偏枯情况。

一致性审查。在推求不同时段的设计暴雨时，必须注意暴雨的一致性。不同类型暴雨其降雨特性不同，对梅雨与台风雨应该分别进行处理。

③点暴雨资料的插补与展延

当研究流域内各观测点暴雨资料的观测年限不一致，或有些年份资料缺失时，必须对暴雨观测资料进行插补或展延，以计算流域面暴雨。由于暴雨具有局地性，不能直接采用相关法对流域内各雨量观测点的暴雨资料进行插补和展延。当雨量观测站点相距较近，且处于同一气候区时，可直接借用邻站的暴雨资料。当邻近地区雨量观测站较多时，丰水年可绘制次暴雨等值线图进行插补。平水年份可用邻近各站的平均值进行插补。如暴雨与洪峰流量密切相关时，可建立暴雨和洪峰流量的相关关系进行暴雨资料的插补。

④设计面雨量的插补展延

收集研究流域内及其附近雨量观测站资料后，在进行资料审查的基础上根据雨量观测站的分布情况选定面雨量的计算方法，常用的计算方法有算术平均法、泰森多边形法和等雨量线图法。利用这些方法计算每年各次大暴雨不同时段的面雨量，组成频率计算序列。

在统计各年雨量资料时经常遇到各时期雨量观测站点数量不同的情况，如20世纪50年代以前及50年代初期雨量观测站点稀少，近期雨量站点多、密度大，为此建立近期多站平均雨量与同期少站(有长期资料的站)平均雨量间的关系，展延多站平均雨量作为研究流域面雨量。

⑤暴雨资料的统计选样

在求出研究流域每年各次暴雨面雨量的基础上，选定不同的统计时段，按独立选样的原则，统计逐年不同时段的年最大面雨量。

例10-5 某流域有3个雨量站，分布均匀，地形起伏较小，按算术平均法计算面雨量，统计得出的最大1天、3天、7天面雨量结果见表10-17。

表10-17 某研究流域面平均雨量和最大1天、3天、7天面雨量统计表

日期	站点1(mm)	站点2(mm)	站点3(mm)	面平均(mm)	最大1日面雨量(mm)	最大3日面雨量(mm)	最大7日面雨量(mm)
2017.7.15	2.7	3.1	1.8	2.5			
2017.7.16	0.0	0.0	0.0	0.0			
2017.7.17	0.0	0.0	0.0	0.0			
2017.7.18	0.0	0.0	0.0	0.0			
2017.7.19	0.0	0.0	0.0	0.0			
2017.7.20	61.3	58.6	60.8	60.2			
2017.7.21	0.0	0.0	0.0	0.0			
2017.7.22	0.0	0.0	0.0	0.0			
2017.7.23	12.5	9.8	11.4	11.2			
2017.7.24	115.6	120.8	126.4	120.9	120.9		
2017.7.25	52.9	51.4	53.1	52.5			
2017.7.26	6.5	9.3	9.6	8.5			225.7
2017.7.27	21.2	20.3	26.8	22.8			
2017.7.28	3.2	2.3	4.0	3.2			
2017.7.29	6.2	5.9	7.8	6.6			
2017.7.30	1.2	0.9	1.3	1.1			
2017.7.31	0.0	0.0	0.0	0.0			
2017.8.1	0.0	0.0	0.0	0.0			
2017.8.2	0.0	0.0	0.0	0.0			
2017.8.3	0.0	0.0	0.0	0.0			
2017.8.4	6.6	0.2	4.6	3.8			
2017.8.5	31.0	27.8	20.3	26.4			
2017.8.6	0.0	0.0	0.0	0.0			
2017.8.7	0.0	0.0	0.0	0.0			
2017.8.8	60.5	55.2	59.8	58.5			
2017.8.9	79.8	80.4	69.1	76.4		192.4	
2017.8.10	55.3	60.4	56.7	57.5			
2017.8.11	0.0	0.0	0.0	0.0			

⑥特大暴雨的处理

暴雨资料的代表性与数据系列中是否包含有特大暴雨直接相关，普通暴雨的变幅较小，如果系列中没有特大暴雨，统计参数 C_v 值一般较为偏小。如果在短期资料系列中有罕见的特大暴雨，将会使频率计算结果发生很大变化。某次暴雨是否属于特大暴雨，可利用模比系数 k 值进行判断，k 值越大，表明偏离平均值的程度越大，称为特大暴雨的可能性越高。也可以根据暴雨重现期进行分析判断。

如果研究流域内没有特大暴雨资料，且研究流域与参证流域形成暴雨的气象因素、下垫面地形条件基本一致，可以采用流域比拟法直接以移用参证流域的特大暴雨资料。移用时需要根据平均雨量、均方差等参数进行修正。

如果研究流域与参证流域暴雨的 C_v 值相等，可以直接用平均暴雨量进行修正。修正公式为：

$$\frac{P_{M研究}}{P_{M参证}} = \frac{\overline{P}_{研究}}{\overline{P}_{c参证}} \tag{10-22}$$

式中：$P_{M研究}$ 为研究流域的暴雨量；$P_{M参证}$ 为参证流域的暴雨量；$\overline{P}_{研究}$ 为研究流域暴雨系列的平均值；$\overline{P}_{参证}$ 为参证流域暴雨系列的平均值。

如果研究流域与参证流域暴雨的 C_s 值不等，修正公式为：

$$P_{M研究} = \overline{P}_{研究} + \frac{\sigma_{研究}}{\sigma_{参证}}(P_{M参证} - \overline{P}_{参证}) \tag{10-23}$$

式中：$\sigma_{研究}$ 为研究流域暴雨系列的均方差；$\sigma_{参证}$ 为参证流域暴雨系列的均方差；其他符号同前。

⑦面暴雨量频率计算

面暴雨量统计参数一般采用适线法进行估计。采用期望值公式计算经验频率后，利用皮尔逊Ⅲ型曲线进行线型匹配。根据暴雨特性及实践经验，我国暴雨的 C_s 与 C_v 的比值一般为3.5左右；在 C_v 值 >0.6 的地区，可以选用3.0；在 C_v 值 <0.45 的地区，可以选用4.0。

在频率计算时将不同历时的暴雨量频率曲线点绘在同一张几率格纸上，并注明相应的统计参数，加以比较。各种频率的面雨量都有随设计时段的延长而增大的规律，如发现不同历时的频率曲线出现相互交叉等不合理现象时必须进去修正。

(2)间接法计算设计暴雨

①设计点暴雨量的计算

设计点暴雨量是指研究流域形心处与设计洪水同频率的不同时段的暴雨量。设计点暴雨量的计算分为有实测资料和无实测资料两种情况。

有实测暴雨资料：如果流域形心处或附近有资料系列较长的雨量站，可利用该站的资料通过频率计算推求设计点暴雨量。但具有长系列资料的观测站一般不在流域形心处或其附近，为此首先需要求算研究流域内各观测站点的设计暴雨量，然后绘制设计暴雨量等值线图，用地理插值法推求流域形心处的设计点暴雨量。进行点暴雨系列的频率统计分析时，采用定时段最大值选样法，点暴雨时段长与面暴雨时段长相同。如果样本系列中缺少大暴雨资料时，应该将同区域内其他观测站的暴雨资料移置于研究站点，使研究站点的资料尽可能延长，同时估计特大暴雨的重现期，以便合理计算经验频率。点暴雨资料的插补展延和特大值处理方法同前，设计点暴雨频率计算及合理性检查亦同设计面暴雨量。

缺乏点暴雨资料：当流域内缺乏实测资料时，设计点暴雨的推求可利用当地的暴雨等值线图及计算参数的分区成果图。全国和各省编制了不同时段(1 天、3 天、7 天，1h、3h、6h、24h 等)的暴雨均值及 C_v 等值线图和 C_s/C_v 的分区数值表，可以根据这些资料来推求流域形心处的设计点暴雨量。在使用等值线图推求设计点暴雨量时，首先在指定时段的暴雨量均值和 C_v 等值线图上分别勾绘出研究流域的分水线，并确定流域形心位置，然后利用地理插值法从等值线图上读取研究流域形心处的暴雨量均值、C_v 值、C_s/C_v 的分区值。采用适线法求出该时段的设计点暴雨量。同理，可按需要求出其他时段的设计点暴雨值。由于地区等值线图往往只反映了大地形对暴雨的影响，不能很好反映局部地形的影响，因此在地形复杂的山区，应用暴雨等值线图时要特别注意，尽可能搜集近期暴雨的实测资料，对采用等值线图求得的数据进行分析修正。

②设计面暴雨量的计算

在求出流域形心处的设计点暴雨量后，可以采用点暴雨量与面暴雨量的关系，求算出成流域的设计面暴雨量。点暴雨量与面暴雨量关系的确定也分为定点定面关系和动点动面关系两种情况。

定点定面关系：如研究流域形心处或其附近有较长系列的雨量观测资料，同时研究流域内有数量足够、分布均匀、雨量资料系列较长的雨量观测站点，可以将流域形心处或其附近的观测站作为固定点，以研究流域其他雨量观测点所监控的面积作为固定面，根据固定点和固定面同期观测的雨量资料，分别建立不同时段暴雨量的点面关系(固定点暴雨量和固定面平均暴雨量的关系)。

$$\alpha = \frac{P_{面}}{P_{点}} \tag{10-24}$$

式中：α 为点面雨量折减系数。通过分析研究流域内固定点和固定面的暴雨资料，可以得出不同时段暴雨的 α。按设计时段从现有观测系列中选几次最大暴雨的 α 值进行平均，作为设计暴雨的点面折减系数，将前文中求得的不同时段设计点暴雨量乘以相应的 α，就可得出不同时段的设计面暴雨量。如果邻近流域有更长系列的雨量资料，则可将其选择为参证流域，用参证流域固定点和固定面的点面雨量折减系数作为研究流域的面雨量折减系数。但必须分析参证流域面积、地形条件、暴雨特性等是否与研究流域基本接近，否则不宜采用。

动点动面关系：根据场暴雨指定时段的雨量等值线图，自暴雨中心依次量算相邻两条等雨量线间的面积及两条等雨量线的平均雨量，采用面积加权法计算出平均面雨量之后，再求算暴雨中心的点雨量与平均面雨量之间的比值 α。因不同场次的暴雨中心和雨量等值线图是变动的，α 也是动态变化，这种关系称为动点动面关系。通过统计多场暴雨的等值线图，分别求算各场暴雨点面雨量折减系数 α 和降雨面积 F，并点绘出暴雨面积和点面雨量折减系数 α 的关系图，将多次大暴雨的点面雨量折减系数 α 关系进行地区综合后，将不同时段的点面雨量折减系数 α 和降雨面积下关系图绘在同一张图上，便可得到以暴雨历时为参数的点面雨量折减系数 α 和降雨面积下关系图(图10-7)，该图反映了流域暴雨历时、面积、暴雨量三者之间的关系，常称为雨深—面积—历时曲线。流域动点动面关系概念明确，制作简单，综合概化方便，能反映暴雨的平面分布规律，是求算流域面暴雨量的传统方法。

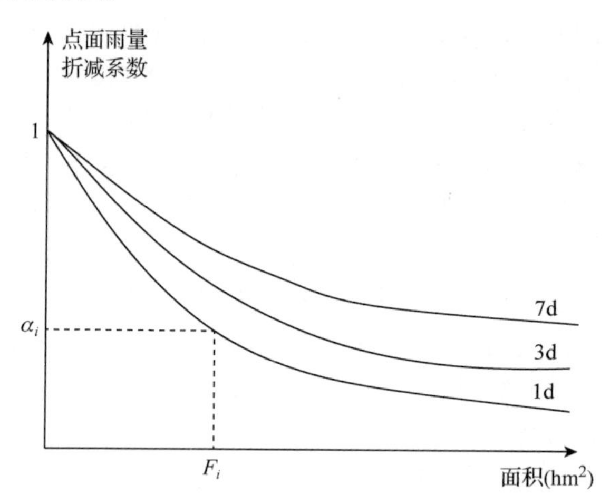

图10-7 点面雨量折减系数、面积、历时关系图

动点动面关系法有三个基本假定：①设计暴雨中心与流域中心重合；②设计暴雨的点面关系符合平均的点面关系；③假定流域的边界与某条等雨量线重合。这3个假定缺乏必要的理论依据，因此在应用时应该多选几个与研究流域面积相近的参证流域，进行点面雨量关系的验证，如差异较大，就必须进行修正。对于面积较大的流域而言，点面雨量关系相对较差，通过点面关系间接推求设计暴雨必然存在较大误差。在有条件的地区建议应尽可能采用直接法计算设计暴雨。

例10-6 某流域面积为2150km^2，流域形心附近的雨量站具有26年雨量观测资料。经计算年最大6h、24h、72h的暴雨统计结果及相关参数见表10-18中第(1)~(4)栏所示。该流域所在地区点面雨量折减系数如表10-18中(10)、(11)两栏所示。求百年一遇的6h、24h、72h的设计面暴雨量。

表10-18 某流域暴雨观测资料及设计面暴雨计算过程表

历时(h)	雨量(mm)	C_v	C_s	α	t_p	φ_p	K_p	P_p	点面雨量折减系数		面雨量	
									定点定面	动点动面	定点定面	动点动面
(1)	(2)	(3)	(4)	(5)	(6)	(7)	(8)	(9)	(10)	(11)	(12)	(13)
6	81.2	0.46	1.61	1.5432	5.7590	3.3937	2.5611	208.0	0.75	0.8	156.0	166.4
24	105.0	0.48	1.68	1.4172	5.5044	3.4332	2.6479	278.0	0.81	0.85	225.2	236.3
72	122.5	0.42	1.47	1.8511	6.3583	3.3128	2.3914	292.9	0.84	0.87	246.1	254.9

解：①根据 C_v 值、C_s 值计算模比系数 K_p 值。

$$\alpha = \frac{4}{C_s^2}$$

利用 Excel 中的函数 GAMMAINV(1 - P/100, α, 1)进行计算 t_p，其中 P 为频率，本例中为百年一遇，P 取 1。

$$\varphi_p = \frac{C_s}{2}t_p - \frac{2}{C_s} \tag{10-25}$$

$$K_p = \varphi_p C_v + 1 \tag{10-26}$$

计算出的 K_p 值填入表 10-18 的第(8)栏。

②根据 $P_p = K_p \times \overline{P}$ 计算出百年一遇的 6h、24h、72h 的暴雨量，填入表 10-18 的第(9)栏。

③将点面雨量折减系数乘以百年一遇的 6h、24h、72h 的暴雨量得出面雨量，填入表 10-18 的第(12)、(13)两栏。

(3)设计暴雨过程计算

设计暴雨过程的计算一般采用典型暴雨同频率放大法。

典型暴雨的选择：由实测暴雨资料中选择与设计暴雨量相近的暴雨作为典型暴雨。典型暴雨的雨峰个数、主雨峰位置和降雨历时在实测暴雨中应最为常见，雨量比较集中(例如历时为 7 天的暴雨量主要集中于 3 天，历时为 3 天的暴雨量主要集中于 1 天等)，主雨峰相对靠后。这样的暴雨所形成的洪峰流量较大而且出现较迟，对水库等水利工程的防洪安全最为不利。

如果资料不足或缺乏资料，也可借用参证流域或地区的点暴雨量过程作为设计暴雨过程，各省(自治区)暴雨洪水图集中也按地区综合概化有典型暴雨过程可供参考使用。

典型暴雨选择好后，用同频率放大法对典型暴雨分时段进行缩放。

例 10-7 某流域百年一遇 1 天、3 天、7 天的设计暴雨量分别为 108mm、182mm、270mm，选择的典型暴雨过程为表 10-19 所示。采用同频率放大法计算设计暴雨过程。

表 10-19 同频率放大法计算设计暴雨过程表

设计时段	1d	2d	3d	4d	5d	6d	7d	合计
典型暴雨过程(mm)	13.8	6.1	20	0.2	0.9	63.2	44.4	148.6
放大倍比	2.20	2.20	2.20	2.20	1.63	1.71	1.63	
设计暴雨过程(mm)	30.3	13.3	44.0	0.4	1.6	108.0	72.4	270.0
3d 设计暴雨量						182.0		
7d 设计暴雨量				270.0				

解： ①计算典型暴雨 1 天、3 天、7 天暴雨量。

从表 10-19 可见典型暴雨中最大 1 天暴雨量为第 6 天的 63.2mm；最大 3 天暴雨量为第 5、6、7 天的暴雨量之和 108.5mm；最大 7 天暴雨量为第 1 至第 7 天的降雨量之和 148.6mm。

②计算放大倍比。

最大 1 天暴雨的放大倍比为：$K_1 = P_{设1}/P_{典1} = 108/63.2 = 1.71$

最大 3 天暴雨中其他 2 天的放大倍比为：$K_{3-1} = (P_{设3} - P_{设1})/(P_{典3} - P_{典1})$

$= (182 - 108)/(108.5 - 63.2) = 1.63$

最大 7 天暴雨中其他 4 天的放大倍比为：$K_{7-3}=(P_{设7}-P_{设3})/(P_{典7}-P_{典3})$

$=(270-182)/(148.6-108.5)=2.20$

③计算设计暴雨过程。

将计算出的放大倍比填在表 10-19 中相应位置，再乘以当日的典型雨量，即可得到设计暴雨过程。但必须应注意设计暴雨过程中 1 天、3 天、7 天的最大雨量应与设计暴雨量相同，否则应予以修正。

10.4.2　设计净雨过程的推求

为了推求设计洪水，在求出设计暴雨之后必须推求设计净雨过程。在设计暴雨条件下形成的净雨(径流)称为设计净雨。

净雨是指降雨扣除损失后剩余的雨量，又称为产流量。设计净雨的推求就是设计条件下产流量的推求，是从设计暴雨中扣除损失量的计算过程。根据水量平衡原理设计净雨量就等于设计暴雨量扣除各种损失后的剩余量，设计净雨的计算实际上是从设计暴雨中扣除各种损失的计算，也就是产流计算。由于产流过程极其复杂，损失量一般无法直接测量，通常采用间接的方法确定，常用方法有降雨径流相关图法和初损后损法两种。具体计算方法参见 7.2。

10.4.3　设计洪水的推求

在求出设计净雨后，就可以根据净雨过程利用单位线推求设计洪水过程，其实质就是由设计净雨过程计算设计洪水过程，也就是流域汇流计算问题，具体计算方法参见 7.3。由设计暴雨过程推求设计洪水的具体步骤如下：

(1)确定前期影响雨量 P_a

设计暴雨发生时流域土层的湿润状况属于未知，可能很干($P_a=0$)，也可能很湿润，到达了饱和状态($P_a=I_m$)。目前，P_a的确定方法有下述 3 种方法。

①经验方法。湿润地区汛期雨水充沛，流域内土层含水量高，为了设计安全和简化计算，一般可以取 $P_a=I_m$，而在干旱地区，流域内土层含水量低，相对较为干燥，达到饱和状态的机会甚少，为简化及安全，经常取 $P_a=I_m$的 1/3 或 2/3。

②典型年法。在设计暴雨过程时，将设计历时延长(一般延长 15~30 天)，利用这一段延长期的降雨量计算出设计暴雨来临时的 P_a值。

③同频率法。在暴雨频率计算求得 $P_{面}$的同时，计算出 $P_{面}+P_a$的值，则设计暴雨相应的 P_a值可由两者之差求得。如果计算出的 $P_a>I_m$，则取 $P_a=I_m$。

(2)确定净雨量

确定净雨量常用的方法是降雨径流相关图法和初损后损法。

工程设计中遇到的设计暴雨均属于低频率的大暴雨，根据实测雨洪资料分析降雨径流相关图时，常常遇到外延问题。外延时不能单纯按照相关线的趋势，必须结合物理成因分析，特别重视本流域大暴雨时的雨洪资料，充分考虑雨量或雨强对产流规律的影响。湿润地区的 $P+P_a-R$ 相关图上部的坡度接近于45°线，外延相对容易，而干旱地区多采用初损后损法确定净雨量，需要着重考虑设计暴雨强度对产流的影响。

(3)设计洪水过程推求

由设计暴雨通过产流计算求得设计净雨过程，再通过单位线的汇流计算求得地面径流过程，但必须采用设计条件下的单位线，这种单位线可由实测特大洪水资料分析得出。如果缺乏特大洪水资料，可参照单位线非线性处理方法来修正。

地下径流是以重力下渗形式即以稳定下渗强度f_c进入地下水库，经地下水库调蓄后缓慢地流向流域出口汇集，形成地下径流过程。地下径流过程多概化成三角形，其底长假定为地面径流过程底长的2倍，则地下径流总量和地下径流的峰值分别为：

$$W_g = f_c \times t_c \times F \tag{10-27}$$

$$Q_{gm} = \frac{2W_g}{T_g} \tag{10-28}$$

式中：W_g为地下径流的总量；f_c为流域的平均稳渗率；t_c为产流历时；F为流域面积；Q_{gm}为地下径流的最大值；T_g为地下径流的汇流历时。

例10-8　某流域面积为341km²，拟修建中型水库防洪，根据实测暴雨资料推求$P=2\%$的设计洪水。

解：①计算设计暴雨

根据本流域面积较小、洪水涨落较快、水库调洪能力小等特点，将暴雨的设计时段设为1天。根据实测降雨资料1天降雨量的多年平均值$P=110$mm，$C_v=0.58$，$C_s=3.5C_v$时采用适线法求得$P=2\%$的最大1天点暴雨量为296mm。根据流域面积$F=341$km²查通过查阅当地相关资料，得出暴雨的动点动面雨量折减系数为0.92，则$P=2\%$的最大1天面设计暴雨量$P_{面}=296\times0.92=272$mm。根据实测暴雨资料，选择点暴雨，采用同频率法进行设计暴雨过程计算，结果见表10-20的第(3)列。

表10-20　设计暴雨计算结果

时段数 $\Delta t=6$h	典型暴雨(mm)	典型降雨的倍比系数	设计暴雨(mm)	设计净雨(mm)	地下净雨(mm)	地面净雨(mm)
	(1)	(2)	(3)	(4)	(5)	(6)
0	28.3	1.06	29.9	7.9	2.4	5.5
1	160	1.07	171.3	171.3	9.0	162.3
2	37.9	1.22	46.2	46.2	9.0	37.2
3	20.2	1.22	24.6	24.6	9.0	15.6
4	246.4		272	250	29.4	220.6

②推求设计净雨过程

用同频率法求得研究流域的前期影响雨量$P_a=78$mm，本流域最大蓄水量$I_m=100$mm，因此降雨的初损量为$I_m-P_a=100-78=22$mm。

由于第1时段设计暴雨量为29.9mm，扣除22mm的初损后净雨量为7.9mm。第1时段的已经将所有损失满足，此后的所有暴雨均不再损失，全部为净雨，为此第2、3、4时段的设计净雨量就等于设计暴雨量。参见表10-20中的第(4)列。

根据实测的历时洪水资料分析得出，研究流域的稳定下渗率为1.5mm/h。由设计净雨过程中扣除地下净雨即可得到地面净雨过程。

各时段的地下净雨量分别为：

第1时段：净雨历时 =7.9/29.9×6 =1.6h

地下净雨量 =1.6h×1.5mm/h =2.4mm

地面净雨量 =7.9mm −2.4mm =5.5mm

第2时段：净雨历时 =6h

地下净雨量 =6h×1.5mm/h =9.0mm

地面净雨量 =171.3mm −9.0mm =162.3mm

第3时段：净雨历时 =6h

地下净雨量 =6h×1.5mm/h =9.0mm

地面净雨量 =46.2mm −9.0mm =37.2mm

第4时段：净雨历时 =6h

地下净雨量 =6h×1.5mm/h =9.0mm

地面净雨量 =24.6mm −9.0mm =15.6mm

③推求设计洪水过程

根据实测雨洪资料分析得到的大洪水单位线如表10-21中第(1)列所示。由设计地面净雨程通过单位线分别推求部分径流，如表10-21中第(3)、(4)、(5)、(6)列所示。将表10-21中第(3)、(4)、(5)、(6)列横向相加即可得到设计地面径流过程，如表10-21中第(7)列所示。

将地下径流过程概化成三角形，地下径流总量 W_g 为：

W_g = 地下净雨×流域面积 =29.4mm×341km^2×1000≈1000×10^{4}m^3

地下径流过程的历时长为地面径流过程历时的2倍，地面径流过程的历时为13个时段，即13×6h =78h，则地下径流过程历时为156h。

地下径流的峰值 $Q_{gm} = 2W_g/(156\times3600) = 35.6\text{m}^3/\text{s}$

地下径流的峰值出现在第13个时段，因此将35.6填入表10-21中第(8)列的第13时段。

其他时段的地下径流量按比例计算出后填入第(8)列的相应位置。

将第(7)列和第(8)列横向相加即可得到设计洪水过程。

表10-21 利用单位线推求设计洪水过程的计算结果表

时段	单位线 (m^3/s)	设计地面净雨(mm)	各净雨的径流过程(m^3/s)				地面径流过程	地下径流过程	设计洪水过程
			$h_1=5.5$	$h_2=162.3$	$h_3=37.2$	$h_4=15.6$			
	(1)	(2)	(3)	(4)	(5)	(6)	(7)	(8)	(9)
0	0.0		0				0	0	0.0
1	8.4	5.5	4.6	0			4.6	2.7	7.4
2	49.6	162.3	27.3	136.3	0		163.6	5.5	169.1
3	33.8	37.2	18.6	805.0	31.2	0	854.8	8.2	863.1

（续）

时段	单位线（m^3/s）	设计地面净雨（mm）	各净雨的径流过程（m^3/s）				地面径流过程	地下径流过程	设计洪水过程
			$h_1=5.5$	$h_2=162.3$	$h_3=37.2$	$h_4=15.6$			
	(1)	(2)	(3)	(4)	(5)	(6)	(7)	(8)	(9)
4	24.6	15.6	13.5	548.6	184.5	13.1	759.7	11.0	770.7
5	17.4		9.6	399.3	125.7	77.4	611.9	13.7	625.6
6	10.8		5.9	282.4	91.5	52.7	432.6	16.4	449.0
7	7.0		3.9	175.3	64.7	38.4	282.2	19.2	301.4
8	4.4		2.4	113.6	40.2	27.1	183.4	21.9	205.3
9	1.8		1.0	71.4	26.0	16.8	115.3	24.6	139.9
10	0.0		0.0	29.2	16.4	10.9	56.5	27.4	83.9
11				0.0	6.7	6.9	13.6	30.1	43.7
12					0	2.8	2.8	32.9	35.7
13						0	0	35.6	35.6
14								32.9	32.9
15								30.1	30.1
16								27.4	27.4
17								24.6	24.6
18								21.9	21.9
19								19.2	19.2
20								16.4	16.4
21								13.7	13.7
22								11.0	11.0
23								8.2	8.2
24								5.5	5.5
25								2.7	2.7
26								0.0	0.0

例 10-9 某流域地处湿润地区，面积 $F=4200\text{km}^2$，洪水灾害频发，为了防治洪水灾害，拟修建水库。需要计算百年一遇的设计洪水。该设计流域有 4 年实测流量资料（2015—2018），并且有其他有关流域自然地理情况及气象资料等。

解：根据上述资料情况，该流域属于流量资料不足但具有充分暴雨资料的情况，故可应用由设计暴雨推求设计洪水的方法计算百年一遇的设计洪水。流域面积大，防洪要求高，设计时段选择为 15 天。具体计算过程如下：

①推求设计暴雨过程

首先对本流域面雨量资料系列进行频率计算，求得百年一遇的各种时段设计值，成果见表 10-22。其次根据流域中某测站的各次大暴雨过程资料选择典型暴雨，暴雨过程、统计该典型的暴雨特征，以及最后按同频率法计算设计暴雨过程成果见表 10-23。

表 10-22 同频率倍比放大计算结果表 单位：mm

设计时段	t(d)	1	3	7	15
典型暴雨的时段雨量	雨量 P_D	60	105.3	145.4	179.4
设计暴雨的时段雨量	雨量 P_P	108	181	270	328
放大倍比	$K=\Delta P_P/\Delta P_D$	1.80	1.61	2.22	1.71

表 10-23 设计暴雨过程计算结果表 单位：mm

设计时段 $\Delta t=24$h	1	2	3	4	5	6	7	8	9	10	11	12	13	14	15
典型暴雨	6.0	15.0	5.0				13.8	6.1	20.0	0.2	0.9	60.0	44.4		8.0
放大倍比	1.71	1.71	1.71	1.71	1.71	1.71	2.22	2.22	2.22	2.22	1.61	1.80	1.61	1.71	1.71
设计暴雨	10.3	25.7	8.6				30.4	13.4	44.0	0.4	1.5	108.0	72.4		13.7

②推求设计净雨过程

根据流域内4年的流量资料及相应的降雨资料，进行径流量和雨量关系分析，得出 $P+P_a-R$ 的相关图，如图10-8所示。

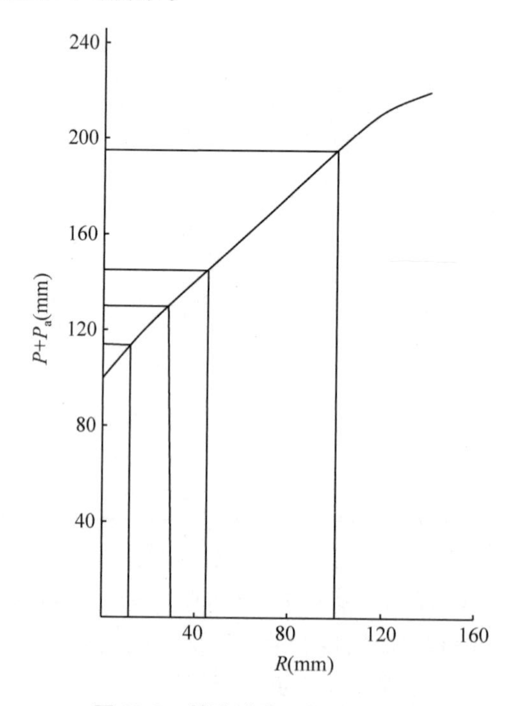

图 10-8 某流域降雨径流相关图

由于研究流域地处湿润地区，汛期雨水充沛，另外设计标准较高，故可以假定在设计暴雨开始时，前期影响雨量 $P_a=I_m=100$mm，前期影响雨量的消退系数 $K=0.92$。

根据 $P+P_a-R$ 相关图与设计暴雨过程，利用 $P+P_a$ 查图10-8可求得设计净雨过程，计算结果如表10-24所示。

表 10-24 设计净雨过程计算 单位：mm

	日期(设计时段)							备注
	7	8	9	10	11	12	13	
设计暴雨过程(mm)	30.4	13.4	44.0	0.4	1.5	108.0	72.4	$P_{a,t+1}=K(P_{a,t}+P_t)$
各时段的 P_a 值	100.0	100.0	100.0	100.0	92.4	86.4	100.0	$K=0.92$
设计净雨量(mm)	30.0	13.0	44.0	0	0	98.5	72.0	

③推求设计洪水过程

由设计净雨过程用单位线法求设计洪水过程线。根据4年降雨与流量资料，分析得出单位时段为24h的单位线，如表10-25所示。

表 10-25 单位时段为 24h 的 10mm 单位净雨单位线(每 12h 取一个数值) 单位：m^3/s

时刻(h)	0	12	24	36	48	60	72	84	96	108	120	132	144	156	168
流量	0	300	550	480	400	310	200	130	80	50	30	20	15	10	0

由设计净雨过程和单位线即可求得设计洪水过程。需要注意的是分析和绘制降雨径流相关图时都已经去了基流，因此在推求设计洪水过程时应该将基流一并计入。按理说各次洪水的基流应该不相同，但为了便于说明取平均值作为设计基流，本例中取设计基流为 $100m^3/s$。列表推算的设计洪水过程线如表10-26和图10-9所示。

表 10-26 设计洪水过程计算

日期(月.日)	时间(h)	净雨(mm)	单位线(m^3/s)	各净雨产生的地面径流(m^3/s)					地面径流(m^3/s)	基流(m^3/s)	设计洪水过程线(m^3/s)
				30.0mm	13.0mm	44.0mm	98.5mm	72.0mm			
7.7	0	30.0	0	0					0	100	100
	12		300	900					900	100	1000
7.8	0	13.0	550	1650	0				1650	100	1750
	12		480	1440	390				1830	100	1930
7.9	0	44.0	400	1200	715	0			1915	100	2015
	12		310	930	624	1320			2876	100	2974
7.10	0	0	200	600	520	2420			3540	100	3640
	12		130	390	403	2110			2930	100	3030
7.11	0	0	80	240	260	1760			2260	100	2360
	12		50	150	169	1360			1579	100	1679
7.12	0	98.5	30	90	104	880	0		1074	100	1174
	12		20	60	65	572	2960		3657	100	3757
7.13	0	72.0	15	450	39	352	5420	0	5856	100	5956
	12		10	30	26	220	4730	2160	7166	100	7266
7.14	0		0	0	20	132	3940	3960	8052	100	8152
	12				13	242	3050	3460	6765	100	6865

（续）

日期（月．日）	时间（h）	净雨（mm）	单位线（m^3/s）	各净雨产生的地面径流（m^3/s）30.0mm	13.0mm	44.0mm	98.5mm	72.0mm	地面径流（m^3/s）	基流（m^3/s）	设计洪水过程线（m^3/s）
7.15	0				0	66	1970	2880	4916	100	5016
	12					44	1280	2230	3554	100	3654
7.16	0					0	788	1440	2228	100	2328
	12						493	936	1429	100	1529
7.17	0						296	576	872	100	972
	12						197	360	557	100	657
7.18	0						148	216	364	100	464
	12						98	144	242	100	342
7.19	0						0	103	103	100	208
	12							72	72	100	172
7.20	0							0	0	100	100

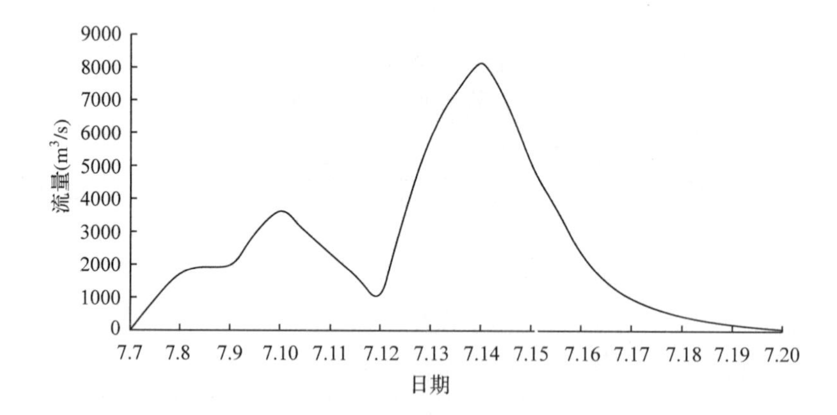

图10-9 某河某站百年一遇设计洪水过程线

根据该设计断面处洪水调查资料，在1908年发生过特大洪水，其洪峰流量为10000m^3/s，估计其重现期为百年一遇。与上述设计成果 $Q_m=8152m^3/s$ 比较，二者相当接近，可见设计成果与实际调查结果接近，说明成果可靠性高。

10.5 小流域设计洪水计算

在水土保持工作中小流域一般是指面积小于30～50km^2的流域。小流域的水土保持、农田水利、生态环境和交通建设中，需要修建淤地坝、小型水库、谷坊、塘堰、排洪渠、桥梁、涵洞等设施。在规划设计这些水利、水保工程时必须进行设计洪水计算。理论上设计洪水的推求可以采用由流量资料或由暴雨资料推求的方法，但是小流域往往既无实测流量资料，又无实测暴雨资料，因此难以应用由流量资料或由暴雨资料推求设计洪水的方法。

小流域设计洪水计算广泛应用于中型和小型水利工程、水土保持工程中，小城镇和工矿地区的防洪工程，都必须进行设计洪水计算。与大、中流域的洪水设计相比，小流域设计洪水具有以下三方面的特点。

①小流域中往往缺乏暴雨和流量观测，小流域设计洪水是在缺少资料，特别是缺少流量资料的情况下进行。

②小流域中的小型工程对洪水的调节能力一般都较小，工程规模主要受洪峰流量控制，小流域设计洪水主要是推求洪峰流量，设计洪水过程一般进行概化处理。

③小流域的小型工程数量多，分布广，计算方法应力求简便，易于掌握和应用。

小流域设计洪水计算工作已有100多年的历史，计算方法在逐步充实和发展，由简单到复杂，由计算洪峰流量到计算洪水过程。归纳起来，有推理公式法、综合单位线法、经验公式法、洪水调查法以及水文模型等方法。最主要的方法是推理公式法。

推理公式是1851年爱尔兰人莫万尼提出并建立的，用于计算小流域的洪峰流量和城市的排水流量，是由暴雨推求小流域设计洪峰流量的一种简化计算方法，尤其适用于几十平方千米的小流域，因为只有在这样的小流域上，推理公式的假定条件才比较符合实际情况。

推理公式采用超渗产流的概念和理论，是以线性汇流为基础，从等流时线原理出发，假定在净雨历时内净雨强度(产流强度)的时空分布均匀，经过流域汇流之后在流域出口形成洪峰流量。用推理公式求小流域设计洪峰流量是全世界各地区广泛采用的一种方法，由于对暴雨、产流及汇流的处理方式不同，形成的推理公式也不尽相同。

我国水利水电部门应用最广泛的推理公式，是1959年由水利水电科学研究院水文研究所提出，经过几十年的使用和改进，积累了大量经验，并提出了一些改进意见，1998年由河海大学华家鹏提出的改进方法更接近实际情况，计算方法更加合理。

10.5.1　小流域设计暴雨计算

由于小流域面积小，暴雨在空间分布上的变化较小，常以流域中心点的降雨量代表小流域的面雨量。因此，小流域设计暴雨计算就是推求流域中心点符合某一频率的在设计历时内的暴雨强度，但小流域内经常没有降雨观测点，缺少实测的暴雨资料系列。为此设计暴雨经常采用公式进行计算。

(1)暴雨计算公式及参数的推求

一次暴雨过程中暴雨强度与暴雨历时呈反比，即暴雨强度随暴雨历时的增大而减小。对于小流域而言，暴雨历时一般采用24h。水文学中经常采用的暴雨公式为：

$$i_{tp} = \frac{S_p}{t^n} \tag{10-29}$$

$$P_{tp} = \frac{S_p}{t^n} \times t = S_p t^{1-n} \tag{10-30}$$

式中：i_{tp}是历时为t，频率为p的暴雨强度；S_p为频率为p的暴雨雨力，即历时为1h时的暴雨强度；t为暴雨历时；n为衰减指数；P_{tp}是历时为t，频率为p的暴雨量。该暴雨公式结构形式简单，使用方便，但暴雨强度与暴雨历时关系并不是连续函数，在历时

$t=1$h处有一突变点。另外边界条件也不太好，如 $t\to 0$ 则 $i\to\infty$，显然与实际情况不符，但 $t=0$ 并无意义。

如果对公式 $P_{tp}=S_p t^{1-n}$ 两边取对数，便可得到：

$$\ln P_{tp}=\ln S_p+(1-n)\ln t \tag{10-31}$$

如果将公式(10-31)绘制在双对数坐标中，$\ln P_{tp}$与 $\ln t$ 应该成直线关系，但是对大量的暴雨实测数据进行分析后得出，在 $t=1$h 处经常会出现转折点。在水文计算中当 $t<1$h 时取用 n_1，当 $t>1$h 时取用 n_2(图 10-10)。

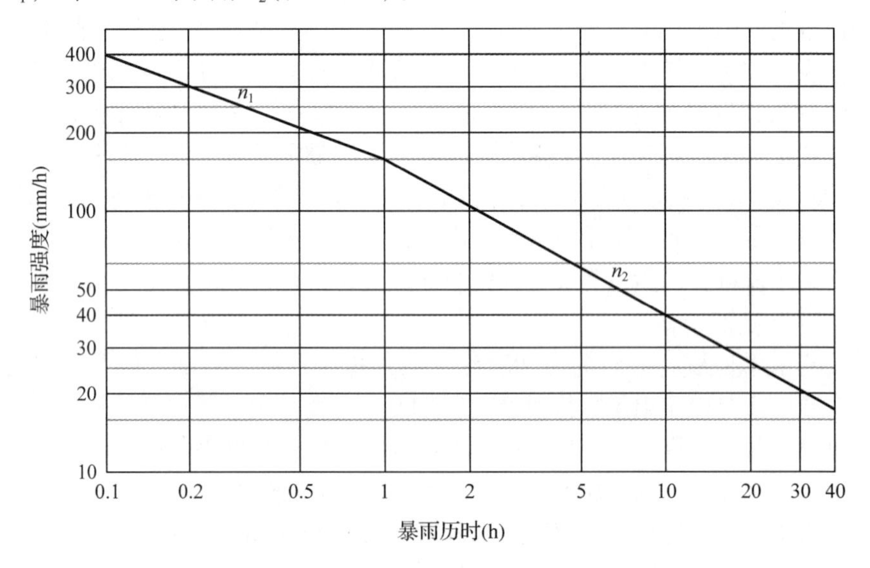

图 10-10　暴雨强度与历时关系图

对于无暴雨资料的地区，可通过查阅当地《水文手册》中的 S_p等值线图和 n 值分区图计算暴雨强度。如缺少 S_p等值线图，可根据当地《水文手册》查得当地 24h 的暴雨的统计参数 $\overline{P}_{24}$ 、C_v和 C_s，以 $t=24$h 作为设计暴雨历时即可求得 S_p。

$$S_p=\overline{P}_{24p}\times 24^{1-n}=K_p\times\overline{P}_{24}\times 24^{n-1} \tag{10-32}$$

例 10-10　北京怀柔雁溪河流域拟修建小型水库，查《北京市水文手册》得 $\overline{P}_{24}=110$mm，$C_v=0.7$，$C_s=3.5C_v$，$n=0.588$。试求净雨历时为 5.3h，50 年一遇的暴雨强度和暴雨量。

解：根据 $C_v=0.7$、$C_s=3.5C_v$、$P=2\%$ 查阅皮尔逊Ⅲ型曲线表或利用公式计算可得 $K_p=3.12$。

$$S_p=\overline{P}_{24p}\times 24^{1-n}=K_p\times\overline{P}_{24}\times 24^{n-1} \tag{10-33}$$

$$=3.12\times 110\times 24^{0.588-1}=92.7\text{mm/h}$$

50 年一遇历时 5.3h 的暴雨量为：

$$P_{tp}=\frac{S_p}{t^n}\times t=S_p t^{1-n} \tag{10-34}$$

$$=92.7\times 5.3^{1-0.588}=184\text{mm}$$

50 年一遇历时 5.3h 的暴雨强度为：

$$i_{tp} = \frac{S_p}{t^n} \tag{10-35}$$

$$=92.7/5.3^{0.588}=34.8\text{mm/h}$$

10.5.2 推理公式

推理公式是以等流时原理为基础，通过产流、汇流分析，由设计暴雨推求洪水的计算模型。小流域出口断面的流量是由小流域内的净雨量汇集而成，净雨从流域内某一点流到出口断面所需要的时间称为汇流时间 τ；流域最远点的净雨流到出口断面所需要的时间称为流域汇流时间 τ_m；流域内汇流时间相等的点的连线称为等流时线；相邻两条等流时线间的面积称为等流时面积 f。

同一块等流时面积上的净雨汇集后同时到达流域出口断面，离流域出口最近的第 1 块等流时面积 f_1 上的净雨最先流出，第 2 块等流时面积 f_2 上的净雨错后一个时段 $\Delta\tau$ 从流域出口流出，以此类推，直到离流域出口最远的等流时面积上的净雨从流域出口流出为止，这就是等流时原理。

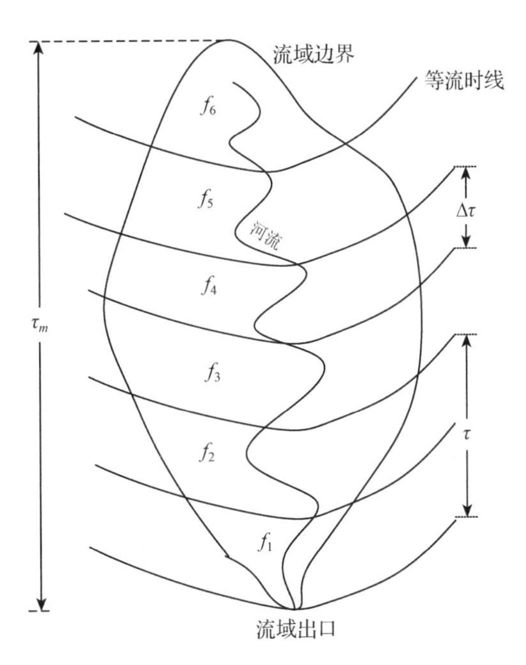

图 10-11 等流时线示意图

(1) 利用等流时线计算流域汇流的步骤

①选定汇流时段长 $\Delta\tau$：即两相邻等流时线的汇流历时差，一般取 $\Delta\tau$ 等于暴雨时段 Δt。

②确定一次洪水的平均汇流速度 V：大流域的河网长度远大于坡面长度，坡面汇流时间比河槽汇流时间小很多，可忽略。大流域可以根据河道中的水流速度确定回流速度，也可以根据谢才公式进行不同水深条件下的汇流速度。而对于小流域必须可分别计算坡面和河道的汇流速度。

③确定等流时线和等流时面积：以 $\Delta S = V\times\Delta\tau$ 为相邻等流时线的间距，自流域出口断面起，以 ΔS、$2\Delta S$、$3\Delta S$ 等为半径画弧线，这些弧线可以近似认为是等流时线。

④计算出口断面流量过程。量出各等流时面积 f_1，f_2，f_3，…，f_n。扣除降雨损失，求得时段净雨量 h_i，并取 $\Delta t=\Delta\tau$。

流域出口断面在时刻 t 的流量 Q_t 是由第 1 块等流时面积 f_1 上本时段的净雨量 h_t，第 2 块面积 f_2 上前一个时段的净雨量 h_{t-1}，第 3 块面积 f_3 上前两个时段的净雨量 h_{t-2}，第 4 块面积 f_4 上前三个时段的净雨量 h_{t-3}……合成的。即：

$$Q_t = h_t f_1 + h_{t-1} f_2 + h_{t-2} f_3 + \cdots + h_{n-1} f_n \tag{10-36}$$

式中：h_t，h_{t-1}，h_{t-2}，…，h_{n-1} 分别表示本时段、前 1 时段、前 2 时段……前 $n-1$ 时段的净雨量；f_1，f_2，f_3，…，f_n 为等流时面积。

例10-11 某流域面积为854km^2，经分析共有5个等流时面积，2007年8月6~7日之间共有3个净雨过程，净雨量分别为11.2mm、21.6mm、5.3mm，参见表10-27。试用等流时线原理计算流域出口的洪水过程。

表10-27 某流域净雨过程、等流时面积及流域出口洪水过程计算表

时间（年.月.日.时）	净雨过程（mm）	等流时面积（km^2）	部分径流过程			洪水过程（m^3/s）
			11.2mm	21.6mm	5.3mm	
(1)	(2)	(3)	(4)	(5)	(6)	(7)
2007.8.6.6:00	0	0	0	0	0	0
2007.8.6.12:00	11.2	104	54	0	0	54
2007.8.6.18:00	21.6	188	97	104	0	201
2007.8.7.0:00	5.3	262	136	188	26	349
2007.8.7.6:00		214	111	262	46	419
2007.8.7.12:00		86	45	214	64	323
2007.8.7.18:00		0	0	86	53	139
2007.8.8.0:00			0	0	21	21
2007.8.8.6:00			0	0	0	0

解：计算时段$\Delta t=6\text{h}$，共有3个净雨时段，5个等流时面积。

①计算第1个时段11.2mm净雨形成的径流过程。利用11.2mm乘以等流时面积，再除以时段长。如11.2mm净雨在第1块等流时面积上形成的流量为：

$$11.2\text{mm}/1000\times104\text{km}^2\times1000000/(6\text{h}\times3600\text{s})6=54\text{m}^3/\text{s}$$

以此类推，计算出11.2mm净雨在第2、3、4、5块等流时面积上形成的流量，并填入表10-27中的第(4)列。

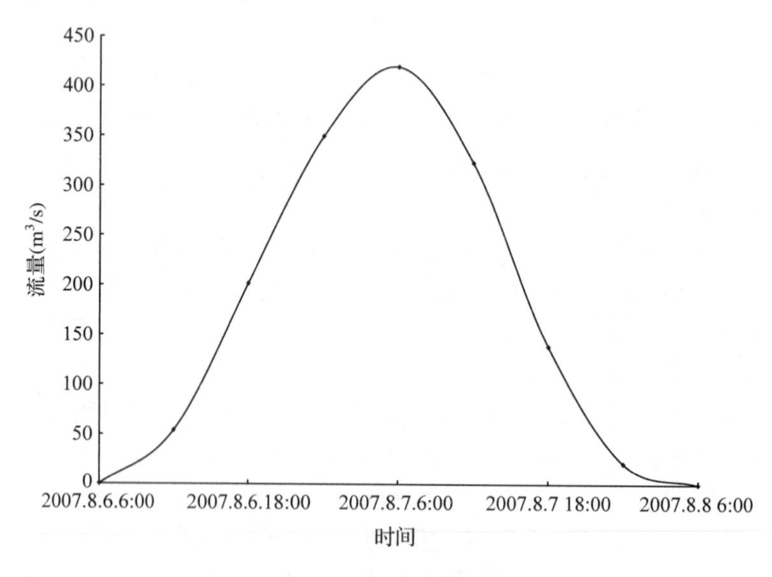

图10-12 洪水过程图

同理，可以求出21.6mm净雨、5.3mm净雨在这5块等流时面积上形成的流量，分别填入表10-27中的第(5)列和第(6)列。

②计算洪水过程。将3个净雨时段在5块等流时面积上形成的径流过程相加即可得到洪水过程，即将第(4)列、第(5)列、第(6)列横向相加得出第(7)列。

(2)净雨历时 t_c 与流域汇流历时 τ_m 对流量过程线的影响

暴雨过程中假设流域的平均损失强度为 μ，暴雨强度过程线与损失强度过程线相交两点，两点间的暴雨强度 i 大于损失强度 μ，产生地表径流(净雨)。径流开始产生到径流终止所经历的时间称为产流历时 t_c，也称为净雨历时。雨强过程线和损失过程线之间所包围的面积称为总净雨深(也称径流量、净雨量)。

净雨历时 t_c 与流域汇流历时 τ_m 之间在数量上存在 $t_c<\tau_m$、$t_c=\tau_m$、$t_c>\tau_m$ 三种关系。

①第一种情况 $t_c<\tau_m$

假设 $t_c=\Delta t$，$\tau_m=3\Delta t$，满足 $t_c<\tau_m$，即有1个时段的净雨量 h，3个等流时面积，分别为 f_1、f_2、f_3。暴雨强度 $i=h/\Delta t$。

时段开始时 $t=0$，流域出口的流量 $Q_0=0$。

第1时段：$t_1=\Delta t$，第1块等流时面积 f_1 上的净雨量 h 在第1时段末从流域出口流出，出口断面的流量为 $Q_1=f_1h/\Delta t$。

第2时段：$t_2=2\Delta t$，第2块等流时面积 f_2 上的净雨量 h 在第2时段末从流域出口流出，出口断面的流量为 $Q_2=f_2h/\Delta t$。

第3时段：$t_3=3\Delta t$，第3块等流时面积 f_3 上的净雨量 h 在第3时段末从流域出口流出，出口断面的流量为 $Q_3=f_3h/\Delta t$。

第4时段：$t_4=4\Delta t$，所有净雨量均已经流出，此时 $Q_4=0$。

显而易见，出口断面的流量中最大的洪峰流量 Q_m 为 Q_1、Q_2、Q_3 中的最大者，而 Q_1、Q_2、Q_3 的大小主要取决于 f_1、f_2、f_3 面积的大小。即：

$$Q_m=F_0h/\Delta t \tag{10-37}$$

式中：F_0 为最大等流时面积，即形成洪峰 Q_m 的等流时面积。可见洪峰流量 Q_m 由部分流域面积上的净雨形成，水文学中将洪峰流量由部分流域面积上的净雨汇集而成的汇流方式称为部分汇流。

②第二种情况 $t_c=\tau_m$

假设 $t_c=3\Delta t$，$\tau_m=3\Delta t$，满足 $t_c=\tau_m$，即有3个时段的净雨量 h_1、h_2、h_3，3个等流时面积，分别为 f_1、f_2、f_3。设 $h_1=h_2=h_3=h$，暴雨强度 $i=h/\Delta t$。

时段开始时 $t=0$，流域出口的流量 $Q_0=0$。

f_1、f_2、f_3 上第1时段的净雨形成的流量分别在1、2、3时段从流域出口流出。

f_1、f_2、f_3 上第2时段的净雨形成的流量分别在2、3、4时段从流域出口流出。

f_1、f_2、f_3 上第3时段的净雨形成的流量分别在3、4、5时段从流域出口流出。

第6时段时所有净雨形成的流量均已经从流域出口流出，$Q_6=0$

$$Q_1=f_1h_1/\Delta t=f_1h/\Delta t$$

$$Q_2=f_1h_2/\Delta t+f_2h_1/\Delta t=f_1h/\Delta t+f_2h/\Delta t$$

$$Q_3=f_1h_3/\Delta t+f_2h_2/\Delta t+f_3h_1/\Delta t=f_1h/\Delta t+f_2h/\Delta t+f_3h/\Delta t$$

$$=(f_1+f_2+f_3)h/\Delta t=Fh/\Delta t$$

$Q_4 = f_2h_3/\Delta t + f_3h_2/\Delta t = f_2h/\Delta t + f_3h/\Delta t$

$Q_5 = f_3h_3/\Delta t = f_3h/\Delta t$

$Q_6 = 0$

式中：F 为等流时面积之和，即流域面积。可见形成洪峰流量 Q_m 的等流时面积是整个流域面积。洪峰流量 Q_m 由整个流域面积上的净雨形成，水文学中将洪峰流量由整个流域面积上的净雨汇集而成的汇流方式称为全面汇流。

③第三种情况 $t_c > \tau_m$

假设 $t_c = 4\Delta t$，$\tau_m = 3\Delta t$，满足 $t_c > \tau_m$，即有4个时段的净雨量 h_1、h_2、h_3、h_4，3个等流时面积，分别为 f_1、f_2、f_3。设 $h_1 = h_2 = h_3 = h_4 = h$，暴雨强度 $i = h/\Delta t$。

时段开始时 $t = 0$，流域出口的流量 $Q_0 = 0$。

f_1、f_2、f_3 上第1时段的净雨形成的流量分别在1、2、3时段从流域出口流出。

f_1、f_2、f_3 上第2时段的净雨形成的流量分别在2、3、4时段从流域出口流出。

f_1、f_2、f_3 上第3时段的净雨形成的流量分别在3、4、5时段从流域出口流出。

f_1、f_2、f_3 上第4时段的净雨形成的流量分别在4、5、6时段从流域出口流出。

第7时段时所有净雨形成的流量均已经从流域出口流出，$Q_7 = 0$

$Q_1 = f_1h_1/\Delta t = f_1h/\Delta t$

$Q_2 = f_1h_2/\Delta t + f_2h_1/\Delta t = f_1h/\Delta t + f_2h/\Delta t$

$Q_3 = f_1h_3/\Delta t + f_2h_2/\Delta t + f_3h_1/\Delta t = f_1h/\Delta t + f_2h/\Delta t + f_3h/\Delta t$

$\quad = (f_1 + f_2 + f_3)h/\Delta t = Fh/\Delta t$

$Q_4 = f_1h_4/\Delta t + f_2h_3/\Delta t + f_3h_2/\Delta t = f_1h/\Delta t + f_2h/\Delta t + f_3h/\Delta t$

$\quad = (f_1 + f_2 + f_3)h/\Delta t = Fh/\Delta t$

$Q_5 = f_2h_4/\Delta t + f_3h_3/\Delta t = f_2h/\Delta t + f_3h/\Delta t$

$Q_6 = f_3h_4/\Delta t = f_3h/\Delta t$

$Q_7 = 0$

可见，在 $t_c > \tau_m$ 时，洪峰流量 Q_m 也是由整个流域面积上的净雨汇集而成，也属于全面汇流。

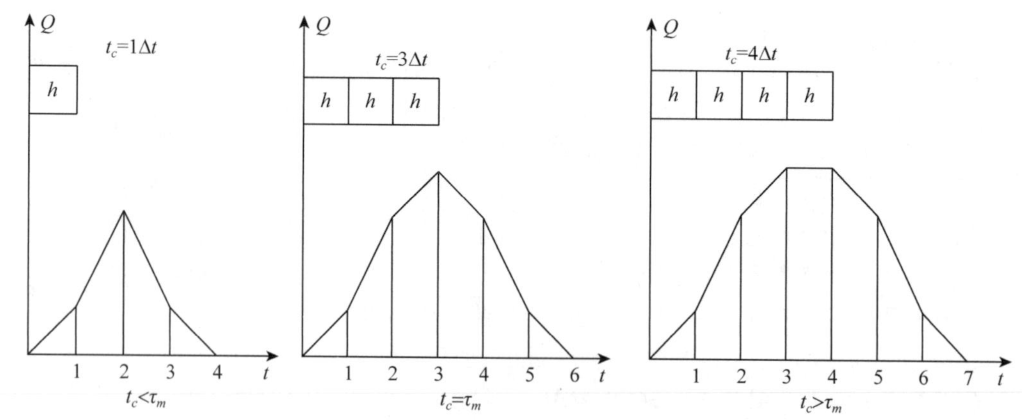

图10-13　净雨历时 t_c 与流域汇流历时 τ_m 对流量过程线的影响

(3)推理公式的基本形式

从前文的分析可以知道，当 $t_c \geq \tau_m$ 时为全面汇流，

$$Q_m = F \times h/\Delta t = F \times i \times \Psi \tag{10-38}$$

式中：Q_m 为洪峰流量；i 为历时 τ 内的平均暴雨雨强；Ψ 为成峰径流系数；F 为流域面积。

当 $t_c < \tau_m$ 时为部分汇流，

$$Q_m = F_0 \times h/\Delta t = F_0 \times h/t_c \tag{10-39}$$

式中：F_0 为最大等流时面积，即形成洪峰 Q_m 的等流时面积。

对于小流域而言，可以将流域形状概化为矩形，

$$F/\tau_m = F_0/t_c \tag{10-40}$$

$$Q_m = F_0 \times h/t_c = h \times F/\tau_m = F \times i \times \Psi \tag{10-41}$$

可见，不论是 $t_c \geq \tau_m$ 还是 $t_c < \tau_m$，洪峰流量计算的基本形式均为 $Q_m = F \times i \times \Psi$

为了计算洪峰流量，必须求出暴雨强度 i 和成峰径流系数 Ψ。暴雨强度 i 可以通过设计暴雨计算加以确定(参见 10.5.1)，成峰径流系数 Ψ 可以通过产流计算确定，但是对于全面汇流和部分汇流而言，成峰径流系数 Ψ 的确定方法不同，为此必须通过汇流计算以确定流域汇流历时 τ_m，判断是全面汇流还是部分汇流。确定了这几个参数，便可求出小流域的设计洪峰流量 Q_m。

(4)产流计算

产流计算就是由设计暴雨推求设计净雨的计算，设计暴雨扣除设计条件下的各种损失即为设计净雨，常采用径流系数法。产流计算的实质就是求成峰径流系数 Ψ，成峰径流系数 Ψ 是流域汇流历时 τ_m 内的净雨总量 h_τ 和暴雨总量 H_τ 的比值，即：

$$\Psi = h_\tau/H_\tau = (H_\tau - \gamma_\tau)/\mathrm{H}_\tau = 1 - \gamma_\tau/H_\tau \tag{10-42}$$

式中：γ_τ 为历时 τ 内的损失量。

由于产流历时 t_c 与流域汇流历时 τ_m 存在 $t_c \geq \tau_m$、$t_c = \tau_m$、$t_c < \tau_m$ 三种情况，因此成峰径流系数 Ψ 的计算也分三种情况，而且需要首先确定出产流历时 t_c。

①产流历时 t_c 的确定

小流域的洪峰流量主要由暴雨过程中的主雨峰形成，主雨峰的暴雨量和暴雨强度公式为：

$$H_t = S \times t^{1-n} \tag{10-43}$$

将式(10-43)两边对 t 进行微分可得暴雨强度：

$$i_t = \mathrm{d}H_t/\mathrm{d}t = \mathrm{d}(S \times t^{1-n})/\mathrm{d}t = (1-n) \times S \times t^{-n} \tag{10-44}$$

将式(10-44)进行变换后可得：

$$t = [(1-n) \times S/i_t]^{1/n} \tag{10-45}$$

式中：i_t 为最大暴雨过程中历时 t 的起点和终点的瞬时暴雨强度。当暴雨强度 i_t = 平均损失强度 u 时，即当暴雨过程中，最小瞬时暴雨强度大于产流的临界点时开始产流，当最小瞬时暴雨强度小于产流的临界点时产流结束，这一段历时就是产流历时 t_c。此时上式可改写为：

$$t_c = [(1-n) \times S/u]^{1/n} \tag{10-46}$$

$$u=(1-n)\times S/t_c^{\ n}=(1-n)\times i_{tc} \qquad (10\text{-}47)$$

②成峰径流系数 Ψ 的确定

当 $t_c \geqslant \tau_m$ 时，

$$\Psi=h_\tau/H_\tau=(H_\tau-u\times\tau_m)/H_\tau=1-u\times\tau_m/H\tau_m \qquad (10\text{-}48)$$

因为 $H\tau_m=S\times\tau_m^{\ 1-n}$ 故 $\Psi=1-u\times\tau_m^{\ n}/S$ (10-49)

当 $t_c<\tau_m$ 时，

$$\Psi=h_R/H\tau_m \qquad (10\text{-}50)$$

$$h_R=H_{tc}-u_{tc}=(i_{tc}-u)\times t_c=[i_{tc}-(1-n)\times i_{tc}]\times t_c=n\times i_{tc}\times t_c=n\times S\times t_c^{\ 1-n}$$

$$H\tau_m=S\times\tau_m^{\ 1-n}$$

$$\Psi=h_R/H\tau_m=n\times S\times t_c^{\ 1-n}/(S\times\tau_m^{\ 1-n})=n\times t_c^{\ 1-n}/\tau_m^{\ 1-n} \qquad (10\text{-}51)$$

当 $t_c=\tau_m$ 时，

$$\Psi=h_R/H\tau_m=n\times S\times t_c^{\ 1-n}/(S\times\tau_m^{\ 1-n})=n\times t_c^{\ 1-n}/\tau_m^{\ 1-n}=n \qquad (10\text{-}52)$$

③损失强度 u 值的计算

在推求净雨历时 t_c 及成峰径流系数 Ψ 的公式中，都需要确定平均损失强度 u。u 是产流期间内损失强度的平均值，它反映了下垫面的平均入渗能力和截留能力，其值与土壤的下渗能力、植被、地貌、暴雨特性、土壤前期含水量等密切相关。

在前文的推导中得出过 $h_R=n\times S\times t_c^{\ 1-n}$ 和 $t_c=[(1-n)\times S/u]^{1/n}$，将这两个式子进行合并可得：

$$h_R=n\times S\times[(1-n)\times S/u]^{(1-n)/n} \qquad (10\text{-}53)$$

$$u=(1-n)\times n^{n/(1-n)}\times(S/h_R^{\ n})^{1/(1-n)} \qquad (10\text{-}54)$$

式中：h_R 为设计暴雨所产生的地面径流总量，也就是净雨总量。h_R 可利用设计暴雨量与流域所在地区单峰暴雨的暴雨径流关系确定。也可根据设计频率条件下最大24h的暴雨量 H_{24p} 利用径流系数法计算得到。

$$h_R=h_{24p}=\alpha\times H_{24p} \qquad (10\text{-}55)$$

式中：α 为24h暴雨的径流系数，各省(自治区、直辖市)的《水文手册》中一般都提出了 α 的参考值或计算方法，也提出了计算 u 值的方法。

(5)汇流计算

汇流计算的目的是推求流域汇流历时 τ_m，流域汇流过程按其水力特性可分为坡面汇流和河槽汇流两个阶段。

$$\tau_m=0.278L/V \qquad (10\text{-}56)$$

式中：L 为小流域的汇流长度，包括坡面和主河道的长度；V 为流域平均汇流速度；0.278为单位换算系数。

根据水利学的公式，流域平均汇流速度 V 可近似地用下式计算：

$$V=m\times Q_m^{\ 1/4}\times J^{1/3} \qquad (10\text{-}57)$$

式中：m 为汇流参数；Q_m 为洪峰流量；J 为沿流程的平均纵比降，以小数计。

$$\tau_m=\frac{0.278L}{m\times Q_m^{1/4}\times J^{1/3}} \qquad (10\text{-}58)$$

汇流参数 m 是反映洪水汇流特征的参数，是汇流计算的关键，m 与植被、地形、河

网分布、河槽断面形状、河道糙率等因素密切有关。m 的取值一般是根据实测暴雨径流资料用

$$V = m \times Q_m^{1/4} \times J^{1/3} \tag{10-59}$$

反求。m 值求出后，再用地区综合的办法，建立 m 与相关因素的关系，以供无资料地区使用。各省份《水文手册》都给出了本地区 m 值的经验公式，以供设计时使用。

对于无资料地区，可以查阅当地《水文手册》中的“暴雨径流查算图表”，选用反映流域面积大小和地形条件的流域特征因素 θ 与汇流参数 m 之间建立相关关系。常见的流域特征因素 θ 的计算公式有：

$$\theta = \frac{L}{J^{\frac{1}{3}} F^{\frac{1}{4}}} \tag{10-60}$$

或

$$\theta = \frac{L}{J^{\frac{1}{3}}} \tag{10-61}$$

(6)设计洪峰流量 Q_m 的计算

$$Q_m = 0.278F \times i \times \Psi = 0.278F \times S/\tau_m^{\ n} \times \Psi \tag{10-62}$$

利用上式求解洪峰流量 Q_m 有两个困难。一是 τ_m 在计算之前是未知量，无法判断是属于全面汇流还是部分汇流，也就无法确定成峰径流系数 Ψ 的计算公式。二是方程中有 2 个未知量 Q_m 和 τ_m，不能直接采用代入法求解。因此，常用试算法求解。

试算法的具体步骤如下：

①确定 7 个参数，即流域特征参数 F、L、J，暴雨特性参数 S、n，经验性参数 u、m。

②计算产流历时 $t_c = [(1-n) \times S/u]^{1/n}$。

③假设一个 $Q_{m试}$ 代入公式：

$$\tau_m = \frac{0.278L}{m \times Q_m^{1/4} \times J^{1/3}} \tag{10-63}$$

计算出流域汇流历时 τ_m，将 τ_m 与 t_c 进行比较后，选择成峰径流系数 Ψ 的计算公式。如果 $t_c \geq \tau_m$ 时，全面汇流，$\Psi = 1 - u \times \tau_m^{\ n}/S$；当 $t_c < \tau_m$ 时，部分汇流，$\Psi = n \times t_c^{\ 1-n}/\tau_m^{\ 1-n}$；当 $t_c = \tau_m$ 时，全面汇流，$\Psi = n$。

④将 τ_m 和 Ψ 代入 $Q_m = 0.278F \times S/\tau_m^{\ n} \times \Psi$，计算出 $Q_{m试}$。

⑤比较 $Q_{m试}$ 和 $Q_{m设}$ 是否相等，如不相等，重新假设 $Q_{m试}$，再进行试算，直至十分接近为止。

在计算 Q_m 中，如给出的暴雨衰减指数为 n_1 和 n_2，在面积较小的小流域上计算 τ_m 时，首先设 $n = n_1$，如计算出的 $\tau_m > 1\text{h}$ 时，则改 $n = n_2$ 进行计算。一般流域取 $n = n_2$，如求出 $\tau_m < 1\text{h}$ 时则改为 $n = n_1$。

(7)设计洪水量及洪水过程线的推求

设计洪水总量 W_p 的推求：

$$W_p = F \times h_R = F \times \alpha \times H_{24p} \tag{10-64}$$

式中：W_p 为洪水总量；F 为流域面积，km^2；h_R 为设计净雨深；H_{24p} 为 24h 的暴雨量(mm)；α 为径流系数。

设计洪水过程线的推求：

一般小流域多采用三角形过程线，它是由实测洪水过程线概化而来，简单易行。

洪水历时 $$T = t_1 + t_2 = 2W_p/Q_m \tag{10-65}$$

式中：W_p为设计洪量；Q_m为设计洪峰流量；T为设计洪水过程线总历时；t_1为涨洪历时，即流域汇流历时τ_m；t_2为退洪历时；$t_2/t_1=\lambda$，λ一般取 1~3。

例 10-12 北京密云区拟在面积为$F=92\text{km}^2$的小流域内修建一小型水库，小流域的汇流长度$L=29\text{km}$，河道比降$J=0.0202$，百年一遇 24h 暴雨量$H_{24,1\%}=343\text{mm}$，暴雨衰减指数$n=0.588$，当$H_{24}=343\text{mm}$时，从暴雨径流历时关系中查得$h_{24}=232\text{mm}$。求百年一遇的洪峰流量$Q_{m,1\%}$。

解：①求暴雨参数和汇流参数

$$S = H_{24}/24_{1-n} = 343/24^{1-0.588} = 92.61\text{mm/h}$$

$$u = (1-n)\times n^{n/(1-n)} \times (S/h_R{}^n)^{1/(1-n)} = 4.9\text{mm/h}$$

$$\theta = L/J^{1/3} = 29/0.0202^{1/3} = 106.5$$

根据《北京市水文手册》，汇流参数$m=0.01\times\theta$

$$m = 0.01\times\theta = 106.5\times 0.01 = 1.07$$

②计算净雨历时

$$t_c = [(1-n)\times S/u]^{1/n} \tag{10-66}$$

$$= [(1-0.588)\times 92.61/4.9]^{1/0.588} = 32.8\text{h}$$

③假设$Q_{m,1\%}=750\text{m}^3/\text{s}$

$$\tau_m = \frac{0.278L}{m\times Q_m^{1/4}\times J^{1/3}} \tag{10-67}$$

$$= 0.278\times 29\times 1.07^{-1}\times 750^{-1/4}\times 0.0202^{-1/3} = 5.278\text{h}$$

$t_c > \tau_m$全面汇流，$\Psi = 1 - u\times\tau_m{}^n/S = 1-4.9/92.61\times 5.278^{0.588} = 0.859$

④计算Q_m

$$Q_m = 0.278F\times S/\tau_m{}^n\times\Psi = 0.278\times 92\times 92.61/5.278^{0.588}\times 0.859 = 764.3\text{m}^3/\text{s}$$

与假设$Q_{m,1\%}=750\text{m}^3/\text{s}$不符，重新假设再进行试算。

⑤重新假设

设$Q_{m,1\%}=767\text{m}^3/\text{s}$

$$\tau_m = \frac{0.278L}{m\times Q_m^{1/4}\times J^{1/3}} \tag{10-68}$$

$$= 0.278\times 29\times 1.07^{-1}\times 767^{-1/4}\times 0.0202^{-1/3} = 5.257\text{h}$$

$t_c > \tau_m$全面汇流，$\Psi = 1 - u\times\tau_m{}^n/S = 1-4.9/92.61\times 5.257^{0.588} = 0.86$

$Q_m = 0.278F\times S/\tau_m{}^n\times\Psi = 0.278\times 92\times 92.61/5.257^{0.588}\times 0.86 = 767.7\text{m}^3/\text{s}$

与假设一致，$Q_{m,1\%}=767\text{m}^3/\text{s}$即为所求。

10.5.3 经验公式法

小流域的洪水是暴雨过程作用于小流域下垫面的结果，因此洪水总量、洪峰流量、洪水过程与流域自然地理特征和暴雨特征之间存在某种内在关系，在有暴雨、洪水的实测资料情况下，通过分析洪水特征与流域下垫面自然地理特征、暴雨特征之间的关系，即可建立用于计算洪峰流量、洪水总量的经验公式。这些经验公式具有显著的地区性，适用范围有限，而且往往缺少特大洪水和大洪水资料的验证，无法外延。各省和地区的水文站因有相对较为完整和序列较长的降雨和流量资料，具有建立计算洪水的经验公式的必备条件，有些地区已经建立了洪峰流量与流域面积 F、最大 24h 净雨量 I_{24}、流域形状系数等的关系，设计时可以找当地的《水文手册》进行查看。

(1) 单因素公式

目前各地区使用的最简单的经验公式是以流域面积 F 作为主要影响因素，对其他影响因素用综合系数 C_P 概化后计算设计洪峰流量。

$$Q_{m,P} = K_p \times F^n \tag{10-69}$$

式中：$Q_{m,P}$ 频率为 P 的洪峰流量，m^3/s；F 为流域面积，km^2；K_P 为当地的径流模数，$m^3/(s \cdot km^2)$。K_P 和 n 为随地区和频率而变化的系数和指数，可通过查阅各省、地区的《水文手册》获得。该公式适用于流域面积在 $10km^2$ 以内的小流域，是目前各省份使用最为普遍的经验公式。

表 10-28 C_P 和 n 值参照表

地区	K_p 值					n 值
	频率 P					
	50%	20%	10%	6.7%	4%	
华北	8.1	13.0	16.5	18.0	19.0	0.75
东北	8.0	11.5	13.5	14.6	15.8	0.85
东南沿海	11.0	15.0	18.0	19.5	22.0	0.75
西南	9.0	12.0	14.0	14.5	26.0	0.75
华中	10.0	14.0	17.0	18.0	19.6	0.75
黄土高原	5.5	6.0	7.5	7.7	8.5	0.80

(2) 多参数地区经验公式

很多地区由于观测资料条件的限制，很少有长系列的径流资料，不适宜采用上述的经验公式。为此有人引入降雨参数，并对地形地貌等自然地理因素进行分区后提出了多参数的经验公式。如中国水利水电科学研究院提出的适合于面积小于 $100km^2$ 小流域的经验公式为：

$$Q_{m,P} = C_{1,P} S F^{2/3} \tag{10-70}$$

式中：$C_{1,P}$ 为洪峰流量的地理参数，一般按不同地质地貌分区确定，可通过查地区《水文手册》$C_{1,P}$ 表得到；S 为频率为 P 的暴雨雨力，mm/h。

思考题

1. 什么是设计洪水？设计洪水包括哪三个要素？

2. 推求设计洪水有哪几种途径?

3. 已知某水库设计和典型洪峰、洪量资料(如下表),采用同频率法推求 $P=1\%$ 设计洪水过程线。

某水库设计和典型洪峰、洪量资料

项目	洪峰(m^3/s)	洪量[$m^3/(s\cdot h)$]		
		1d	3d	7d
设计值($P=1\%$)	3530	42600	72400	117600
典型值	1620	20290	31250	57620
起讫日期	21日9:40	21日8:00~22日8:00	19日21:00~22日21:00	16日7:00~23日7:00

第11章 排涝水文计算

本章主要讲述洪涝灾害的形成、排水系统的基本概念和排涝标准、城市排涝的设计暴雨计算和设计流量计算、农业区排涝的设计暴雨计算、入河径流计算等。

11.1 概述

11.1.1 洪涝灾害的形成

洪涝灾害是中国发生频次高、危害范围广、造成损失最严重的自然灾害之一，据不完全统计，自公元前206—1949年的2155年中，共发生水灾1092次，平均约2年发生1次。1949年以来，每年都有不同程度的洪水发生，随着人口增长、经济发展和社会财富的不断集中，洪涝灾害所造成的损失在不断增长。洪涝灾害的形成与气候、地形地貌、水文因素及人类活动等密切相关。

我国绝大部分地区的洪涝灾害是由暴雨形成的，大范围的暴雨主要源于三种天气系统：一是副热带高压和西风带，由此形成的暴雨面积广，持续时间长，降水总量大，常造成大面积的洪涝灾害；二是以热带气旋为代表的低纬度热带天气系统，主要发生在东部沿海，由此形成的洪水历时短，突发性强，且峰值量大，经常造成严重的洪涝灾害；三是在干旱半干旱地区发生的强对流作用导致的局部性雷暴雨，由此形成的暴雨峰值量小，可造成小范围的洪涝灾害。

我国的洪涝灾害多发生在夏季，主要由集中暴雨形成。暴雨的产生主要受季风影响，而雨带的移动与西太平洋副热带高压脊线位置变动密切相关。一般年份的4~5月，暴雨多出现在岭南的珠江流域及沿海地带，6月中旬至7月初雨带北移至长江和淮河流域，江淮地区出现梅雨；7月下旬雨带达到海河及滦河流域、河套地区和东北一带，此时华东和东南沿海一带则处于受热带风暴和台风登陆影响的第二次降水高峰期。8月下旬副高压脊线开始南撤，华北、华中雨季相继结束，在这一时期，如果副高压脊线在某一位置停滞不前，就会在该地区形成持续的大暴雨，1998年长江流域发生的大洪水，就是因为副高压脊线长时间停留在长江流域上空而引起的。另外，热带风暴或台风登陆以后，除在沿海地区形成暴雨外，少数台风深入内地与南北大陆性低涡气流和西南部气旋性气流相遇，也会产生特大暴雨，1998年8月造成淮河上游板桥水库、石漫滩水库决堤的特大暴雨，都是在这种背景下形成的灾害。在季风环流的影响下，中国大部分地区全年降水量主要集中在夏秋两季，6~9月的降水量可占全年降水量的60%~80%，且多集中在某几次暴雨中，因此，此期间可能形成特大洪涝灾害。

我国洪涝灾害与降水时空分布不均和地势走向关系密切。在时间分布上，降水多集中在7~9月的3个月份，降水强度大，覆盖范围广，常形成特大洪水，极易造成洪涝灾害。在空间分布上，我国幅员辽阔，自然条件复杂多样，从西部的崇山峻岭到东部的滨海平原，都可能产生洪水，其范围约占国土面积的2/3，其中大部分地区都会形成洪涝灾害。我国的年降水量呈现东南沿海地区最高，并逐步向西北内陆地区递减的态势，且地势由西向东倾斜，大河源头都位于西部山区，而东部多为平原，从西部山区汇集的雨水大部分流向东部平原，这必然造成东部地区容易出现洪涝灾害，而东部地区在遭遇洪涝时，损失也最为惨重。因为我国人口和经济发达程度分布的大轮廓是从东南向西北递减，东部地区面积仅为$73.8\times10^4 km^2$，约占国土面积的8%，但人口却占全国近50%，耕地占35%，工农业总产值占全国的2/3左右，洪水泛滥成灾时，必然对全国经济发展产生深远影响。当然西部地区也会发生洪涝灾害，自古以来西部地区洪涝灾害的损失比东部地区小，但随着经济的发展和人民生活水平的提高，防洪减灾的任务也很重。

我国洪涝灾害的发生除了自然因素外，不合理的人类活动更是不可忽视的因素。如流域上游大规模的森林砍伐、陡坡开荒等必然引发洪涝灾害，不但造成本流域生态环境的恶化、水土流失的加剧，还会造成下游河道的泥沙淤积，进一步加剧下游地区的防洪压力。如大兴安岭和小兴安岭森林面积的变化，对嫩江洪水产生过明显影响；长江、珠江流域的山丘区森林覆盖率的减少和陡坡开荒，也加重过山洪灾害的发生。人水争地，围湖造田，缩减蓄滞洪区，会明显增加洪水泛滥的几率。长江流域由于泥沙淤积和围湖造田，湖泊面积减少了40%，湖泊容积减少47%，达$567\times10^8 m^3$，从而进一步促进了1998年长江超限洪水的泛滥成灾。

受地形和地貌格局的影响，我国的暴雨洪水灾害总体上呈现自西北向东南沿海逐渐增强的趋势，且主要分布在大兴安岭—大青山—贺兰山—六盘山—岷山—横断山脉以东的地区，同时以长江、黄河的下游及沿海地区最为严重，其次是四川盆地、关中平原及云贵高原的东部。

融水型洪水包括融雪洪水、融冰洪水和冰凌洪水三类，主要分布在西部、西北和东北山区。融雪洪水和融冰洪水是由于积雪和冰川融化而形成的洪水，融雪洪水发生在每年的4~5月，融冰洪水发生在7~8月。大量冰凌堆积成坝，阻塞河道，致使上游河水大幅壅高，气温回升冰凌融化后，冰坝溃消，蓄水突然下泻，就形成了冰凌洪水。我国的冰凌洪水主要发生在黄河的宁夏和内蒙古河段，其次发生在松花江的部分河段。

我国涝渍灾害主要发生在东部河流的中下游平原地区，包括三江平原、嫩江平原、辽河平原、河套平原、关中平原、冀中平原、淮北平原、江汉平原、长江中下游平原和珠江三角洲平原。1954年夏季长江中下游发生特大洪水，湖北、湖南、江西、安徽、江苏五省123个县市受灾，淹没农田$317\times10^4 hm^2$，受灾人口达1888万人，损毁房屋428万间，京广铁路100天不能正常通车，直接经济损失约为100亿元。

洪涝灾害的严重性与人类社会的防洪减灾能力直接相关，我国经济尚不发达，承灾能力整体较为脆弱，防洪减灾能力亦处在较低的水平。因此，洪涝灾害不仅经常发生，而且灾情严重，对社会经济造成较为深远的影响。洪涝灾害具有周期性的变化特点，20世纪30年代、50年代、90年代灾情比较严重，1990—2000年洪涝灾害在轻重交替中呈

不断增强的趋势，这种变化在长江、松花江流域更为明显

因暴雨产生的地面径流不能及时排除，使得低洼区淹水造成财产损失，或使农田积水超过作物耐淹能力，造成农业减产的灾害，称为涝灾。

降雨过量是发生涝灾的主要原因，灾害的严重程度往往与降雨强度、持续时间、降雨量和分布范围有关。我国南方地区的降雨量大、频次高，汛期容易成涝致灾。北方地区雨量虽然小于南方，但汛期降雨比较集中，降雨强度相对较大，因此，北方的涝灾程度也非常严重。

涝灾最易发生在地形平坦的地区，可以分为平原坡地、平原洼地、水网圩区及城市等几类易涝区。

(1)平原坡地。平原坡地主要分布在大江大河中下游的冲积平原或洪积平原，地域广阔、地势平坦，虽有排水系统和一定的排水能力，但在较大降雨情况下，往往因坡面漫流缓慢或洼地积水而形成灾害。属于平原坡地类型的易涝地区，主要是淮河流域的淮北平原，东北地区的松嫩平原、三江平原与辽河平原，海滦河流域的中下游平原，长江流域的江汉平原等，其余零星分布在长江、黄河及太湖流域。

(2)平原洼地。平原洼地主要分布在沿江、河、湖、海周边的低洼地区，其地貌特点接近平原坡地，但因受河、湖或海洋高水位的顶托，丧失自排能力或排水受阻，或排水动力不足而形成灾害。沿江洼地如长江流域的江汉平原，受长江高水位顶托，形成平原洼地；沿湖洼地如洪泽湖上游滨湖地区，自三河闸建成后由湖泊蓄水而形成洼地；沿河洼地如海河流域大清河两岸的清南、清北地区，处于两侧洪水河道堤防的包围之中。

(3)水网圩区。在江河下游三角洲或滨湖冲积平原、沉积平原，水系多为网状，全年或汛期水位超出耕地地面高程，因此，必须筑圩(垸)防御洪水淹没农田，并依靠动力排除圩内积水。当排水动力不足或遇超标准降雨时，则形成涝灾，如太湖流域的阳澄淀泖地区，淮河下游的里下河地区，珠江三角洲，长江流域的洞庭湖、鄱阳湖滨湖地区等，均属这一类型。

(4)城市。城市面积远小于天然流域的集水面积，一般需划分为若干管道排水片，每个排水片由雨水井收集降雨产生的地面径流。因此，城市雨水井单元集流面积是很小的，地面集流时间在10min之内；管道排水片的服务面积也不大，一个排水片的汇流时间一般不会超过1h，加之城市地势平坦、不透水面积大，短历时高强度的暴雨，会在几十分钟内造成城市地面的严重积水。

11.1.2 排水系统

排水系统是排除地区涝水的主要工程措施，分为农田排水系统和城市排水系统两大类。

农田排水系统的功能是排除农田中的涝水及坡面径流，减少淹水时间和淹水深度，为农作物的正常生长创造一个良好的环境。按照排水功能可分为田间排水系统和主干排水系统。田间排水系统包括畦、格田、排水沟等单元，这些排水单元本身具有一定的蓄水容积，在降雨期可以拦蓄适量的雨水，超过大田蓄水能力的涝水可通过田间排水系统输送至主干排水系统。主干排水系统的主要功能是收集来自于田间排水系统的水量及坡

地径流，并将其迅速输送至系统出口。主干排水系统的基本单元是排水渠道。根据区域排水要求，还可能有堤防、泵站、水闸、涵洞等单元。

城市排水系统的功能是排除城市或村镇涝水，保证道路通畅和居民正常生活。按照排水功能可分为雨水排水系统和河渠排水系统。雨水排水系统的主体单元为雨水口、检查井、排水管网、提升泵站、出水口等，主要功能是收集城市地面的雨水，并将其排入河渠排水系统。河渠排水系统主要功能是收集来自雨水排水系统的出流，并将其迅速输送至系统出口。

在沿江、沿河和滨湖地区由于地势平坦，汛期江河水位经常会高于地面高程，为此常圈堤筑圩，形成一个封闭的防洪圈。在防洪圈外部江河高水位顶托的影响下，圩内涝水不能自流外排，必须通过修建泵站进行强排。因此，圩是由堤防、水闸、排水泵站组成的独立排水体系，当圩外河道水位低于圩内水位时，打开水闸将圩内的涝水自然排出；当圩外河道水位高于圩内水位时，关闭水闸，开启排水泵站，依靠动力向圩外河道排除涝水。

11.1.3 排涝标准

排涝标准是设计排水系统的主要依据，有两种表达方式。第一种是以排除某一重现期的暴雨所产生的涝水作为设计标准，如10年一遇排涝标准是表示排涝系统能够完全排除10年一遇暴雨所产生的涝水，保证不发生涝灾。第二种是不考虑暴雨的重现期，而以排除某一时段降雨所形成的涝水作为设计标准，如江苏省农田排涝标准采用的是1日200mm雨量不受涝。第一种排涝标准以暴雨重现期作为标准，频率概念明确，易于对各种频率暴雨所产生的涝灾损失进行分析比较，但需要收集大量的雨量资料以推求设计暴雨。第二种方式直接以某一时段的暴雨量为设计标准，比较直观，且不受水文气象资料系列的影响，但缺乏明确的频率概念。

在确定排涝标准时必须明确排涝时间，排涝时间是指设计条件下排水系统排除涝水所需时间。如某日暴雨产生的涝水是2日排出还是3日排出，就对应着两个不同的排涝标准，显然排涝时间越短，排涝标准就越高，设计排涝量就越大，农田可能承受的淹没历时短，但排涝工程规模和投资高。在我国农村地区的排涝标准一般为5~20年暴雨重现期。

城市排水中集水面积虽然相对较小，但硬化面积多，汇流时间快，为此城市管道排水标准是以短历时暴雨的重现期作为设计标准。设计暴雨的重现期根据排水区域的土地利用类型、地形特点、汇水面积和气象特点等因素确定，一般为0.5~2年一遇的设计标准。对于重要交通干道、立交道路的重要部分、重要地区或短期积水即能引起严重损失的地区，可采用标准更高的设计重现期，一般选用2~5年。城市排水系统设计暴雨重现期较低，且一个城市包含有较多排水片，每年会发生多次排水片地面积水状况。由于城市地区设计条件下不允许地面积水，且城市地区河道调蓄能力相对较小、排涝历时短，尽管设计暴雨重现期低，但设计排涝模数远大于农村。

11.2 城市排涝计算

城市地区土地覆盖类型复杂，斑块多样性丰富，硬化地面等相对不透水面的比重较大。在城市排水系统的规划设计中，产流计算通常采用径流系数法进行计算。城市的排水系统多为调蓄能力较小的管道排水，设计规模主要受最大流量控制，因此，城市排涝设计时只需推求最大流量。如果在设计中需考虑排水系统的调蓄功能，则需要推求设计流量过程线。

11.2.1 设计暴雨计算

(1)设计暴雨强度

城市的地表径流汇集时间短，而且城市地面不允许积水，雨水必须通过排水系统及时排入河渠。因此，城市排水系统设计暴雨的历时相对较短，一般以 min 或 h 为单位，如 5min、10min、30min、45min、60min、120min，而城市的河渠系统具有一定的调蓄能力，设计暴雨的历时可适当延长，一般取 1h、3h、6h、12h、24h 等。

设计暴雨计算可以根据 10.4.1 中介绍的方法进行推求，但在大部分情况下，城市设计暴雨计算采用暴雨强度公式，常见的公式为：

$$q = \frac{167A(1 + C\lg T)}{(t + b)^n} \tag{11-1}$$

式中：q 为设计暴雨平均强度，$L/(s \cdot hm^2)$；T 为设计暴雨重现期，a；t 为设计暴雨历时，min；A，b，C，n 为参数。

推求城市暴雨强度公式参数的选样方法通常可分为年多个样法、超定量法、年最大值法和年超大值法。

①年多个样法。按不同历时每年取最大的 n 组雨样。在现行《室外排水设计规范》中明确规定，统计每年各历时最大的 $n(n=6，8)$次雨量作为样本。

②超定量法。按不同历时选取全部 n 年资料中超过某一暴雨标准以上的所有资料。一般情况下，总的选样次数可以是 n 的 3~4 倍。

③年最大值法。该方法是各种历时每年选取一个最大值。

④年超大值法。全部 n 年资料中分不同历时，按大小顺序选取最大的 n 组降雨资料，平均每年选一组。

国外部分发达国家，城市排水设计标准较高，20 世纪 60 年代开始采用年最大值法选样，90 年代开始改用年超大值法选样。我国早期城市雨量资料不足，城市排水设计标准较低，20 世纪 60 年代以后，排水规范建议采用年多个样法选样；80 年代中期以来，相关人员建议采用年最大值法选样。2011 版的《室外排水设计规范》(GB 50014—2006)建议，同时采用年多个样法和年最大值法。在具有 10 年以上自动雨量观测记录的地区，设计暴雨强度公式宜采用年多个样法，有条件的地区指有 20 年以上的自记雨量资料，又有能力进行分析统计的地区可采用年最大值法。

实际上，根据我国各城市气象站实测短历时雨量资料，上述暴雨强度公式的各项参数已计算出来，如表 11-1 所示。

表 11-1　我国部分城市暴雨强度公式的各项参数

城市名称	A	C	b	n
北京	11.98	0.811	8	0.711
上海	17.812	0.823	10.472	0.796
天津	22.95	0.85	17	0.85
重庆	16.9	0.775	$12.8T^{0.076}$	0.77
石家庄	10.11	0.898	7	0.729
太原	8.66	0.867	5	0.796
包头	9.96	0.985	5.4	0.85
哈尔滨	17.3	0.9	10	0.88
长春	9.581	0.8	5	0.76
沈阳	11.88	0.77	9	0.77
大连	11.377	0.66	8	0.8
济南	28.14	0.753	17.5	0.898
南京	17.9	0.671	13.3	0.8
合肥	21.56	0.76	14	0.84
杭州	60.92	0.844	25	1.038
宁波	18.105	0.768	13.265	0.778
南昌	8.3	0.69	1.4	0.64
福州	6.162	0.63	1.774	0.567
厦门	5.09	0.745	0	0.514
郑州	18.4	0.892	15.1	0.824
汉口	5.886	0.65	4	0.56
长沙	23.47	0.68	17	0.86
广州	14.52	0.533	11	0.668
深圳	5.84	0.745	0	0.441
海口	14	0.4	9	0.65
南宁	63	0.707	21.1	0.119
西安	6.041	1.475	14.72	0.704
银川	1.449	0.881	0	0.477
兰州	6.83	0.96	8	0.8
西宁	1.844	1.39	0	0.58
乌鲁木齐	1.168	0.82	7.8	0.63
成都	16.8	0.803	$12.8T^{0.231}$	0.768
贵阳	11.3	0.707	$9.35T^{0.031}$	0.698
昆明	4.192	0.775	0	0.496

注：T 为暴雨重现期(年)。

(2)设计暴雨过程

在城市排水系统的设计中，有时需考虑排水系统的调蓄功能，如排水系统优化设计、超载状态分析、溢流计算、调节池及河湖设计等，这就需要知道设计暴雨过程，以便推求设计流量过程线。原则上当已知设计雨量时，可以根据典型暴雨采用同频率缩放方法推求设计暴雨过程。

由于城市排水区域一般是采用暴雨强度公式推求的设计雨量，此时可以采用瞬时雨强公式推求设计暴雨过程。根据暴雨强度公式 $q=\frac{167A(1+C\lg T)}{(t+b)^{n}}$，令 $a=A(1+C\lg T)$，可以推导出以雨峰为坐标原点的瞬时雨强公式。

$$i=\begin{cases}\frac{a[(1-n)t_1/r+b]}{(t_1/r+b)^{n+1}} & (\text{雨峰前})\\ \frac{a[(1-n)t_2/(1-r)+b]}{[t_2/(1-r)+b]^{n+1}} & (\text{雨峰后})\end{cases} \tag{11-2}$$

式中：i 为瞬时雨强，mm/min；t_1，t_2 分别为雨峰前和雨峰后时间，min；r 为雨峰前历时与总降雨历时之比，可采用各次降雨事件的平均值或地区综合值。

由瞬时降雨强度过程线可转换为时段雨强过程线，得出的暴雨过程各时段的雨量频率均满足设计频率要求。

例 11-1　已知某暴雨强度公式为 $q=\frac{18(1+0.9\lg T)}{(t+15)^{0.8}}$，求 2 年一遇的设计暴雨过程。

解：①取计算时段为 5min，由暴雨强度公式计算得 5、10、…、60min 共 12 个历时平均雨强 q，列于表 11-2 第(1)、(2)栏。

表 11-2　同频率暴雨过程推求

t(min)	q(mm/min)	P(mm)	j	ΔP_j(mm)	k	ΔP_k(mm)
(1)	(2)	(3)	(4)	(5)	(6)	(7)
5	2.08	10.4	1	10.4	10	1.6
10	1.74	17.4	2	7.0	8	2.1
15	1.51	22.6	3	5.2	6	2.8
20	1.33	26.6	4	4.0	4	4.0
25	1.20	29.9	5	3.3	2	7.0
30	1.09	32.7	6	2.8	1	10.4
35	1.00	35.0	7	2.4	3	5.2
40	0.927	37.1	8	2.1	5	3.3
45	0.865	38.9	9	1.8	7	2.4
50	0.811	40.6	10	1.6	9	1.8
55	0.764	42.0	11	1.5	11	1.5
60	0.723	43.4	12	1.4	12	1.4

②计算各历时降雨总量 $P=qt$，列于第(3)栏。

③由第(3)栏中各相邻历时雨量之差推求时段雨量 $\Delta P_j=P_j-P_{j-1}(j=1,2,\cdots,12)$。此时，$\Delta P_j$是按从大到小排列，序号即为$j$，$j$ 与 ΔP_j列于(4)、(5)两栏。

④查地区《水文手册》得 $r=0.45$，由 $0.45\times12=5.4$ 可知，雨峰位于第 6 时段，按单峰暴雨过程确定时段雨强大小序号 k，并按 k 的顺序位置，分配相应的时段雨量 ΔP_k，分列第(6)、(7)两栏。第(7)栏即为推求的设计暴雨过程。

11.2.2 设计流量计算

(1)管道设计流量

在排水系统的设计中，管道的尺寸规格是依据设计暴雨条件下的最大流量来确定，一般采用推理公式推求设计流量。

$$Q_p = \alpha q_\tau F \tag{11-3}$$

式中：Q_p为设计流量，L/s；α 为径流系数；τ 为集流时间，min；q_τ为设计暴雨强度，$L/(s \cdot hm^2)$；F 为汇水面积，hm^2。

设计暴雨强度 q_τ可以采用暴雨公式推求，以排水区域的集流时间 τ 作为设计降雨历时，集流时间 τ 的计算公式为：

$$\tau = t_c + mt_f \tag{11-4}$$

式中：t_c为地面集流时间，min；t_f为排水管内雨水流行时间，min；m 为折减系数，暗管取2.0，明沟取1.2。

地面集流时间 t_c的取值需要根据坡面流的流动距离、地面坡度和地面覆盖情况而定，一般可选用5~10min，也可以采用经验公式估算，如运动波公式：

$$t_c = 1.359 L^{0.6} n^{0.6} i^{-0.4} J^{-0.3} \tag{11-5}$$

式中：L 为坡面流的流动距离，m；n 为地面糙率；i 为设计降雨强度，mm/min；J 为地面平均坡度。

城市中下垫面差别很大，径流系数也各自不同，应按面积加权法求算平均径流系数 α，计算公式为：

$$\alpha = \sum \frac{\alpha_i f_i}{F} \tag{11-6}$$

式中：α_i为对应于面积为f_i的径流系数。

各种地面覆盖的径流系数，可以通过查阅城市排水手册获得，表11-3为不同地类的地表径流系数。如果缺乏比较确切的土地利用分类资料，也可以根据研究区域铺砌面积的大小和建筑的密集程度利用表11-3进行估算。

表11-3 不同地类的径流系数取值和不同区域类型的径流系数取值

地面覆盖类型	径流系数	区域类型	径流系数
屋面	0.90	建筑稠密的中心区(铺砌面积>70%)	0.6~0.8
混凝土和沥青路面	0.90	建筑较密的居住区(铺砌面积50%~70%)	0.5~0.7
块石路面	0.60	建筑较稀的居住区(铺砌面积30%~50%)	0.4~0.6
级配碎石路面	0.45	建筑很稀的居住区(铺砌面积<30%)	0.3~0.5
干砖及碎石路面	0.40		
非铺砌地面	0.30		
公园绿地	0.15		

例11-2 南京市某住宅区的汇水面积为86hm²，其中屋面和道路面积占64%，其他36%为绿地，地面坡度较大。管道排水系统设计标准为抵御1年重现期的暴雨，住宅区

管道总长度1152m，管道内平均流速1.2m/s。试推求该住宅区管道出口的设计流量。

解：①分析地面集流时间。该住宅区地面坡度较大，地面汇流速度较快，故取$t_c=5\text{min}$。

②计算雨水管流时间。管道长度除以平均管流速度$t_f=1152/1.2/60=16\text{min}$。

③计算排水区集流时间。取暗管折减系数$m=2$，按式$\tau=t_c+mt_f$计算，$\tau=5+2\times16=37\text{min}$。

④推求设计暴雨强度。由表11-1查得南京市暴雨强度公式参数，将$A=17.9$、$C=0.671$、$b=13.3$、$n=0.8$及$t=37\text{min}$、$T=1$年代入暴雨强度公式$q=\dfrac{167A(1+C\lg T)}{(t+b)^n}$，得$q_\tau=\dfrac{167\times17.9(1+0.671\lg1)}{(37+13.3)^{0.8}}=130.1[\text{L/(s}\cdot\text{hm}^2)]$。

⑤计算平均径流系数。查表11-2得出屋面和道路径流系数为0.9，绿地径流系数为0.15，按式$\alpha=\sum\dfrac{\alpha_i f_i}{F}$计算，$\alpha=0.9\times0.64+0.15\times0.36=0.63$。

⑥推求设计流量。按式$Q_p=\alpha q_\tau F$计算，$Q_p=0.63\times130.1\times86=7049\text{L/s}$。

(2)设计流量过程线

在排水系统的优化设计、超载分析、溢流计算、调节池设计、圩区排涝计算中，需推求设计流量过程线。由设计净雨推求设计流量过程线的计算方法有等流时线方法、综合单位线方法、水文水力模型等，但这些方法对资料要求高及计算比较复杂。常用的比较简单的方法有：概化三角形法、概化等流时线法、三角形单位线法。

①概化三角形法

对于一个雨水排水系统，由推理公式可以计算出设计流量Q_p，可以简单地将设计流量过程线概化成峰高为Q_p，底宽为2τ的等腰三角形。概化三角形法简单易行，但是没有考虑到降雨随时间分布的不均匀性，也不能用于超过τ时间的降雨过程。

②概化等流时线法

将排水区域划分为汇流时间分别为$1\Delta t$，$2\Delta t$，…，$n\Delta t$的等流时面积，假定等流时面积随汇流时间是均匀增加的，即$f_1=f_2=\cdots=f_n=F/n$。据此，可以根据等流时线方法，由排水区域的设计净雨过程推求出设计流量过程。由于这一假定与推理公式的假定是相同的，得出的洪峰流量等于推理公式计算出的设计流量。

③三角形单位线法

假定排水区域的单位线是底宽为$\tau+\Delta t$的等腰三角形。取单位净雨强度$r=1[\text{L/(s}\cdot\text{hm}^2)]$，则单位线的径流总量为$\Delta tF$，由此推求出单位线峰高按单位线的倍比假定和叠加假定，由排水区域的设计净雨过程可以推求出设计流量过程线。应该注意的是这一方法得出的洪峰流量并不等于推理公式计算出的设计流量。

11.2.3 城市和圩(垸)的排涝模数计算

对于以雨水管网排涝的城市而言，可以按照雨水管道的最大设计流量作为进入河渠排水系统的入流条件。由于设计条件下城市地面不允许积水，除河渠排水系统能够储蓄部分水量外，其余涝水必须及时排除出圩外。圩是由堤防、水闸、排水泵站组成的独立的排水体系，当圩外河道水位低于圩内水位时，打开水闸将圩内的涝水自然排出；当圩外河道水位高于圩内水位时，关闭水闸，开启排水泵站，依靠动力向圩外河道排除涝水。根据雨水管网的出流过程（对河渠排水系统而言为入流过程线），以河渠排水系统的调蓄库容为控制条件，确定城市和圩的设计排涝流量，推求排涝模数 M：

$$M = \frac{W_T - V}{3600TF} \tag{11-7}$$

式中：M 为排涝模数，$m^3/(s \cdot km^2)$；F 为汇水面积，km^2；V 为河渠排水系统的调蓄库容，m^3；T 为调蓄库容蓄满历时，h；W_T为在蓄满历时 T 内入流总量，m^3。

为了及时腾空调蓄库容，预防下次暴雨洪涝，城市和圩内河渠排水系统滞留的涝水一般需在24h内全部排出。

11.3 农业区排涝计算

平原地区河道比降较为平缓，流向不定，又经常受人为活动如并河、改道、开挖、疏浚、建闸的影响，破坏了水位和流量资料的一致性，无法直接根据流量资料通过频率计算来推求设计排水流量，通常采用由设计暴雨直接推求设计流量的方法进行排涝计算。

11.3.1 设计暴雨计算

设计暴雨计算首先必须选择合适的设计暴雨历时。设计暴雨历时应根据排涝历时、地面坡度、土地利用条件、暴雨特性及排水系统的调蓄能力等确定。以农业为主的排水区，水面率相对较高，沟塘和水田蓄水能力较强，农作物一般也具有一定的耐淹能力，涝水可以在大田滞蓄一定时间，为此设计暴雨历时可以适当延长，一般情况下暴雨历时都以日为基本单位。根据我国华北平原地区的实测资料，100~500km^2涝水区域的洪峰流量主要由1日暴雨形成，500~5000km^2涝水区域的洪峰流量一般由3日暴雨形成。因此，对于100~500km^2的涝水区域可采用1日作为设计暴雨历时，对于500~5000km^2的涝水区域，采用3日作为设计暴雨历时。但对于具有滞蓄容积的排水系统，则应考虑采用更长的历时作为设计暴雨历时。我国绝大部分农业地区的设计暴雨历时为1~3日。

在推求设计暴雨时，如果涝水面积较小，可用点雨量代表面雨量；当涝水面积较大时需要采用面雨量。设计暴雨具体计算方法见10.4.1。

11.3.2 入河径流计算

在缺乏资料的条件下，由设计暴雨推求设计排涝水量时，一般采用降雨径流相关法，其具体计算方法及参数可以在当地《水文手册》上查到。但是平原区人类活动频繁，土地利用性质多样，水文特性较为复杂，降雨径流相关法比较粗糙，且无法推求入河流量过程。如果水文、气象及下垫面资料比较充分，可将下垫面划分为水面、水田、旱地及非耕地等几种土地利用类型，通过产流、汇流或排水计算，得出各种土地利用类型的径流量，各类土地利用类型进入河渠的径流量之和即为入河径流总量。

(1)水面产流

水面产流可直接利用水量平衡方程进行计算，即降雨量与蒸发量之差等于产流量。水面产流量直接进入排水河渠。

$$R_{水} = P - E_0 \tag{11-8}$$

式中：$R_{水}$为水面产流量，mm；P为降雨量，mm；E_0为水面蒸发量(降雨期间一般为0)，mm。

(2)水田产流量(入河流量)

设水田中植物生长的适宜水深范围为H_1~H_2，雨后水田最大允许的蓄水深为H_3。正常情况下水田的管理方式(引水、排水)为：蒸发作用下水田的蓄水深度$H < H_1$时，需要引水灌溉水田，使蓄水深度恢复至H_2；在降雨作用下水田的蓄水深度$H > H_3$时，水田以最大排水能力H_e进行排水；当$H_1 \leqslant H < H_3$时，水田既不引水也不排水。因此，水田的入河流量公式为：

$$R = \begin{cases} H - H_2 & H < H_1 \\ 0 & H_1 \leqslant H < H_3 \\ H - H_3 & 0 < H - H_3 < H_e \\ H_e & H - H_3 \geqslant H_e \end{cases} \tag{11-9}$$

计算结果$R > 0$，表示水田排水；$R < 0$，表示水田引水。水田$t+1$日的水深H_{t+1}可采用水量平衡方程逐日递推：

$$H_{t+1} = H_t + P_t - E_t - I_t - R_t \tag{11-10}$$

式中：I为下渗量，mm；E为蒸散发量，mm；P为降水量，mm；R为径流量，mm。

水田的蒸散发量与生长季节、气象条件、土壤条件、作物品种等密切相关。对于具体地区而言，可以按季节，或者按月建立水田蒸散发量与水面蒸发量的相关关系：

$$E = cE_0 \tag{11-11}$$

式中：E为水田的蒸散发量，mm；E_0为水面蒸发量，mm；c为系数。

在以上有关水田产流计算的公式中，共有H_e、H_1、H_2、H_3、I、c等6个参数。其中，H_e反映了农田的排水能力，其他5个参数与当地水文、气象、土壤、作物品种及生长季节有关。一般以当地农业试验资料为基础，结合实测灌溉和排水资料综合分析确定。

由上述公式可知，暴雨期水田产流量是指由水田排出的水量，这些水直接进入排水河渠。

如果不考虑水田的逐日排水过程，也可以直接采用水量平衡法计算水田的产流量R：

$$R = P - E - \Delta H \tag{11-12}$$

式中：E为水田蒸散发量，mm；ΔH为水田允许蓄水增量，等于雨后水田蓄水深与平均适宜水深之差，mm。

(3)旱地及非耕地入河流量

易涝地区多位于湿润地区，根据近年的科学研究和生产实践，可以采用新安江模型推求产流量及入河径流过程。模型参数根据实测水文和气象资料率定，缺乏实测流量资料的地区可以采用地区综合参数。新安江模型已经考虑了坡面汇流计算，模型的输出流量过程就是入河径流过程。

如果现有资料条件不足以支持采用新安江模型进行产流计算，也可以根据水量平衡原理计算旱地的产流量：

$$R = P - I \tag{11-13}$$

式中：R 为坡地的产流量，mm；P 为降雨量，mm；I 为降雨损失量，mm，可以通过查阅当地《水文手册》得出。

11.3.3 农业圩(垸)排涝模数计算

设计排涝模数是设计排涝流量与排水面积的比值。

$$M = \frac{Q}{F} \tag{11-14}$$

式中：M 为设计排涝模数，$m^3/(s \cdot km^2)$；Q 为设计排涝流量，m^3/s；F 为排水面积，km^2。

排涝模数主要取决于设计条件下的入河流量及圩内沟渠的调蓄库容。为了保证圩区沟渠具有一定的调蓄库容，需要在汛期来临前事先降低圩内沟渠的水位。圩内沟渠的调蓄库容等于沟渠的水面比率与预降水深的乘积。

在以农业为主的排水区，农作物有水稻、旱作物、经济作物等，大部分农作物具有一定的耐淹能力，故暴雨形成的涝水可以在农作物耐淹期限内滞留在农田中。如果允许的耐淹时间为 T 日，则暴雨产生的涝水可以在 T 日内排出，这样农作物基本不受灾。因此，农业圩的排涝模数可按 t 日暴雨 T 日排出的标准进行计算，而沟渠调蓄库容中的涝水可在 T 日后排出。农业圩设计排涝模数的计算公式为：

$$M = \frac{R - \alpha \Delta Z}{3.6KT} \tag{11-15}$$

式中：M 为设计排涝模数，$m^3/(s \cdot km^2)$；R 为 t 日暴雨产生的涝水总量，mm；α 为圩内水面的比率；ΔZ 为圩内沟渠预降水深，mm；K 为日开机时间，h/d；T 为排涝天数，d。

农作物的受淹时间和淹水深度是有一定限度的，如果水淹时间和深度超过该限度，农作物的正常生长就会受到影响，必然造成减产甚至绝收。在产量不受影响的前提下，农作物允许的受淹时间和淹水深度，称为农作物的耐涝能力或耐淹时间、耐淹深度。小麦、棉花、玉米、大豆、甘薯等旱作物，当积水深度为 10cm 时，允许的淹水时间应不超过 1~3 天。而蔬菜、果树等一些经济作物耐淹时间更短。水稻虽然是喜水好湿作物，大部分生长期内都生长在一定水深的水田里，在耐淹水深范围内，对水稻生长影响不大，但如果水田中的积水深超过水稻的耐淹能力，同样也会造成水稻减产，其中以没顶淹水的危害最大。除返青期外，没顶淹水超过 1 天就会造成减产的现象。因此，在制定农业区排涝标准时，对于旱地设计排涝历时取值一般为 1~3 天，水田一般为 3~5 天。圩区平均排涝时间不宜大于 3 天，有条件的地区应该适当降低排涝时间，以防止水淹造成的危害。

为了及时腾空圩内调蓄库容，预防下次暴雨造成积水，圩内沟渠及农田中滞留的涝水必须在一定的时限内全部排出，以保证圩内沟渠水位恢复到降雨前的情况，按此要求就可以计算出一定设计标准下的最低排涝模数。

$$M_0 = \frac{R}{3.6KT_m} \tag{11-16}$$

式中：M_0为最小排涝模数，$m^3/(s \cdot km^2)$；T_m为排涝时限，d。

当设计排涝模数已知的情况下，就可以根据排水面积计算出设计排涝流量，可以作为设计排水沟渠或排涝泵站的依据。设计排涝流量的计算公式为

$$Q = MF \tag{11-17}$$

式中：Q 为设计排涝流量，m^3/s；M 为设计排涝模数，$m^3/(s \cdot km^2)$；F 为排水面积，km^2。

例 11-3 某圩位于湿润地区，地势平坦，汇水面积为 $12km^2$，其中水面占 8%，水田占 48%，其他为旱地及非耕地。排涝标准为 1 日 200mm 暴雨 2 日排出，每日排涝泵站开机时间为 20h。已知水田的适宜水深为 30~60mm，雨后最大蓄水深为 120mm，旱地及非耕地设计条件下的降雨损失量按 30mm 计，圩内沟渠预降水深按 0.5m 计，降雨日的蒸散发量忽略。试推求该圩的设计排涝模数。

解： ①水面产流量 R_1按式 $R = P - E_0$推求。

$$R_1 = 200\text{mm}$$

②水田产流量 R_2按式 $R = P - E - \Delta H$ 推求。

$$R_2 = 200 - \left(120 - \frac{30 + 60}{2}\right) = 125\text{mm}$$

③旱地及非耕地产流量 R_3按式 $R = P - I$ 推求。

$$R_3 = 200 - 30 = 170\text{mm}$$

④总产流量为各类地类产流量的面积权重和。

$$R = 0.08 \times 200 + 0.48 \times 125 + (1 - 0.08 - 0.48) \times 170 = 150.8\text{mm}$$

⑤按式 $M = \frac{R - \alpha\Delta Z}{3.6KT}$ 计算得设计排涝模数。

$$M = \frac{150.8 - 0.08 \times 500}{3.6 \times 20 \times 2} = 0.769\ m^3/(s \cdot km^2)$$

11.3.4 排水区域排涝模数计算

动力排水系统的建设及运行费用较高，如果排水区域地势较高，应尽可能采用自排方式。对于排水面积较大的区域，一般不可能采用泵站强排的方式将区域内的涝水全部排出，也不能用公式 $M = \frac{R - \alpha\Delta Z}{3.6KT}$ 直接计算区域的排涝模数。此时，区域的排涝模数取决于设计条件下排水区内的最大涝水流量，而平原地区最大涝水流量主要取决于设计暴雨径流深、排水区面积、排水区形状、地面坡度、地面覆盖、河网密度、排水沟渠特性等。在实际的生产实践中，一般根据实测暴雨径流资料进行分析，得出排涝模数的经验公式。

$$M = CR^m F^n \tag{11-18}$$

式中：R 为设计暴雨径流深，mm；F 为排水区面积，km^2；C 为综合系数，反映地面坡度、地面覆盖、河网密度、排水沟渠特性、流域形状等对排涝模数的影响；m 为峰量指数，反映排水流量过程的峰与量的关系；n 为递减指数，一般为负值，反映排涝模数随排涝面积的增大而减少的趋势。

必须指出，该公式中很多因素都综合在 C 值中，从而造成 C 值不稳定。一般情况下当暴雨中心位于流域上游、净雨历时长、地面坡度小、流域形状系数小、河网调蓄能力强的情况下，C 值相对较小；反之则大。因此，应根据流域、水系、降雨特性对 C 值进行适当的修正。

思考题

1. 已知北京市某住宅区，汇水面积 $64hm^2$，其中屋面和道路面积占54%，裸土面积占12%，其他为绿地；管道排水系统设计标准为抵御2年重现期暴雨。如果住宅区雨水的管流时间为25min，地面汇流时间为6min，试推求该住宅区管道出口设计流量。

2. 广东省某圩汇水面积为 $8km^2$，其中水面占 $0.9km^2$，水田占 $5.2km^2$。设计雨量为240mm，按2日排出，每日排涝泵站开机时间为22h。设计条件下雨前水田水深为40mm，雨后最大蓄水深为80mm；旱地及非耕地径流系数为0.75；降雨日的蒸散发量忽略。试推求该圩设计排涝模数。

3. 简述我国洪涝灾害的特点。

4. 试分析农田排水和城市排水的不同。

5. 什么是排涝标准？

6. 什么是排涝模数？

第12章 水文模型

水文模型是水文学研究的热点问题之一，其在水资源的开发利用与管理、流域综合治理、城市发展规划、洪水和干旱的防灾减灾、气候变化和人类活动的流域响应等诸多领域都具有广泛的应用前景。本章主要内容包括水文模型的发展与分类，水文模型的应用、典型水文模型(如新安江模型、水箱模型、SWMM 模型和 SWAT 模型等)的模型框架、主要功能和适用范围。

12.1 水文模型的发展与分类

水文模型建立在人类对自然界中复杂水文过程认识和水循环规律掌握的基础之上，是目前水文学研究领域的重要方法和手段之一。水文模型在流域综合治理、城市发展规划、水资源的开发利用与管理、洪水和干旱的预警与防灾减灾、道路桥梁的规划设计、水库的设计与管理、气候变化和人类活动的流域响应等诸多领域都得到了广泛应用。

水文模型是水文过程中的必然产物，其研究和应用经历了较长的岁月。水文模型的萌芽可以追溯至1850年，爱尔兰学者 Mulvaney 提出了合理化公式(Rational Equation)，该公式以降雨强度和流域面积作为模型输入，以流域径流系数为模型参数，可以计算出流域的设计洪峰流量。1932年美国学者 Sherman 提出单位线概念，1933年美国学者 Horton 提出下渗方程，1948年美国学者 Penman 提出蒸发公式，这不仅提供了水文要素的计算方法，更奠定了水文模型的构建基础，标志着水文模型从萌芽阶段向发展阶段过渡。20世纪50~70年代，随着水文循环成因变化规律的室内外实验研究的逐步深入，水文模型得以快速发展。这一时期各国科学家研究和开发了很多简便实用的概念性水文模型，比如斯坦福模型(SWM)、SCS 模型(Curve Number Method)、萨克拉门托模型(Sacramento)、水箱模型(Tank)、TOP 模型(TOPMODEL)和新安江模型等。20世纪80年代起，随着水文学和计算机技术的进步，基于物理机制的分布式水文模型开始受到关注。丹麦、英国和法国科学家于1986年联合发布的基于质量、动量和能量守恒的 SHE 模型，是第一个具有代表性的分布式水文模型，此后陆续提出的分布水文模型还有 SWAT 模型、TOPKAPI 模型和 VIC 模型等。进入21世纪，随着地理信息系统和遥感等技术普及和广泛应用，水文模型与地理信息系统和遥感等技术紧密结合，尤其是分布式水文模型越来越朝着精细化、大尺度、多功能和操作界面友好化等方向快速发展。尤其是在不同尺度上探讨人类活动的水文效应时水文模型已经成为必不可少的研究工具，可见，水文模型是目前水文学研究的热点问题之一。

水文模型是对现实水文过程的数学描述。由于研究目的、模拟手段、数据资料和服务对象的要求不同，以及水文学自身特点和其他相关学科(如计算机等)发展水平的限制，世界上研究和开发过数百种水文模型。根据不同的分类标准，水文模型可以分为若干种类。目前常用的分类方法有两种：第一种方法是根据模型对水文过程物理机制描述的不同，将水文模型分为经验模型、概念模型和理论模型；另一种方法是根据模型对流域下垫面空间特性描述的不同，将水文模型分为集总式模型、半分布式模型和分布式模型。

经验模型也称为黑箱模型，不涉及流域水循环系统内部的物理机制，所取参数也没有太多的物理意义，只是通过将已知变量的取值(如降水量)输入模型，计算或估计出相应的待求变量(如径流量)，如 ARMA 模型等。概念模型也称为灰箱模型，是用非常简化的方法在一定程度上考虑了流域水循环系统内部的物理规律的基础上构建的模型，如新安江模型、水箱模型等。理论模型也称为白箱模型，是在水循环物理机制的基础上构建的模型，具有与现实世界相似的逻辑结构，如 SHE 模型等(表 12-1)。

表 12-1 经验、概念与理论模型主要特征

类型	经验模型	概念模型	理论模型
模拟方法	基于经验公式	基于简化的流域蓄渗过程计算公式	基于物质、动量和能力守恒定律
模型优势	参数少、计算快	结构简单、率定便捷	反映时空变异、精细化模拟
模型劣势	缺乏理论基础、参数物理含义不清晰	不能反映水文变量的空间异质性	参数多、数据要求高
适用范围	缺资料地区	研究区数据和计算能力有限	数据丰富
经典模型	SCS-CN 模型、ANN 模型	新安江模型、HSPF 模型、TOP 模型、HBV 模型	MIKE-SHE 模型、VIC 模型、PRSM 模型

集总式水文模型是将流域作为一个均质单元，没有考虑降水的空间变化和下垫面的异质性，如斯坦福模型和萨克拉门托模型等。半分布式水文模型假设子流域或者每一块计算单元内的降水是均匀的，下垫面是均质的，如 TOPMODEL 和新安江模型等。分布式水文模型依据流域内各处的地形、土壤、植被、土地利用和降水等的不同，将整个流域分为很多个格网单元，分别描述和模拟在每个格网单元的下垫面条件和降水条件下的产流量和产流过程，再按照一定的汇流过程输出流域出口的径流量和径流过程，如 SHE 模型等。

随着水文学和计算机相关技术的发展，水文模型的分类并非一成不变。一些传统的概念性模型也在向理论模型延伸，如 HBV 模型等；一些传统的集总式模型也在向半分布式和分布式水文模型扩展，如新安江模型等。

12.2 水文模型的应用

一般而言，水文模型的应用应当包含以下几个步骤：

(1)分析需要解决的问题，确立模拟分析目标；

(2)收集下垫面和气候资料；

(3)衡量人员专业知识和计算设备能力，分析社会经济等约束条件；
(4)选择合适水文模型；
(5)对模型进行参数率定，优选参数或参数集；
(6)对模型进行验证和评估；
(7)应用模型解决问题。

12.2.1 水文模型的选择

如前所述，目前可供使用的水文模型很多。水文模型，并不是功能越全面、结构越复杂，取得模拟效果就越好。如何选择合适的水文模型，是水文模型应用需要解决的首要问题。在分析降雨、产流的时空变化，模拟径流过程(洪现时间)等问题时，分布式水文模型可能比集总式水文模型更有优势。当研究侧重于径流总量的预测，或仅有非空间分布数据时，从技术和经济的角度，集总式水文模型可能更加适用。只有全面了解、综合比较，才能选择出真正适合于研究区域或研究问题的水文模型。

在选择水文模型时应该考虑以下几个关键因素：
(1)模型的功能或输出信息是否能满足研究或决策的信息/数据需求；
(2)模型的适用范围是否包含研究区域或研究问题；
(3)数据资料基础是否满足模型的原始数据需求；
(4)是否具备运用模型的专业知识和技能。

12.2.2 水文模型的率定

无论选择何种类型的水文模型，都包含一些表征物理过程的未知参数。通常，水文模型中包含的参数可以分为两类：一类是具有物理意义的参数；另一类是过程参数。具有物理意义的参数是指能够通过直接测量获得的表征流域特性的参数(例如，流域面积、不透水面比例、河段长度等)。过程参数是指不能够通过直接测量得到的表征流域特性的参数(例如，流域蒸发系数、地下水消退系数、*CN* 值等)。过程参数虽然不能直接测定，但可以通过物理成因分析推导和计算。在有大量的实验或观测数据的条件下，模型参数可以通过实验或数据分析得到，或者根据流域的特性直接确定。然而，即使在空间上和时间上进行高密度观测实验，获得的参数在模型模拟应用中的效果也不甚理想，且对于大多数研究区域，缺乏能够反映参数空间异质性的数据。因此，目前很多水文模型参数仍然是通过估计得到，即在运用模型进行水文模拟前，必须对模型的参数进行赋值，并评估赋值的效果，找到能够使得模型的模拟值与实测值(例如，模拟径流与实测径流)达到最佳程度的拟合。这个寻找达到模型模拟值与实测值最佳程度拟合的参数值或者参数值组合的过程，称为模型率定(Model Calibration)，也称参数优选(Parameter Optimization)。

模型率定通常包含两种方法：一种是人工率定，另一种是自动率定。人工率定采用试错法进行参数调整，每次参数调整后，对比模型输出的模拟值与实测值的匹配程度是否有提高。对于受过训练、经验丰富的专业人员，采用人工率定能取得比较好的率定结果。但是该方法包含了大量主观判断，很难客观评价该方法率定模型的模拟和预测的可信度。自动率定是采用迭代算法，通过计算机系统的反复试验改变参数值的大小，使得模拟与实测的拟合效果最好。每次参数迭代后，计算可以定量衡量模型模拟效果的目标函数值。最终，使目标函数值最小的参数值或者参数系列值为最优参数或最优参数系列。对于某一特定流域，当水文模型和目标函数选定以后，通过给定参数初值，给定搜索步长，计算目标函数值，逐步用较优的点代替次优的点，在给定的终止条件下，经过反复试算逐步确定参数最优点。

目前，常用于模型率定的目标函数为加权最小二乘法及其变形形式 Nash-Sutcliffe 效率系数法。

加权最小二乘法：

$$F(\theta) = \sum_{t=1}^{n} w_t \left[q_t^{obs} - q_t^{sim}(\theta) \right]^2 \tag{12-1}$$

式中：q_t^{obs}为 t 时刻的实测径流量序列；q_t^{sim}为 t 时刻模拟流量序列；θ 为待优选参数；n 为数据点个数；w_t为 t 时刻径流的权重。

Nash-Sutcliffe 效率系数：

$$R_{NS} = 1 - \frac{\sum_{t=1}^{N} w_t^2 \left(q_t^{obs} - q_t^{sim}\right)^2}{\sum_{t=1}^{N} w_t^2 \left(q_t^{obs} - \bar{q}^{obs}\right)^2} \tag{12-2}$$

式中：q_t^{obs}为 t 时刻的实测径流量序列；$\bar{q}^{obs}$为实测流量过程平均值；q_t^{sim}为 t 时刻模拟流量序列；θ 为待优选参数；n 为数据点个数；w_t为 t 时刻径流的权重。R_{NS}越大表示模拟与实测流量过程拟合越好，模拟精度越高。

12.2.3　水文模型的验证

在对模型进行率定，求出最优参数之后，还需要用另外的一部分资料对模型进行检验。只有在率定期和检验期都具有较高的精度的模型才有把握应用于研究区域或流域。例如，应用降雨—径流模型的主要目的是根据降雨情况模拟径流序列，因此判断模型性能的主要方式是比较模拟与实测的径流过程线。常用做法是将实测的降雨—径流序列分成两部分，分别用于模型参数寻优(模型率定)和模型性能检验(模型验证)。只有当两个阶段模拟的径流过程线与实测的径流过程线拟合程度都较好时，模型才可以直接应用。

水文模型的验证方法大致可以分为四类：简单样本等分法、差异样本等分法、代理流域法和代理流域差异等分法。简单样本等分法是将流域实测时间序列数据分成两部分，分别用于模型率定和验证。差异样本等分法根据雨强或其他变量进行数据划分，优点在于能展示条件变化情况下水文模型模拟的结果的有效性。例如，欲采用模型模拟干旱条件下的径流，那么应该采用湿润条件下的实测数据进行模型率定，采用干旱条件下的实测数据进行验证。代理流域法是指采用一个流域的实测数据序列进行模型率定，使用另外一个流域的数据进行模型的检验。代理流域差异等分法是代理流域法与差异样本等分法的综合。

模型验证除了要对用来表征模型模拟性能的目标函数进行分析外，还需要对模型的残差进行分析，主要包括对残差序列是否独立、是否同方差、是否服从某一假定分布等进行检验。

12.2.4　水文模型的评价

模型的评价主要包括模型不确定性和适应性两方面。水文模型的不确定性主要有三个来源：模型结构、模型参数和输入数据。数据不确定性主要来自于降水、径流等数据的测量和计算误差。模型结构的不确定性是指采用数学公式对复杂的水文过程进行概化和数学描述时，往往存在与现实不完全相符或需要建立在必要的假设基础上而导致的模型结构的不完美。模型参数随时间尺度和空间尺度而变化，即使采用最有效的参数优化算法进行模型参数估计，也不能保证模型参数的唯一真值或真值组合能够被找到。此外，模型参数之间存在相关性可能会导致参数组合不唯一，即不同的参数组合能够获得相同或者相近的目标函数值，这就是模型参数的不确定性。目前常用的模型不确定评估方法主要有：普适似然不确定性估计法(GLUE，Generalized Likelihood Uncertainty Estimation)、蒙特卡罗模拟法(Monte-Carlo Simulation)、拉丁超立方法(Latin hypercube method)等。

12.3　典型水文模型

12.3.1　新安江模型

新安江模型由河海大学赵人俊教授等提出。经过数十年的改进和完善，至今已近成为我国自主研发的具有世界影响力的水文模型之一。

新安江模型通常以一个雨量站为中心，按泰森多边形法将流域划分为多个计算单元。对每个单元流域分别作产汇流计算，得出各单元流域的出口流量过程，再分别进行出口以下的河道洪水演算至流域出流断面，把同时刻的流量相加即求得流域出口的流量过程。这种方法主要考虑降雨分布不均，如有必要，也可以用其他划分计算单元的方法。例如，当流域内有大型水库时，可将水库的集水面积作一个计算单元。

新安江模型的早期阶段为二水源新安江模型。该阶段的新安江模型包括直接径流和地下水流，产流计算用蓄满产流方法，流域蒸发采用三层蒸发，水源划分采用的是稳定下渗法，直接径流采用单位线法，地下径流采用线性水库法，河道汇流采用马斯京根法分河段演算，如图12-1所示。

目前常用的新安江模型是20世纪80年代初提出的三水源新安江模型(图12-2)。三水源模型克服了二水源对水源划分的不合理，考虑了土壤蓄水量与自由蓄水量的变化，在径流中包含了壤中流，即把不同特征的水源成分概化为地表径流、壤中流和地下径流。

三水源新安江模型的主要参数及初值设定：

(1)蒸散发折算系数(K)：流域蒸散发能力与实测水面蒸发值之比。如使用E601蒸发器资料，且蒸发的观测位置与流域位置的气候差异不大，可取1.0左右。

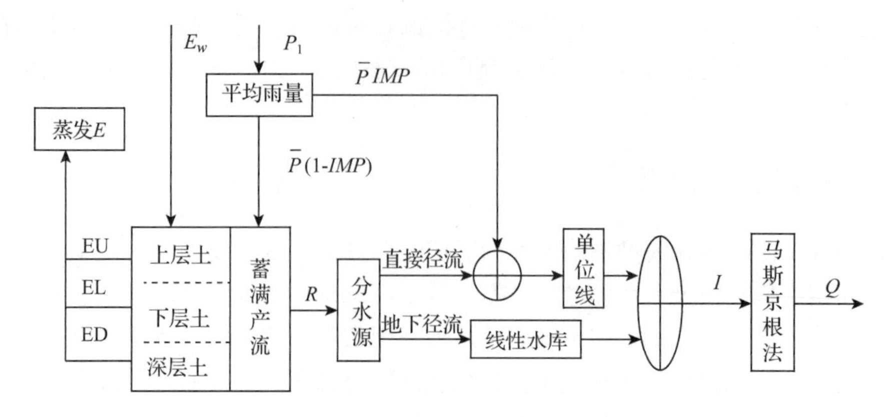

图 12-1　二水源新安江模型框图

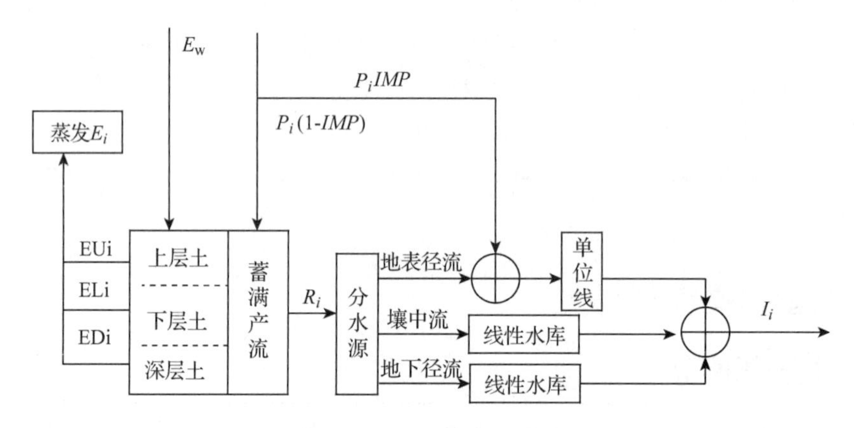

图 12-2　三水源新安江模型框图

(2)流域蒸发扩散系数(*C*)：又称深层蒸散发系数，它决定于深根植物面积占流域面积的比例，同时也与上土层、下土层张力水容量之和有关，此值愈大，深层蒸发愈困难，*C* 值就愈小。反之亦然。一般 *C* 值在 0.1～0.2 之间。

(3)不透水面积比例(*IMP*)：不透水区域面积占全流域面积之比。根据遥感资料估算或实际测定，一般流域 *IMP* 在 0.01～0.05 左右。

(4)流域平均蓄水容量(*WM*)：流域平均蓄水容量(mm)是流域干旱程度的指标。多年平均降雨量大于1000mm，多年平均径流系数大于0.35 的流域，*WM* 值为120～150mm。

(5)蓄水容量分布曲线指数(*B*)：透水区域蓄水容量分布曲线的方次，它反映流域上蓄水容量分布的不均匀性，一般 *B* 在 0.1～0.5 左右。

(6)自由水平均蓄水容量(*SM*)：与地质结构有关，通常由优选来确定。一般流域 *SM* 在 5～45mm 左右。

(7)自由水分布曲线指数(*EX*)：自由水蓄水容量曲线的方次，它反映流域上自由水容量分布的不均匀性。*EX* 常取 1.5 左右。

(8)自由水箱地下径流出流系数(*KG*)：又称自由水蓄水库补充地下水的出流系数，它反映流域地下水的丰富程度，也与流域面积和土层的结构有关。一般湿润地区流域的 *KG* 与 *KI* 之和可取值 0.7。

(9)自由水箱壤中流出流系数(KI)：又称自由水蓄水库补充壤中流的出流系数，它反映流域地下水的丰富程度，也与流域面积和土层的结构有关。一般湿润地区流域的 KG 与 KI 之和可取值0.7。

(10)地下水线性水库汇流系数(CG)：可以从久晴后的流量过程线分析得出，一般 CG 在0.95~0.995左右。

(11)壤中流线性水库汇流系数(CI)：一般 CI 取0.8~0.95。

(12)单元河段数(n)、河段传播时间(KE)和流量比重系数(XE)：马斯京根法河道演算的河段数、河段传播时间和流量比重系数。一般根据流域内水文站资料的分析或用水力学方法计算求得。

12.3.2 水箱模型

水箱模型(Tank Model)于1961年由日本国立防灾研究中心菅原正己博士提出，经不断发展，已是国际广泛采用的流域水文模型之一。水箱模型是串联蓄水箱模型的简称，它将流域阵雨径流的复杂过程简单地归纳为流域的蓄水容量与出流的关系，采用若干个彼此相连的水箱进行模拟。水箱侧孔表示出流，底孔表示下渗，假定出流和下渗都为水箱蓄水深的线性函数。

(1)湿润地区水箱模型

湿润地区常年有雨，地下水丰富，如图12-3所示，可采用几个垂直串联的直列式水箱模拟降雨径流关系。一般认为，顶层水箱相当于地表结构，产生地面径流；第二层水箱相当于壤中流；第三、四层水箱相应于地下径流。顶层水箱设置2个或3个侧向出流孔，其他层水箱每层只设1个出流孔，最底层水箱的出流孔常安排在与水箱底同一水平上。各层水箱侧孔的出流量相加，即为河网总入流过程。为考虑河网调蓄作用，可以再并联一个水箱，令由以上计算的出流量再经过一次线性水库的调蓄，即得流域出口断面流量过程。若流域面积小，河网调蓄作用不大，可将各水箱侧孔出流量之和视作流域出口断面流量。有效降雨首先注入顶层水箱中，当蓄水深超过侧孔高，出流孔开始产流。下

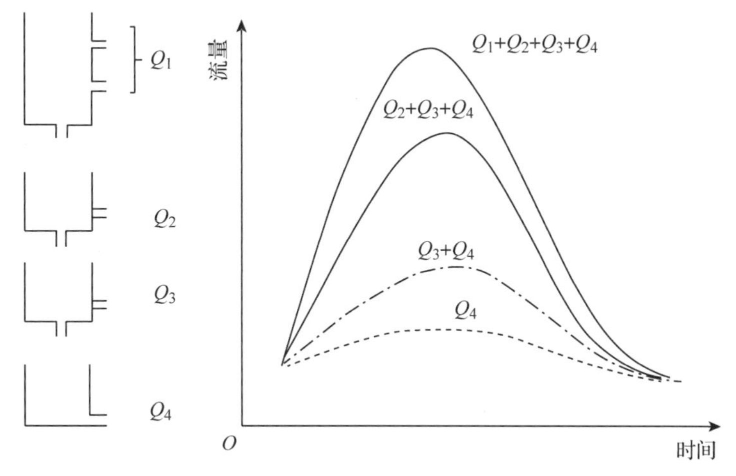

图12-3 水箱模型结构及径流成分示意图

渗则与降雨注入同时发生，并由底孔渗出。上一层水箱的下渗量即下一层水箱的入流量。

(2)非湿润地区并联水箱模型

非湿润地区水箱模型结构与湿润地区的不同点为：考虑土壤含水量的影响，可在顶层水箱底部设置土壤含水量的结构；考虑产流面积的不均一，可在流域上分带。在非湿润流域，可能部分地区湿润，其余地区干旱，在湿润面积上才产生地面径流，在干旱面积上的全部雨量被土壤吸收，很难产生地面径流。雨季开始后，湿润面积沿河谷从坡脚向山脊逐渐扩展。为模拟这种变化，把流域从河岸到山脊，分成几个带。每一带用多层直列水箱来模拟，其中顶层水箱具有二层土壤的含水量结构，该结构各带可以不同。顶层以下，各带同层次水箱的结构相同。如此组成了由 n(垂向水箱数) $\times m$(分带数)个水箱组成的并联水箱模型(图12-4)。水箱模型的结构不固定，参数没有地区规律。确定参数主要靠试算，模拟结果的有效性与使用者的水平、经验关系极大。

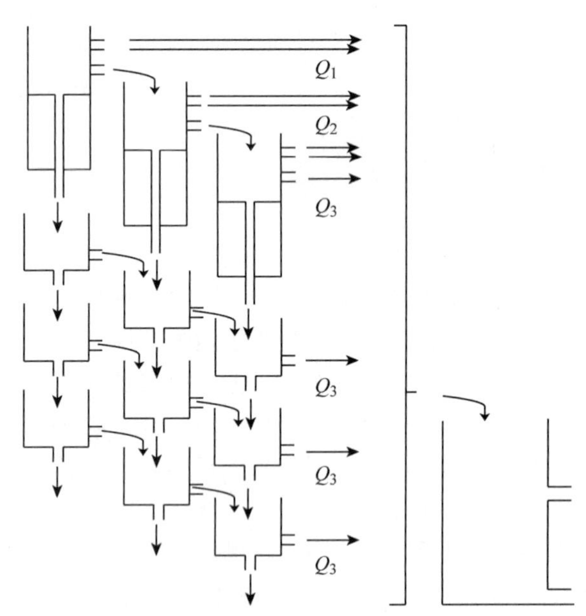

图12-4 干旱半干旱区水箱模型结构图

12.3.3 雨洪管理模型(SWMM)

雨洪管理模型(Stormwater Management Model，SWMM)由美国环境保护署开发，是基于水动力学的降雨—径流模拟模型。该模型可用于城市区域径流水量和水质的场降雨径流或者长期降雨径流连续模拟。模型向社会开放源代码，在全世界被广泛地应用于规划、分析和设计领域(https：//www. epa. gov/water-research/storm-water-management-model-swmm)。目前，该模型已更新到第五版。

SWMM模型除了模拟径流量的产生和输送，也可以评价与径流相关的污染物负荷的聚集、冲刷和迁移过程，以及浓度变化。径流模拟方面，SWMM考虑了城市区域产生径流的各种水文过程，包括：时变降雨；地表水的蒸发；降雪累积和融化；洼地蓄水的降雨截留；未饱和土壤层的降雨渗入；渗入水向地下含水层的穿透；地下水和排水系统之间的交替流动；地表漫流的非线性演算；利用各种类型低影响开发(LID)措施捕获和滞留降雨/径流等。SWMM模型径流计算的流程图如图12-5所示。

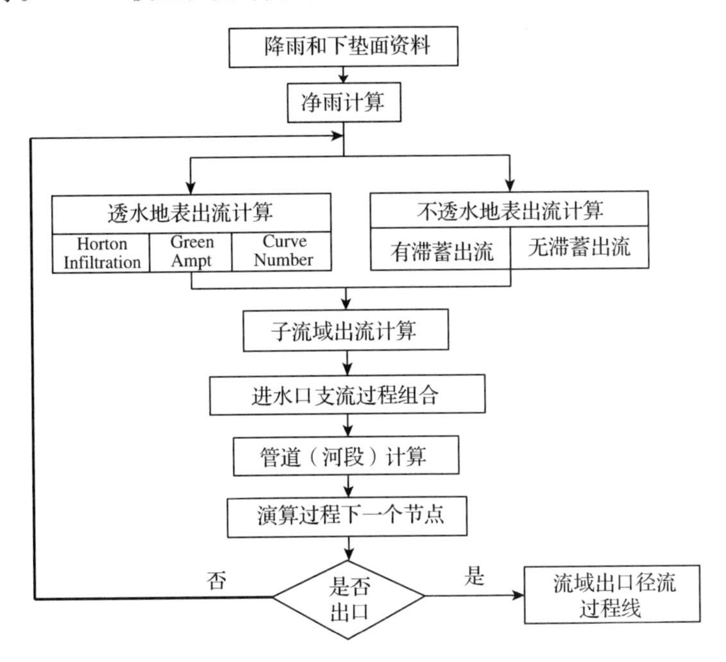

图12-5 SWMM模型径流计算流程图

使用SWMM模型，需将研究流域/街区进行概化成如图12-6所示的子流域(S1-S3)，排水管道(C1-C4)，连接点(J1-J4)和出水口(Out1)等。每个子流域是独立的水力学单元，其地表径流排入有水力联系的连接点。子流域划分为透水区域和不透水区域。不透水区域降雨在满足储蓄洼地的填洼后即形成径流。透水区域下渗可采用三种方法(Horton模型、Green-Ampt模型和SCS曲线数下渗模型)计算。透水和不透面上产生的净雨，通过非线性水库(Non-Linear Reservoir)的方法转化为子流域的出流过程。地下水计算是分非饱和层和饱和层计算。管道中的流量演算通过质量和动量平衡方程来确定。质量和动量平衡方程有三种求解方法供选择：连续流量(Steady Flow)、运动波(Kinematic Wave)和动力波(Dynamic Wave)。

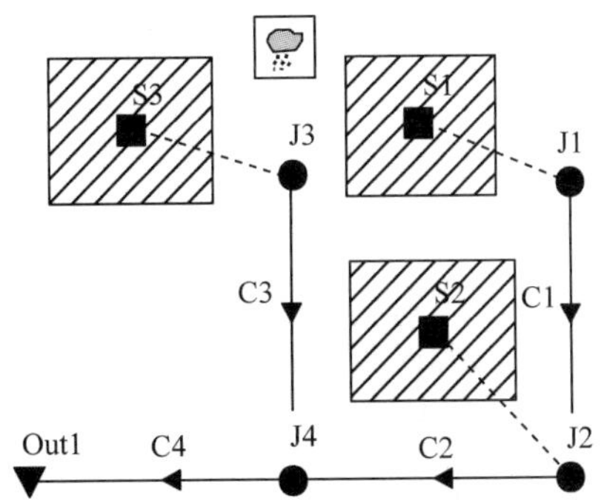

图12-6 SWMM模型研究区要素概化图

SWMM 模型降雨—径流模拟的主要参数包括：子流域面积、子流域不透水比例、子流域宽度、地表糙率、填洼水深、三种下渗模型所需参数等，以及管道的形状、尺寸、坡度、糙率等。除实测参数外，部分需率定参数的取值范围可参考 USEPA 提供的模型应用手册。

12. 3. 4　萨克拉门托模型

萨克拉门托模型(Sacramento)由美国国家天气局和加利福尼亚水资源部联合研制而成。该模型将流域分为透水面、不透水面和变动的不透水面三部分，将径流来源分为不透水面的直接径流，透水面上的地面径流、壤中流、浅层与深层地下水，变动的不透水面上的直接径流与地面径流。

萨克拉门托模型结构如图 12-7。在透水面上，根据土壤垂向分布的不均匀性将土层分为上土层和下土层，每个土层的蓄水量又分为张力水与自由水。降雨先补充均匀分布的上土层张力水，再补充上土层自由水。张力水的消耗于蒸散发，自由水可以向下土层渗透或产生侧向的壤中流。当上土层张力水及自由水全部蓄满，且降雨强度超过壤中流排出率及向下土层渗透率时，产生饱和坡面流(此时下土层张力水不一定蓄满)，即地面径流，因而模型可以模拟超渗产流。壤中流由上土层自由水横向排出，其蓄泄关系用线性水库法描述。上土层自由水向下土层的渗透率由渗透曲线控制，是模型的核心部分。

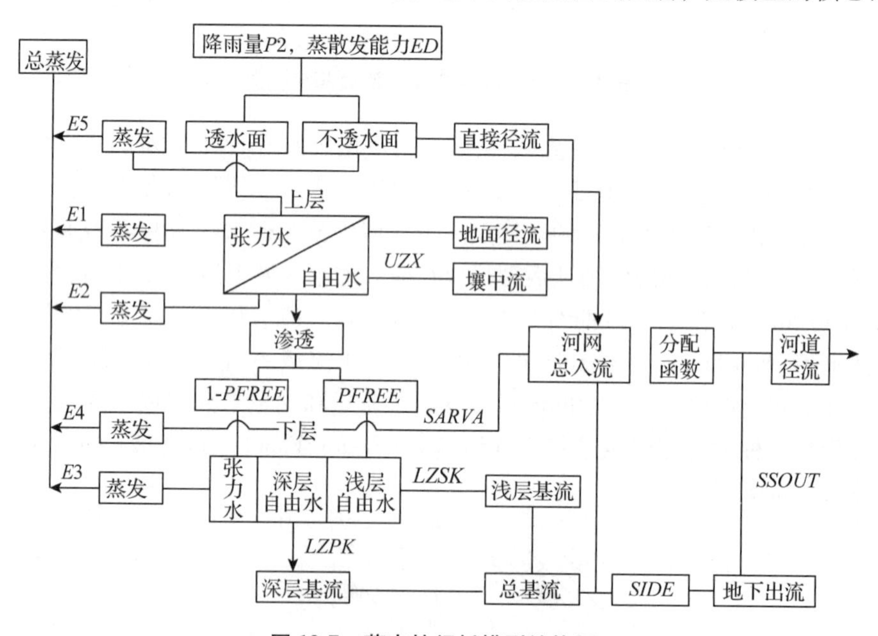

图 12-7　萨克拉门托模型结构图

渗透水量以一定比例(*PFREE*)分配给下土层自由水，其余(1 - *PFREE*)部分补充下土层张力水耗于蒸发。当下土层张力水蓄满后，渗透水量全部补充下土层自由水。补充下土层自由水的水分别进入浅层地下水库和深层地下水库，两者的分配比例与它们的相对蓄水量成反比。浅层地下水水库的消退产生浅层地下水(或称快速地下水)，深层地下水水库的消退产生深层地下水(或称慢速地下水)，二者蓄泄关系都采用线性水库描述。久旱时，下土层自由水也可能因毛细管作用补充下土层张力水耗于蒸发。但不论如何干旱，下土层自由水总有一个固定比例(*RSERV*)的水量无法蒸发。

萨克拉门托模型共有 17 个参数用于描述降雨径流过程，按各参数对土壤蓄水状态和径流变化影响的敏感程度可分为以下 5 类：

(1)对直接径流总量影响敏感的参数

UZTWM：上土层张力水容量，相当于最大初损值，常取 10~30mm。

LZTWM：下土层张力水容量，常取 80~130mm。

ED：流域蒸发能力。

(2)对地面径流总量影响敏感的参数

UZFWM：上土层自由水容量，常取 10~45mm。

UZK：壤中流日出流系数，难以估算，通过优选确定，常取 0.2~0.7。

LZFSM：浅层地下水容量，由大洪水的流量过程线退水段分析求出，常取 10~30mm。

LZSK：浅层地下水日出流系数，常取 0.1~0.3。

LZFPM：深层地下水容量，从大洪水后期的流量过程线退水段分析求出，即把过程线点绘于半对数坐标纸上，将地下水退水段向上延长至洪峰，得最大深层地下水流量，用出流系数除之即得 *LZFPM* 值，取 50~150mm。

LZPK：深层地下水日出流系数，从流量过程线上分析得出，常取 0.05~0.005。

Z：渗透参数，相当于最干旱时渗透率相对于稳渗率的倍数，常取 8~25。

REXP：渗透指数，决定渗透曲线的形状，通过优选确定，常取 1.4~3.0。

(3)对不透水面积上的径流影响敏感的参数

PCTIM：河槽及其邻近的不透水面积占全流域面积的比例，常取 0.01。

ADIMP：变动不透水面积占全流域面积的比例，常取 0.01。

(4)对基流影响敏感的参数

SIDE：非河道地下出流量与河道基流的比率。

RIVA：河畔植被面积。

PFREE：从上土层向下土层渗透水量中补给下土层自由水的比例，常取 0.2~0.4。

(5)不敏感的参数

RSERV：下土层自由水中不蒸发部分的比例，常取 0.3。

12.3.5　SWAT 模型

SWAT(Soil and Water Assessment Tool)是由美国农业部农业研究中心(USDA-ARS)开发的流域尺度模型。最初开发该模型的目的是模拟预测长期土地管理措施对水、泥沙和农业污染物的影响。SWAT 在应用中经历了不断的改进，不断增加完善新的功能模块，模型中涵盖了气候、水文、土壤、植被生长、土地管理等多个模块(图 12-8)，很快在水资源与环境领域得到广泛应用。

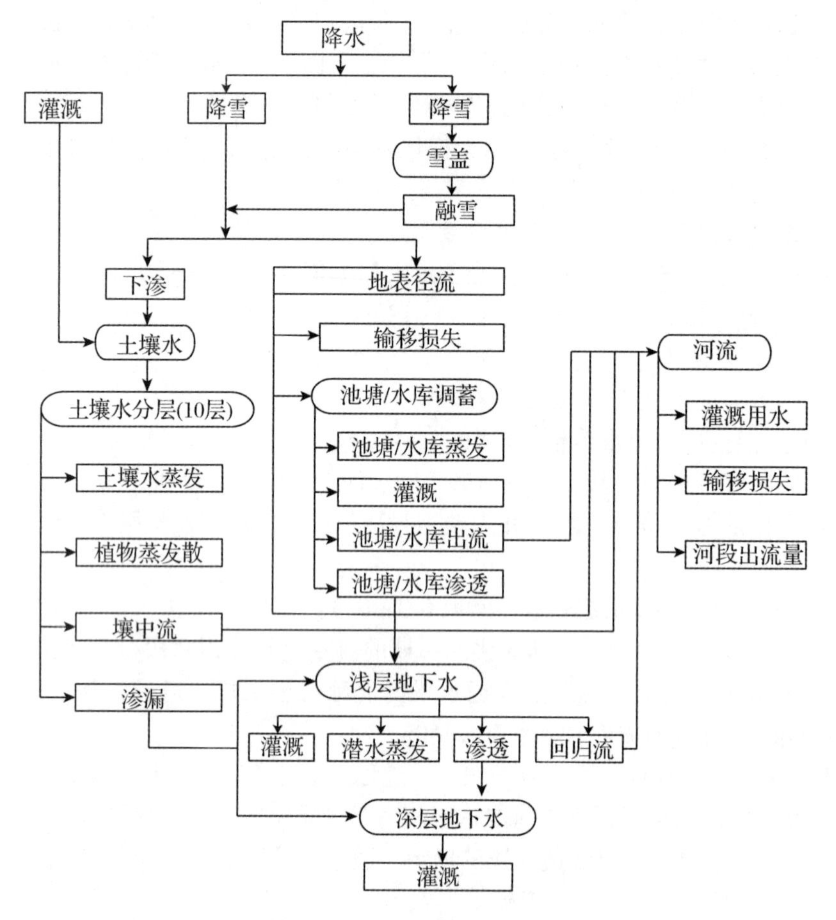

图 12-8 SWAT 模型结构图

SWAT 模型是由 701 个方程、1013 个中间变量组成的综合模型体系。因此，该模型可以模拟流域内的多种水文物理过程包括水的运动、泥沙的输移、植物的生长及营养物质的迁移转化等。模型的整个模拟过程可以分为两个部分：子流域模块(产流和坡面汇流部分)和流路演算模块(河道汇流部分)。前者控制着每个子流域内主河道的水、沙、营养物质和化学物质等的输入量；后者决定水、沙等物质从河网向流域出口的输移运动及负荷的演算汇总过程。子流域水文循环过程包括 8 个模块：水文过程、气象、泥沙、土壤温度、作物生长、营养物质、杀虫剂和农业管理。SWAT 采用先进的模块化设计思路，水循环的每一个环节对应一个子模块，有利于模型的扩展和应用。根据研究目的，模型的诸多模块既可以单独运行，也可以组合其中几个模块运行模拟。

(1)水循环的陆面阶段

流域内蒸发量随植被覆盖和土壤的不同而变化，可通过水文响应单元(HRU)的划分来反映这种变化。每个 HRU 都单独计算径流量，然后演算得到流域总径流量。在实际的计算中，一般要考虑气候、水文和植被覆盖这三个方面的因素。

①气候因素。流域气候提供了湿度和能量的输入，控制着水量平衡，并决定了水循环中不同要素的相对重要性。SWAT 所需要输入的气候因素变量包括：日降水量、最大

最小气温、太阳辐射、风速和相对湿度。这些变量的数值可通过模型自动生成，也可直接输入实测数据。

②水文因素。降水可被植被截留或直接降落到地面。降到地面上的水一部分下渗到土壤，一部分形成地表径流。地表径流快速汇入河道，对短期河流响应起到很大贡献。下渗到土壤中的水可保持在土壤中被后期蒸发掉，或者经由地下路径缓慢流入地表水系统。

冠层蓄水：SWAT 有两种计算地表径流的方法。当采用 Green-Ampt 方法时需要单独计算冠层截留。计算主要输入为：冠层最大蓄水量和时段叶面指数(LAI)。当计算蒸发时，冠层水首先蒸发。

下渗：计算下渗考虑两个主要参数(初始下渗率，依赖于土壤湿度和供水条件；最终下渗率，等于土壤饱和水力传导度)。当用 SCS 曲线法计算地表径流时，由于计算时间步长为日，不能直接模拟下渗。下渗量的计算基于水量平衡。Green-Ampt 模型可以直接模拟下渗，但需要次降雨数据。

重新分配：是指降水或灌溉停止时水在土壤剖面中的持续运动。SWAT 中重新分配过程采用存储演算技术预测根系区每个土层中的水流。当一个土层中的蓄水量超过田间持水量，而下土层处于非饱和态时，便产生渗漏。渗漏的速率由土层饱和水力传导率控制。土壤水重新分配受土温的影响，当温度低于零度时该土层中的水停止运动。

蒸散发：蒸散发包括水面蒸发、裸地蒸发和植被蒸腾。土壤水蒸发和植物蒸腾分开模拟。潜在土壤水蒸发由潜在蒸散发和叶面指数估算。实际土壤水蒸发用土壤厚度和含水量的指数关系式计算。植物蒸腾由潜在蒸散发和叶面指数的线性关系式计算。

壤中流：壤中流的计算与重新分配同时进行，用动态存储模型预测。该模型考虑到水力传导度、坡度和土壤含水量的时空变化。

地表径流：SWAT 模拟每个水文响应单元的地表径流量和洪峰流量。地表径流量的计算可用 SCS 曲线方法或 Green-Ampt 方法计算。SWAT 还考虑到冻土上地表径流量的计算。洪峰流量的计算采用推理模型。它是子流域汇流期间的降水量、地表径流量和子流域汇流时间的函数。

池塘：池塘是子流域内截获地表径流的蓄水结构。池塘被假定远离主河道，不接受上游子流域的来水。池塘蓄水量是池塘蓄水容量、日入流和出流、渗流和蒸发的函数。

支流河道：SWAT 在一个子流域内定义了两种类型的河道(主河道和支流河道)。支流河道不接受地下水。SWAT 根据支流河道的特性计算子流域汇流时间。

输移损失：输移损失发生在短期或间歇性河流地区(如干旱半干旱地区)，该地区只在特定时期有地下水补给或全年根本无地下水补给。当支流河道中输移损失发生时，需要调整地表径流量和洪峰流量。

地下径流：SWAT 将地下水分为：浅层地下水和深层地下水两层。浅层地下径流汇入流域内河流，深层地下径流汇入流域外河流。

③土地利用/植被因素。SWAT 使用简化的 EPIC 植物生长模型模拟所有类型的植被覆盖。植物生长模型能区分一年生植物和多年生植物，用来判定根系区水和营养物的移动、蒸腾和生物量或产量。

(2)水循环的河道演算阶段

水循环的河道汇流部分，主要考虑水、沙、营养物和杀虫剂在河网中的输移，包括主河道以及水库的汇流计算。

①主河道(或河段)汇流。主河道的演算分为四部分：水、泥沙、营养物和有机化学物质。其中洪水演算可采用变量储存系数法或 Muskingum 法计算。河道沉积演算包括沉积和降解两个部分，沉积部分依靠沉降速度，降解部分依靠河流功率的概念。营养物质演算采用修改的 QUAL2E 模型模拟营养物质与水一起运移。

②水库汇流演算。水库水量平衡包括入流、出流、降雨、蒸发和渗流。在计算水库出流时，SWAT 提供三种估算出流量的方法供选择(需要输入实测出流数据，需要规定一个出流量，或需要一个月调控目标)。水库入流沉积量用 MUSLE 方程计算。

SWAT 模型的输入文件主要包括专题地图(数值高程模型 DEM、土地覆盖/土地利用、土壤类型)和气象数据相关表格文件(降水数据表格、气温数据表格、天气发生器文件)。模拟结束后允许客户输出文件有 HRU 输出文件、子流域输出文件和主河道输出文件。

12.4 地理信息系统、遥感技术在水文模拟中的应用

12.4.1 地理信息系统在水文模拟中的应用

地理信息系统(GIS)技术的日趋完善和强大的功能极大促进了水文模型，尤其是分布式水文模型的发展。

(1)GIS 在水文模型中的主要作用

①管理空间数据：GIS 能够统一管理与分布式水文模型相关的大量空间数据和属性数据，并提供数据查询、检索、更新以及维护等方面的功能。

②提取水文特征：利用地形数据计算坡度、坡向、流域划分以及河网(沟谷)提取等。

③自动获取模型参数、准备模型所需要的数据：利用 GIS 的空间分析和数据转化功能生成分布式水文模型要求的流域内土壤类型图、土壤深度图、植被分布图以及地下水埋深图等空间分布性数据。

(2)水文模型与 GIS 的集成的主要意义

①利用 GIS 技术(格网自动生成算法)实现分布式水文模型对地理空间的离散(生成模型的计算网格)，用于水文模型进行数值求解。

②用于水文模型输出结果的可视化与再分析，分布式水文模型的输出结果多为空间分布型信息，这些结果以模型特定的数据格式给出，应用 GIS 能对这类结果进行显示、查询和再分析，有助于分析者交互地调整模型参数。

(3)水文模型与 GIS 的主要集成方式

①水文模型嵌入 GIS 平台，例如 SWAT 模型作为一个扩展模块镶嵌在 ARC View 系统中。

②GIS 嵌入水文模拟模型，如 TOPMODEL 水文模型基于 Windows 平台。

③水文模型和 GIS 松散耦合，应用现有的概念模型在每个网格单元(子流域)上进行产流计算，然后再进行汇流演算，最后求出出口断面流量。

④水文模型和 GIS 紧密耦合，如 MIKESHE 模型应用数值分析来建立相邻网格单元之间的时空关系。这种方法为分基于物理的布式水文模型所应用。

12.4.2　遥感技术在水文模型中的应用

遥感(RS)技术具有范围广、周期短、信息量大和成本低的特点，是一种非常重要的信息获取手段。RS 可提供精确的背景观测数据，可借以获取土壤、植被、地质、地貌、地形、土地利用和水系水体等许多有关流域下垫面条件的数据。RS 可应用于测定估算蒸散发和土壤含水量。借助 RS，也可获得上述信息来确定流域产汇流特性或模型参数。

RS 应用于水文模型时具有以下特点：

(1)提高水文模型输入数据质量、模拟结果精度。遥感技术获得的是面上观测数据而非点上的观测数据，能大大提高径流模拟精度。

(2)可收集、存储同一地点不同时间的全部信息，即多时相信息，也可提供时间或空间高分辨率信息。

(3)可获得遥远的、无人可及的偏僻区域的地理信息。

(4)可协助获取水文参数和水文变量，为建模和参数率定提供数据支持。

思考题

1. 分析水文模型与水文观测的关系。水文模型能够取代水文观测吗？
2. 对比分析经验水文模型、概念水文模型、理论水文模型的特点。
3. 对比分析集总式水文模型与分布式水文模型特点和适用范围。
4. 在水文模型的选择过程中应考虑哪些因素？
5. 水文模型率定、检验和评估的具体含义是什么？
6. 评估水文模型率定和检验效果的定量指标有哪些？
7. 分别绘制二水源和三水源新安江模型框架图，并分析其差异。
8. 绘制斯坦福水文模型的框架图，并简述其与流域水循环的异同。
9. 简述水文模型的发展趋势。

参考文献

拜存有，高建峰，2009. 城市水文学[M]. 郑州：黄河水利出版社.

包为民，2017. 水文预报：第5版[M]. 北京：中国水利水电出版社.

边金鸾，2004. 水文学发展回顾及展望[D]. 武汉：武汉大学.

丁志雄，李纪人，李琳，等，2003. 对洪水淹没分析的若干思考[C]//中国水利学会. 2003学术年会论文集：388 - 394.

丁兰璋，赵秉栋，1987. 水文学与水资源基础[M]. 郑州：河南大学出版社.

丁之江，1992. 陆地水文学：第3版[M]. 北京：中国水利电力出版社.

范世香，刁艳芳，刘冀，2014. 水文学原理[M]. 北京：中国水利水电出版社.

范荣生，王大齐，1996. 水资源水文学[M]. 北京：中国水利水电出版社.

房明惠，2009. 环境水文学[M]. 合肥：中国科技大学出版社.

桂劲松，银英姿，2014. 水文学：第2版[M]. 武汉：华中科技大学出版社.

郭雪宝，1990. 水文学[M]. 上海：同济大学出版社.

龚振平，2009. 土壤学与农作学[M]. 北京：中国水利水电出版社.

黄锡荃，苏法崇，梅安新，1995. 中国的河流[M]. 北京：商务印书馆.

胡方荣，侯宇光，1988. 水文学原理[M]. 北京：中国水利电力出版社.

黄锡荃，李惠明，金伯欣，1985. 水文学[M]. 北京：高等教育出版社.

贾仰文，王浩，倪广恒，等，2005. 分布式流域水文模型原理与实践[M]. 北京：中国水利水电出版社.

刘昌明，郑红星，王中根，2006. 流域水分循环分布式模拟[M]. 河南：黄河水利出版社.

刘俊民，余新晓，1999. 水文与水资源学[M]. 北京：中国林业出版社.

李世才，吴戈堂，林莺，1999. Γ分布函数算法新解及其应用[J]. 水利学报，(12)：70 - 76.

李广贺，刘兆昌，张旭，1998. 水资源利用工程与管理[M]. 北京：清华大学出版社.

林益冬，等，1993. 工程水文学[M]. 南京：河海大学出版社.

林三益，2001. 水文预报[M]. 北京：中国水利水电出版社.

林莺，李世才，2002. 水文频率曲线简捷计算和绘图技巧[J]. 水利水电技术，7(37)：52 - 53.

廖松，王燕生，王路，1991. 工程水文学[M]. 北京：清华大学出版社.

雒文生，1992. 河流水文学[M]. 北京：中国水利电力出版社.

梁学田，1992. 水文学原理[M]. 北京：中国水利电力出版社.

梁瑞驹，1998. 环境水文学[M]. 北京：中国水利水电出版社.

马学尼，黄廷林，1998. 水文学：第3版[M]. 北京：中国建筑工业出版社.

马学尼，叶镇国，1989. 水文学：第2版[M]. 北京：中国建筑工业出版社.

马传明，刘存富，周爱国，等，2010. 同位素水文学新技术新方法[M]. 武汉：中国地质大学出版社.

芮孝芳，2004. 水文学原理[M]. 北京：中国水利水电出版社.

芮孝芳，陈界仁，2003. 河流水文学[M]. 南京：河海大学出版社.

任树梅，朱仲元，2001. 工程水文学[M]. 北京：中国农业大学出版社.
任树梅，2008. 工程水文学与水利计算基础[M]. 北京：中国农业大学出版社.
施嘉炀，1996. 水资源综合利用[M]. 北京：中国水利电力出版社.
沈冰，黄红虎，2008. 水文学原理[M]. 北京：中国水利水电出版社.
沈玉昌，龚国元，1986. 河流地貌学概论[M]. 北京：科学出版社.
Singh，2000. 水文系统-流域模拟[M]. 赵卫民，戴东，牛玉国，等译. 郑州：黄河水利出版社.
宋松柏，蔡焕杰，粟晓玲，2005. 专门水文学概论[M]. 咸阳：西北农林科技大学出版社.
谈广鸣，李奔，2008. 河流管理学[M]. 北京：中国水利水电出版社.
向文英，2003. 工程水文学[M]. 重庆：重庆大学出版社.
徐宗学，2019. 水文模型[M]. 北京：科学出版社.
万力，曹文炳，胡伏生，等，2005. 生态水文地质学[M]. 北京：地质出版社.
万庆，1999. 洪水灾害系统分析与评估[M]. 北京：科学出版社.
吴明远，1987. 工程水文学[M]. 北京：水利电力出版社.
王大纯，张人权，史毅虹，等，1986. 水文地质学基础[M]. 北京：地质出版社.
王学相，1994. 水土保持水文学[M]. 北京：中国水利水电出版社.
王文川，2013. 工程水文学[M]. 北京：中国水利水电出版社.
王红亚，吕明辉，2007. 水文学概论[M]. 北京：北京大学出版社.
王晓华，2006. 水文学[M]. 武汉：华中科技大学出版社.
王锡魁，王德，2009. 现代地貌学[M]. 长春：吉林大学出版社.
王金亭，2008. 工程水力水文学[M]. 郑州：黄河水利出版社.
于维忠，1988. 水文学原理[M]. 北京：水利电力出版社.
袁作新，1990. 工程水文学[M]. 北京：水利电力出版社.
姚汝祥，廖松，张超，等，1987. 水资源系统分析及应用[M]. 北京：清华大学出版社.
余新晓，张建军，马岚，等，2016. 水文与水资源学[M]. 北京：中国林业出版社.
余新晓，张建军，张志强，等，2010. 水文与水资源学[M]. 北京：中国林业出版社.
喻国良，李艳红，等，2009. 海岸工程水文学[M]. 上海：上海交通大学出版社.
张建军，朱金兆，2013. 水土保持监测指标的测定方法[M]. 北京：中国林业出版社.
张建军，张守红，2018. 水土保持与荒漠化实验研究方法[M]. 北京：中国林业出版社.
张济世，陈仁升，吕世华，等，2007. 物理水文学：水循环物理过程[M]. 郑州：黄河水利出版社.
张济世，刘立昱，程中山，等，2006. 统计水文学[M]. 郑州：黄河水利出版社.
张仁铎，2006. 环境水文学[M]. 广州：中山大学出版社.
张嵩午，刘淑明，2007. 农林气象学[M]. 咸阳：西北农林科技大学出版社.
张光霁，1997. 水力水文学[M]. 北京：中国建筑工业出版社.
张增哲，1992. 流域水文学[M]. 北京：中国林业出版社.
中华人民共和国水利部，2014. 防洪标准[M]. 北京：中国计划出版社.
中华人民共和国国家经济贸易委员会，2003. 水电枢纽工程等级划分及设计安全标准[M]. 北京：中国水利水电出版社.
中华人民共和国水利部，2002. 水利水电工程水文计算规范[M]. 北京：中国水利水电出版社.
左其亭，王中根，2002. 现代水文学[M]. 郑州：黄河水利出版社.
左其亭，王中根，2006. 现代水文学[M]. 郑州：黄河水利出版社.
詹道江，徐向阳，陈元芳，2010. 工程水文学[M]. 北京：中国水利水电出版社.
詹道江，叶守泽，2000. 工程水文学：第 3 版[M]. 北京：中国水利水电出版社.
詹道江，叶守泽，1987. 工程水文学[M]. 北京：中国水利水电出版社.
赵人俊，1984. 流域水文模拟——新安江模型与陕北模型[M]. 北京：中国水利水电出版社.